陈若芸

1978年毕业于北京大学生物系，现为中国医学科学院药物研究所研究员。国家食药用菌产业技术创新战略联盟专家委员会委员、中国食用菌协会药用真菌委员会副主任委员、中国中药协会灵芝专业委员会常务委员、中国菌物学会健康产业分会理事。

多年来从事中药和食药用真菌化学成分及质量标准研究。先后对赤芝、松杉灵芝、薄盖灵芝、赤芝孢子粉、金针菇、桦褐孔菌等20多个品种进行了研究；建立了灵芝多糖和三萜含量测定方法及灵芝指纹图谱。

发表研究论文250余篇，其中SCI收录120余篇。获得国家授权专利11项。研制了治疗糖尿病新药——金糖宁，已临床使用。主编出版《中国食用药用真菌化学》。2007年被全国妇联评为"全国巾帼建功标兵"；先后获得北京市科学技术进步奖一等奖等10余个奖项。

潘新华

研究员，硕士学历，享受国务院政府特殊津贴专家，现任江西仙客来生物科技有限公司董事长，兼任九江市发明学会会长、中国食用菌协会名誉副会长、中国民族经济对外合作促进会常务副会长、中国中药协会灵芝专业委员会副主任委员。

长期从事灵芝等食药用菌选育、栽培、精深加工、文创等研究与应用和一二三产融合事业，是国内灵芝中医药复合配方研究和产业的代表人物，多次代表行业受邀参加G20峰会、博鳌亚洲论坛、达沃斯论坛、APEC会议等世界高端活动。

编著出版书籍《农家食药用菌栽培指南》《真菌多糖与肿瘤》，在国内外权威学术期刊发表论文15篇，获国家发明专利和国内国际领先成果等各类知识产权270余项，承担国家和省市科研项目47项，获江西省科技进步三等奖1项，中国食品工业协会科学技术奖特等奖1项、一等奖2项，其发明成果产生经济效益超百亿元。

先后荣获江西省突出贡献人才、江西省"赣鄱英才555工程"首批人才、江西省主要学科学术和技术带头人、中国当代发明家、全国轻工行业劳动模范等荣誉，入选《中国民营企业社会责任优秀案例（2021）》企业家。

作者简介 / 关于主编

康 洁

中国医学科学院药物研究所副研究员，硕士生导师，从事天然活性物质的研究与开发。2006年博士毕业于北京协和医学院药物化学专业，之后分别在北京大学医学部（2006—2008年）和美国阿肯色大学儿童营养研究中心作博士后研究（2008—2012年），先后主持和参与多个国家及省部院校级基金项目，现任中国药理学会晶型药物药理学专业委员会委员。目前已在SCI收录期刊上以第一或通讯作者发表论文近40篇，获得发明专利6项。作为副主编编写《中国食用药用真菌化学》，参与《Ganoderma and Health》（Springer，2019）等4部英文专著的撰写。

巩 婷

中国医学科学院药物研究所副研究员，硕士生导师。自2010年工作以来，致力于微生物活性天然产物的发现、天然药物的生物合成及生物催化。相关工作获得各类科研基金项目支持，其中，作为负责人主持项目6项，包括国家自然科学基金1项、北京市自然科学基金1项、教育部基金1项等，作为主研人员参与"十三五"国家科技重大专项、国家重点研发计划、国家自然科学基金等研究项目。此外，作为负责人及技术骨干开展了药用真菌（虫草、麦角、桑黄等）的活性成分研究及开发工作，为合作企事业单位提供多项技术服务。发表研究论文80余篇，其中以第一或通讯作者在Nature Plants、Chinese Chemical Letters、iScience等国内外知名学术期刊发表，参与编写专著4部，申请发明专利10余项。主要学术兼职包括《菌物研究》青年编委等。

内容简介

《灵芝化学与应用研究》主要介绍灵芝各种化学成分的提取、分离和纯化技术，结构鉴定方法和实例，质量控制方法和指纹图谱研究方法等，同时，综述灵芝各种化学成分的生物活性和临床使用情况。此外，对灵芝孢子粉和灵芝孢子油的制备方法、化学成分和生物活性及临床使用也做了专门介绍。

《灵芝化学与应用研究》可供从事灵芝科研、生产、推广等工作者，从事天然药物化学、微生物学、菌物化学、中草药化学的研究人员，以及大专院校的学生和研究生作为参考书籍；也可供广大灵芝爱好者、关注灵芝保健作用的读者和关心自身健康及养生的群众参考阅读。

图书在版编目（CIP）数据

灵芝化学与应用研究 / 陈若芸，潘新华主编 ；康洁，巩婷副主编. -- 北京 ：化学工业出版社，2025. 3.
ISBN 978-7-122-47694-4

Ⅰ．S567.3

中国国家版本馆CIP数据核字第2025CL6152号

责任编辑：褚红喜
文字编辑：孟 梦 林 丹
责任校对：王鹏飞
装帧设计：刘丽华

出版发行：化学工业出版社
　　　　　（北京市东城区青年湖南街 13 号　邮政编码 100011）
印　　装：河北京平诚乾印刷有限公司
787mm×1092mm　1/16　印张 20¾　彩插 3　字数 407 千字
2025 年 6 月北京第 1 版第 1 次印刷

购书咨询：010-64518888　　　　　售后服务：010-64518899
网　　址：http://www.cip.com.cn
凡购买本书，如有缺损质量问题，本社销售中心负责调换。

定　　价：128.00元　　　　　　　版权所有　违者必究

《灵芝化学与应用研究》编写组

主　编　陈若芸　潘新华

副主编　康　洁　巩　婷

编　者（按姓氏笔画排序）

巩　婷（中国医学科学院药物研究所）

朱　平（中国医学科学院药物研究所）

孙军花（中国医学科学院药物研究所）

吴卓清（中国医学科学院药物研究所）

陈若芸（中国医学科学院药物研究所）

邵泓杰（中国医学科学院药物研究所）

周占荣（中国医学科学院药物研究所）

周俊甫（江西仙客来生物科技有限公司）

梅　愉（江西仙客来生物科技有限公司）

康　洁（中国医学科学院药物研究所）

傅薇澄（中国医学科学院药物研究所）

潘　峰（江西仙客来生物科技有限公司）

潘新华（江西仙客来生物科技有限公司）

　　灵芝是我国传统中药九大仙草之一，我们的祖先在古代就认识灵芝并认为灵芝是滋补强壮、扶正固本的珍贵药材。考古发现，早在距今6800多年前已有先民使用灵芝，至东汉时期的《神农本草经》中就有许多有关灵芝的明确记述，明代李时珍的《本草纲目》等古医书记载，灵芝具有"益心气""坚筋骨""利关节""好颜色"等功效。

　　现代化学研究表明，灵芝含有三萜、多糖、杂萜、核苷等多种化学成分。现代药理学、医学研究表明，灵芝有显著的生物活性和临床疗效，灵芝的功效表现在有明显的镇静、止咳平喘、降血糖、降血压、增强冠脉循环的效果，以及缓解肿瘤患者术后放化疗的副作用等。

　　截至2023年末，我国60岁以上的人口有2.9亿，占总人口的21.1%。老龄化的到来给我们提出了多方面的挑战，加强全民健康素质，是摆在我们面前的艰巨任务，而灵芝诸多方面的保健作用和产品的多样化给了我们更多的选择空间。

　　20世纪70年代开始至今，中国医学科学院药物研究所的刘耕陶院士、于德泉院士和这本书的主编之一陈若芸研究员以及他们的学生和这些学生的学生们等四代研究人员对灵芝进行了药理和化学多方面不曾间断的研究，他们用现代医学的方法，解读了传统中医药中的科学问题，本书就是这一学术传承的体现。《灵芝化学与应用研究》一书对从灵芝属真菌中得到的1100多个化合物结构进行了详细的描述，对其中具有药理活性的化合物给予了较深入的报道，进一步诠释了灵芝治疗各种疾病及良好保健作用的物质基础和作用靶点，对灵芝研究是一个有力的推动。该书主编之一潘新华先生是我的老友，是我国灵芝产业的代表人物之一，深耕灵芝领域40余年，在种植、研究、产品创新、销售方面有丰富的经验。陈若芸先生也与我相识多年，我曾多次在国际、国内学术会议的会上会下与她有过深度的交流，她从20世纪70年代由北京大学毕业后旋即投身到她挚爱的灵芝研究领域至今已有半个世纪！

　　一个人一辈子投身到钟爱的一份事业中，做一件事，心无旁骛，已属不易，而在这份事业中做成，做好，做到极致则更不容易，只有在攀登科学高峰中至诚，至真，至纯，在到达顶峰后才会真正达到"千淘万漉虽辛苦，吹尽狂沙始到金"的境界！这也更是为现代医药学与传统医药学完美结合做出了榜样，树立了标杆，形成了典范！

　　近年来国家医疗政策向以预防为主转变，国家各项政策有利于大健康领域的创新和发展，尤其是国家药品监督管理局批准灵芝作为药品食品兼用以后，这株在中国应用了数千年的奇葩，迎来了真正属于她的春天！正是应了那句传唱经年的古诗句，终究是"春色满园关不住"！灵芝研究和应用也必将得到更大的发展机遇。而《灵芝化学与应用研究》一书正像一枝出墙报春的红杏，预示着更加绚丽多彩的灵芝春色将尽染神州大地！

中国工程院院士
国际药用菌学会主席
全国脱贫攻坚楷模
2024.11.20

灵芝，自古以来便被奉为"仙草"，在中华文明的长河中闪烁着神秘而璀璨的光芒。从《神农本草经》到《本草纲目》，历代医家皆对其推崇备至，将其列为上品，视为"扶正固本""延年益寿"的珍贵药材，称其"久服轻身不老，延年神仙"。然而，受限于古代科技水平，人们对灵芝的认识长期停留在经验层面，其真正的奥秘一直未被揭开，灵芝的价值远不止于神话传说，其蕴藏的奥秘与广泛的应用前景，正随着现代科技的进步而逐渐揭开面纱。

所谓灵芝"仙草"，实际上，既非神仙之草，亦非地球之草，而系地球三域生物的真细菌域、古细菌域、真核生物域中动物界和植物界之外的真菌界担子菌门的真菌。

近年来，随着分离纯化技术和分析手段的飞速发展，科学家们对灵芝的化学成分进行了深入的研究，发现了包括多糖、三萜、杂萜、甾醇、生物碱等在内的1100多种化学成分。这些成分赋予了灵芝抗氧化、抗肿瘤、免疫调节、保肝护肝等多种药理作用，为其在医药、保健食品、化妆品等领域的应用提供了科学依据。

《灵芝化学与应用研究》一书系统阐述灵芝的化学组成、生物活性及其应用研究进展。全书共分九章，第一章概述了灵芝的分类、栽培、历史文化及国内灵芝研究的发展进程；第二章至第七章分别详细介绍了灵芝多糖、三萜、杂萜、甾醇、生物碱等主要活性成分的结构、性质、生物活性和作用机制及含量测定方法；第八章和第九章则重点探讨了灵芝孢子粉和灵芝孢子油在抗肿瘤、免疫调节等方面的应用研究进展及产品开发。这本书内容较为翔实、数据准确、图文并茂，既可供从事灵芝研究的科研人员参考，也可作为相关专业学生的教材，更可为广大灵芝爱好者提供科学、权威的灵芝知识。

潘新华和陈若芸研究员在灵芝研究领域深耕 40 余年，我于 2014 年在潘新华先生所在的公司建立了院士工作站，对灵芝的研究有深入的了解。我与陈若芸研究员也有多次学术会议接触。愿这本书能为祖国的大健康事业添砖增瓦，为全民健康贡献力量。

魏江春

中国科学院院士

中国科学院微生物研究所研究员

中国科学院大学荣誉讲席教授

中国菌物学会创会会长

2025.1.18

2000 多年前灵芝就被《神农本草经》列为上品，自古以来就广受人们关注。20 世纪 50 年代末至 60 年代初灵芝开始栽培成功，使从前帝王将相才能享用的贡品走向寻常百姓家。近年来，大健康的理念广为普及，尤其是随着人口老龄化的到来，广大群众更是注重自身的健康和养生，以预防为主的理念更是深入人心，使用灵芝产品的人越来越多，灵芝的产品种类更是不胜枚举。如何科学地解释灵芝？灵芝能够防病治病的物质基础是什么？化学成分都有哪些？作用靶点都是什么？有什么药理活性？临床使用情况如何？让群众科学地理解灵芝、正确地使用灵芝是科研工作者和灵芝从业人员的责任。在这个背景下，我们萌生了撰写一本理论与科普相结合的书籍的想法。

我国有不少灵芝专著和科普性读本，大都以分别介绍灵芝栽培技术、化学成分、药理活性、临床使用等为主，如《延年益寿上品：灵芝》《灵芝 VS 肿瘤》《灵芝，妙不可言》《灵芝三萜万花筒》《灵芝从神奇到科学》《灵芝的药理与临床》《灵芝孢子粉培育与采集》等，但专门介绍化学成分与生物活性及健康养生等学术理论和科普相结合的专著并不多见。2015 年出版的《灵芝的现代研究》第四版比较完整、系统地介绍了灵芝生物学、栽培学、化学、药理学，从出版到现在已经有近 10 年时间。近年还有三本介绍灵芝的英文出版物，丰富了灵芝的研究内容。本书主编从事灵芝研究和开发 40 余年，对灵芝有较深的理解。总结、传承、提炼已有的科研成果，将其进一步转化为第一生产力，为后人留下重要的经典文献，是我们科技工作者应尽的义务与责任。鉴于此，我们编纂了《灵芝化学与应用研究》。

本书给出了灵芝中的多糖、多糖肽、三萜、甾醇、杂萜、核苷等 1100 多个化合物的化学结构，使读者能很直观地理解和查阅灵芝的化学成分。书中对这些化学成分的生物活性和有效部位的临床应用以及灵芝化学成分的鉴别、质量控制方法和指纹图谱研究进行了详细的介绍，对灵芝生产企业和从业者有很好的借鉴意义。本书普及了灵芝的基本知识，对使用范围、方法及防病治病有详细的介绍和案例，对提高广大群众的自我健康意识有推动作用。

本书由于主观和客观方面的原因，难免出现纰漏，敬请读者多提宝贵意见。

陈若芸　潘新华

2024 年 11 月 5 日

目录

第三章
灵芝多糖和多糖肽化学成分及其生物活性

084

第四章
灵芝杂萜化学成分及其生物活性

125

第五章
灵芝甾醇化学成分及其生物活性

197

**第八章
灵芝孢子粉**

第九章
灵芝孢子油

301

第一章

灵芝化学与应用研究概论

第一节　概述

灵芝为灵芝科（Ganodermataceae）灵芝属（*Ganoderma*）真菌，在真菌索引（index fungorum.org）网站搜索可以检索到灵芝科有 200 余种真菌，包括以下这几个属：灵芝属（*Ganoderma*）；假芝属（*Amauroderma*）；血芝属（*Sanguinoderma*）；网孢芝属（*Humphreya*）；鸡冠孢芝属（*Haddowia*）；新灵芝属（*Neoganoderma*）；冠状孢芝属（*Cristataspora*），它们与灵芝是密切相关的。

灵芝分类学在历史上是不断变化的。在瑞典人林奈（Linna）首先建立起来的生物分类系统中，灵芝被分到植物界（Regnum Vegetable）中。

1781 年，Curtis 将灵芝划分在牛肝菌科（Boletaceae）中，并命名为牛肝菌属（*Boletus*）的一种，学名为 *Boletus lucidus* Curtis。

1838 年，Fris 将灵芝从牛肝菌科中分离出来，划分到多孔菌科（Polyporaceae）的多孔菌属（*Polyporus*）中，并命名为 *Polyporus lucidus*（Curtis）Fr.（意为"有光泽的多孔菌"）。

1881 年，Karsten 根据灵芝子实体的菌盖与菌柄具有光泽的特征而建立起灵芝属（*Ganoderma*）。灵芝则作为灵芝属唯一的和当然的模式种，学名为 *Ganoderma lucidum* (Leyss.ex Fr.) Karst.。

1889 年，Patouillard 确立了灵芝属的概念，并将灵芝属分为 2 个组：灵芝组和假芝组，共包括 48 种。

1933 年，Donk 建立起灵芝亚科（Ganodermatoideae），包括灵芝属（*Ganoderma*）和假芝属（*Amauroderma*）。至 1948 年，Donk 又将灵芝亚科提升为灵芝科（Ganodermataceae），仍然是包括灵芝属和假芝属。

1981 年，Julich 建立起灵芝目（Ganodermatales），下设 2 个科：灵芝科（Ganodermataceae）和鸡冠孢芝科（Haddowiaceae）。灵芝（*Ganoderma lucidum*）隶属真菌界，担子菌门，担子菌纲，灵芝目，灵芝科，灵芝属 [1]。

邓叔群在《中国的真菌》中记载了灵芝 2 属 29 种 1 变种 1 变型 [2]。戴芳澜在《中国真菌总汇》记载了灵芝 2 属 36 种 1 变种 1 变型 [3]。赵继鼎等在《中国真菌志》第 18 卷 [4] 记载了灵芝 4 属 86 种，书中采用的分类系统是：灵芝科 Ganodermataceae Donk，该分类系统被真菌分类学家们所接受。如吴兴亮、戴玉成在《中国灵芝图鉴》一书中，据此分类系统进行调查，发现中国灵芝科（灵芝属灵芝组、紫芝组、粗皮灵芝亚属，树舌灵芝亚属）已知种有 4 属 103 种和 9 变种 [5]。但在《中国药典》（2020 年版）上仍然把灵芝归在了多孔菌科（Polyporaceae）[6]。

自 Karsten 建立灵芝属以来，至今已有 140 余年，在此期间，科学家们不断完善了灵芝类真菌的分类单位，发现了许多新种，从而使灵芝类在自然界中的地位更趋于自然化。

中国传统意义的灵芝概念比较狭隘，主要包括赤芝（*G. lucidum*）和紫芝（*G. sinense*）。而从分子生物学的角度来说，灵芝是指灵芝属下的所有灵芝种。我国过去报道的灵芝属真菌有 114 个分类单元，但其中很多的分类地位存在争议。2023 年崔宝凯、戴玉成团队基于凭证标本，确认我国目前发现的灵芝种类有 40 种，其中具有内在转录间隔区（ITS）分子序列的种类有 39 种，其他 74 个分类单元或为同物异名或为待定种。该文提供的中国 39 种灵芝的 ITS 序列可为今后准确鉴定灵芝的野生和栽培种类提供依据 [7]。

20 世纪初，法国的真菌学家 Patouillard 首次将在我国贵州发现的灵芝鉴定为 *G. lucidum* [8]。一直到现在 *G. lucidum* 仍旧被很多学者引用作为赤芝的拉丁名 [9]。随着分子生物学的发展，20 世纪 90 年代，Moncalvo 等通过分子系统学的研究发现在中国广泛分布和栽培的灵芝 "*G. lucidum*"，和欧洲的原种 *G. lucidum* 并不属于同一个种 [10]，这一结果在随后几年各国学者的研究中得到证实 [11-13]。2012 年，Cao 等将这个在中国广泛分布且俗名为灵芝的赤芝品种命名为 *G. lingzhi* S. H. Wu, Y. Cao & Y. C. Dai，而欧洲模式标本 *G.lucidum* 被定义为亮盖灵芝 [14]。国内目前发表文章或书籍在表述赤芝时有人用 *G. lingzhi*；也仍然有沿用 *G. lucidum* 的，例如《中国药典》（2020 年版）[6]。由于赤芝研究文献多年以来大部分用 *G. lucidum* 表示，本书引用文献内容也仍然采用 *G. lucidum* 表示赤芝。

当然，灵芝分类系统仍然存在许多人为的因素，尚不能确切地反映灵芝类的自然面目和真实的亲缘关系及进化过程，仍然有许多问题需要深入研究。为此，应用现代生物学技术对真菌类进行分类学研究，使之得到飞速的发展。

陈士林团队在 2012 年最早利用分子生物学技术完成了赤芝（*G. lucidum*）全基因组的测序，为赤芝的鉴定及灵芝三萜生物合成的分子机制研究提供了大量的数据，使得赤芝作为药用模式真菌成为可能。该团队在赤芝的全基因组数据库中注释了 629 个转录因子，对包括 C2H2、HLH、HMG、MADS 等家族灵芝的 DNA 进行了检测 [15]。

第二节　灵芝研究发展史

在浙江余杭南湖遗址出土的 3 个灵芝样本和湖州千金塔遗址出土的 1 个灵芝样本 [16]，经环境扫描电子显微镜和光学显微镜观察，结合担孢子表观形态特征，鉴定这些样本为多孔菌目灵芝属真菌。经 C^{14} 放射性同位素质谱分析，这些样本距今已有 4500～5300 年。另一个灵芝样本来自河姆渡文化的主要遗址——田螺山，经鉴定距今有（6871±44）年，是截至 2018 年发现最早的灵芝样本。这说明在新石器时代的早期，先民们已经开始采集并利用灵芝，为中国传统药物起源提供了实物考证。由此可见，中国先民认识和应用灵芝可能起始于6800多年前，比文字记录早了4000多年。在漫长的历史长河中，受时代背景和科学技术知识限制，从实践到理论对芝及灵芝的认知存在断层和偏颇，古代"芝"是大家族，而被誉为"灵芝"的应是"芝"中的少数或极少数种类。

"灵芝"一词，最早见于东汉张衡《西京赋》："浸石菌于重涯，濯灵芝以朱柯。"但早在远古神话和先秦典籍中，就有许多关于灵芝的记述。古代的灵芝典籍，包括专门记载或描述灵芝的专著，以及涉及灵芝的本草学或文学作品等。例如：东汉王充《论衡·初禀篇》、晋葛洪《抱朴子·黄白篇》，均有道家种芝之说；《古今图书集成·草木典·芝草纪事》引《仙经》、汪灏《广群芳谱·卉谱·芝》引《冥通记》，较为具体地介绍了道家种芝法，其风格和《种芝草法》相似 [17]。

我国是世界文明古国之一，在漫长的历史长河中创造了内容更为丰富的菇文化，为人类菇文化史谱写了光辉篇章。郭沫若先生在《中国史稿》中记述我们的祖先早在6000～7000年前的仰韶文化时期便采食蘑菇了。当然我们还可以将人类在大自然采集食用蘑菇的时间推之更加久远。许多古籍说明我国古人不仅有采食菇类的习惯，还在世界上首创香菇人工栽培法，这比最早栽培双孢蘑菇的法国还早了近千年。还有记载"紫芝之栽如豆"的说法，表明我国很早就栽培灵芝了。灵芝文化的发展受中国道家文化的影响最大 [18]。

值得指出的是，民间传说中的芝草和现代灵芝是两个截然不同的概念。最早论及灵芝的是东汉时期《神农本草经》，约成书于东汉末年，此书收载365种药品，并将所载药品分为上、中、下三品，上药"主养命以应天，无毒，多服、久服不伤人"，皆为有效、无毒者。赤芝、青芝、黄芝、白芝、黑芝、紫芝皆被列为上品 [19]。

关于灵芝道地性，李时珍《本草纲目》"菜部第二十八卷·芝"中也将灵芝归为六类，有赤芝、青芝、黄芝、白芝、黑芝、紫芝 [20]。宋朝唐慎薇撰写的《重修政和经书证类备用本草》均对六种灵芝所处地理环境有详细记载，有"赤芝生霍山，青芝生泰山，黄芝生嵩山，白芝生华山，黑芝生常山，紫芝生高山夏峪"的说法 [21]。

南北朝时期梁代陶弘景的《本草经集注》中也有对"六芝"的详细记载：①青芝，味酸，平。主明目，补肝气，安精魂，仁恕。一名龙芝，生泰山。②赤芝，味苦，平。主治胸中结，益心气，补中，增智慧，不忘。一名丹芝，生霍山。③黄芝，味甘，平。主治心腹五邪，益脾气，安神，忠信和乐。一名金芝，生嵩山。④白芝，味辛，平。主治咳逆上气，益肺气，通利口鼻，强志意，勇悍，安魄。一名玉芝，生华山。⑤黑芝，味咸，平。主治癃，利水道，益肾气，通九窍，聪察。一名玄芝，生恒山。⑥紫芝，味甘，温。主治耳聋，利关节，保神，益精气，坚筋骨，好颜色。一名木芝，生高夏 [22]。

现代灵芝栽培和古代道家种芝术是两个不同的概念，灵芝虽然褪去了长生的光环，但其真正药用价值却随着研究的进展被人们不断地发掘和应用。现代灵芝栽培起源于20世纪50年代末，广东省科学院微生物研究所邓庄在1959年首次成功地栽培出灵芝，实现了灵芝栽培技术的突破。这一成就标志着灵芝从野生到人工栽培的转变。世界第一株人工栽培的灵芝标本现在珍藏在广东省科学院微生物研究所 [23]。上海市农业科学院食用菌所所长陈梅朋 1960 年成功栽培灵芝。1969 年，山东崂山发现了大型野生灵芝，献给毛泽东主席，毛主席将灵芝转送给中国科学院，由中国科学院微生物研究所刘锡琎成功地培养出了子实体和孢子粉，世界第一瓶孢子粉现在珍藏在中国科学院微生物研究所，从此打开了普及灵芝栽培的新篇章。

赤芝（*G. lucidum*）主要分布在中国、朝鲜、韩国和日本，在国内分布于福建、海南、安徽、山东、浙江、江西、湖南等地，为《中国药典》收载品种，目前各地均有栽培。紫芝虽然也列入了药典，但栽培没有赤芝广泛，主要在大别山区、江西赣州、福建等地栽培。

介绍灵芝的书籍最早是 1973 年 3 月，中国医学科学院药物研究所编的《灵芝》一书，由人民卫生出版社出版，印刷了 70700 册。这是国内第一本有关灵芝的科普书籍。该书由该研究所杨云鹏、岳德超、王淑芳等研究人员执笔完成。该书对灵芝菌的生物学特性（如形态特征、分布、生态因子、培养性状），灵芝培养中所需的营养基质，灵芝培养试验部分结果及观察到的现象，灵芝分离培养和菌种保藏，灵芝培养需要的设备和基本操作，灵芝菌生产培养方法（如瓶栽、发酵、固体培养、深层培养），灵芝制剂等做了详细的论述，对当时的灵芝人工栽培起到了推动作用 [24]。此后有众多的介绍灵芝的书籍问世。比较系统全面地介绍灵芝的生物学特性、栽培方法、化学成分、药理作用、临床应用的著作是林志彬教授主编的《现代灵芝研究》，现已更新至第 4 版 [25]。近年又有三本介绍灵芝的英文著作出版 [26-28]。

灵芝栽培成熟后主要使用子实体作为保健品和药品原料。1973 年 1 月中国医学科学院药物研究所开始使用水 - 醇提取、乙醚脱脂等方法提取赤芝孢子粉，用其提取物（代号为 "73-1"）进行治疗肌强直、萎缩性脊强直等免疫性疾病的研究。73-1后取名为 "肌生注射液"，北京市卫生局（现北京市卫生健康委员会）1982 年批准中国医学科学院药物研究所实验药厂的 "肌生注射液" 试产试销，1985 年批准转为正式产品。2000 年，国家药品监督管理局批准 "肌生注射液" 换发批准文号为 "国药准字 XF20000451"，颁布本品国家药品标准变更通用名为 "灵孢多糖注射液"，执行标准 "WS1-XG-024-2000" 沿用至今。这是国内最早利用灵芝孢子粉提取物制药，开创灵芝孢子粉提取物应用之先河。

1974 年 1 月中国医学科学院药物研究所进行了薄盖灵芝的发酵研究，将菌丝体提取物制成 "薄盖灵芝注射液"，简称 "薄芝注射液"（原名 "增肌注射液"，代号肌 -741)，薄盖灵芝片简称薄芝片（原名 743 片）。前者系采用深层发酵培养法生产出的一种生产周期短的薄芝菌丝体，再将其乙醇提取物的水溶部分制成注射液；后者系收集其发酵液经浓缩后制成片剂。后该产品转给当时的扬州中药厂生产 [29]。

中国医学科学院药物研究所研制的这两种制剂，可用于斑秃、硬皮病等免疫性疾病的治疗研究。经北京友谊医院、北京医学院附属第三医院（现北京大学第三医院）、中国医学科学院血液病研究所及皮肤病研究所、扬州医学专科学校附属医院（现扬州职业大学医院）等扩大试用共 557 例发现，薄芝注射液对局限性硬皮病、盘状红斑狼疮、斑秃等有明显治疗作用。

薄芝片作为薄芝注射液的辅助药可调治妇女围绝经期综合征及神经衰弱。薄芝注射液及薄芝片治疗各型硬皮病 173 例，总有效率 79.1%；治疗皮肌炎 40 例，总有效率 95%；多发性肌炎 15 例，总有效率 100%。薄芝注射液治疗红斑狼疮 84 例，总有效率 90%；斑秃 232 例，总有效率 78.88%。薄芝片作为针剂注射疗程间期的口服替代品而试用于治疗妇女围绝经期综合征 69 例和神经衰弱 58 例，有效率分别为 50%～82%、52%～86%。此外，北京友谊医院还用薄芝注射液治疗小脑共济失调、多发性硬化症及其他多种神经系统疾病[30]。

中国医学科学院药物研究所的灵芝研究获得 1978 年全国医药卫生科学大会奖。

20 世纪 80 年代是灵芝栽培飞速发展的时期，各地举办各种培训班，采用短段木扎捆，熟料栽培模式，种植规模较为集中，在福建的武夷山、浦城、松溪，浙江丽水的龙泉、庆元，山东的冠县、泰山，吉林的黄松甸、长白山，安徽的金寨、霍山、旌德，江西的九江、赣州，以及黑龙江、河北、江苏、湖南、贵州、广东、广西、海南等省区和西藏林芝等地均有栽培，形成了灵芝的主产区。

1991 年，在中国药学会、中国食用菌协会和北京医科大学共同主办的"1991 全国灵芝研究专题讨论会"和"1994 国际灵芝专题讨论会"后，灵芝的研究、开发与应用有了新的进展，我国的医药学家进一步采用现代科技方法研究灵芝的有效成分、药理作用及其机制，为灵芝的进一步临床应用奠定了理论基础，推动了灵芝的临床研究。

1994 年，倪宗耀与外商合作创建的嘉兴天源保健食品有限公司（现美罗国际生物集团公司）生产的"回天力牌灵芝菌丝体粉"获得卫生部新资源食品试生产批号卫新食试字〔1994〕60 号；1997 年 10 月获卫生部批准为新资源食品，批准文号为卫新食准字〔1997〕14 号，开启了灵芝菌丝体粉新资源食品的先河。

1996 年龙泉灵芝入选《中华之最荣誉大典》（1949—1995），由国务院发展研究中心市场经济研究所颁发给浙江省龙泉市人民政府入选证书和"中华灵芝第一乡"牌匾（中最字 0249 号）。龙泉灵芝 2010 年获得国家质量监督检验检疫总局（现国家市场监督管理总局）国家地理标志产品保护[31]。

中国台湾和日本的研究人员在 20 世纪 80 年代发现在发酵生产过程中的赤芝菌丝体也会产生三萜，采用的是液体静置发酵方法[32-35]。Lin 等利用高效液相色谱法从液体发酵 30 天的赤芝菌丝体中分离得到 15 种三萜化合物[36]。Hirotani 等从赤芝发酵菌丝体中分离得到了灵芝酸 R、S、T（ganoderic acids R、S、T）等新的三萜化合物并确定了它们的结构[37]。Q. H. Fang 和 J. J. Zhong 发明了两阶段液态发酵生产灵芝菌丝体的方法，通过先振荡再静置的发酵方式可以在较短的时间内大量地生产灵芝三萜类化合物[38]。岳亚文等通过液体发酵和固体发酵相结合的发酵方式，从龙芝2号菌丝体中分离得到了11种三萜化合物，其中灵芝酸 T1（ganoderic acid T1）为首次发现的灵芝酸天然产物[39]。与灵芝子实体不同，灵芝的菌丝体中三萜种类远没有子实体多，但单个三萜化合物的含量比较高。发酵灵芝的产品除了薄盖灵芝之外，目前尚没有别的产品在市场上流通。

1996年10月潘自航创建的中国食用菌技术开发有限公司第一个取得了"灵芝孢子粉"保健品批号，开启了灵芝孢子粉作为保健、养生用品的新篇章。

2000年南京中科生化技术有限公司的"中科牌灵芝孢子油软胶囊"首先取得了卫生部的保健品批号，开启了应用灵芝孢子油的时代。

1997年灵芝片首次进入《中国药典》。2000年，灵芝正式列入《中国药典》，并明确来源为"多孔菌科真菌赤芝 Ganoderma lucidum （Leyss.ex Fr.）Karst. 或紫芝 Ganoderma sinense Zhao, Xu et Zhang 的干燥子实体"。全年采收，除去杂质，剪除附有朽木、泥沙或培养基质的下端菌柄，阴干或在40～50℃烘干[6]。

2001年卫生部卫法监发〔2001〕84号文件批准赤芝、紫芝、松杉灵芝成为保健品的材料来源。赤芝在全国很多地区都有栽培，紫芝栽培相对少一些，松杉灵芝主要是在我国台湾栽培，东北也有一部分企业或农户栽培松杉灵芝并开发相关产品。

2004年，江西仙客来生物科技有限公司"仙客来牌灵芝冲饮片"第一个取得国家绿色食品批号，推动了灵芝列入国家药食兼用目录的进程。

2006年福建仙芝楼生物科技有限公司率先开始连续18年通过了中国、美国、日本和欧盟四大有机灵芝认证，为灵芝的高品质生产树立了样板。

2008年江苏安惠生物科技有限公司第一个取得了灵芝商务部直销牌照，开启了灵芝销售推广的新模式。

2008年3月安徽旌德县被中国经济林协会命名为"中国灵芝之乡"。

2012年12月28日，江西仙客来生物科技有限公司董事长潘新华应邀参加国务院总理李克强同志主持的民营企业家座谈会，并汇报了灵芝等食药用菌产业的发展，同年4月作为灵芝行业代表受邀参加了博鳌亚洲论坛年会。

2012年福建仙芝楼生物科技有限公司负责起草制定的国家标准《灵芝孢子粉采收及加工技术规范》正式发布，2023年又负责进行了修订，使灵芝孢子粉采收标准有据可依。

2016年6月26日，江西仙客来生物科技有限公司董事长潘新华研究员受邀参加在天津举办的夏季达沃斯论坛，仙客来灵芝品牌亮相论坛，受到政商各界领袖的青睐，同年9月受邀参加二十国集团领导人第十一次峰会（G20杭州峰会），受到海内外多家媒体采访，向世界传递中国灵芝声音。

2017年5月灵芝第一股"金华寿仙谷药业有限公司"在上海证券交易所主板成功上市，标志着灵芝进入了金融资本时代。

2018年金华寿仙谷药业有限公司负责制定的 ISO 21315：2018"Traditional

Chinese medicine— *Ganoderma lucidum* fruiting body" 国际标准发布。

2023 年 5 月，安徽金寨县被中国林业产业联合会授予"中国灵芝之都"称号。

2023 年 4 月，江西仙客来生物科技有限公司的"仙客来牌灵芝"和浙江寿仙医药股份有限公司的"寿仙谷灵芝"被第 19 届亚运会组委会授予杭州亚运会官方灵芝产品供应商。9 月"仙客来牌灵芝孢子油维生素 E 软胶囊"等产品入驻亚运会主媒体中心并在场馆设立唯一"健康补给站"，累计接待了 40 多个国家 7000 余名中外媒体记者与赛事参与者，展示了中国灵芝的风采。

2023 年 11 月，赤芝、紫芝被国家药品监督管理局正式列入药食兼用品种目录，使灵芝的应用范围更加广泛。

截至 2024 年，灵芝研究论文总数已超过 1 万篇，相关的专利也有近 7000 项，在国家市场监督管理总局官网可以查到取得国家认证的保健品 18000 余种，"保健食品注册——主要原料"用灵芝检索，可以得到大约 1080 条产品信息，其中灵芝 373 种，孢子粉 350 种，灵芝孢子油保健品 74 个，含有灵芝的药品和复方有 171 种。灵芝产量约 18 万吨，产值已接近 300 亿元。在国家 27 种保健功能的产品中，以灵芝可用部位作为原料的产品约占已批准的功能产品总数的 8%，其涉及增强免疫力、缓解体力疲劳、辅助降血脂、抗氧化等 20 种保健功能。灵芝在保健食品中较为常用的功能（适宜人群）基本上都集中在了"免疫力低下者"，有个别的功能定位于"有机化学性肝损伤危险者""血脂偏高者"。

灵芝产品可以促进损伤细胞的修复，通过提高免疫力、改善血液循环、安神、提高细胞酶活性等而提高机体自身康复能力。灵芝中的有效成分可以促进树突细胞的增殖、分化，增强单核巨噬细胞与自然杀伤细胞（NK 细胞）的吞噬活性，阻挡病毒和细菌入侵人体并可消灭病毒。灵芝中的有效成分还可以提高 T 细胞、NK 细胞、K 细胞的活性，促进巨噬细胞、T 细胞产生细胞因子，促进免疫球蛋白（抗体）的生成，增加 T 细胞和 B 细胞的增殖反应，促进白细胞介素 -1、白细胞介素 -2 和 γ 干扰素等细胞因子的生成，从而起到提高免疫系统活性的作用[40]。

简单总结灵芝的作用是入五脏，平阴阳：①入心：有降脂、降压、清理血液垃圾的作用，可以有效预防心脑血管疾病的发生以及复发。②入肝：有保肝、护肝、降低转氨酶的作用。③入脾：可以激活胰岛细胞，促进胰岛素分泌，逐渐使血糖趋于平稳。④入肺：治疗急慢性支气管炎、哮喘、感冒、咳嗽、咽炎等疾病。⑤入肾：对急慢性肾炎、前列腺炎、尿道炎、小便不畅、骨质疏松等有治疗作用。

灵芝所含化学成分复杂，且因所用菌种、培养方法、提取方法等不同而异。研究灵芝的化学成分，在于了解和比较灵芝属不同种及同一种的不同发育阶段（如子实体、菌丝体、孢子体）所含的化学成分的区别，通过药理学研究确定其有效组分或活性成分，为进一步研究灵芝药理作用机制、提高临床疗效、改进生产工艺及质量控制标准提供理论依据。灵芝化学成分共有 9 类近 1100 个化合物[41]。

目前已经做过化学和活性研究的灵芝种有：赤芝（*G.lucidum*）、紫芝（*G.*

sinense）、松杉灵芝（*G. tsugae*）、薄盖灵芝（*G. capense*）、树舌灵芝（*G. applanatum*）、鹿角灵芝（*G. amboinense*）、新日本灵芝（*G.neo-japonicum*）、热带灵芝（*G. tropicum*）、黑芝（*G. atrum*）、南方灵芝（*G. australe*）、狭长孢灵芝（*G. boniense*）、硬孔灵芝（*G. duropora*）、无柄灵芝（*G. resinaceum*）、茶病灵芝（*G. theaecolum*）、背柄灵芝（*G. cochlear*）、拱状灵芝（*G. fornicatum*）、海南灵芝（*G. hainanense*）、无柄紫芝（*G. mastoporum*）、佩氏灵芝（*G. petchii*）、长管树舌（*G. annulare*）、黄边灵芝（*G. luteomarginatum*）、白肉灵芝（*G. leucocontextum*）、韦伯灵芝（*G. weberianum*）、大青山灵芝（*G. daqingshanense*）、木麻黄灵芝（*G. casuarinicola*）、弗氏灵芝（*G. pfeifferi*）、肉质灵芝（*G. carnosum*）、柯蒂斯灵芝（*G. curtisii*）、巨大灵芝（*G. colossum*）、椭圆灵芝（*G. ellipsoideum*）、圆形灵芝（*G. orbiforme*）、有柄树舌（*G. gibbosum*）以及 *G. concinnum*、*G.mbrekobenum*、*G. colossolactone*、*G. concinna* 等，研究部位包括灵芝子实体、菌丝体、孢子粉和发酵液[41]。

灵芝化学成分分为水溶性和脂溶性两大类：

① 灵芝水溶性成分：主要是多糖、多糖肽、核苷酸、氨基酸、神经氨酸等。

② 灵芝脂溶性成分：主要是三萜、杂萜、甾醇、倍半萜、有机酸等。

灵芝三萜（ganoderma triterpenes，GTs）是在灵芝中发现的一类三萜类化合物，是灵芝中十分重要的化学和药效成分，具有显著的生理活性。早在 1982 年，T. Kubota 等首次从赤芝子实体中分离得到三萜类化合物灵芝酸 A 和灵芝酸 B[42]。到 2024 年 6 月为止，从各种灵芝的子实体、孢子和菌丝中分离得到的三萜类化合物已经达到 514 个，属灵芝的二级代谢产物，分子质量在 400～600 kDa，绝大多数分离自赤芝。灵芝中的三萜类化合物多为四环三萜，是一类高度氧化的羊毛甾烷类衍生物，具有共同的羊毛甾烷（lanostane）骨架，被归类为羊毛甾烷类三萜。个别三萜化合物为五环三萜。根据侧链和官能团的不同，灵芝三萜又可分为灵芝酸（ganoderic acid）、灵芝内酯（ganolactone）、灵芝醇（ganoderiol）和赤芝酸（lucideric acid）等。灵芝酸、灵芝醇等为灵芝三萜类化合物中的主要活性成分。

灵芝杂萜化合物是灵芝中一类具有混合生源的天然产物，其结构由来自莽草酸途径的 1,2,4- 三取代苯基和来自甲戊二羟酸途径的萜类片段构成。萜类片段有很多双键，可进一步氧化、环化、重排和聚合，从而形成结构丰富的灵芝杂萜。目前灵芝杂萜共 450 余个。

在灵芝中发现的甾醇大多为麦角甾醇化合物，少数为胆甾醇化合物。麦角甾醇主要存在于真菌细胞膜中，是真菌类生物的特征化合物。灵芝中的甾醇共 58 种。过氧化麦角甾醇有较好的抗肿瘤活性，近年也引起了人们的关注。

灵芝是传承了几千年的造福人类生命健康的仙草，是吉祥如意的象征。灵芝作为传统中药，迄今文字记载已有 2000 余年的悠久应用历史，是中医药宝库里的一颗璀璨明珠。

2023 年 5 月，灵芝学术界和产业界同仁共同倡议，决定将每年的 7 月 6 日设立为"灵芝日（Lingzhi Day）"，旨在"弘扬灵芝文化、推动产业发展"，以专题日的形式在全国各地同时举行庆祝活动，包括学术研讨、文化交流、产业推广、科普宣传、产品展销等，进一步提高灵芝的社会影响力和大众认知度，将"东方仙草、护佑生命"的美好愿景转化为传承发扬中华优秀传统文化、振兴祖国医药事业的实际行动。在服务健康中国、农业强国、乡村振兴等国家战略的新征程中，奋力谱写灵芝产业高质量发展新篇章。

第三节　灵芝研究及产业发展趋势

灵芝栽培经历了由室内瓶栽试验、短段木覆土栽培、室内袋栽和短段木熟料覆土栽培几个发展阶段，近年又兴起林下栽培及工厂化栽培。灵芝栽培的材料包括段木和菌包两种形式。中国是人工栽培菌类的摇篮，直到今天，由我国劳动人民最初确立的栽培技术原则，仍以其丰富的科学内涵而熠熠生辉。灵芝研究从 20 世纪 50 年代末开始，到现在已经有 70 余年的时间，其间发现了众多有生物活性的化合物。尤其是近 20 年，灵芝孢子粉和灵芝孢子油作为保健品在民众中得到了广泛的应用。随着我国大健康战略的推动，灵芝的研究及产业发展趋势如下所述。

一、以中医药理论为指导，进一步开展灵芝化学成分和生物活性及科学内涵研究

结合现代自然科学技术方法研究传统中药灵芝，应不偏离其药性根本，在药效和理论上有所创新。阐明灵芝物质基础和药效机制，能为传统中药灵芝赋予新的科学内涵，以指导临床应用，尤其在临床试验上会有更多的大学、科研机构和生产灵芝产品的企业联合起来开展多方面的合作，有更多的资金投入，克服以前偏重药理和体内外模型的实验、对临床应用重视不足的问题。加强化学成分的生物活性研究，寻找和发现新的药理作用靶点，更深刻地揭示灵芝可以防病治病的原因。对于灵芝有效成分含量的检测方法的研究，目前法定的检测方法为比色法，其专属性不强，易造成较大误差，困扰着很多企业，因此急需建立和批准可靠的检测方法。灵芝孢子粉备案制的应用及灵芝子实体被批准作为药食兼用品种以后，市场产品骤增，良莠不齐，急需规范产品的质量。

二、深挖新质生产力，创造灵芝新产品

根据科学研究的先进成果，有益百姓健康的灵芝新产品会陆续问世。灵芝孢子

粉在过去 20 年时间里获得批号的有 270 余个产品，自从 2021 年灵芝孢子粉从报批制变为备案制以来，获得灵芝孢子粉保健品备案号的已经有 1200 余个。目前市面上已出现名录繁多的灵芝保健品和灵芝食品，包括灵芝咖啡、灵芝饼干、灵芝面条、灵芝糖果等，然而无论从产品种类还是产品质量的科技水平来看，还迫切需要以中医药理论为前提的深度开发及应用研究，不断提高新产品的科技含量。

三、尊重生态，绿色发展

发展过程中重视以保护灵芝原生态为前提，科学合理地循环发展。我国幅员辽阔，发展灵芝产业要尊重地域特色，要规划发展，可持续发展。同时，要注重灵芝的新品种选育，实现灵芝药材稳定的高品质生产，让灵芝产业实现规范化和标准化。随着森林保护的加强，种植灵芝的木材会日益减少，灵芝工厂化的发展就会加速。灵芝工厂化栽培的主要优点：①节省土地，可利用木屑、玉米芯等原材料作为菌包，可持续性好。②可机械化、自动化操作，效率更高。③灵芝栽培不受季节和环境的影响，可实现周年可控、稳定大批量生产，一年培养 3～4 茬，产品新鲜满足市场需求。④生产环境清洁卫生，有效防虫、防杂菌，培养方式免覆土，避免土地带来的重金属富集，质量可靠。⑤主要采用代料栽培，既富营养又稳定，生产环境采用数字化智能系统进行在线监测和人工调控相结合，标准化管理生产可溯源。⑥可获得国家有机认证，经得住飞行检查。⑦场地利用率高，单位面积产量大，效益高。

广东健芝缘保健食品有限公司、中山大学灵芝栽培基地、江西仙客来生物科技有限公司等地率先展开。

四、产业带动，乡村振兴

在国家的乡村振兴战略中，应科学引导全国的灵芝产业，使其成为中国乡村振兴的一道靓丽风景线。应大力挖掘我国特有的"芝"文化，把"芝"文化建设和农副加工品以及旅游等产业结合起来，推动经济发展和乡村振兴。

灵芝是养生和调理机体的一个很好的中药。什么是调理？调理就是让"曾经的病"康复好转；让"未知的病"不再发展；让"已经的病"不断自愈；让"未病"没有产生的机会；让"小毛病"扼杀在萌芽的状态。总的来说，灵芝对健康的影响是多方面的，既有其独特的药用价值，也有一些需要注意的潜在影响。在使用灵芝时，应根据个人的体质和病情，遵循医生的指导，合理使用，才能发挥其最大的功效，同时避免可能的不良反应。在使用灵芝的同时，也应注重整体健康的管理，才能真正实现健康长寿的目标。让我们同享灵芝精华，共筑健康人生。

最后，我们也要认识到，灵芝并非万能药，不能解决所有的健康问题。保持健康的生活方式，包括良好的生活习惯、均衡的饮食、适量的运动、良好的睡眠、健康的心理等，才是维护身体健康的根本。

（陈若芸　撰写）

参考文献

[1] 张小青. 中国灵芝分类研究纵览 [C]// 中国科学技术协会，浙江省人民政府. 面向 21 世纪的科技进步与社会经济发展. 北京：中国科学技术出版社，1999: 300-301.

[2] 邓叔群. 中国的真菌 [M]. 北京：科学出版社，1963: 445-454.

[3] 戴芳澜. 中国真菌总汇 [M]. 北京：科学出版社，1979.

[4] 赵继鼎，张小青. 中国真菌志：第 18 卷 [M]. 北京：科学出版社，2000.

[5] 吴兴亮，戴玉成. 中国灵芝图鉴 [M]. 北京：科学出版社，2005:1-2.

[6] 国家药典委员会. 中华人民共和国药典：一部：灵芝 [M]. 北京：中国医药科技出版社，2020:195-196.

[7] 崔宝凯，潘新华，潘峰，等. 中国灵芝属真菌的多样性与资源 [J]. 菌物学报，2023，42（1）：170-178.

[8] Patouillard N. Champignons du Kouy-tchéou [J]. *Le Monde des Plantes*, 1907, 2: 31.

[9] 戴玉成，杨祝良. 中国药用真菌名录及部分名称的修订 [J]. 菌物学报，2008，27：801-824.

[10] Moncalvo J M, Wang H F, Hseu R S. Gene phylogeny of the *Ganoderma lucidum* complex based on ribosomal DNA sequences. Comparison with traditional taxonomic characters [J]. *Mycol Res*, 1995, 99: 1489-1499.

[11] Smith B J, Sivasithamparam K. Internal transcribed spacer ribosomal DNA sequence of five species of *Ganoderma* from Australia [J]. *Mycol Res*, 2000, 104: 943-951.

[12] Hong S G, Jung H S. Phylogenetic analysis of *Ganoderma* based on nearly complete mitochondrial small-subunit ribosomal DNA sequences [J]. *Mycologia*, 2004, 96: 742-755.

[13] Wang D M, Wu S H, Su C H, et al. *Ganoderma multipileum*, the correct name for '*G.lucidum*' in tropical Asia [J]. *Bot Stud*, 2009, 50: 451-458.

[14] Cao Y, Wu S H, Dai Y C. Species clarification of the prize medicinal *Ganoderma* mushroom "Lingzhi" [J]. *Fungal Divers*, 2012, 56 (1): 49-62.

[15] Chen S L, Xu J, Liu C, et al. Genome sequence of the model medicinal mushroom *Ganoderma lucidum* [J]. *Nat Commun*, 2012, 3: 913-919.

[16] 袁媛，王亚君，孙国平，等. 中药灵芝使用的起源考古学 [J]. 科学通报，2018，63（13）：1180-1188.

[17] 温鲁. 灵芝的历史文化与现代研究 [J]. 时珍国医国药，2005，16（8）：777-779.

[18] 卯晓岚. "中国灵芝文化" 题要 [J]. 中国食用菌. 1999，18（4）：3-4.

[19] 李爱勇. 神农本草经 [M]. 北京：民主与建设出版社，2021:58-62.

[20] 李时珍. 本草纲目：第三册 [M]. 北京：人民卫生出版社，1978：1708-1712.

[21] 尚志钧. 新修本草 [M]. 辑复本. 合肥：安徽科技出版社，1981：147-148.

[22] 尚志钧，尚元胜. 本草经集注 [M]. 校辑本. 北京：人民卫生出版社，1994：184-186.

[23] 邓庄. 大型真菌人工栽培研究 [J]. 植物学报，1966,14（2）:150-171.

[24]　中国医学科学院药物研究所 . 灵芝 [M]. 北京：人民卫生出版社，1973：15-18.

[25]　林志彬 . 灵芝的现代研究 [M]. 4 版 . 北京：北京大学医学出版社，2015.

[26]　Lin Z B, Yang B X. *Ganoderma and health* [M]. Singapore: *Springer*, 2019.

[27]　Krishnendu A, Somanjana K. *Ganoderma* [M]. Boca Raton,Florida: CRC Press, 2024.

[28]　Liu C. The lingzhi mushroom genome [M]. Singapore: *Springer*, 2021.

[29]　曹仁烈，王桂珍，谢晶辉，等 . 薄盖灵芝治疗斑秃 232 例临床报告 [J]. 北京第二医学院学报，1986, 7（3）：217-218.

[30]　袁波 . 薄盖灵芝注射液及薄盖灵芝片已通过鉴定 [J]. 医学研究通讯，1984, 12（26）：22.

[31]　李朝谦 . 灵芝孢子粉培育与采集 [M]. 杭州：浙江出版集团数字传媒有限公司，2023.

[32]　Tseng T C, Shiao M S, Shieh Y S, et al. Study on *Ganoderma lucidum*. 1.Liquid culture and chemical composition of mycelium [J]. *Bot Bull Acad Sinica*, 1984, 25: 149-157.

[33]　Shiao M S, Lin L J, Yeh S F, et al. Two new triterpenes of the fungus *Ganoderma lucidum* [J]. *J Nat Prod*, 1987, 50 (5): 886-890.

[34]　Yeh S F, Lee K C, Shiao M S. Sterols, triterpenes and fatty acid patterns in *Ganoderma lucidum* [J]. *Proc Natl Sci Council*, 1987, 11: 129-134.

[35]　Nishitoba T, Sato H, Sakamura S. Novel mycelial components, ganoderic acid Mg, Mh, Mi, Mj and Mk, from the fungus *Ganoderma lucidum* [J]. *Agric Biol Chem*, 1987, 51 (4): 1149-1153.

[36]　Lin L J, Shiao M S. Separation of oxygenated triterpenoids from *Ganoderma lucidum* by high-performance liquid chromatography [J]. J *Chromatogr A*, 1987, 410 (1): 195-200.

[37]　Hirotani M, Ino C, Furuya T, et al. Ganoderic acids T, S and R, new triterpenoids from the cultured mycelia of *Ganoderma lucidum* [J]. *Chem Pharm Bull*, 1986, 34 (5): 2282-2285.

[38]　Fang Q H, Zhong J J. Two-stage culture process for improved production of ganoderic acid by liquid fermentation of higher fungus *Ganoderma lucidum* [J]. *Biotechnol Progr*, 2002, 18 (1): 51-54.

[39]　岳亚文，周帅，冯杰，等 . 一种无孢灵芝菌丝体的活性成分 [J]. 菌物学报，2020, 39（1）：128-136.

[40]　张玉坤，姚阳，杨宝学 . 灵芝多糖的药理学研究进展 [J]. 菌物研究，2024, 22（1）：22-38.

[41]　Galappaththi M C A,Patabendige N M, Premarathne B M, et al. A review of *Ganoderma* triterpenoids and their bioactivities [J]. *Biomolecules*, 2023, 13 (1): 24.

[42]　Komoda Y, Nakamura H, Ishihara S, et al. Structures of new terpenoid constituents of *Ganoderma lucidum* (Fr.) Karst. (Polyporaceae) [J]. *Chem Pharma Bull*, 1985, 33 (11): 4829-4835.

第二章

灵芝三萜化学成分及其生物活性

灵芝三萜是灵芝中最重要的生物活性成分之一，是灵芝研究的焦点。从 20 世纪 80 年代开始，具有新颖结构和良好活性的灵芝三萜化合物被大量发现，到目前为止，从灵芝属真菌中已分离出 500 多个三萜类化合物。它们的药理活性广泛，如抗肿瘤、保肝、抗炎、抗辐射、神经保护等。灵芝三萜提取物在临床、保健品中有许多应用。本章介绍灵芝三萜类化合物的提取、分离、鉴定技术与方法、结构特征、生物活性及应用。

第一节　灵芝三萜类化合物分离鉴定技术与方法

一、提取方法

灵芝三萜主要存在于灵芝子实体中，因此用于提取灵芝三萜的原料一般是灵芝子实体。人工培养的灵芝发酵菌丝体也含有丰富的三萜类成分，有研究人员从菌丝体中分离出了灵芝三萜。有研究指出灵芝孢子中三萜含量极低，因此从含量上，灵芝三萜并非灵芝孢子及其相关产品的药效基础成分。

溶剂提取法是最常用的提取灵芝三萜的方法。灵芝三萜类化合物极性较小，难溶于水而易溶于乙醇、甲醇、氯仿等有机溶剂[1]。乙醇因其廉价、低毒的优点成为提取灵芝三萜最常用的溶剂。传统的溶剂提取法为加热回流提取法。

加热回流提取法耗时较长，会消耗大量溶剂，且加热温度较高，可能破坏灵芝中的活性成分，缺陷较为明显，现在常采用超声、微波等辅助提取，以提高提取效率。弓晓峰等[2]的研究表明，以 95% 乙醇为溶剂提取灵芝子实体，使用超声辅助提取灵芝三萜的提取率（1.43%）高于回流提取（0.92%）。贾霄云等[3]研究微波提取灵芝中三萜类化合物，在相同条件下平均提取率达 1.043%，比未使用微波的工艺，三萜提取率提高 150%。

超临界流体萃取技术是一种以超临界 CO_2 为溶剂的新型萃取方法。与有机溶剂提取法相比，超临界流体萃取法耗时短，提取效率高，消耗有机溶剂少，且由于提取温度低，灵芝中的活性成分在提取过程中不易被破坏。贾晓斌等[4]比较了超临界 CO_2 萃取法和醇回流法提取灵芝三萜的优劣，发现优化后的超临界 CO_2 萃取法对灵芝三萜的提取效率为 1.33 mg/g，比醇回流法（1.26 mg/g）提取效率略高，且浸膏中杂质较少。CO_2 为非极性分子，但灵芝三萜分子具有一定的极性，根据相似相容原理，采用超临界 CO_2 提取灵芝三萜类化合物时，通常需要加入乙醇作为夹带剂，以提高溶剂极性。研究发现，增大压力不仅可使超临界 CO_2 的提取能力提高，而且不添加夹带剂也能提取灵芝三萜。华正根等[5]的研究结果表明：不添加夹带剂，采用 85 MPa 的高压超临界 CO_2 提取灵芝三萜，提取物中灵芝三萜含量为 1.35%，而采用乙醇回流提取法提取的灵芝三萜含量仅为 0.92%。这项研究为利用高压超临界流体萃取技术提取灵芝三萜提供了参考。

以上研究表明超临界流体萃取法相对于传统有机溶剂提取法有着独特的优势，有望发展成为绿色环保的新型灵芝三萜提取方法。但超临界流体萃取技术对设备要求高，产量小，在灵芝三萜提取方面的应用仍处于探索阶段。

二、分离技术

灵芝三萜的分离纯化是一个较为复杂的过程。灵芝三萜类化合物种类繁多而结构相似，根据它们的物理化学性质，可以对总提物采取分阶段多方法联合的分离纯化形式，由粗到细，逐步分离，直至最终得到灵芝三萜单体化合物。主要的分离手段是利用各种色谱方法，包括大孔树脂柱色谱、正相柱色谱、反相柱色谱、高效液相色谱、薄层色谱等。此外，还有萃取、重结晶、密度梯度离心等其他分离纯化方法。本小节简单介绍了目前普遍采用的色谱分离方法，并对典型的灵芝三萜的分离流程加以介绍。

1. 大孔树脂柱色谱

大孔树脂是一种不含交换基团、有大孔结构的有机高聚物吸附剂，具有良好的大孔网状结构和较大的比表面积，有吸附和分子筛双重作用。大孔树脂柱有载样量大、选择性好、解吸容易、洗脱率高和可再生等优点。在灵芝三萜的分离中，大孔树脂柱色谱往往用于初步分离三萜总提物。

2. 硅胶柱色谱

硅胶柱色谱法的分离原理是根据化合物在硅胶上的吸附力不同，极性较大的物质易被硅胶吸附，极性较弱的物质不易被硅胶吸附，从而造成了在柱内保留时间的差异，极性弱的化合物先流出色谱柱，极性大的化合物后流出色谱柱，使不同极性的化合物得到分离。由于硅胶的极性大于流动相的极性，硅胶柱也叫正相柱。硅胶柱色谱也用于初步分离。

3. 高效液相色谱

高效液相色谱（high performance liquid chromatography，HPLC）以液体为流动相，采用高压输液系统，将具有不同极性的流动相泵入装有固定相的色谱柱，在柱内各成分被分离后，进入检测器进行检测，从而实现对试样的分析或分离。和经典的柱色谱相比，HPLC 引入气相色谱法理论，采用高压输送液态流动相，色谱柱以特殊方法填充小粒径填料，使柱效率大大提高，改善了分离效果。HPLC 可根据进样量的不同分为分析型 HPLC、半制备型 HPLC 和制备型 HPLC。在灵芝三萜的分离中，制备型及半制备型 HPLC 用于分离提纯灵芝三萜化合物，分析型 HPLC 用于灵芝三萜粗品成分分析及灵芝三萜化合物纯度的检测和含量测定。

4. 灵芝三萜分离流程

以 Peng 等[6]的研究性论文为例，典型的灵芝三萜分离流程如图 2-1 所示。

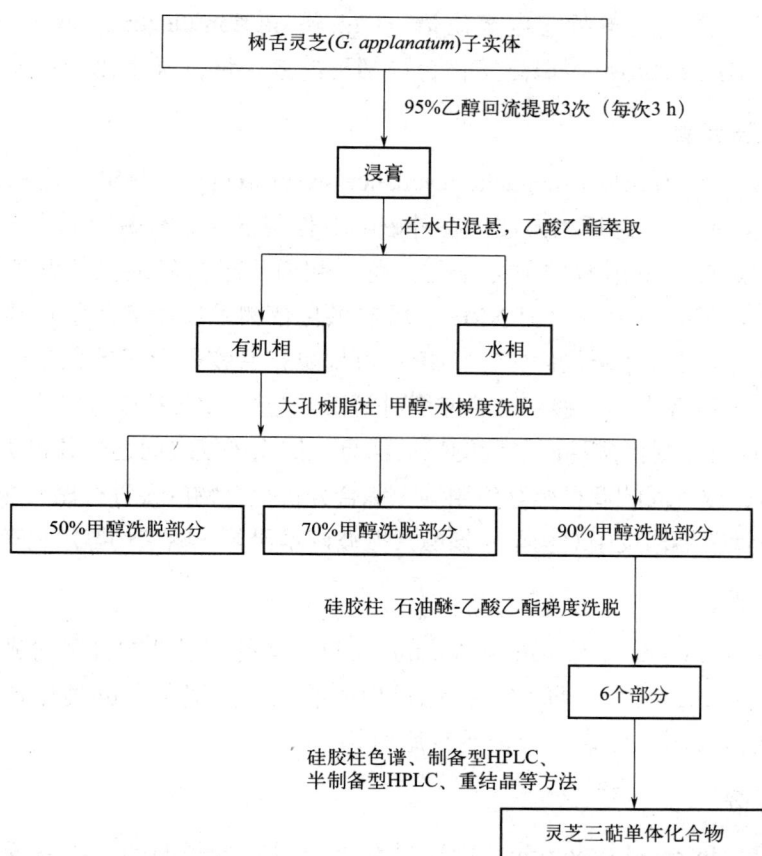

```
          ┌─────────────────────────────────┐
          │  树舌灵芝(G. applanatum)子实体      │
          └─────────────────────────────────┘
                        │ 95%乙醇回流提取3次（每次3 h）
                   ┌──────┐
                   │ 浸膏 │
                   └──────┘
                        │ 在水中混悬，乙酸乙酯萃取
            ┌───────────┴───────────┐
       ┌────────┐              ┌────────┐
       │ 有机相 │              │ 水相  │
       └────────┘              └────────┘
            │ 大孔树脂柱 甲醇-水梯度洗脱
   ┌────────┼──────────────────┐
┌──────────────┐ ┌──────────────┐ ┌──────────────┐
│50%甲醇洗脱部分│ │70%甲醇洗脱部分│ │90%甲醇洗脱部分│
└──────────────┘ └──────────────┘ └──────────────┘
                                      │ 硅胶柱 石油醚-乙酸乙酯梯度洗脱
                                 ┌────────┐
                                 │ 6个部分 │
                                 └────────┘
          硅胶柱色谱、制备型HPLC、  │
          半制备型HPLC、重结晶等方法 │
                              ┌──────────────────┐
                              │ 灵芝三萜单体化合物 │
                              └──────────────────┘
```

图2-1　灵芝三萜分离流程[6]

三、灵芝三萜的结构鉴定

灵芝三萜的结构鉴定遵循一般天然产物结构鉴定程序：①收集化合物的基本信息，如颜色、状态、熔点、比旋光度等基本物理性质。这些信息可以帮助初步判断化合物的类型。②利用多种波谱技术对化合物进行分析，从而获得化合物详细的结构信息。③根据以上分析结果，结合已知化合物的结构信息和波谱数据，对化合物进行结构解析，确定其精确结构。④如有必要，采用 X 射线单晶衍射等方法验证化合物的结构。

在鉴定灵芝三萜化合物的结构时，需要使用质谱、红外光谱、紫外光谱、核磁共振波谱、圆二色谱等多种波谱技术。每种方法都有其独特的优势和局限性，将它们结合使用时，可以提供较为全面的化合物结构信息，其中又以核磁共振波谱获得的信息最丰富，在结构鉴定中最为重要。下面简要介绍结构鉴定中常用的波谱技术。

1. 质谱

质谱（mass spectroscopy，MS）是通过测量将待测物分子转化为气态离子，收集离子的质荷比信息，从而鉴定化合物的一种方法。质谱可以获得化合物的分子量、结构片段信息。高分辨电喷雾电离质谱（high resolution electrospray ionization mass spectroscopy，HRESIMS）可以测定化合物精确的分子量，确定化合物的分子式。

2. 核磁共振波谱

核磁共振波谱（nuclear magnetic resonance spectroscopy，NMR）是利用原子核对射频辐射的吸收而进行分析的方法。在外磁场的作用下，具有磁矩的原子核存在不同能级，当用一定频率的射频照射分子时，可引起原子核自旋能级的跃迁，这就是核磁共振现象。核磁共振氢谱（^{1}H-NMR）可提供化合物氢原子的化学位移、偶合常数以及数量信息。核磁共振碳谱（^{13}C-NMR）可提供化合物碳原子的化学位移和数量信息。此外，一系列将化学位移-化学位移对核磁信号作二维展开而成的二维核磁共振谱（2D-NMR）可以提供多种原子间的相关信息，如原子核之间通过共价键的偶合关系和核与核之间通过空间的偶极相互作用等。综合分析化合物的多种核磁共振谱，可以确定分子的平面骨架结构及相对构型。核磁共振波谱是灵芝三萜结构鉴定最有力的工具。

3. 圆二色谱

圆二色谱（circular dichrosim spectrum，CD）是具有手性的分子对光的圆二色性产生的光谱。圆二色谱是判断化合物绝对构型的依据。灵芝三萜类化合物为手性分子，往往需要依靠圆二色谱充分证明其绝对构型。

4. 红外光谱

红外光谱（infrared spectrum，IR）是红外光引起分子振动能级跃迁，产生红外吸收光谱并进行分析的方法。红外光谱可以提供官能团信息，例如灵芝三萜类化合物中常见的羟基、羰基、羧基都可以在红外光谱中找到其对应的吸收峰。

5. 紫外光谱

紫外光谱（ultraviolet spectrum，UV）是基于分子对紫外-可见光区辐射吸收，引起电子能级跃迁，产生紫外吸收光谱而进行分析的方法。紫外吸收来源于化合物中的发色团，但由于天然产物能提供的结构信息较少，其在天然产物系统结构鉴定中只起到辅助作用。但基于紫外光谱原理设计的光电二极管矩阵检测器广泛应用于分析型 HPLC 中，在对样品进行 HPLC 分析后可以立即查看化合物的紫外吸收光谱，初步判断化合物的含量或纯度，推断其结构特征。

四、灵芝三萜结构鉴定实例

以下是新灵芝三萜化合物结构鉴定流程实例 [7]。

化合物实例 **1**（图 2-2），白色粉末，紫外光谱在 234 nm 处有最大吸收，表明结构中有共轭双键；311 nm 处的弱紫外吸收提示可能存在羰基［图 2-3（a）］。红外光谱显示结构中有羰基（1708 cm^{-1}、1673 cm^{-1}）、碳碳双键（1626 cm^{-1}）［图 2-3（b）］。高分辨质谱给出准分子离子峰质荷比（m/z）：423.3245 [M + H]$^+$（理论值为 $C_{29}H_{43}O_2$，423.3258）［图 2-3（c）］，确定其分子式为 $C_{29}H_{42}O_2$，不饱和度为 9。

^{1}H-NMR显示42个氢信号，其中特征氢信号有：7个甲基信号[δ_H 0.61 (3H, s, H-18), 0.88 (3H, s, H-30), 0.93 (3H, d, J = 6.0 Hz, H-21), 1.09 (3H, s, H-28), 1.13 (3H, s, H-29), 1.20 (3H, s, H-19), 2.26 (3H, s, H-26)]，4个碳碳双键氢信号[δ_H 5.39 (1H, br d, J = 6.4 Hz, H-11), 5.52 (1H, br d, J = 6.4 Hz, H-7), 6.09 (1H, br d, J = 16.0 Hz, H-24), 6.80 (1H, ddd, J = 16.0、8.7、6.1 Hz, H-23)]（表2-1）。^{13}C-NMR显示29个碳原子共振信号，其中低场区有2个羰基信号[δ_C 198.6 (C-25), 216.8 (C-3)]和6个烯碳信号[δ_C 117.1 (C-11), 120.2 (C-7), 132.6 (C-24), 142.6 (C-8), 144.6 (C-9), 147.4 (C-23)]（表2-1）。结合异核单量子相干谱（HSQC）可知高场区有7个甲基碳原子(δ_C 27.0, 25.4, 25.3, 22.5, 22.1, 18.8, 15.7)，另有14个其他脂肪碳原子(δ_C 50.8, 50.7, 50.3, 47.5, 43.9, 39.5, 37.6, 37.2, 36.6, 36.3, 34.8, 31.5, 27.9, 23.7)（表2-1）。

在异核多键相关谱（HMBC）中，由 H$_3$-18 (δ_H 0.61) 与 C-12 (δ_C 37.6)、C-14 (δ_C 50.3)、C-17 (δ_C 50.8) 远程相关；H$_3$-19 (δ_H 1.20) 与 C-1 (δ_C 36.6)、C-5 (δ_C 50.7)、C-9 (δ_C 144.6) 远程相关；H$_3$-28 (δ_H 1.09) 与 C-3 (δ_C 216.7)、C-5 (δ_C 50.7) 远程相关；H$_3$-29 (δ_H 1.13) 与 C-3 (δ_C 216.7)、C-5 (δ_C 50.7) 远程相关；H$_3$-30 (δ_H 0.88) 与 C-8 (δ_C 142.6)、C-13 (δ_C 43.9)、C-15 (δ_C 31.5) 远程相关；H-7 (δ_H 5.52) 与 C-5 (δ_C 50.7)、C-9 (δ_C 144.6)、C-14 (δ_C 50.3) 远程相关；H-11 (δ_H 5.39) 与 C-8 (δ_C 142.6)、C-10 (δ_C 37.2)、C-13 (δ_C 43.9) 远程相关确定了化合物母核碳骨架结构和C-3羰基以及C-7/C-8和C-9/C-11双键的存在（图2-4）。H-17 (δ_H 1.61) 与 C-22 (δ_C 39.5)、C-15 (δ_C 31.5) 的远程相关（图2-4）确定了C-17侧链片段与母核相连。H-22 (δ_H 2.38) 与 C-21 (δ_C 18.8) 远程相关；H-23 (δ_H 6.80) 与 C-20 (δ_C 36.3)、C-25 (δ_C 198.5) 远程相关；H-24 (δ_H 6.09) 与 C-22 (δ_C 39.5) 远程相关和 H-26 (δ_H 2.26) 与 C-24(δ_C 132.6) 远程相关（图2-4），证明了侧链中有 α, β- 不饱和酮片段，且C-27位甲基缺失，为降碳侧链。烯氢间的大偶合常数（$J_{H-23,H-24}$=16.0 Hz）确定了C-23/C-24双键为 E 构型。在氢 - 氢化学位移相关谱（^{1}H-^{1}H COSY）中，H$_2$-1/H$_2$-2，H-5/H$_2$-6/H-7，H-11/H$_2$-12 以及 H$_2$-15/ H$_2$-16/ H-17/ H-20/ H$_3$-21/ H$_2$-22/ H-23/ H-24 间的相关也支持上述对化合物平面结构的推断。

在核欧沃豪斯效应谱（NOESY）中，H-2β 与 H$_3$-29、H$_3$-19 和 H$_3$-18 与 H$_3$-19、H-20 的 NOESY 相关（图2-5）证明 H-2β、H$_3$-18、H$_3$-19、H-20、H$_3$-29 空间取向相同，均为 β 构型。因此与 H$_3$-29 甲基空间取向相反的 H$_3$-28 甲基为 α 构型。H$_3$-28 与 H-5 的 NOESY 相关证明了 H-5 为 α 构型（图2-5）。由于 H$_3$-21 和 β 构型的 H-20 空间取向相反，且 H-17 与 H$_3$-21、H$_3$-30 存在 NOESY 相关（图2-5），因此 H$_3$-21、H-17 和 H$_3$-30 均为 α 构型。

化合物的绝对构型通过计算及实验电子圆二色谱（ECD）比对的方法确定。化合物母核的相对构型已由 NOESY 确定，C-17 侧链会产生更多的构象，但对 ECD 图谱的影响不大，因此用一个甲基取代化合物的 C-17 侧链，将结构简化为 **1-A** 及 **1-B** ［图 2-6 （a）］ 进行计算。**1-A** 的构象分析显示，有 3 个构象能量较低，利用 Gasussian 16 程序，在含时密度泛函理论（TDDFT）、ωB97XD 泛函及 TZVP 基组下，以乙腈为溶剂进行结构优化，计算 ECD 结果如图 2-6 （b） 所示。**1-A** 的 ECD 曲线与实验结果近似，因此化合物实例 1 的绝对构型为 （5R,10S,13R,14R,17R,20R）。

因此化合物 **1** 确定为 (23E)-3,25-dioxo-27-nor-lanosta-7,9(11),23-trien。

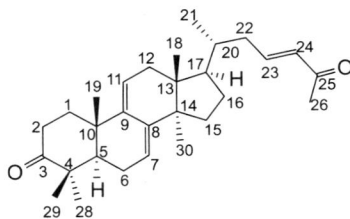

图2-2　化合物实例1的化学结构[7]

表 2-1　化合物实例 1 的 ^{1}H-NMR 和 ^{13}C-NMR 数据 (CDCl$_3$) [7]　　　　单位：10^{-6}

No.	δ_H (J / Hz)	δ_C	No.	δ_H (J / Hz)	δ_C
1	2.28, m 1.76, m	36.6	16	2.03, m 1.36, m	27.9
2	2.78, m 2.35, m	34.8	17	1.61, m	50.8
3		216.7	18	0.61, s (3H)	15.7
4		47.5	19	1.20, s (3H)	22.1
5	1.54, dd (11.6, 3.6)	50.7	20	1.62, m	36.3
6	2.20, m 2.06, m	23.7	21	0.93, d (3H, 6.0)	18.8
7	5.52, br d (6.4)	120.2	22	2.38, m 1.98, m	39.5
8		142.6	23	6.80, ddd(16.0, 8.7, 6.1)	147.4
9		144.6	24	6.09, br d(16.0)	132.6
10		37.2	25		198.5
11	5.39, br d (6.4)	117.1	26	2.26, s (3H)	27.0
12	2.21, m 2.09, m	37.6	27	—	—
13		43.9	28	1.09, s (3H)	25.3
14		50.3	29	1.13, s (3H)	22.5
15	1.67, m 1.43, m	31.5	30	0.88, s (3H)	25.4

注：^{1}H-NMR 400 MHz和^{13}C-NMR 100 MHz，在CDCl$_3$中。

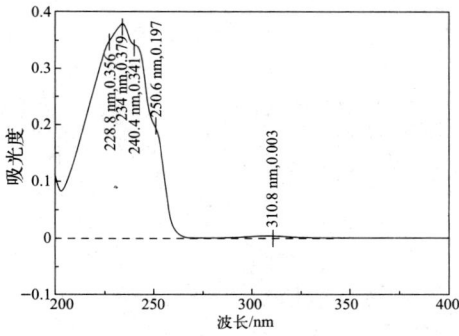

(a) 紫外光谱

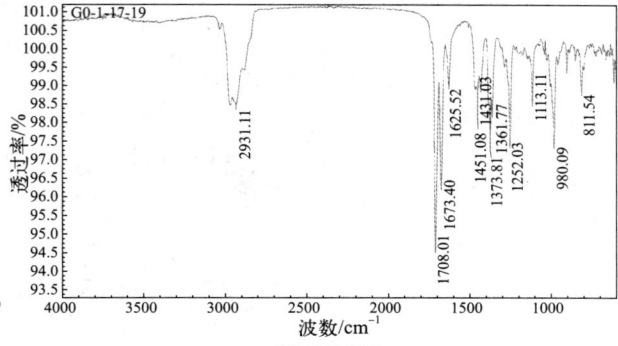

(b) 红外光谱

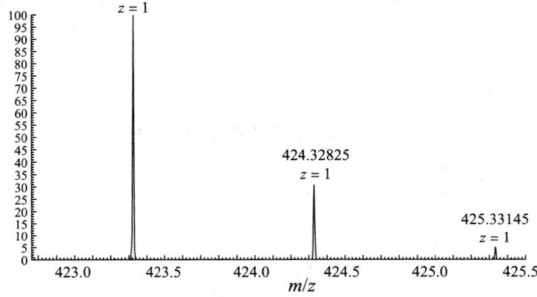

(c)高分辨质谱

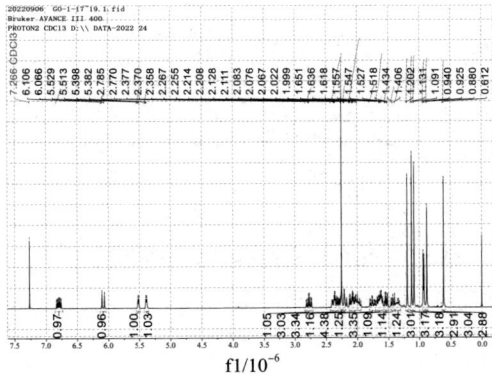

(d) ^{1}H-NMR谱

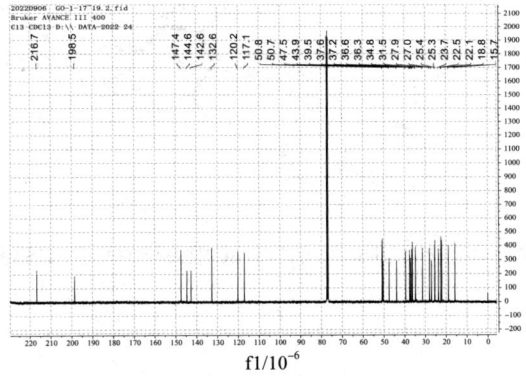

(e) ^{13}C-NMR谱

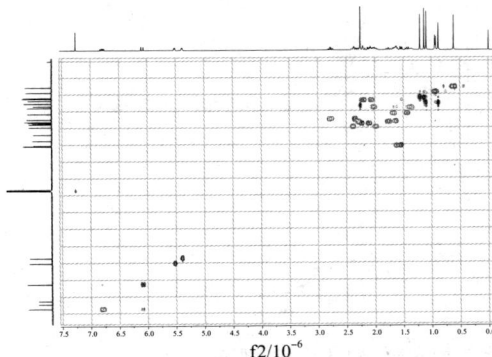

(f) HSQC谱

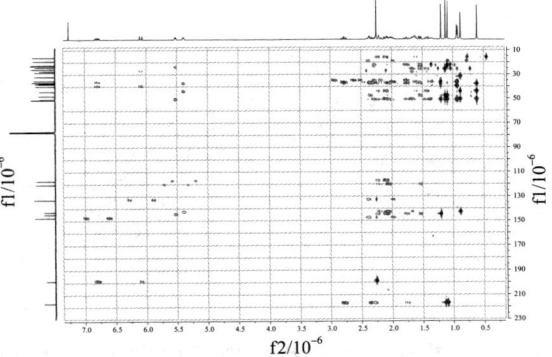

(g) HMBC谱

图2-3

(h) ¹H-¹H COSY谱   (i) NOESY谱

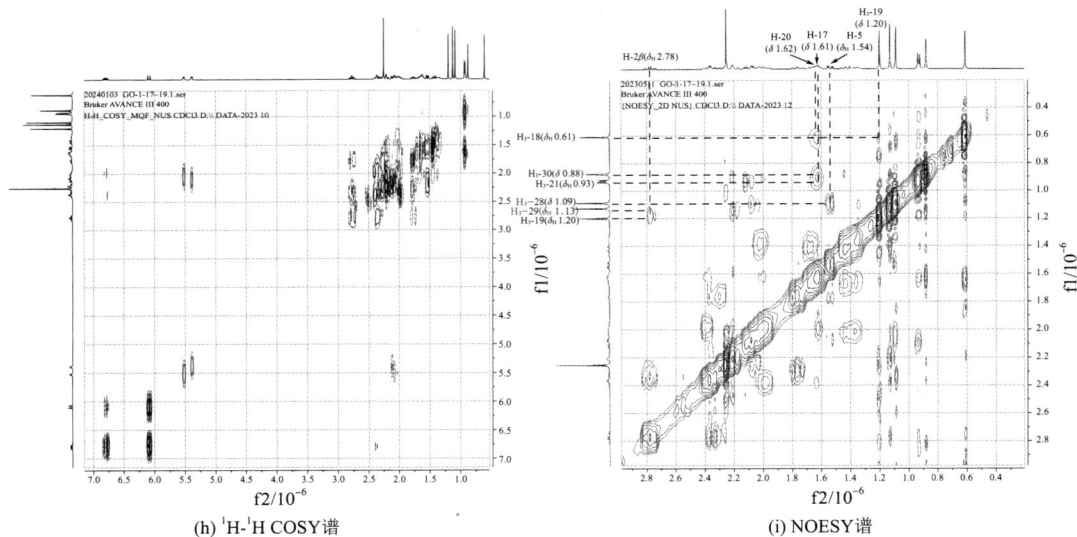

图2-3   化合物实例1的谱图[7]

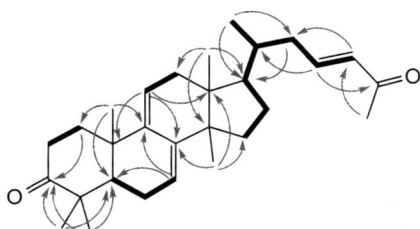

图2-4   化合物实例1的HMBC相关与¹H-¹H COSY相关[7]   图2-5   化合物实例1的NOESY相关[7]

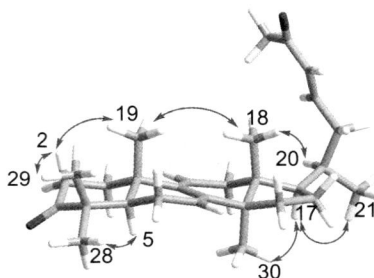

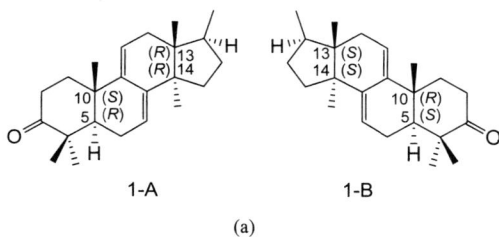

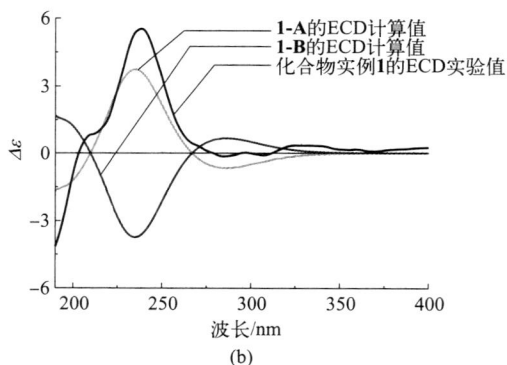

图2-6   (a) 化合物实例1的简化结构和(b) 化合物实例1的计算和实验ECD图谱[7]

第二节　灵芝三萜类化合物的结构

　　从灵芝属真菌中分离得到的三萜类化合物的结构特征为：①化合物类型是羊毛甾烷型四环三萜，碳骨架结构多变，可能发生降碳、开环或重排；②母核 C-3 位为羟基或羰基，C-8、C-9 位脱氢形成双键，或 C-7、C-8 和 C-9、C-11 位脱氢形成共轭双键；③侧链被一定程度氧化，部分有羧基。灵芝三萜的碳架结构如图 2-7 所示。图 2-8 和表 2-2 汇总了迄今为止发现的 514 个灵芝三萜的名称、化学结构和菌种来源等。

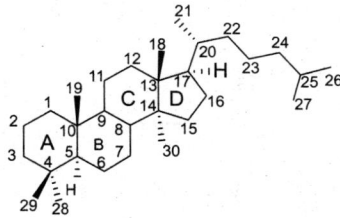

图2-7　灵芝三萜的碳架结构

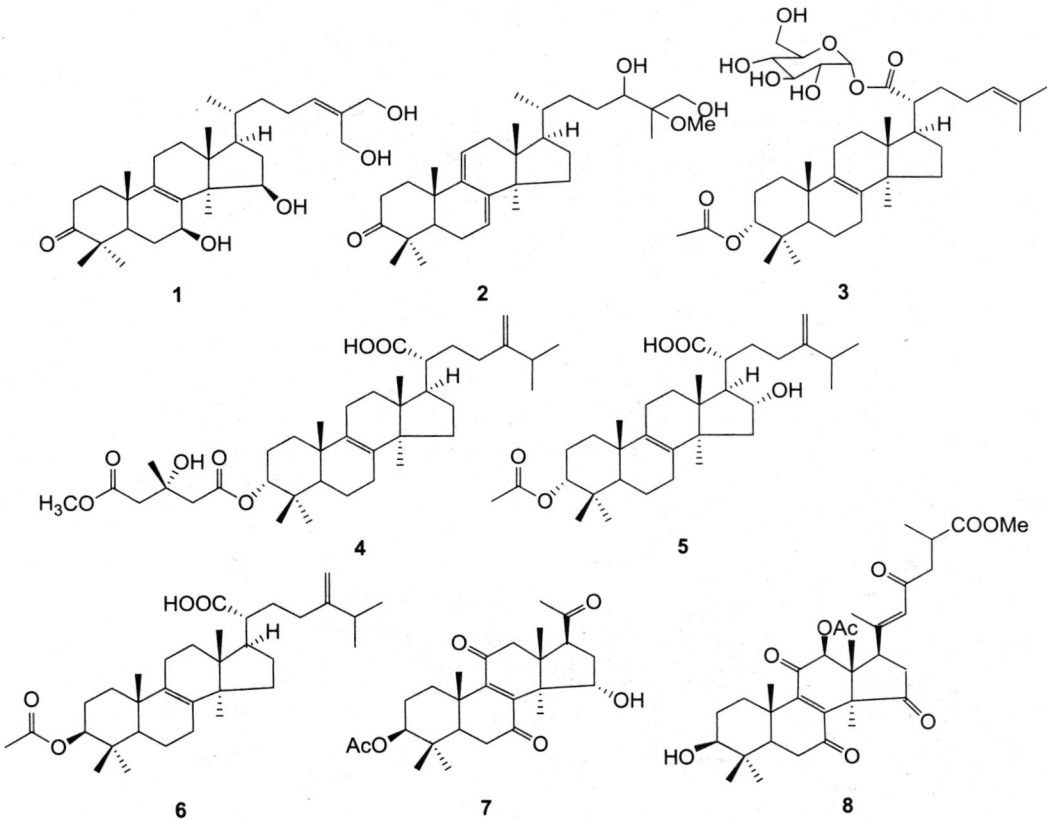

图2-8

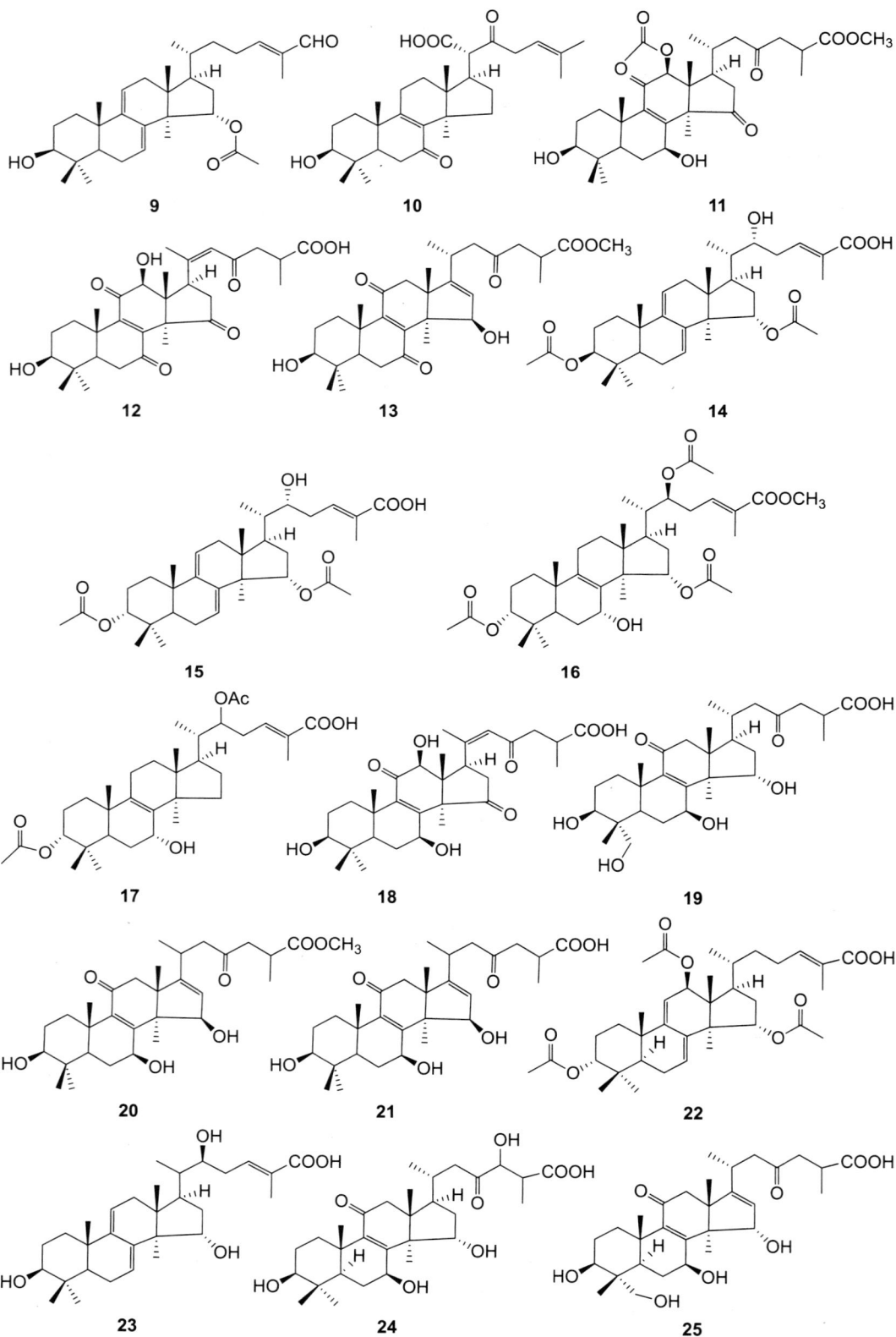

9

10

11

12

13

14

15

16

17

18

19

20

21

22

23

24

25

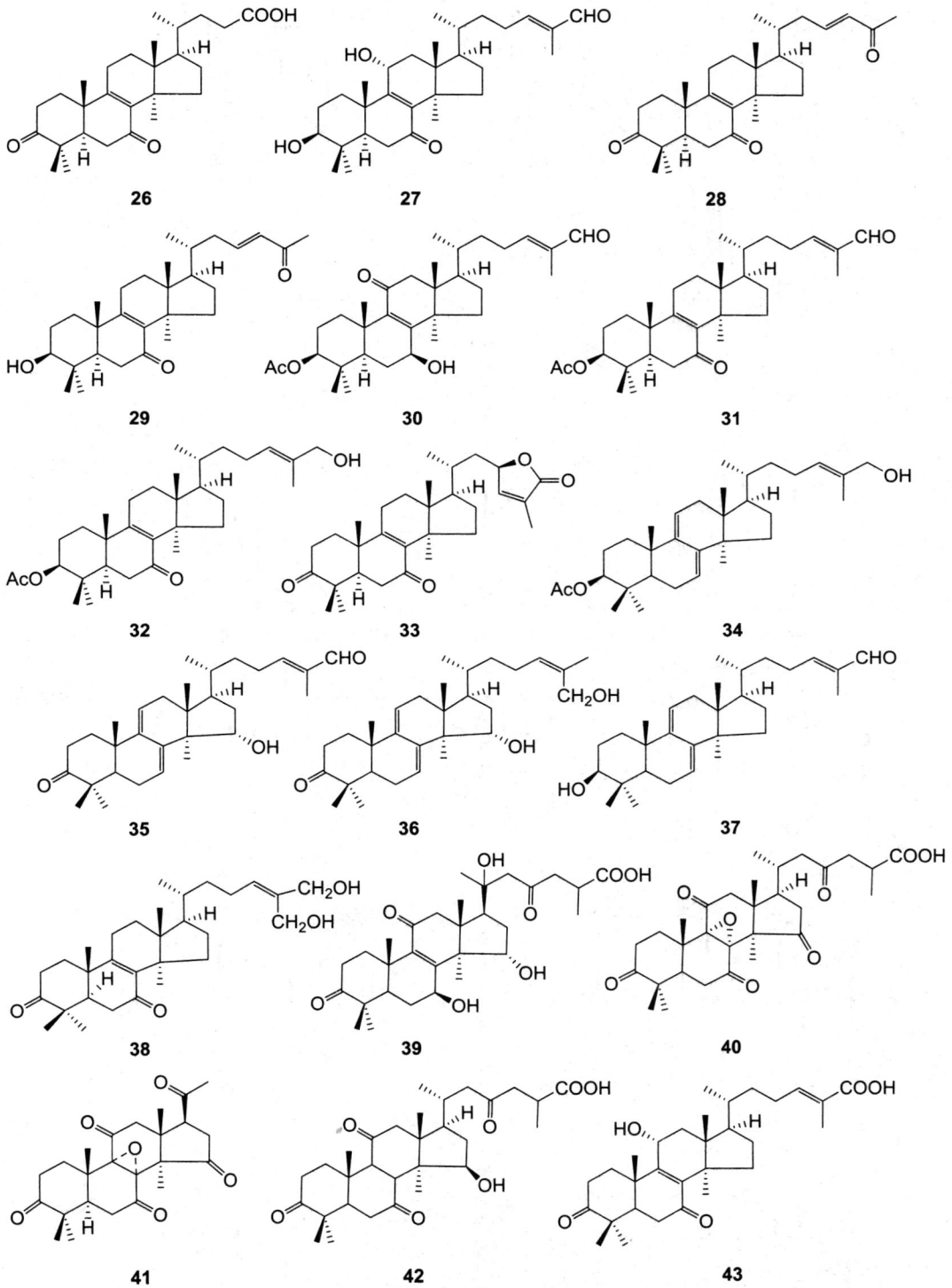

图2-8

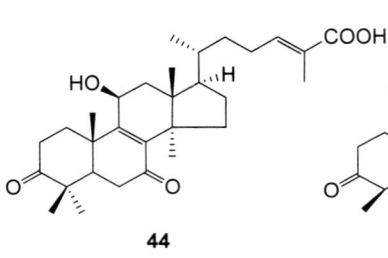

44

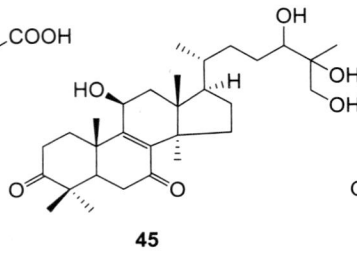

45

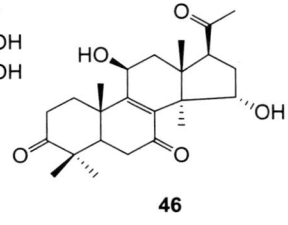

46

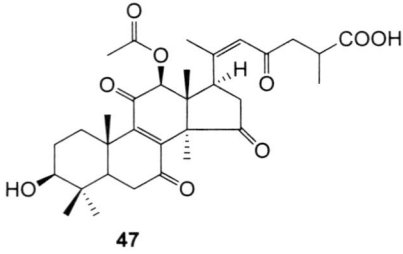

47

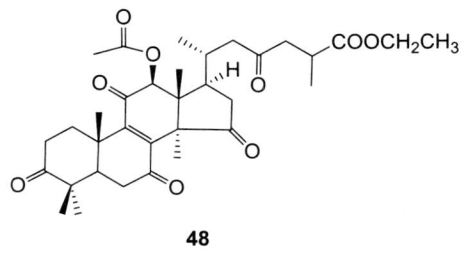

48

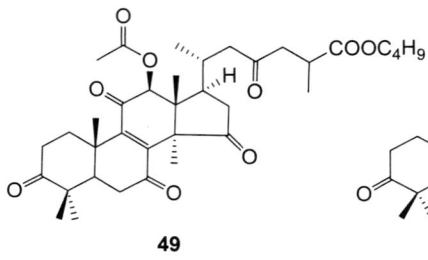

49

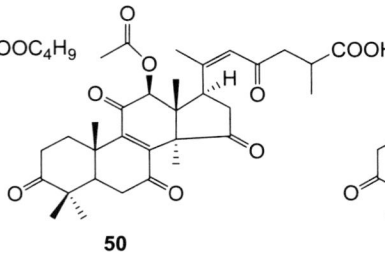

50

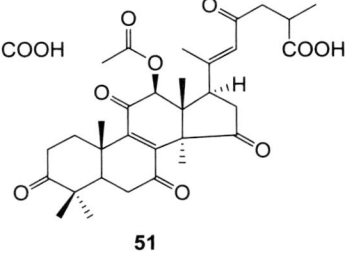

51

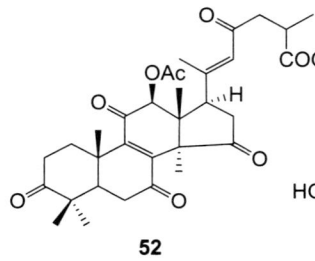

52

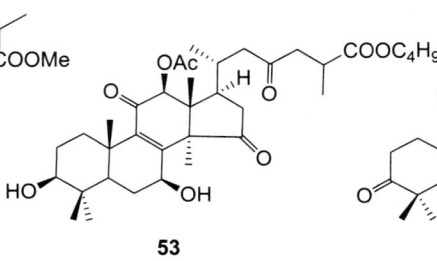

53

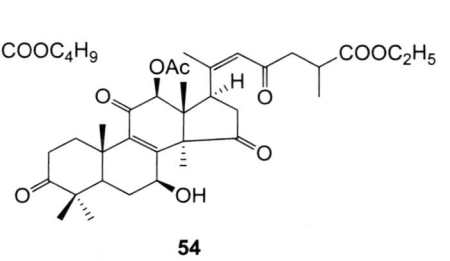

54

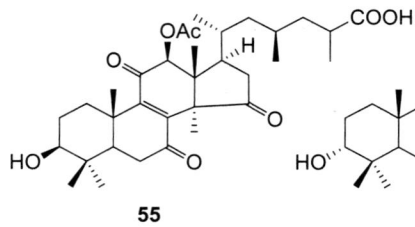

55

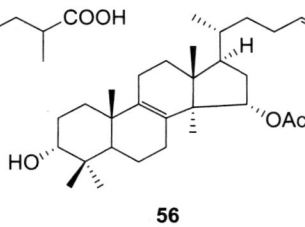

56

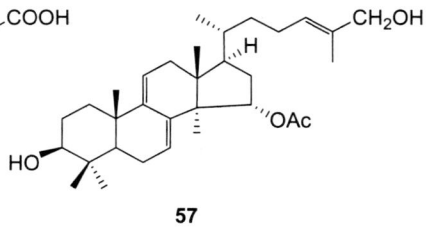

57

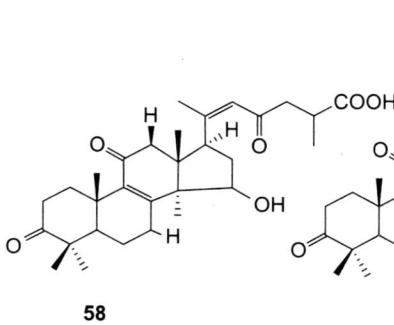

58

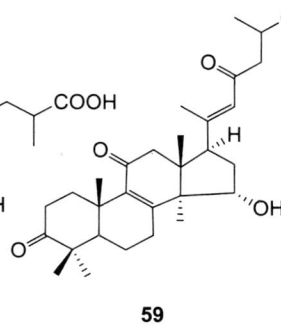

59

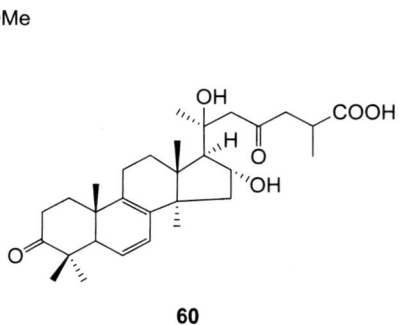

60

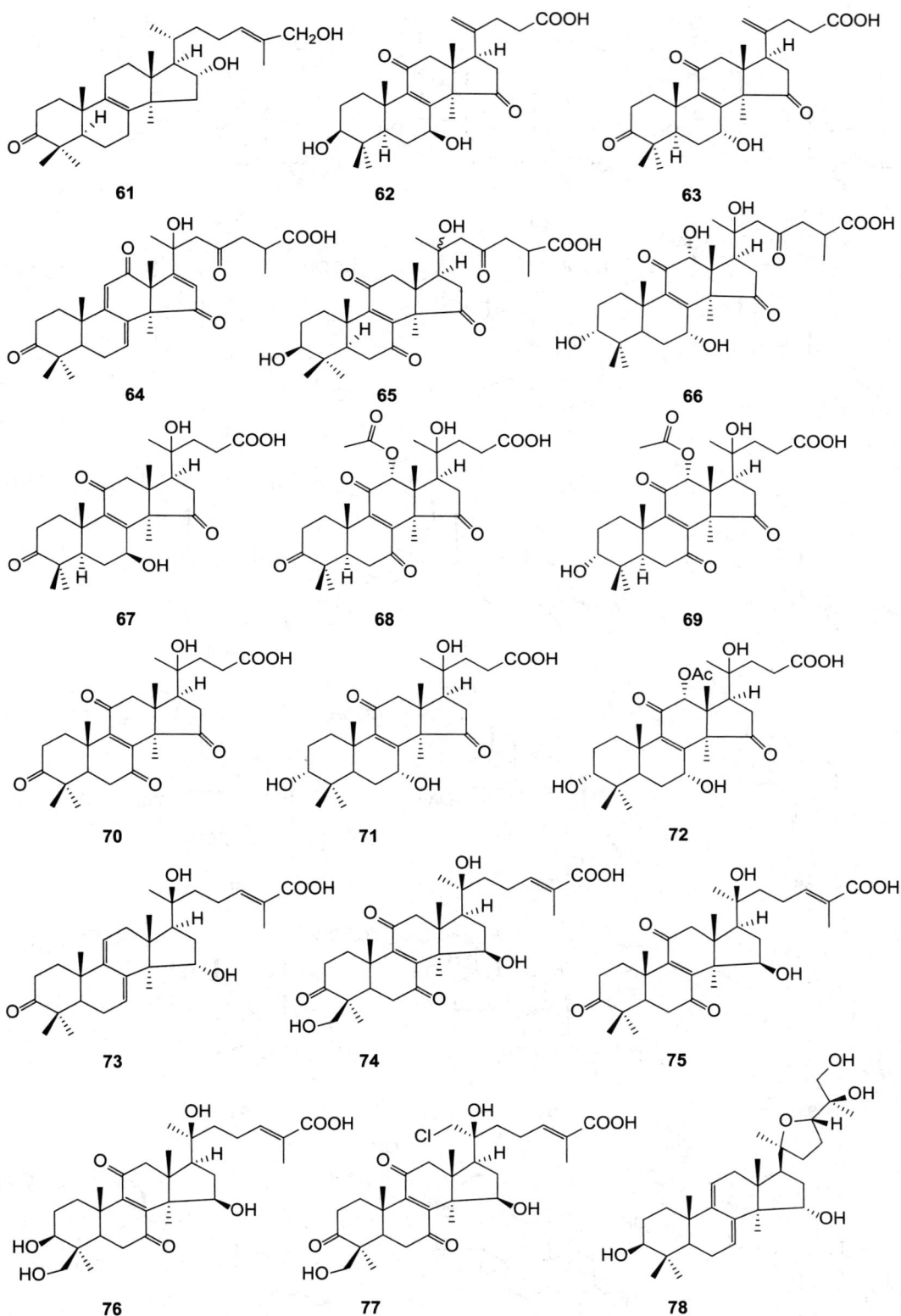

图2-8

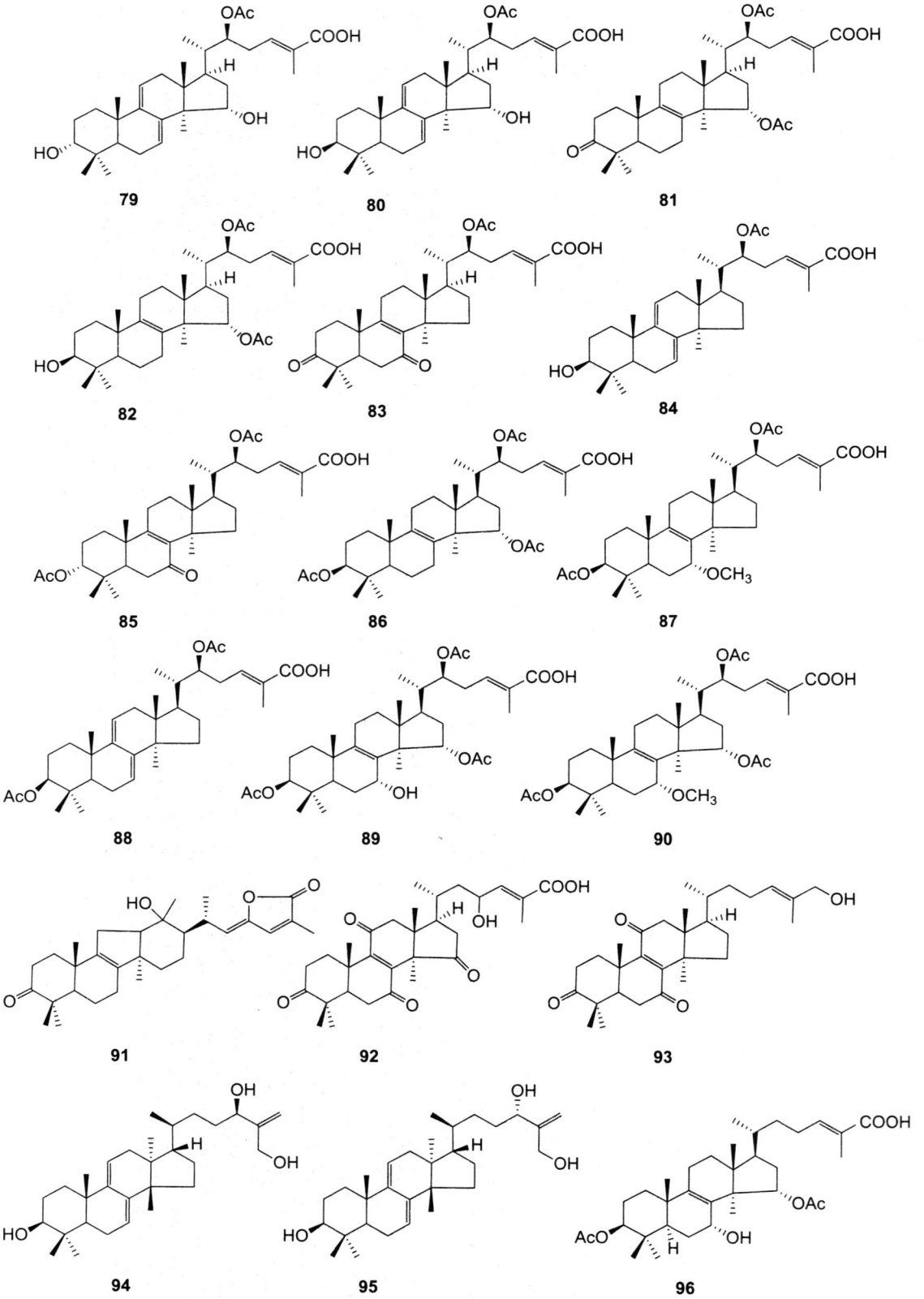

79

80

81

82

83

84

85

86

87

88

89

90

91

92

93

94

95

96

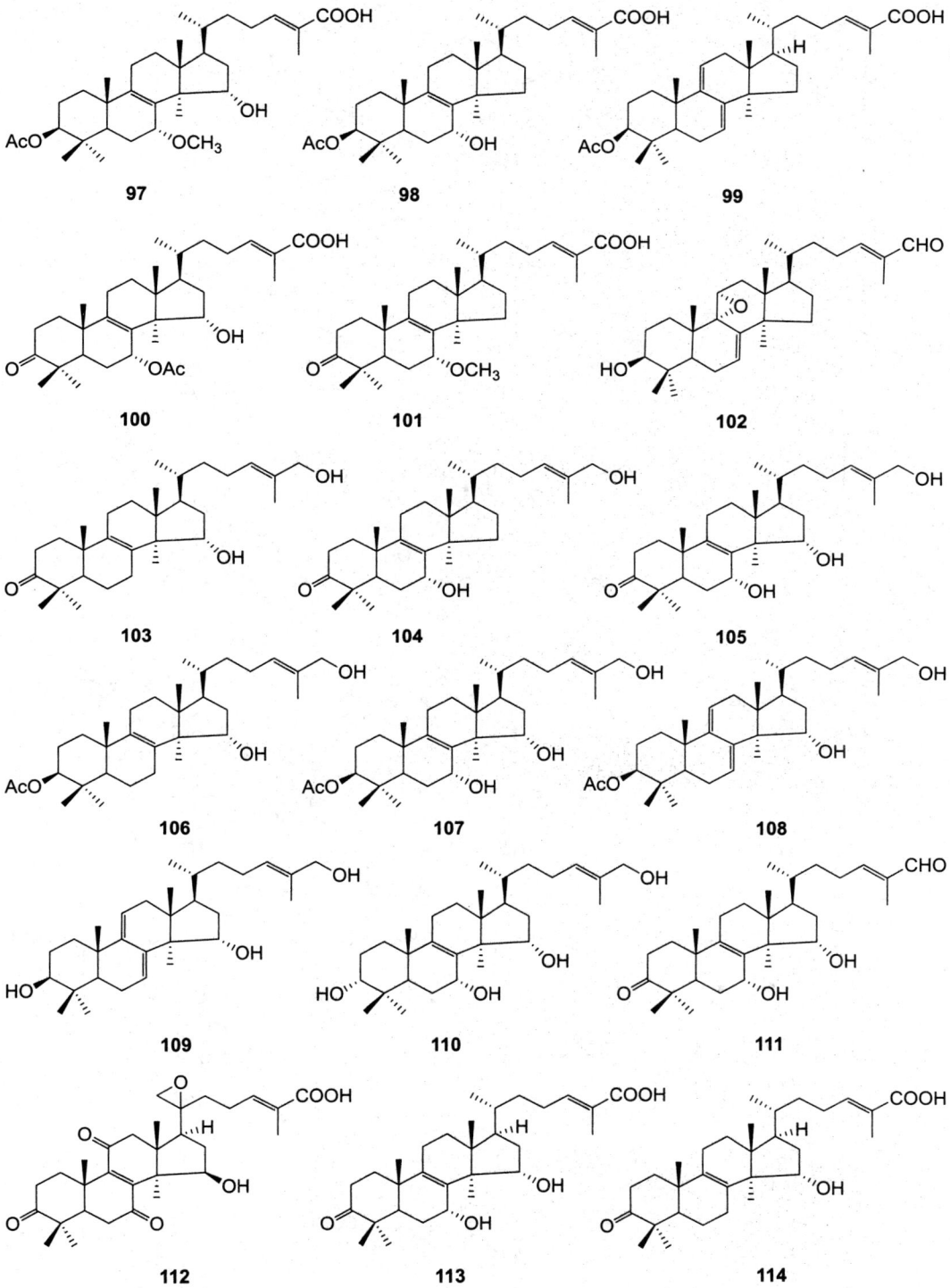

图2-8

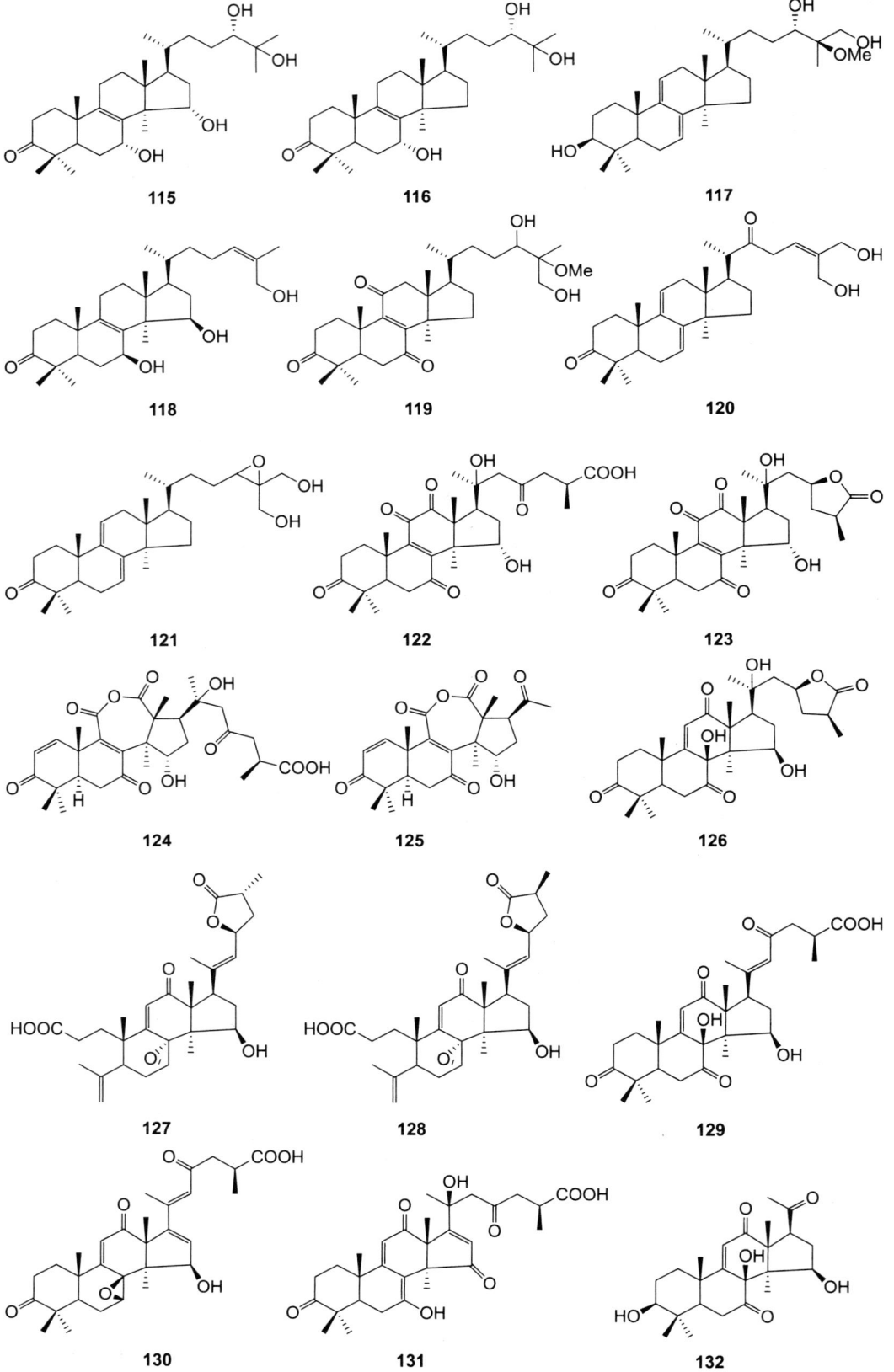

115

116

117

118

119

120

121

122

123

124

125

126

127

128

129

130

131

132

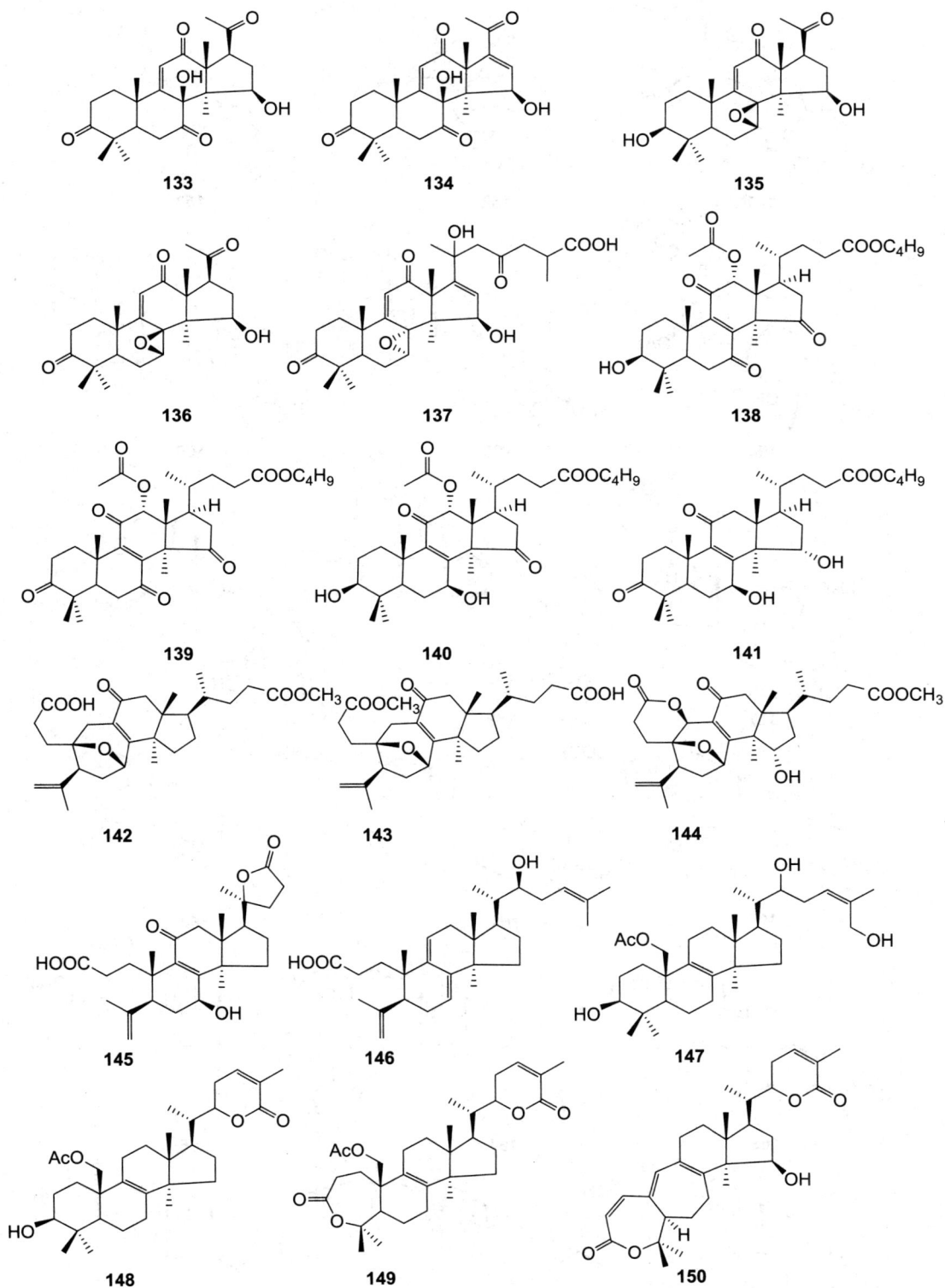

图2-8

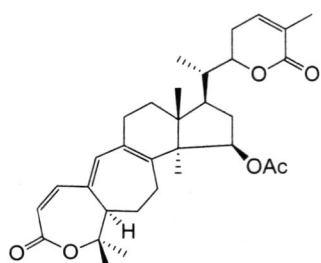

151

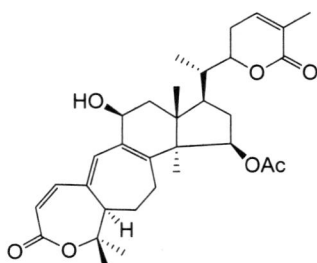

152

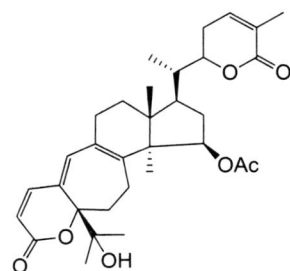

153

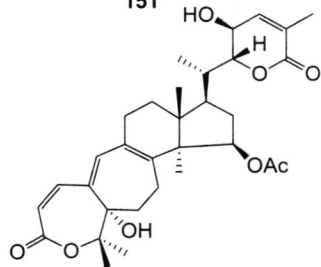

154

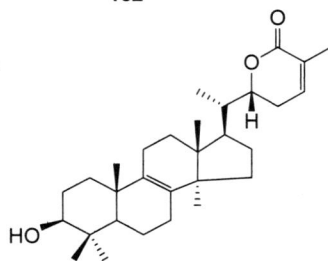

155

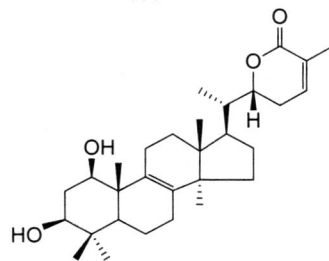

156

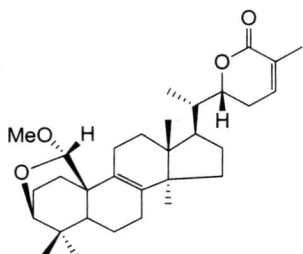

157

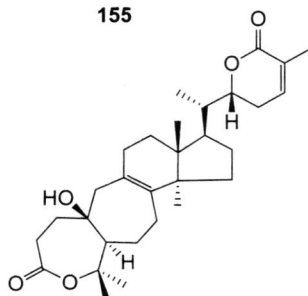

158

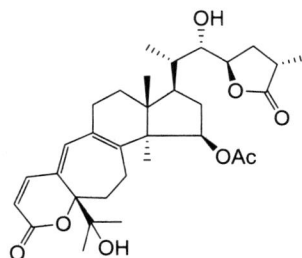

159

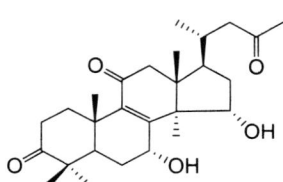

160

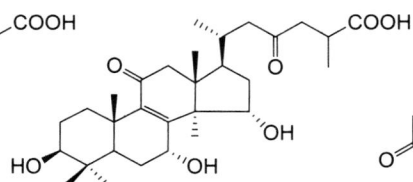

161

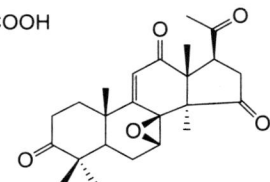

162

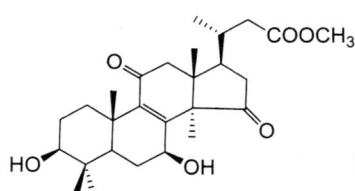

163

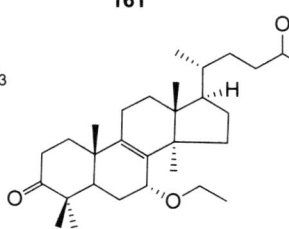

164

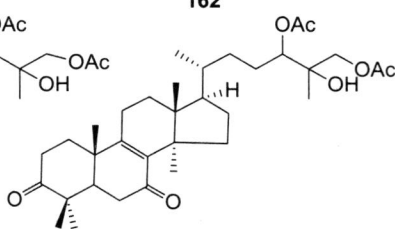

165

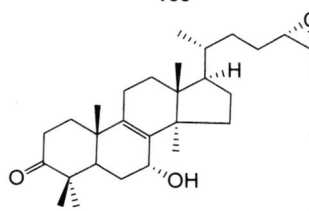

166

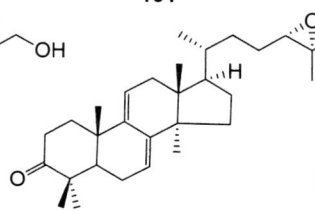

167

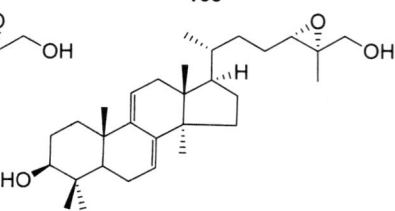

168

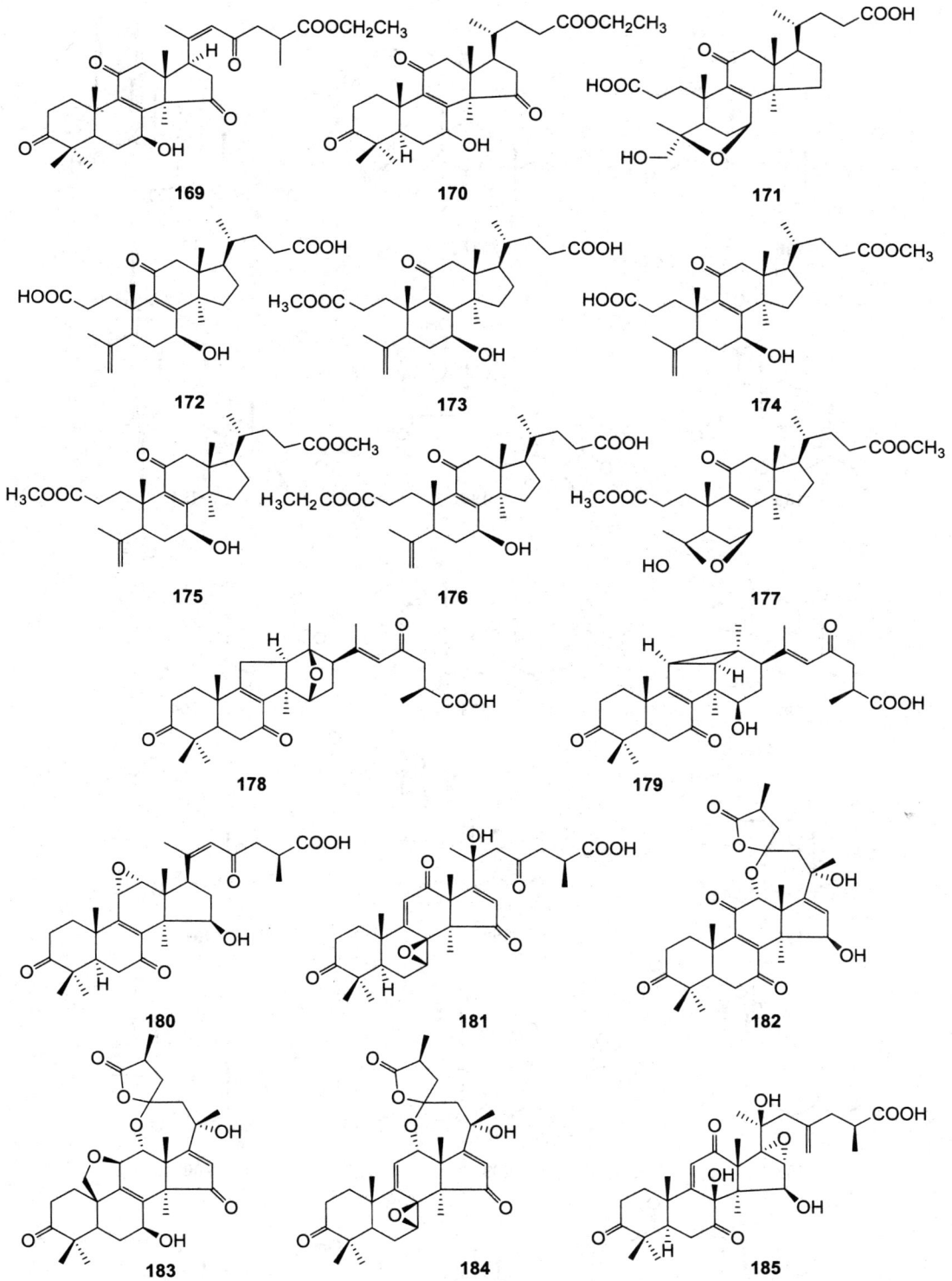

图2-8

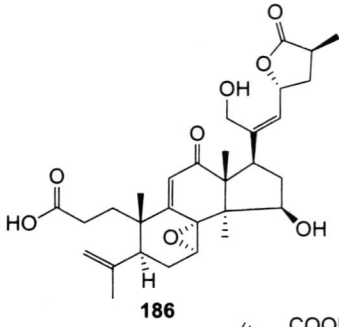

186

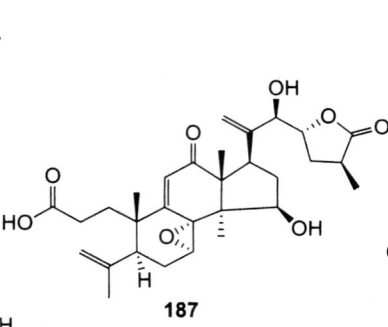

187

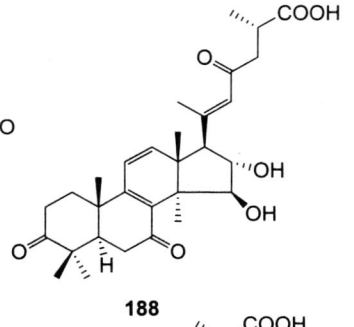

188

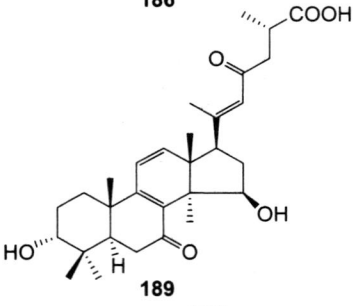

189

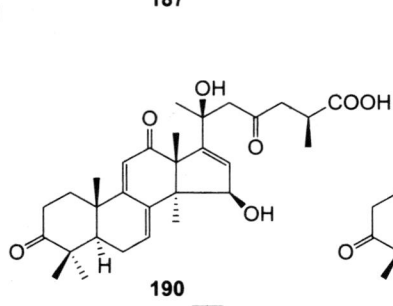

190

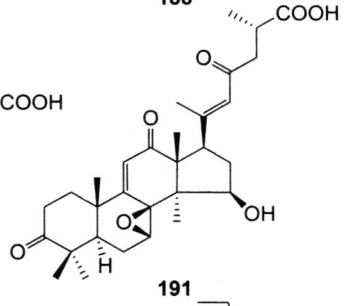

191

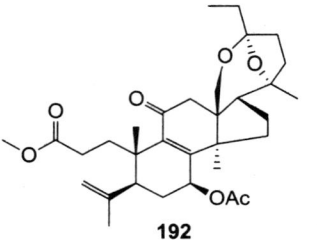

192

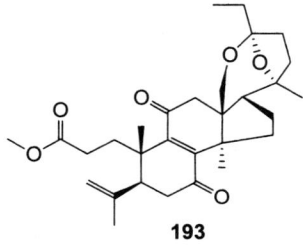

193

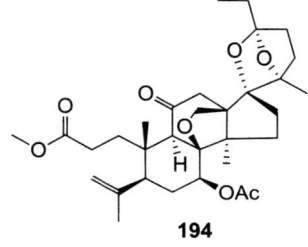

194

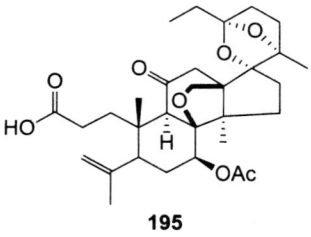

195

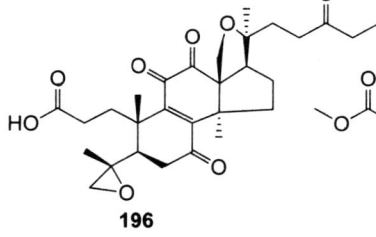

196

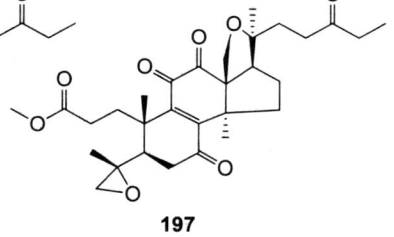

197

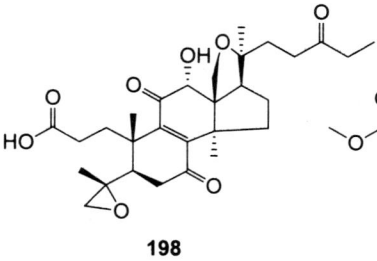

198

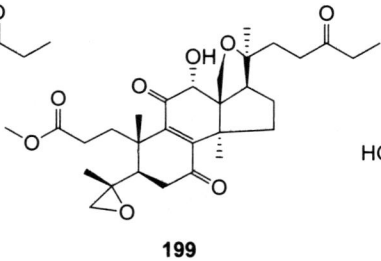

199

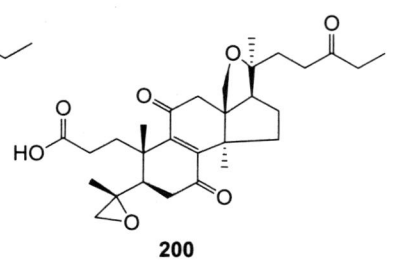

200

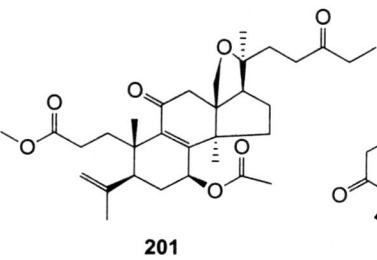

201

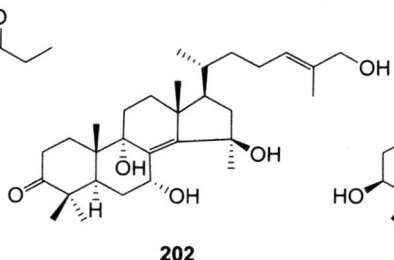

202

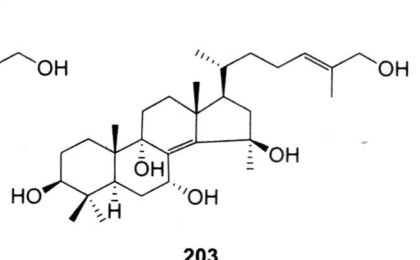

203

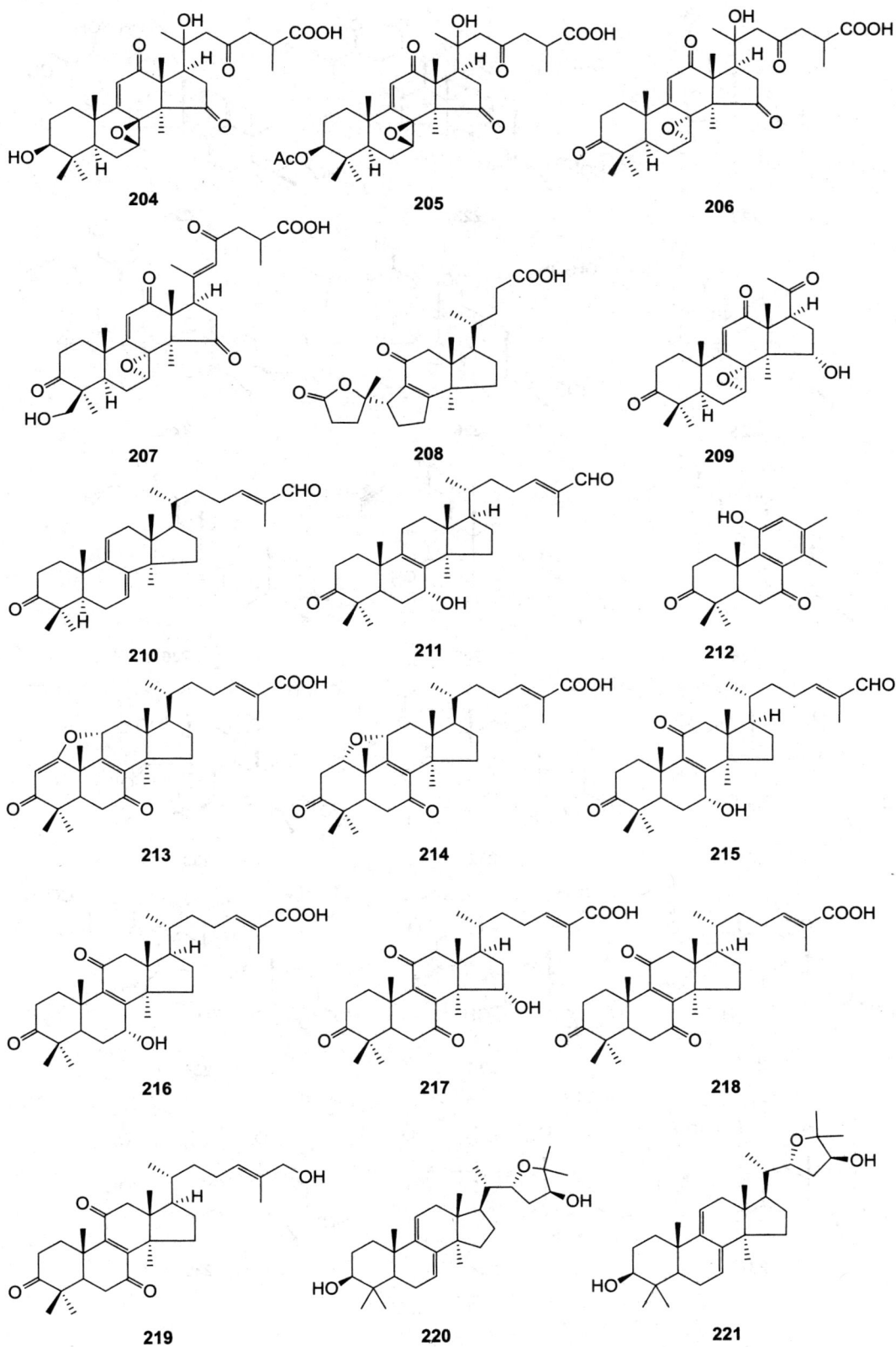

204　　205　　206

207　　208　　209

210　　211　　212

213　　214　　215

216　　217　　218

219　　220　　221

图2-8

035

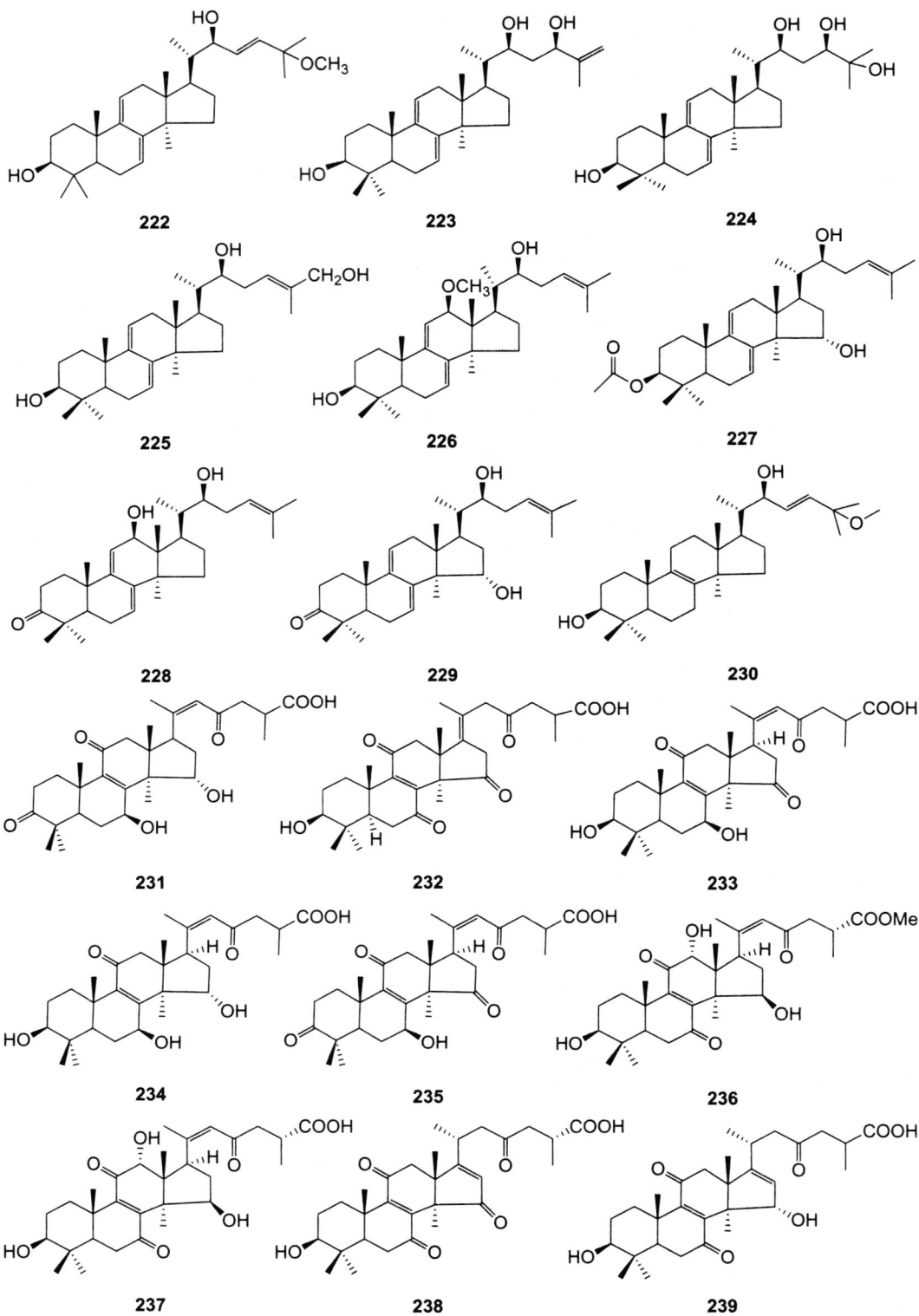

222

223

224

225

226

227

228

229

230

231

232

233

234

235

236

237

238

239

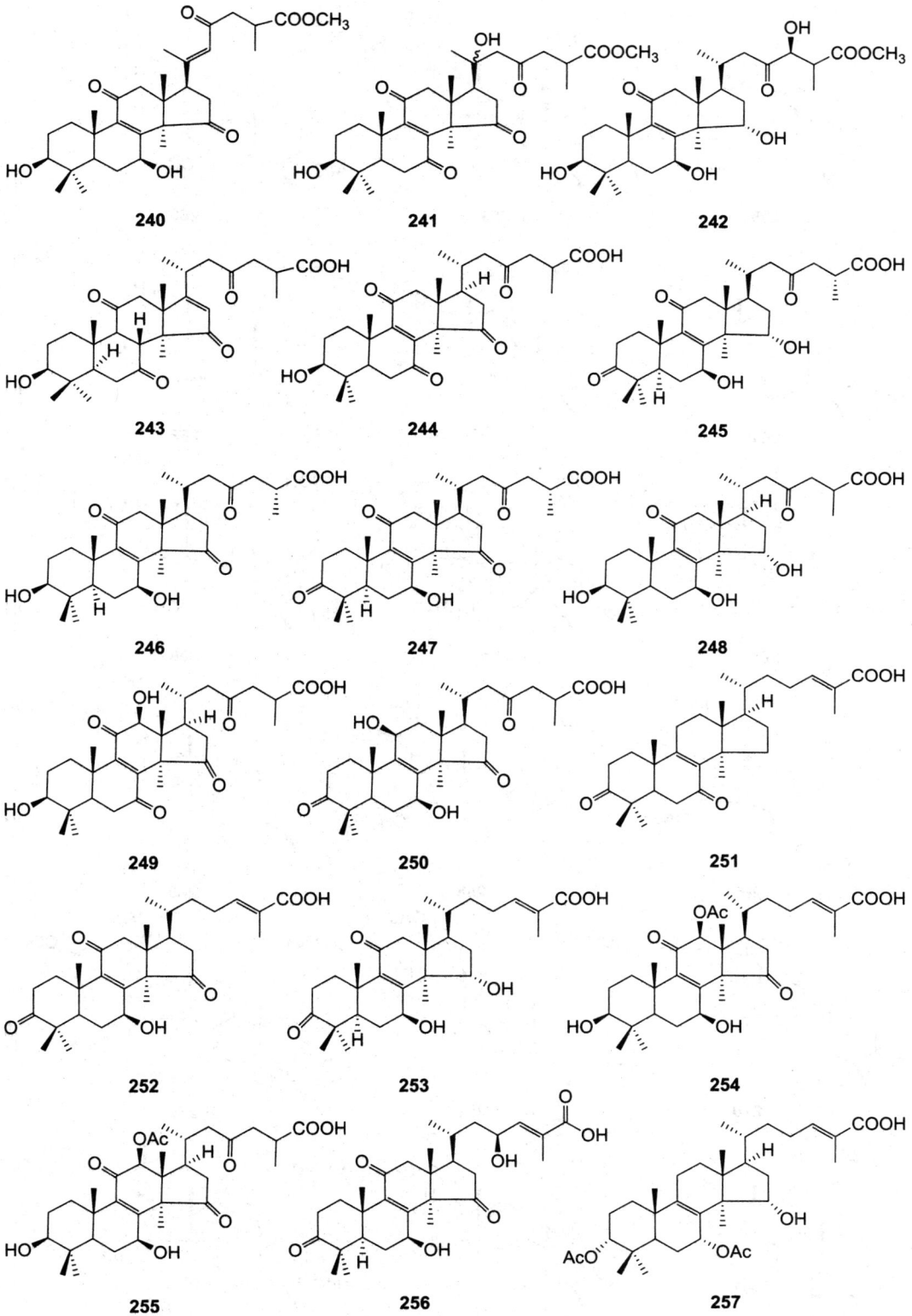

图2-8

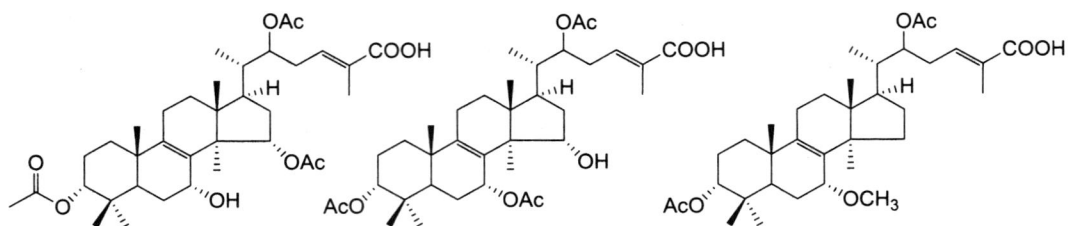

258 **259** **260**

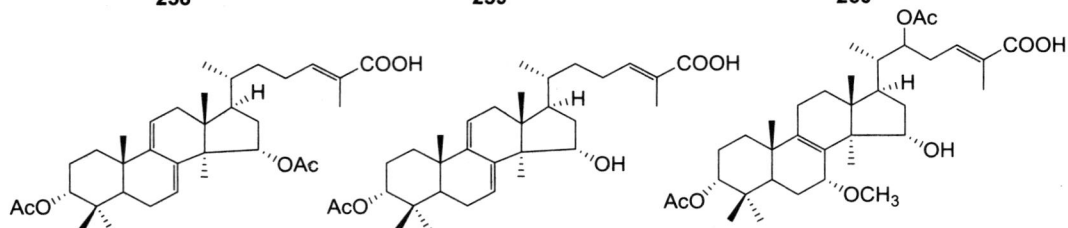

261 **262** **263**

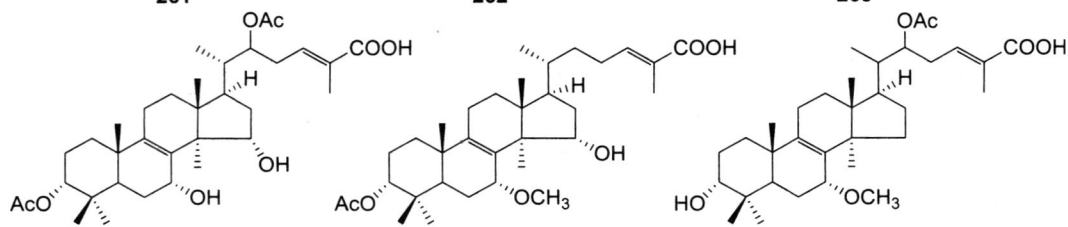

264 **265** **266**

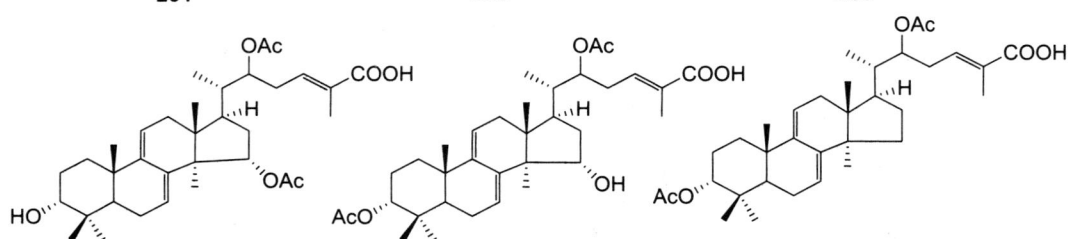

267 **268** **269**

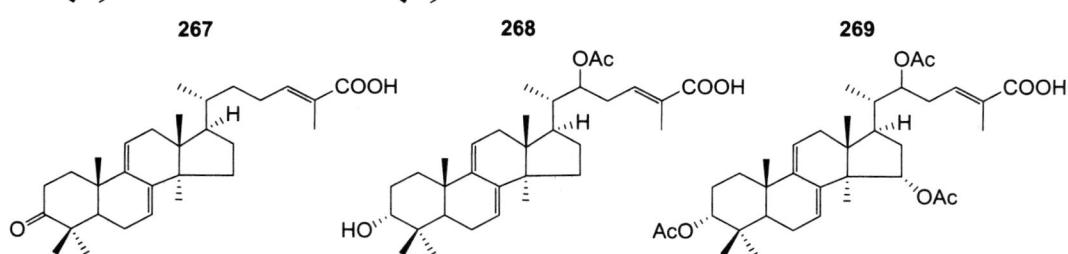

270 **271** **272**

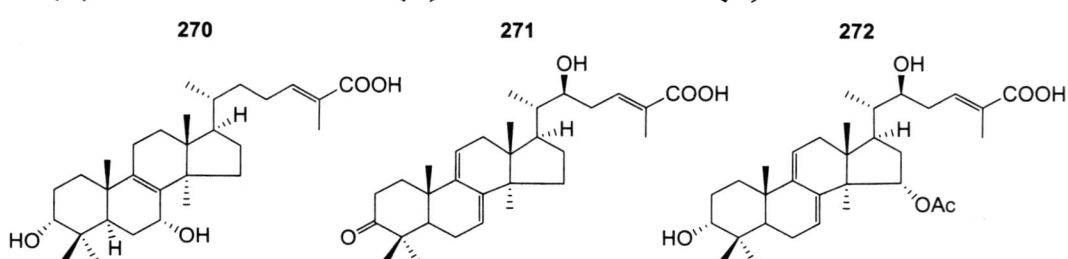

273 **274** **275**

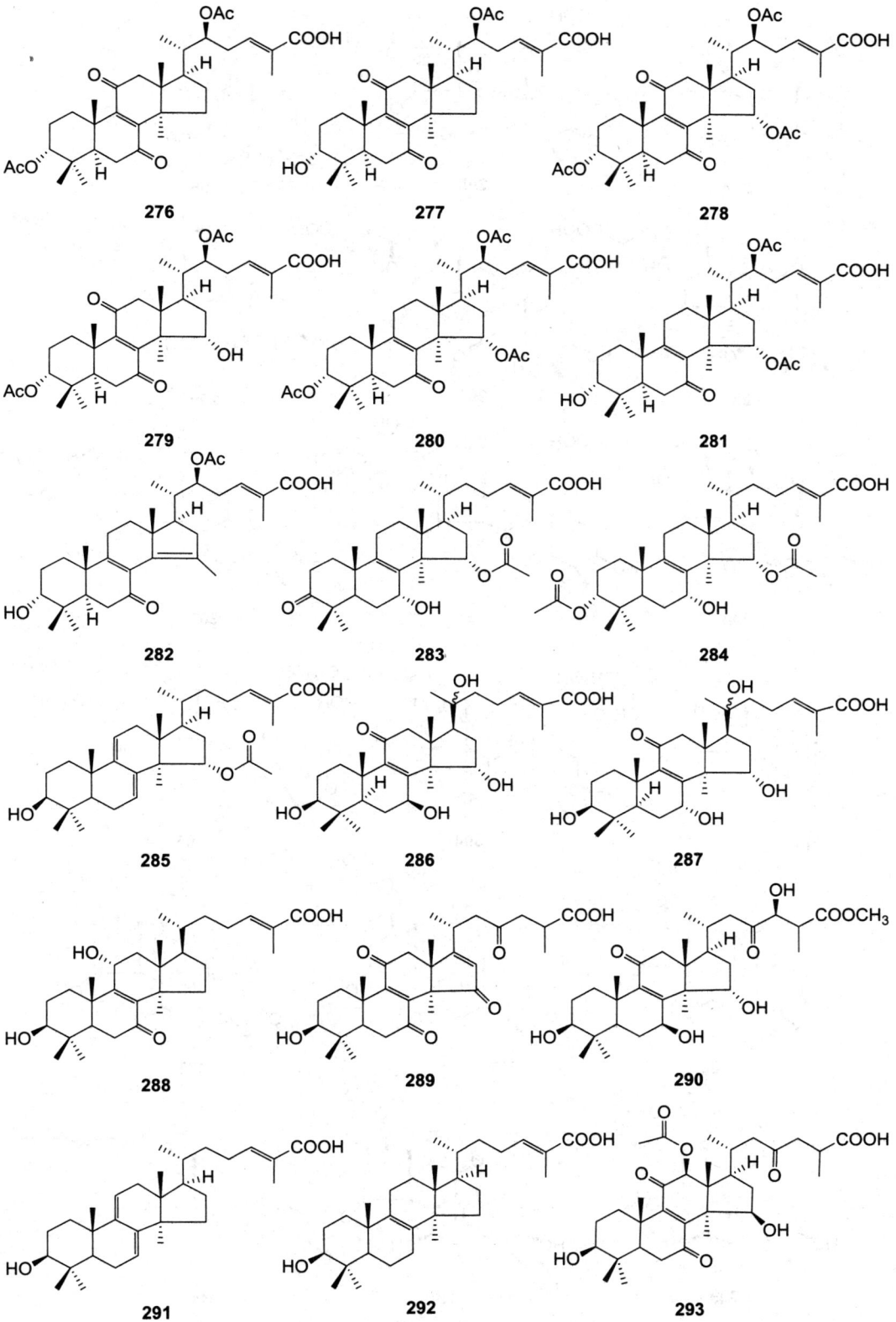

图2-8

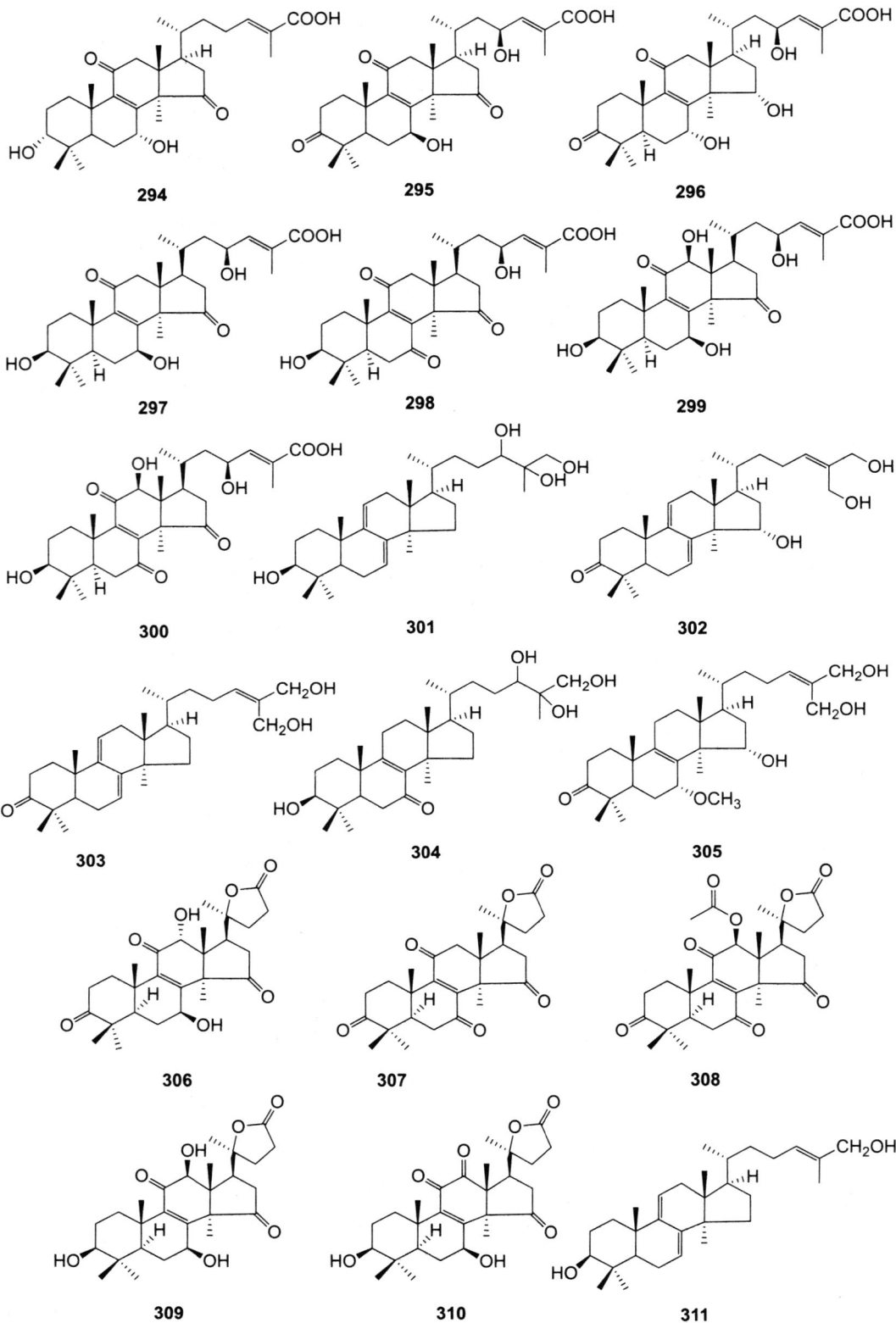

294   295   296

297   298   299

300   301   302

303   304   305

306   307   308

309   310   311

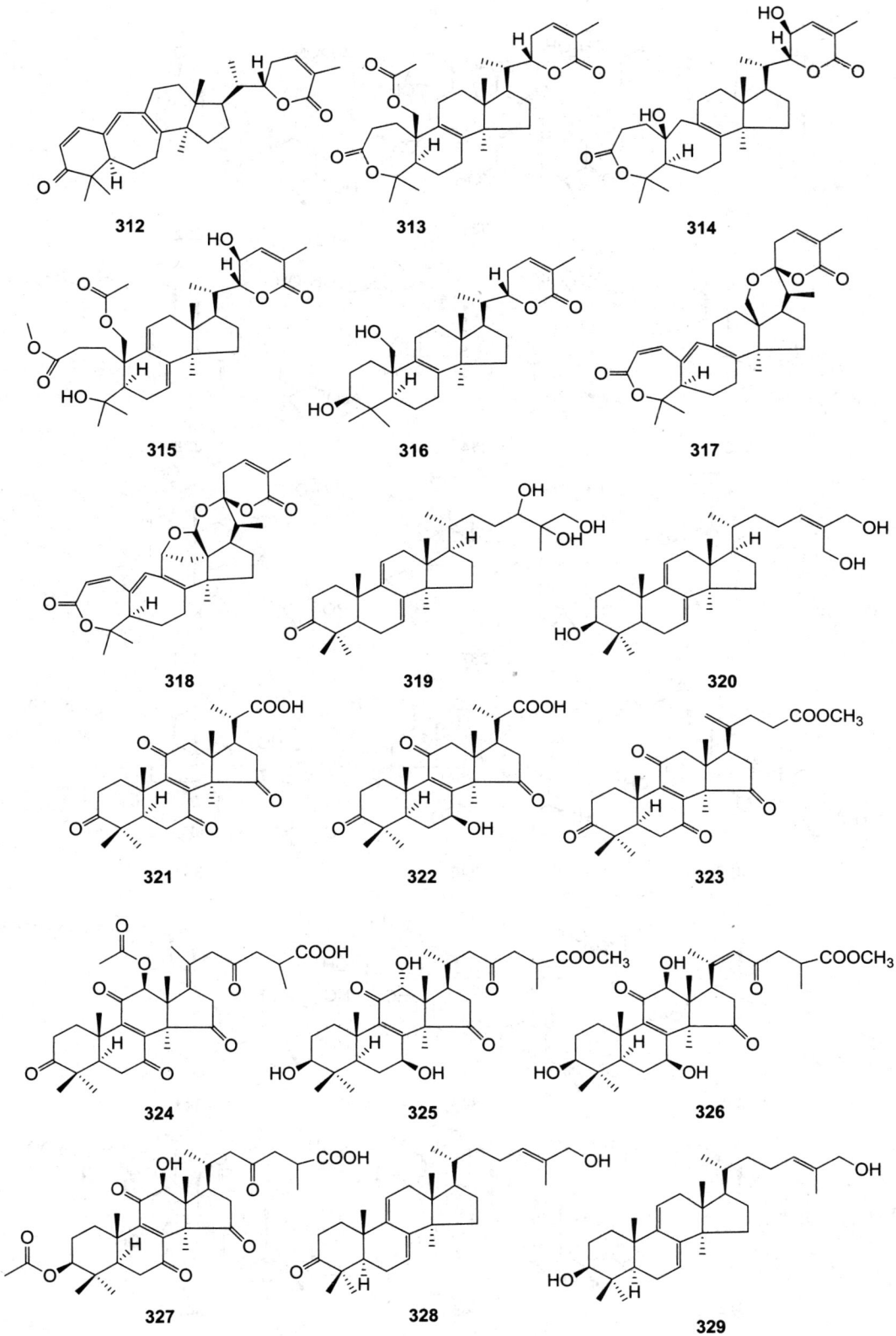

图2-8

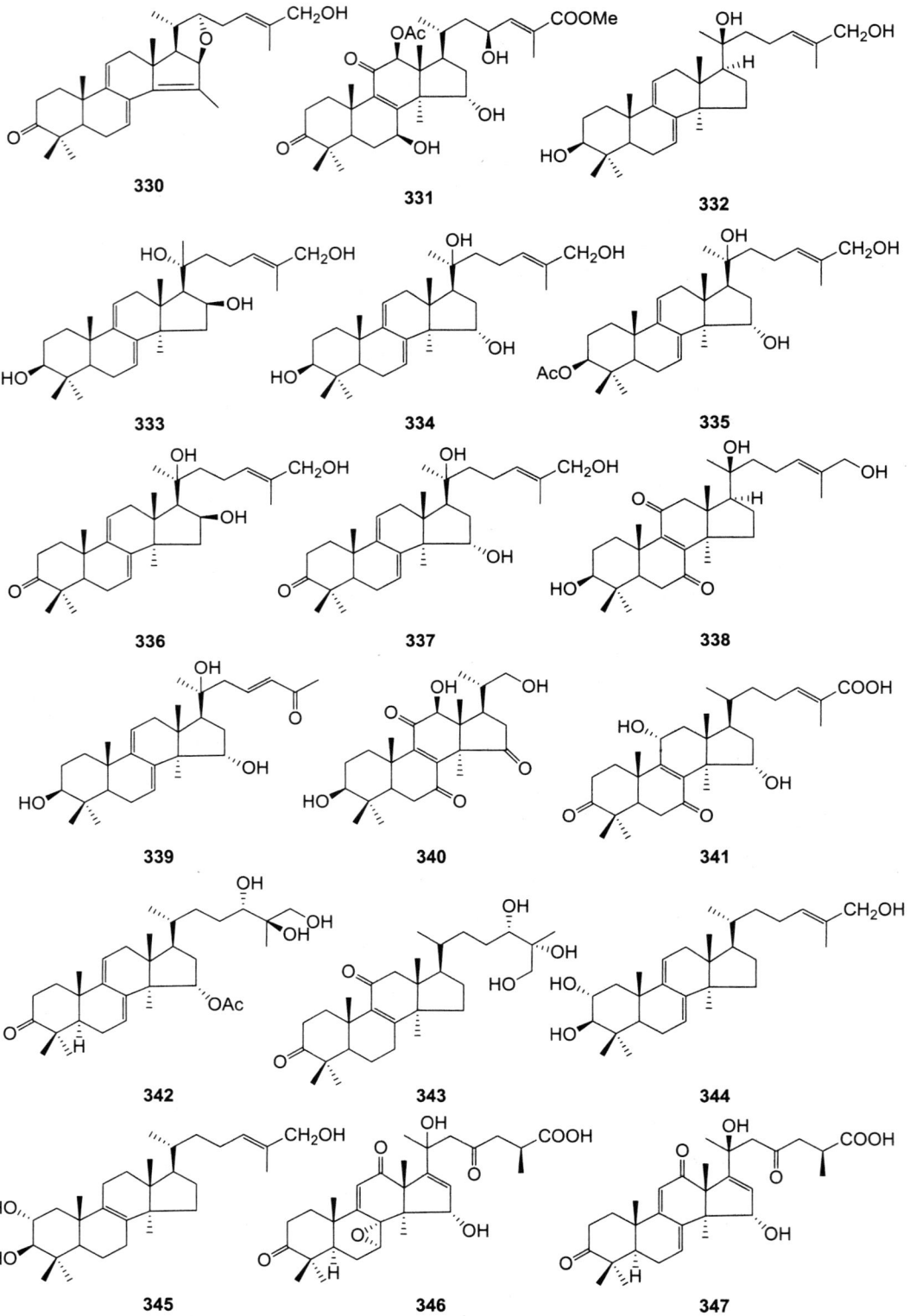

330　　　　**331**　　　　**332**

333　　　　**334**　　　　**335**

336　　　　**337**　　　　**338**

339　　　　**340**　　　　**341**

342　　　　**343**　　　　**344**

345　　　　**346**　　　　**347**

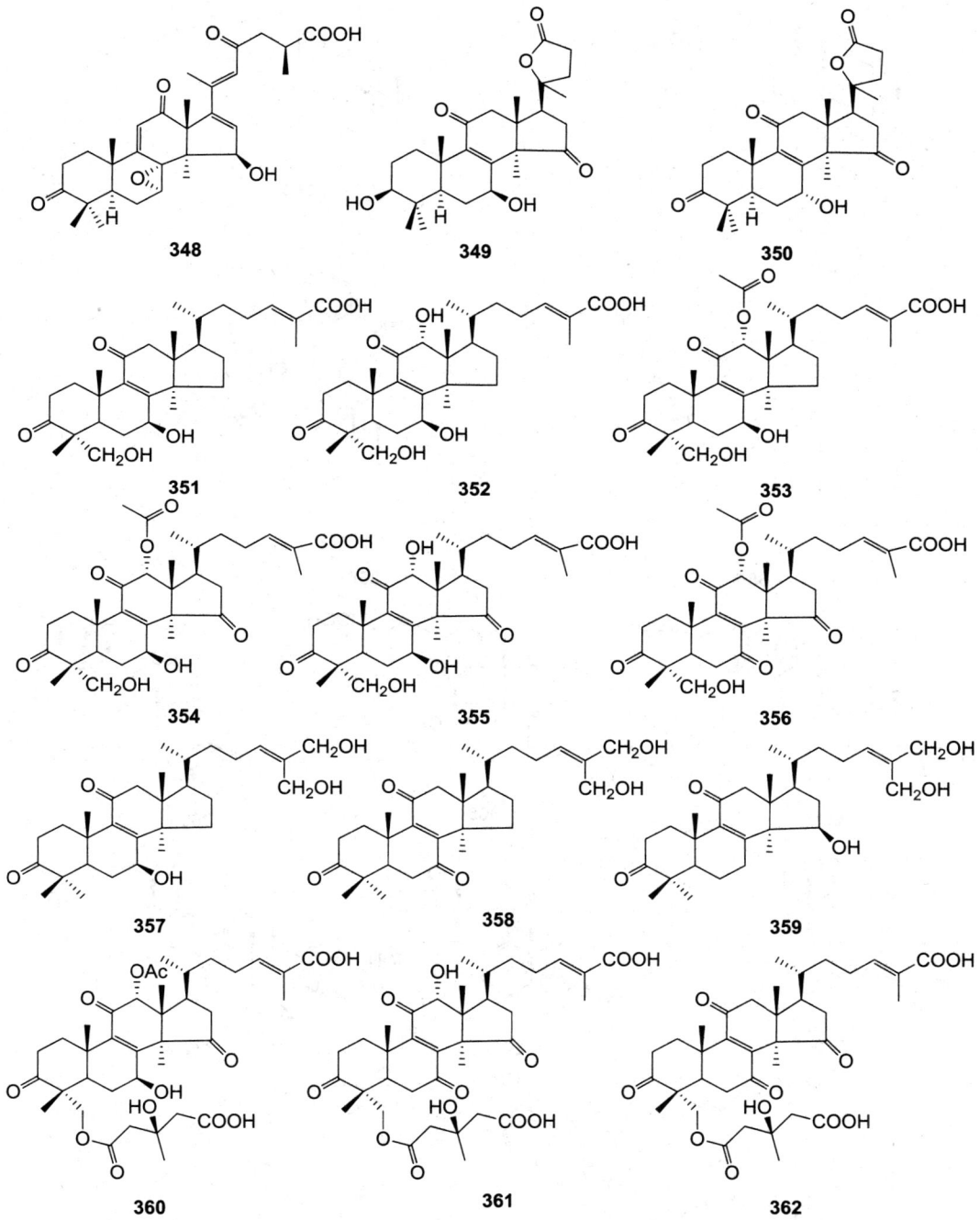

图2-8

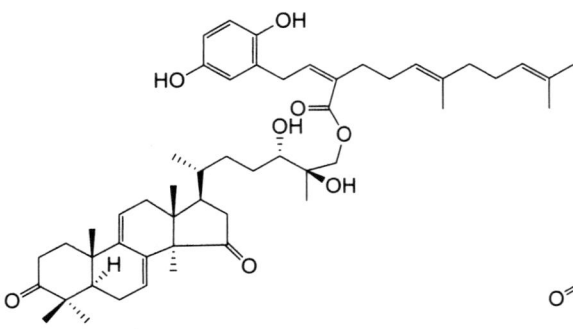

363

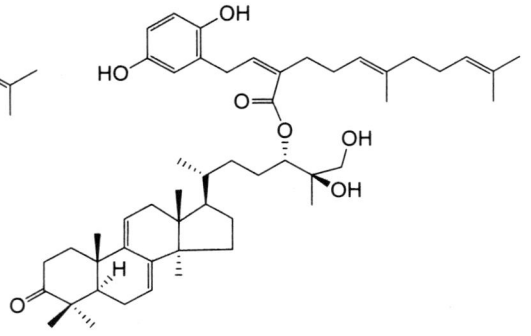

364

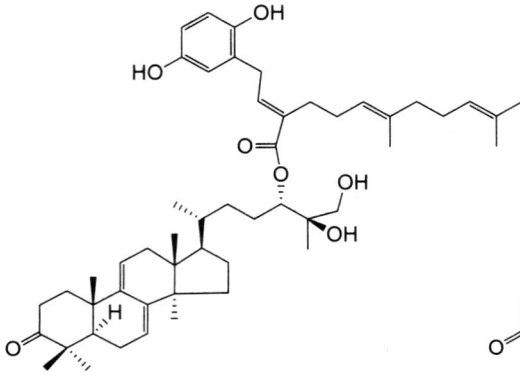

365

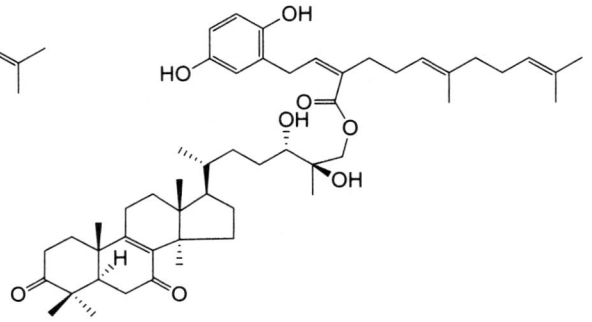

366

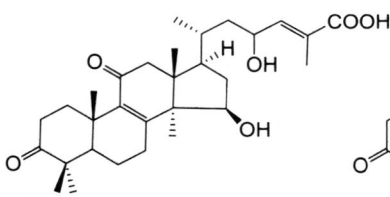

367

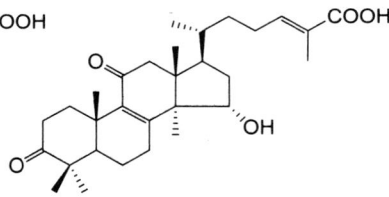

368

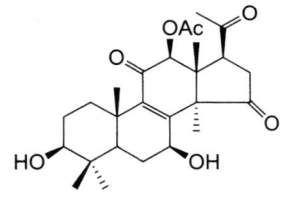

369

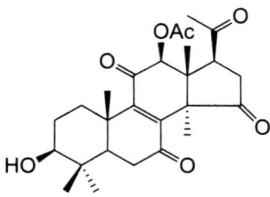

370

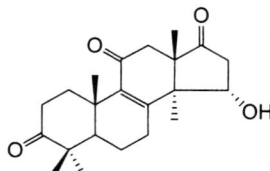

371

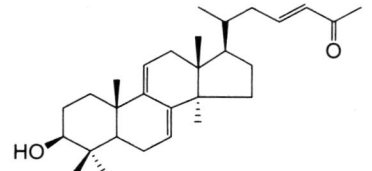

372

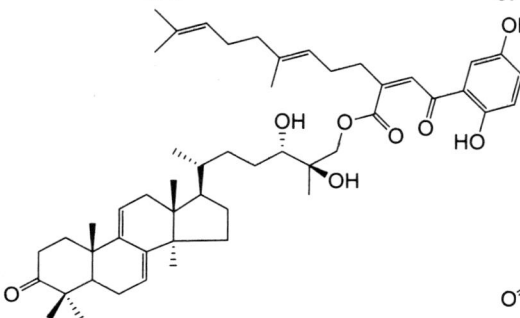

373

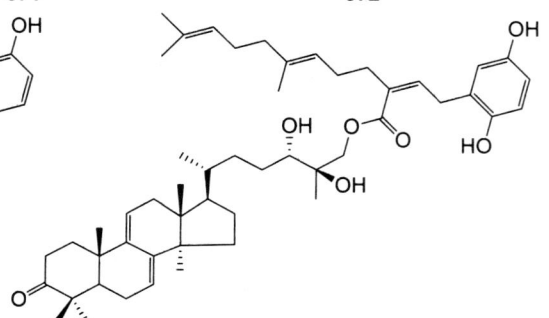

374

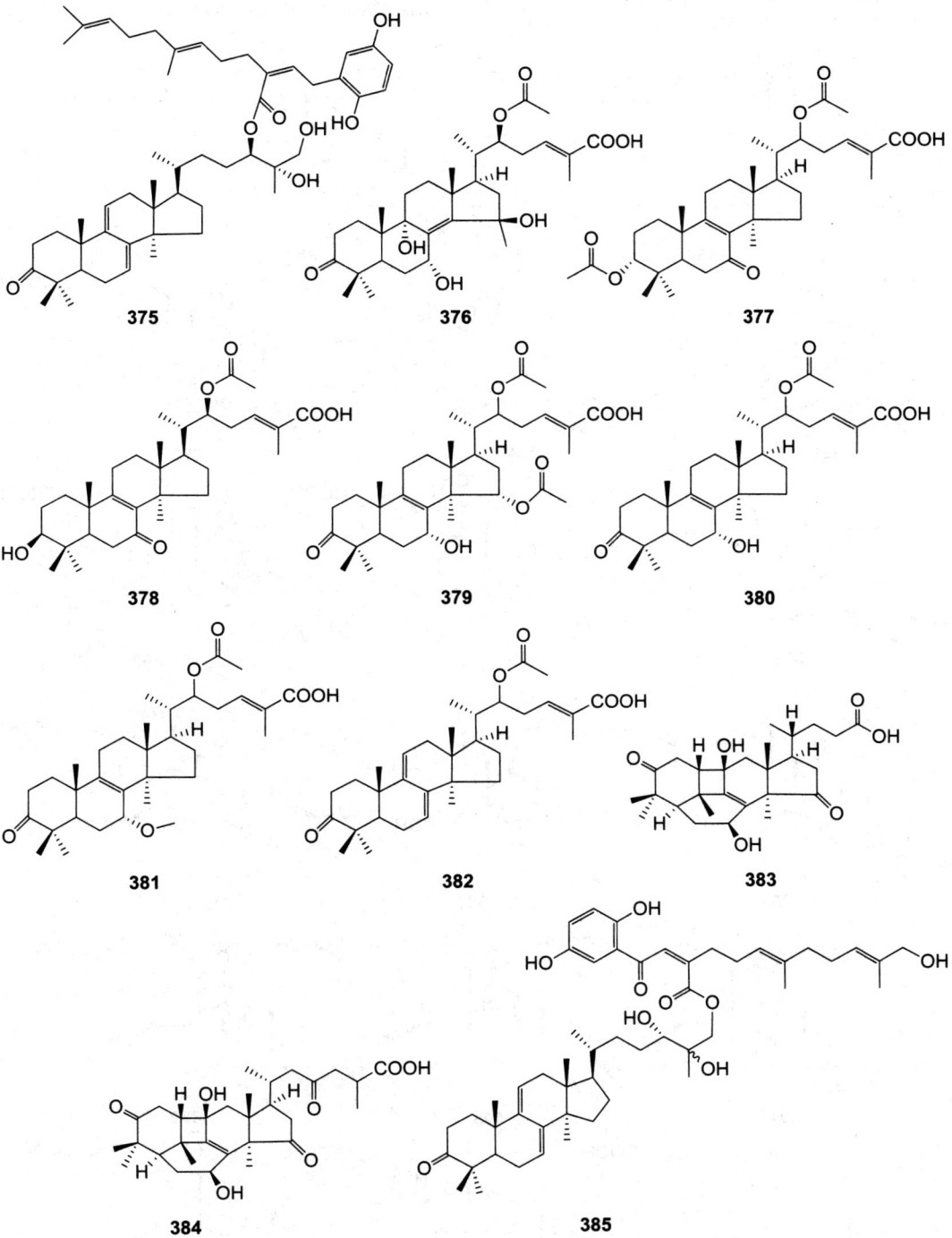

图2-8

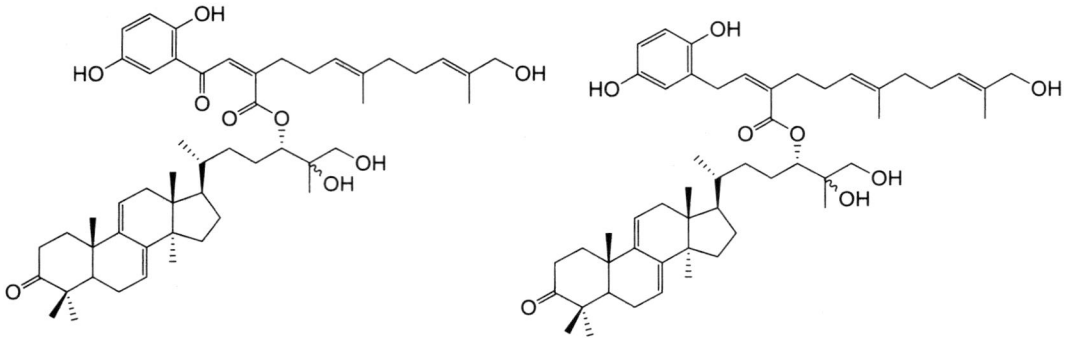

386　　　　　　　　　　　　　　**387**

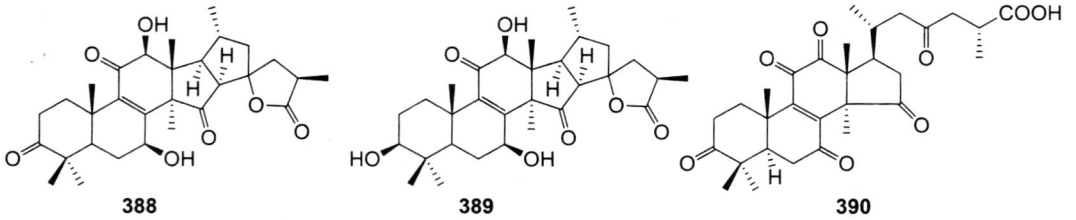

388　　　　　　　　**389**　　　　　　　　**390**

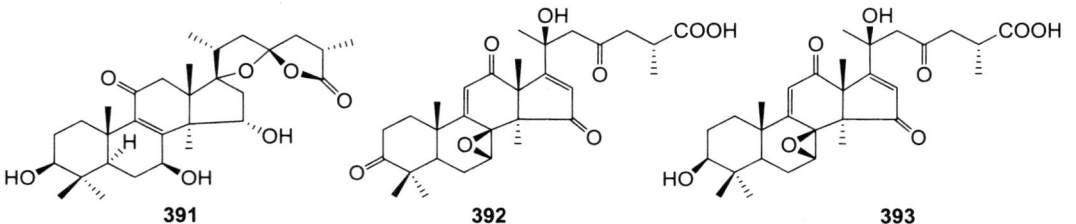

391　　　　　　　　**392**　　　　　　　　**393**

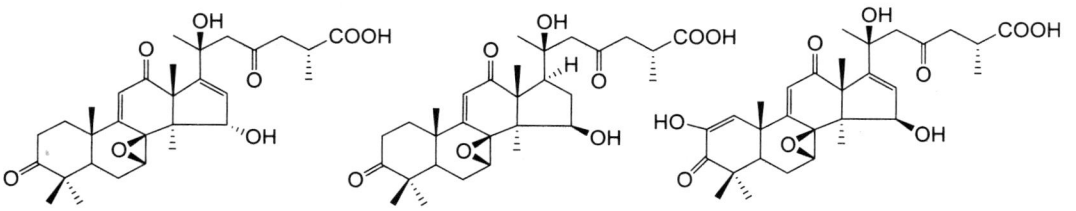

394　　　　　　　　**395**　　　　　　　　**396**

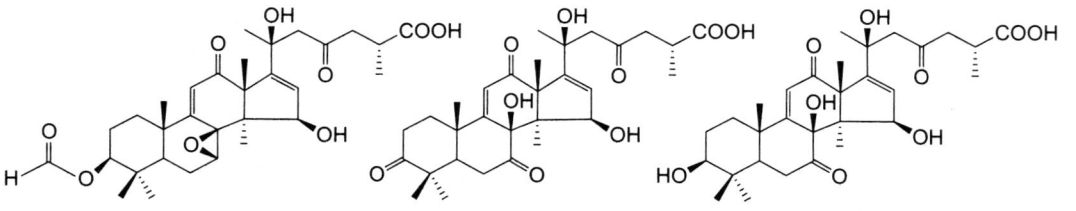

397　　　　　　　　**398**　　　　　　　　**399**

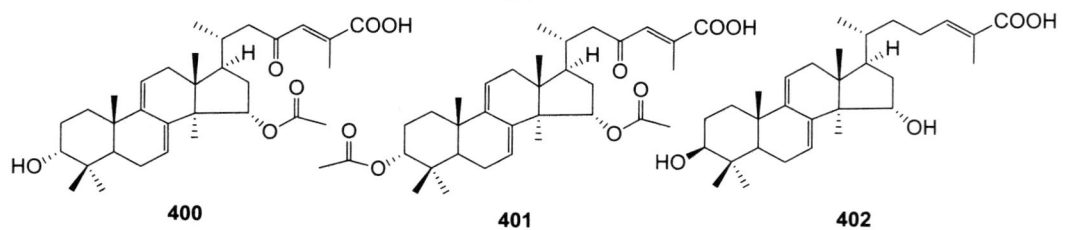

400　　　　　　　　**401**　　　　　　　　**402**

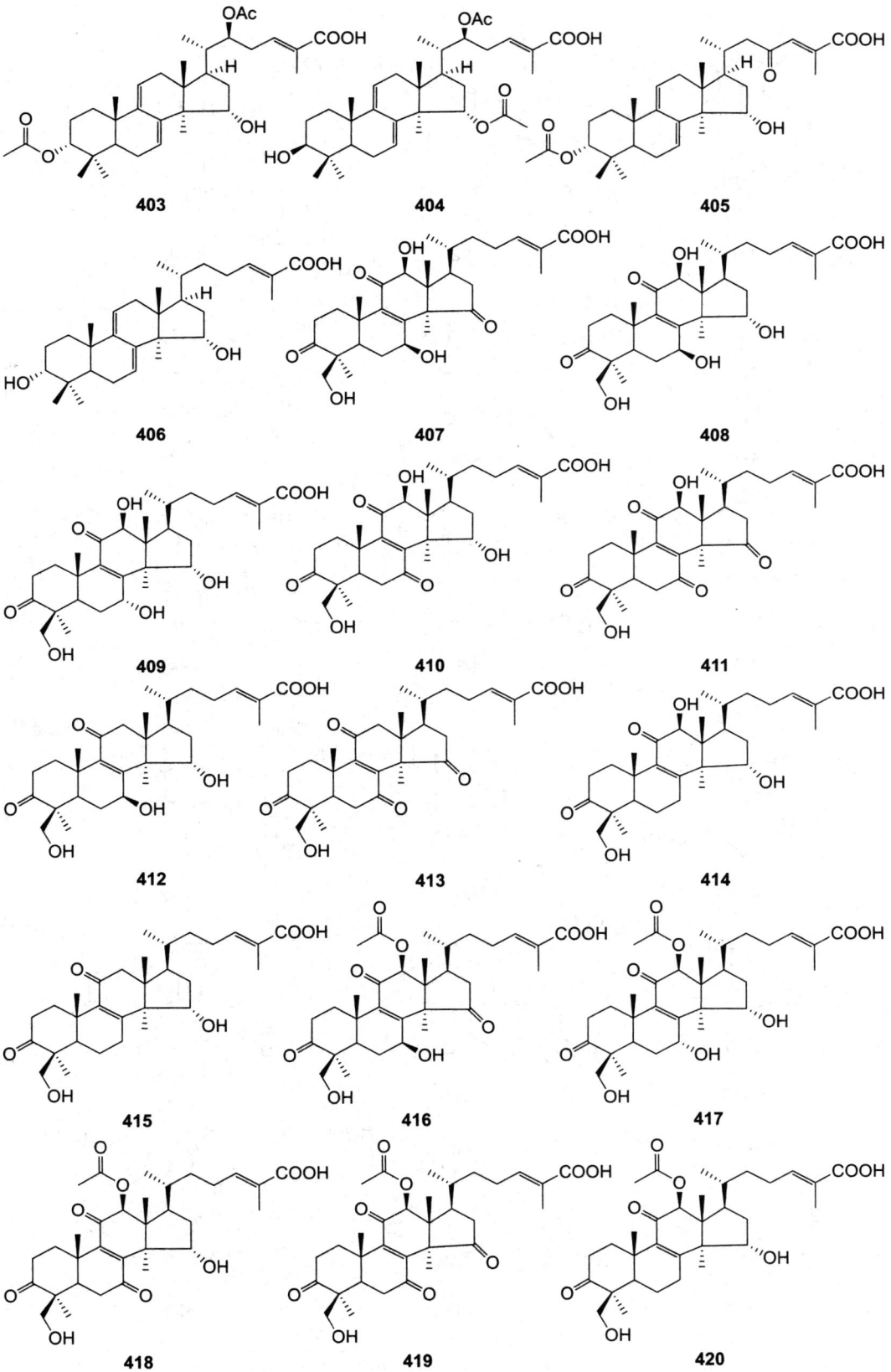

图2-8

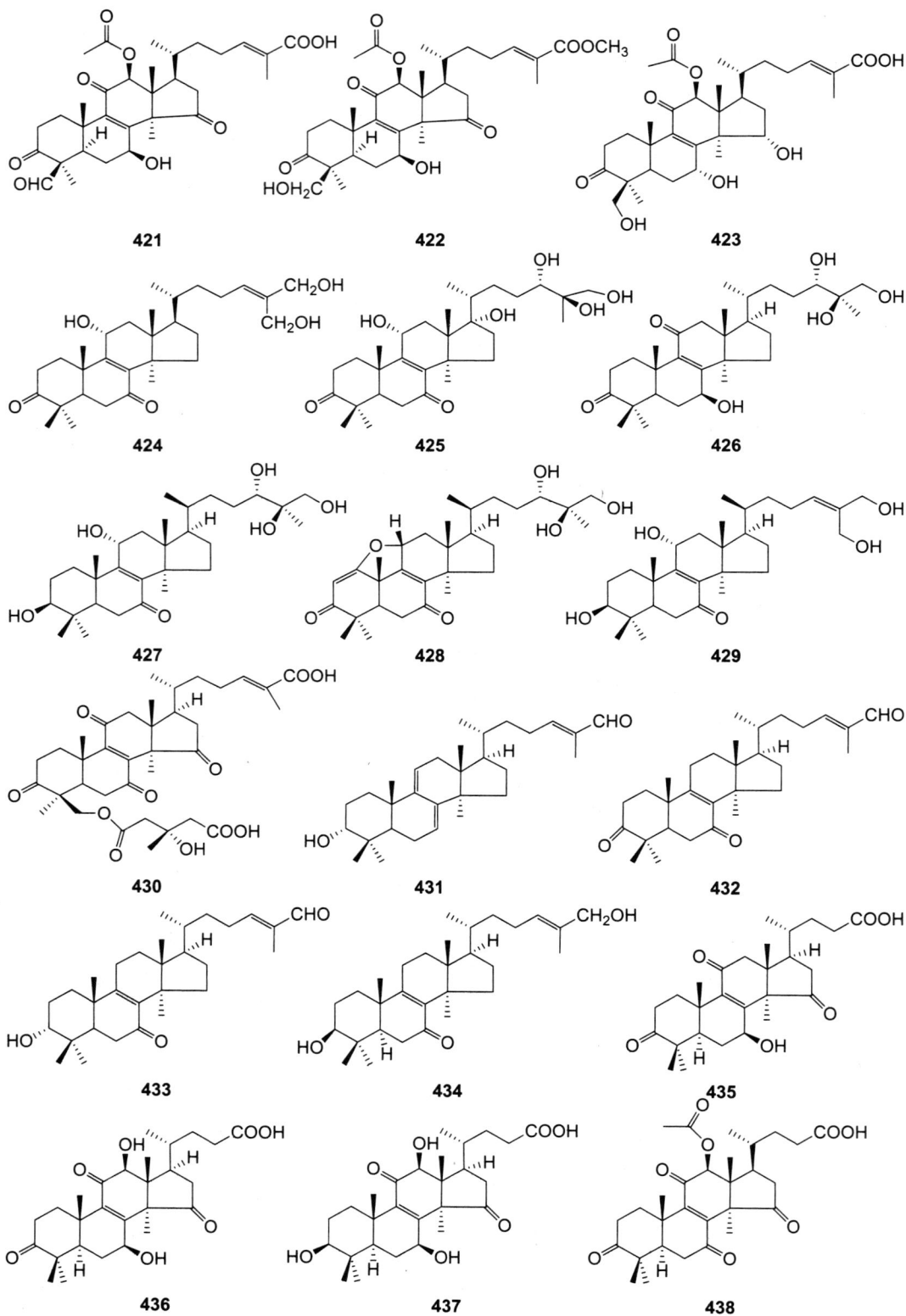

421

422

423

424

425

426

427

428

429

430

431

432

433

434

435

436

437

438

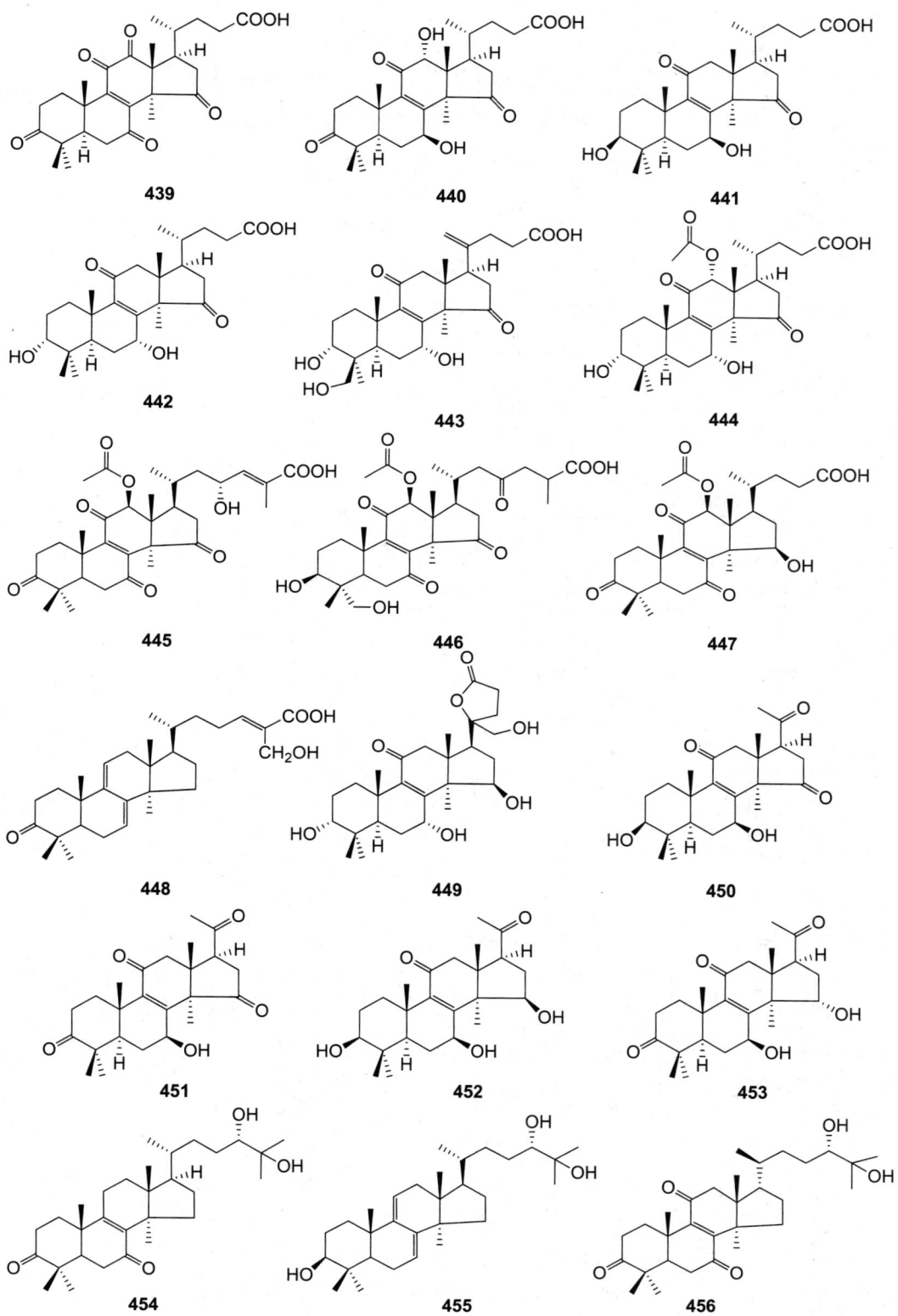

图2-8

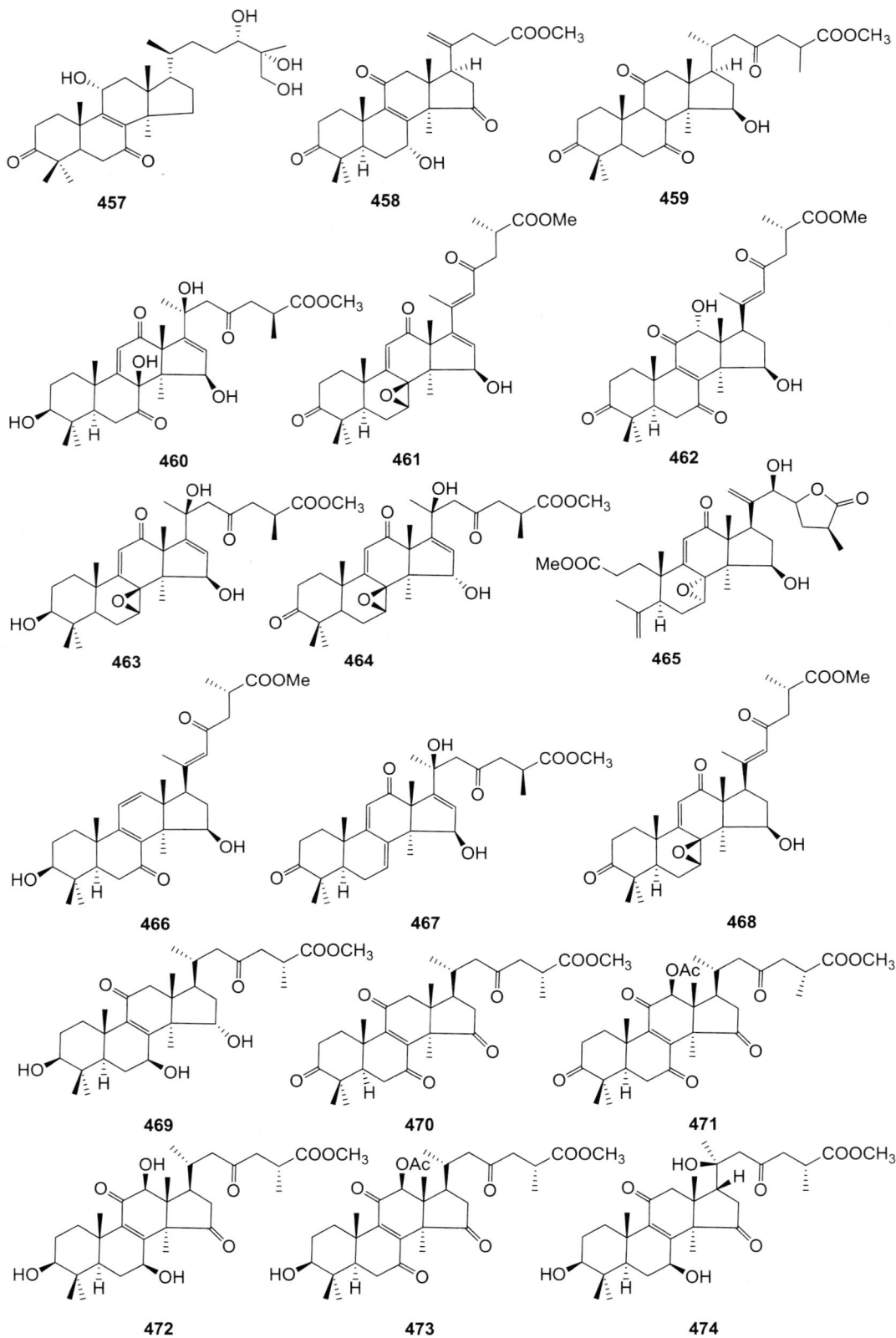

457

458

459

460

461

462

463

464

465

466

467

468

469

470

471

472

473

474

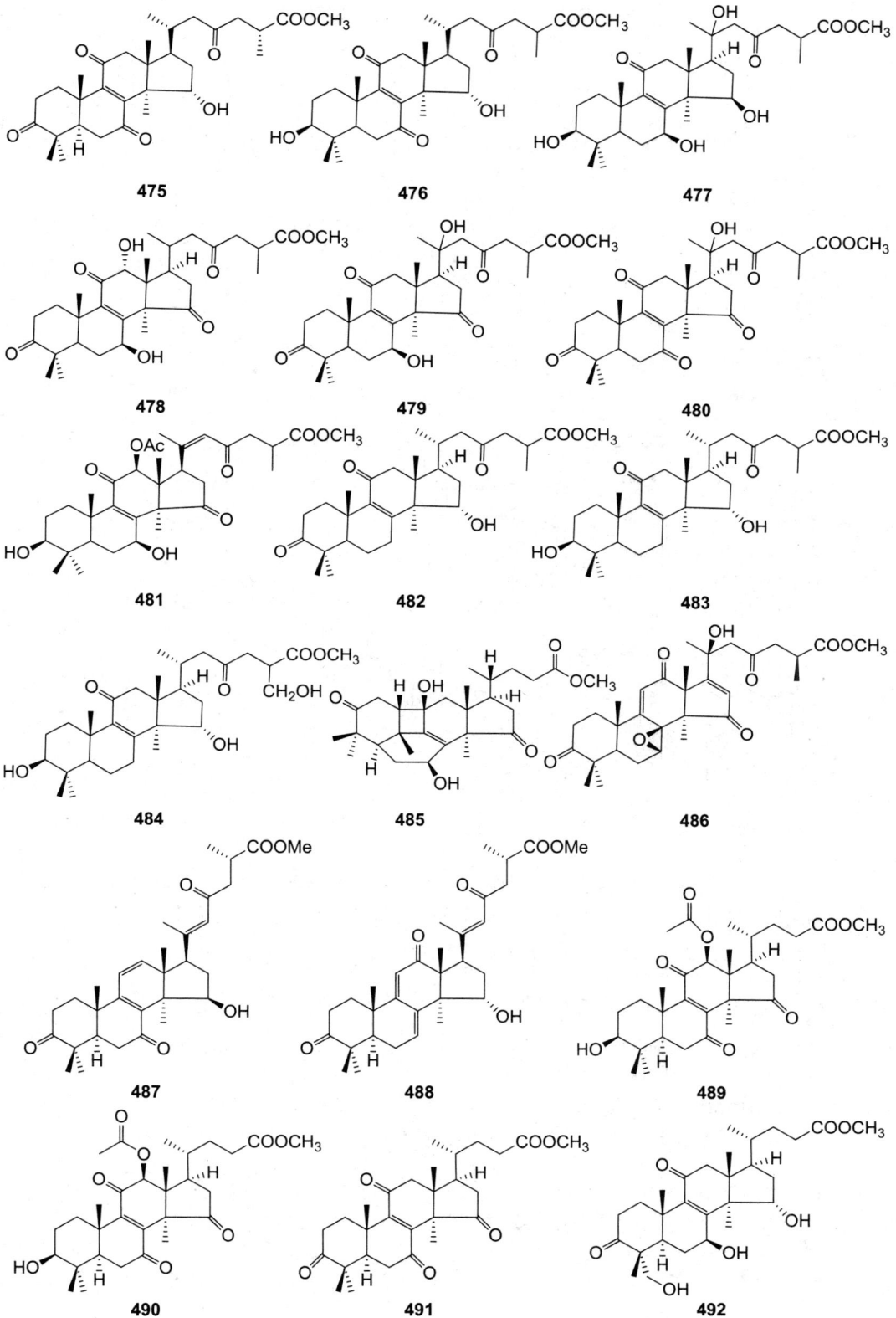

图2-8

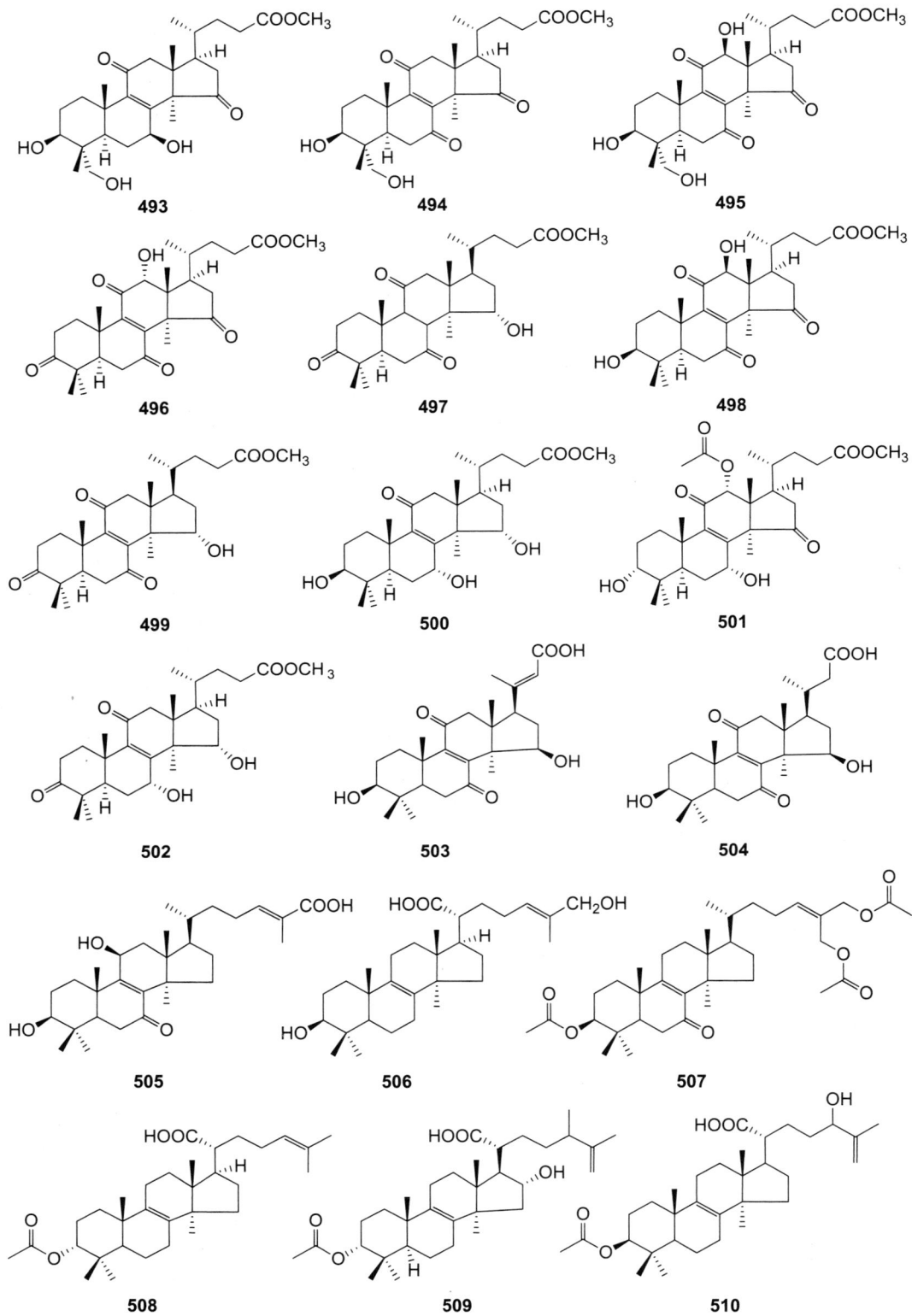

493

494

495

496

497

498

499

500

501

502

503

504

505

506

507

508

509

510

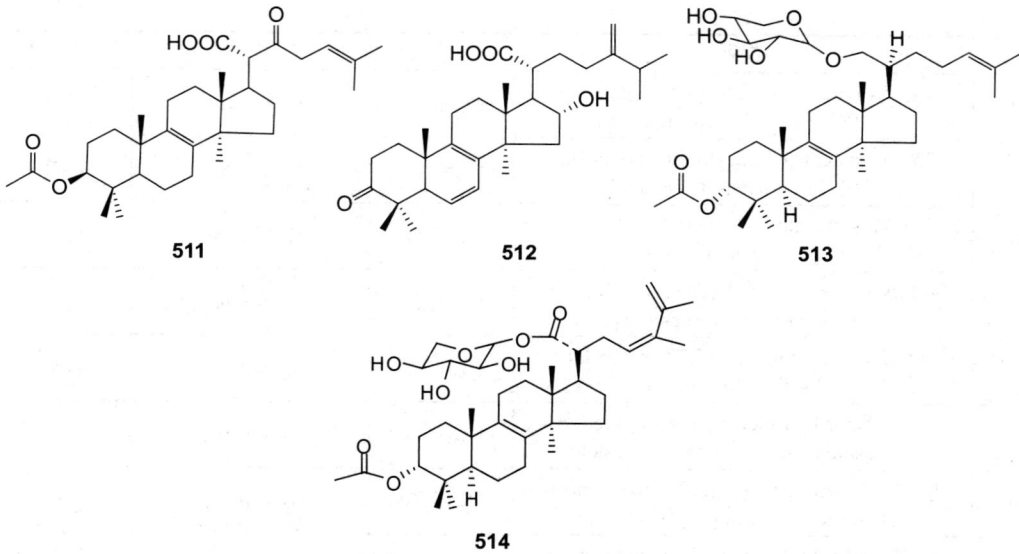

图2-8 灵芝三萜类化合物的结构

表 2-2 灵芝三萜类化合物的名称、分子式、来源及参考文献

编号	名称	分子式	来源	参考文献
1	3-oxo-7α,15α,26,27-tetrahydroxylanosta-8,24-diene	$C_{30}H_{48}O_5$	*G. mbrekobenum*	[8]
2	3-oxo-25-methoxy-24,26-dihydroxy-lanosta-7,9(11)-diene	$C_{31}H_{50}O_4$	*G. applanatum*	[9]
3	3α-acetoxy-5α-lanosta-8, 24-dien-21-oic acid ester β-D-glucoside	$C_{38}H_{60}O_9$	*G. tsugae*	[10]
4	3α-(3-hydroxy-5-methoxy-3-methyl-1,5-dioxopentyloxy)-24-methylene-5α-lanost-8-en-21-oic acid	$C_{38}H_{60}O_7$	*G. resinaceum*	[11]
5	3α-acetoxy-16α-hydroxy-24-methylene-5α-lanost-8-en-21-oic acid	$C_{33}H_{52}O_5$	*G. resinaceum*	[11]
6	3β-acetoxy-5-lanosta-8,24(24′)-dien-21-oic acid	$C_{33}H_{52}O_4$	*G. atrum*	[12]
7	3β-acetyloxy-lucidone H	$C_{26}H_{36}O_6$	*G. applanatum*	[9]
8	3β-hydroxy-12β-acetoxy-7,11,15,23-tetraoxolanosta-8, 20E(22)dien-26-oic acid methyl ester	$C_{33}H_{44}O_9$	*G. lucidum*	[13]
9	3β-hydroxy-15α-acetoxy-5α-lanosta-7,9(11),24-trien-26-al	$C_{32}H_{48}O_4$	*G. atrum*	[12]
10	3β-hydroxy-7,22-dioxo-5α-lanosta-8,24-dien-21-oic acid	$C_{30}H_{44}O_5$	*G. atrum*	[12]
11	3β,7β-dihydroxy-12β-acetoxy-11,15,23-trioxo-5α-lanosta-8-en-26-oic acid methyl ester	$C_{33}H_{48}O_9$	*G. lucidum*	[14]
12	3β,12β-dihydroxy-7,11,15,23-tetraoxo-lanost-8,20-dien-26-oic acid	$C_{30}H_{40}O_8$	*G. curtisii*	[15]
13	3β,15β-dihydroxy-7,11,23-trioxo-lanost-8,16-dien-26-oic acid methyl ester	$C_{31}H_{44}O_7$	*G. tropicum*	[16]

编号	名称	分子式	来源	参考文献
14	3α,15α-diacetoxy-22α-hydroxy-lanosta-7,9(11),24-trien-26-oic acid	$C_{34}H_{50}O_7$	*G. lucidum*	[17]
15	3β,15α-diacetoxy-22β-hydroxy-lanosta-7,9(11),24-trien-26-oic acid	$C_{34}H_{50}O_7$	*G. lucidum*	[17]
16	3α,15α,22β-triacetoxy-lanosta-8,24E-dien-26-oic acid	$C_{36}H_{54}O_9$	*G. lucidum*	[18]
17	3α,22β-diacetoxy-7α- hydroxyl-5α-lanost-8,24(E)-dien-26-oic acid	$C_{34}H_{52}O_7$	*G. lucidum*	[19]
18	3β,7β,12β-trihydroxy-11,15,23-trioxo-lanost-8,20-dien-26-oic acid	$C_{30}H_{42}O_8$	*G. curtisii*	[15]
19	3β,7β,15α-trihydroxy-4-(hydroxymethyl)-11,23-dioxo-lanost-8-en-26-oic acid	$C_{30}H_{46}O_8$	*G. curtisii*	[15]
20	3β,7β,15β-trihydroxy-11,23-dioxo-lanost-8,16-dine-26-oic acid methyl ester	$C_{31}H_{46}O_7$	*G. tropicum*	[16]
21	3β,7β,15β-trihydroxy-11,23-dioxo-lanost-8,16-dine-26-oic acid	$C_{30}H_{44}O_7$	*G. tropicum*	[16]
22	3,12β,15-triacetoxy-5-lanosta-7,9(11),24-trien-26-oic acid	$C_{36}H_{52}O_8$	*G. lucidum*	[20]
23	3β,15α,22β-trihydroxylanost-7,9(11),24-trien-26-oic acid	$C_{30}H_{46}O_5$	*G. lucidum*	[17]
24	3β,7β,15,24-tetrahydroxy-11,23-dioxo-lanost-8-en-26-oic acid	$C_{30}H_{46}O_8$	*G. tropicum*	[21]
25	3β,7β,15,28-tetrahydroxy-11,23-dioxo-lanost-8,16-dien-26-oic acid	$C_{30}H_{44}O_8$	*G. tropicum*	[21]
26	4,4,14α-trimethyl-3,7-dioxo-5α-achol-8-en-24-oic acid	$C_{27}H_{40}O_4$	*G. lucidum*	[14]
27	(5α,24E)-3β,11α-dihydroxylanosta-8,24-dien-7-oxo-26-al	$C_{30}H_{46}O_4$	*G. luteomarginatum*	[22]
28	(5α,23E)-27-nor-lanosta-8,23-dien-3,7,25-trione	$C_{29}H_{42}O_3$	*G. luteomarginatum*	[22]
29	(5α,23E)-27-nor-3β-hydroxylanosta-8,23-dien-7,25-dione	$C_{29}H_{44}O_3$	*G. luteomarginatum*	[22]
30	(5α,24E)-3β-acetoxyl-7β-hydroxylanosta-8,24-dien-11-oxo-26-al	$C_{32}H_{48}O_5$	*G. luteomarginatum*	[22]
31	(5α,24E)-3β-acetoxyllanosta-8,24-dien-7-oxo-26-al	$C_{32}H_{48}O_4$	*G. luteomarginatum*	[22]
32	(5α,24E)-3β-acetoxyl-26-hydroxylanosta-8,24-dien-7-one	$C_{32}H_{50}O_4$	*G. luteomarginatum*	[22]
33	(5α,23R,24Z)-lanosta-8,24-dien-3,7-dioxo-23,26-γ-lactone	$C_{30}H_{42}O_4$	*G. luteomarginatum*	[22]
34	(5α,24E)-3β-acetoxyllanosta-7,9(11),24-triene-26-ol	$C_{32}H_{50}O_3$	*G. luteomarginatum*	[22]
35	(5α,24E)-15α-hydroxylanosta-7,9(11),24-trien-3-oxo-26-al	$C_{30}H_{44}O_3$	*G. luteomarginatum*	[22]
36	5α-lanosta-7,9(11), 24-triene-15α-26-dihydroxy-3-one	$C_{30}H_{46}O_3$	*G. concinna*	[23]

编号	名称	分子式	来源	参考文献
37	5α-lanosta-7,9(11), 24-triene-3β-hydroxy-26-al	$C_{30}H_{46}O_2$	*G. concinna*	[23]
38	5-lanosta-8,24-diene-26,27-dihydroxy-3,7-dione	$C_{30}H_{46}O_3$	*G. lucidum*	[20]
39	7β,15α,20-trihydroxy-3,11,23-trioxo-5α-lanosta-8-en-26-oic acid	$C_{30}H_{44}O_8$	*G. lucidum*	[24]
40	8α,9α-epoxy-3,7,11,15,23-pentaoxo-5α-lanosta-26-oic acid	$C_{30}H_{40}O_8$	*G. lucidum*	[25]
41	8α,9α-epoxy-4,4,14α-trimethyl-3,7,11,15,20-pentaoxo-5α-pregnane	$C_{24}H_{30}O_6$	*G. concinna*	[23]
42	8β,9α-dihydroganoderic acid J	$C_{30}H_{44}O_7$	*G. concinna*	[23]
43	11α-hydroxy-3,7-dioxo-5α-lanosta-8,24(E)-dien-26-oic acid	$C_{30}H_{44}O_5$	*G. lucidum*	[17]
44	11β-hydroxy-3,7-dioxo-5α-lanosta-8,24(E)-dien-26-oic acid	$C_{30}H_{44}O_5$	*G. lucidum*	[17]
45	11β-hydroxy-ganoderiol D	$C_{30}H_{48}O_6$	*G. hainanense*	[26]
46	11β-hydroxy-lucidone H	$C_{24}H_{34}O_5$	*G. hainanense*	[26]
47	12β-acetoxy-3β-hydroxy-7,11,15,23-tetraoxo-lanost-8,20(E)-diene-26-oic acid	$C_{32}H_{42}O_9$	*G. lucidum*	[28]
48	12β-acetoxy-3,7,11,15,23-pentaoxo-5α-lanosta-8-en-26-oic acid ethyl ester	$C_{34}H_{46}O_9$	*G. lucidum*	[17]
49	12β-acetoxy-3,7,11,15,23-pentaoxolanost-8-en-26-oic acid butyl ester	$C_{36}H_{50}O_9$	*G. lucidum*	[29]
50	12β-acetoxy-3,7,11,15,23-pentaoxo-lanost-8,20-dien-26-oic acid	$C_{32}H_{40}O_9$	*G. curtisii*	[15]
51	12β-acetoxy-3,7,11,15,23-pentaoxo-lanost-8,20(E)-dien-26-oic acid	$C_{32}H_{40}O_9$	*G. lucidum*	[30]
52	12β-acetoxy-3,7,11,15,23-pentaoxolanosta-8,20(E)(22)-dien-26-oic acid methyl ester	$C_{33}H_{42}O_9$	*G. lucidum*	[31]
53	12β-acetoxy-3β,7β-dihydroxy-11,15,23-trioxolanost-8-en-26-oic acid butyl ester	$C_{36}H_{54}O_9$	*G. lucidum*	[29]
54	12β-acetoxy-7β-hydroxy-3,11,15,23-tetraoxo-5α-lanosta-8,20-dien-26-oic acid ethyl ester	$C_{34}H_{46}O_9$	*G. lingzhi*	[27]
55	12β-acetoxyganoderic acid θ	$C_{33}H_{48}O_8$	*G. lucidum*	[24]
56	15α-acetoxy-3α-hydroxylanosta-8,24-dien-26-oic acid	$C_{32}H_{50}O_5$	*G. capense*	[32]
57	15α-acetoxy-5α-lanosta-7,9(11),24-trien-3β,26-diol	$C_{32}H_{50}O_4$	*G. atrum*	[12]
58	15α-hydroxy-3,11,23-trioxo-lanost-8,20-dien-26-oic acid	$C_{30}H_{42}O_6$	*G. curtisii*	[15]
59	15α-hydroxy-3,11,23-trioxolanosta-8,20(E)(22)-dien-26-oic acid methyl ester	$C_{31}H_{44}O_6$	*G. lucidum*	[13]
60	16,20-dihydroxy-3,23-dioxo-5-lanosta-6,8-dien-26-oic acid	$C_{30}H_{44}O_6$	*G. atrum*	[12]
61	16α,26-dihydroxylanosta-8,24-dien-3-one	$C_{30}H_{48}O_3$	*G. hainanense*	[33]

编号	名称	分子式	来源	参考文献
62	20 (21)dehydroluciddenic acid N	$C_{27}H_{38}O_6$	*G. sinense*	[34]
63	20(21)-dehydrolucidenic acid A	$C_{27}H_{36}O_6$	*G. lucidum*	[35]
64	20-hydroxy-3,12,15,23-tetraoxolanosta-7,9(11),16-trien-26-oic acid	$C_{30}H_{38}O_7$	*G. australe*	[36]
65	20-hydroxyganoderic acid AM1	$C_{30}H_{42}O_8$	*G. theaecolum*	[37]
66	20-hydroxyganoderic acid G	$C_{30}H_{44}O_9$	*G. concinna*	[23]
67	20-hydroxylucidenic acid A	$C_{27}H_{38}O_7$	*G. sinense*	[34]
68	20-hydroxylucideric acid D2	$C_{29}H_{38}O_9$	*G. lucidum*	[35]
69	20-hydroxylucideric acid E2	$C_{29}H_{40}O_9$	*G. lucidum*	[35]
70	20-hydroxylucideric acid F	$C_{27}H_{36}O_7$	*G. lucidum*	[35]
71	20-hydroxylucideric acid N	$C_{27}H_{40}O_7$	*G. lucidum*	[35]
72	20-hydroxylucideric acid P	$C_{29}H_{42}O_9$	*G. lucidum*	[35]
73	(20*S*,24*E*)-15α,20-dihydroxy-3-oxolanosta-7,9(11),24-trien-26-oic acid	$C_{30}H_{44}O_5$	*G. mbrekobenum*	[8]
74	(20*S*,24*E*)-15β,20,29-trihydroxy-3,7,11-trioxolanosta-8,24-dien-26-oic acid	$C_{30}H_{42}O_8$	*G. mbrekobenum*	[8]
75	(20*S*,24*E*)-15β,20-dihydroxy-3,7,11-trioxolanosta-8,24-dien-26-oic acid	$C_{30}H_{42}O_7$	*G. mbrekobenum*	[8]
76	(20*S*,24*E*)-7,11-dioxo-3β,15β,20,29-tetrahydroxylanosta-8,24-dien-26-oic acid	$C_{30}H_{44}O_8$	*G. mbrekobenum*	[8]
77	(20*S*,24*E*)-21-chloro-15β,20,29-trihydroxy-3,7,11-trioxolanosta-8,24-dien-26-oic acid	$C_{30}H_{41}ClO_8$	*G. mbrekobenum*	[8]
78	(20*S*,24*S*)-epoxy-lanosta-7,9(11)-dien-3β,15α,25*R*,26-tetraol	$C_{30}H_{48}O_5$	*G. weberianum*	[38]
79	22β-acetoxy-3α,15α-dihydroxy-lanosta-7,9(11), 24-trien-26-oic acid	$C_{32}H_{48}O_6$	*G. lucidum*	[39]
80	22β-acetoxy-3β,15α-dihydroxy-lanosta-7,9(11), 24-trien-26-oic acid	$C_{32}H_{48}O_6$	*G. lucidum*	[39]
81	(22*S*,24*E*)-15α,22-diacetoxy-3-oxolanosta-8,24-dien-26-oic acid	$C_{34}H_{50}O_7$	*G.* sp. BCC 16642	[40]
82	(22*S*,24*E*)-15α,22-diacetoxy-3β-hydroxylanosta-8,24-dien-26-oic acid	$C_{34}H_{52}O_7$	*G.* sp. BCC 16642	[40]
83	(22*S*,24*E*)-22-acetoxy-3,7-dioxolanosta-8,24-dien-26-oic acid	$C_{32}H_{46}O_6$	*G.* sp. BCC 16642	[40]
84	(22*S*,24*E*)-22-acetoxy-3β-hydroxylanosta-7,9(11),24-trien-26-oic acid	$C_{32}H_{48}O_5$	*G.* sp. BCC 16642	[40]
85	(22*S*,24*E*)-3α,22-diacetoxy-7-oxolanosta-8,24-dien-26-oic acid	$C_{34}H_{50}O_7$	*G.* sp. BCC 16642	[40]
86	(22*S*,24*E*)-3β,15α,22-triacetoxylanosta-8,24-dien-26-oic acid	$C_{36}H_{54}O_8$	*G.* sp. BCC 16642	[40]
87	(22*S*,24*E*)-3β,22-diacetoxy-7α-methoxylanosta-8,24-dien-26-oic acid	$C_{35}H_{54}O_7$	*G.* sp. BCC 16642	[40]
88	(22*S*,24*E*)-3β,22-diacetoxylanosta-7,9(11),24-trien-26-oic acid	$C_{34}H_{50}O_6$	*G.* sp. BCC 16642	[40]

续表

编号	名称	分子式	来源	参考文献
89	(22S,24E)-7α-hydroxy-3β,15α,22-triacetoxylanosta-8,24-dien-26-oic acid	$C_{36}H_{54}O_9$	G. sp. BCC 16642	[40]
90	(22S,24E)-7α-methoxy-3β,15α,22-triacetoxylanosta-8,24-dien-26-oic acid	$C_{37}H_{56}O_9$	G. sp. BCC 16642	[40]
91	(22Z,24Z)-13-hydroxy-3-oxo-14(13→12)abeo-lanosta-8,22,24-trien-26,23-olide	$C_{30}H_{42}O_4$	G. lucidum	[41]
92	23(S)-hydroxy-3,7,11,15-tetraoxo-lanost-8,24(E)-diene-26-oic acid	$C_{30}H_{40}O_7$	G. lucidum	[28]
93	(24E)-en-11-oxo-ganoderiol D	$C_{31}H_{46}O_4$	G. hainanense	[26]
94	(24R)-tirucalla-7,9(11),25-triene-3,24,27-triol	$C_{30}H_{48}O_3$	G. tropicum	[42]
95	(24S)-tirucalla-7,9(11),25-triene-3,24,27-triol	$C_{30}H_{48}O_3$	G. tropicum	[42]
96	(24E)-3β,15α-diacetoxy-7α-hydroxylanosta-8,24-dien-26-oic acid	$C_{34}H_{52}O_7$	G. sp. BCC 16642	[40]
97	(24E)-3β-acetoxy-15α-hydroxy-7α-methoxylanosta-8,24-dien-26-oic acid	$C_{33}H_{52}O_6$	G. sp. BCC 16642	[40]
98	(24E)-3β-acetoxy-7α-hydroxylanosta-8,24-dien-26-oic acid	$C_{32}H_{50}O_5$	G. sp. BCC 16642	[40]
99	(24E)-3β-acetoxylanosta-7,9(11),24-trien-26-oic acid	$C_{32}H_{48}O_4$	G. sp. BCC 16642	[40]
100	(24E)-7α-acetoxy-15-hydroxy-3-oxolanosta-8,24-dien-26-oic acid	$C_{32}H_{48}O_6$	G. sp. BCC 16642	[40]
101	(24E)-7α-methoxy-3-oxolanosta-8,24-dien-26-oic acid	$C_{31}H_{48}O_4$	G. sp. BCC 16642	[40]
102	(24E)-9,11-epoxy-3β-hydroxylanosta-7,24-dien-26-al	$C_{30}H_{46}O_3$	G. lucidum	[41]
103	(24E)-15α,26-dihydroxy-3-oxo-lanosta-8,24-diene	$C_{30}H_{48}O_3$	G. casuarinicola	[43]
104	(24E)-7α,26-dihydroxy-3-oxo-lanosta-8,24-diene	$C_{30}H_{48}O_3$	G. casuarinicola	[43]
105	(24E)-3-oxo-7α,15α,26-trihydroxylanosta-8,24-diene	$C_{30}H_{48}O_4$	G. casuarinicola	[43]
106	(24E)-3β-acetoxy-15α,26-dihydroxylanosta-8,24-diene	$C_{32}H_{52}O_4$	G. casuarinicola	[43]
107	(24E)-3β-acetoxy-7α,15α,26-trihydroxylanosta-8,24-diene	$C_{32}H_{52}O_5$	G. casuarinicola	[43]
108	(24E)-3β-acetoxy-15α,26-dihydroxylanosta-7,9(11),24-triene	$C_{32}H_{50}O_4$	G. casuarinicola	[43]
109	(24E)-3β,15α,26-trihydroxylanosta-7,9(11),24-triene	$C_{30}H_{48}O_3$	G. casuarinicola	[43]
110	(24E)-3β,7α,15α,26-tetrahydroxylanosta-8,24-diene	$C_{30}H_{50}O_4$	G. casuarinicola	[43]
111	(24E)-7α,15α-dihydroxy-3-oxo-lanosta-8,24-dien-26-al	$C_{30}H_{46}O_4$	G. casuarinicola	[43]
112	(24E)-20,21-epoxy-15β-hydroxy-3,7,11-trioxolanasta-8,24-dien-26-oic acid	$C_{30}H_{40}O_7$	G. mbrekobenum	[8]

编号	名称	分子式	来源	参考文献
113	(24E)-7α,15α-dihydroxy-3-oxolanosta-8,24-dien-26-oic acid	$C_{30}H_{46}O_5$	G. mbrekobenum	[8]
114	(24E)-15α-hydroxy-3-oxo-lanosta-8,24-dien-26-oic acid	$C_{30}H_{46}O_4$	G. mbrekobenum	[8]
115	(24S)-3-oxo-7α,15α,24,25-tetrahydroxylanosta-8-ene	$C_{30}H_{50}O_5$	G. mbrekobenum	[8]
116	(24S)-3-oxo-7,24,25-trihydroxylanosta-8-ene	$C_{30}H_{50}O_4$	G. orbiforme	[44]
117	(24S,25R)-25-methoxylanosta-7,9(11)-dien-3β,24,26-triol	$C_{31}H_{52}O_4$	G. lucidum	[13]
118	(24Z)-3-oxo-7α,15α,27-triihydroxylanosta-8,24-diene	$C_{30}H_{48}O_4$	G. mbrekobenum	[8]
119	25-methoxy-11-oxo-ganoderiol D	$C_{31}H_{48}O_6$	G. applanatum	[9]
120	26,27-dihydroxy-5α-lanosta-7,9(11)24-triene-3,22-dione	$C_{30}H_{44}O_4$	G. lucidum	[45]
121	26,27-dihydroxy-24,25-epoxylanosta-7,9(11)-dien-3-one	$C_{30}H_{46}O_4$	G. lucidum	[13]
122	applandiketone A	$C_{30}H_{40}O_9$	G. applanatum	[46]
123	applandiketone B	$C_{30}H_{40}O_8$	G. applanatum	[46]
124	applanhydride A	$C_{30}H_{38}O_{10}$	G. applanatum	[46]
125	applanhydride B	$C_{24}H_{28}O_7$	G. applanatum	[46]
126	applanlactone A	$C_{30}H_{42}O_8$	G. applanatum	[47]
127	applanlactone B	$C_{30}H_{40}O_7$	G. applanatum	[47]
128	applanlactone C	$C_{30}H_{40}O_7$	G. applanatum	[47]
129	applanoic acid B	$C_{30}H_{40}O_8$	G. applanatum	[47]
130	applanoic acid C	$C_{30}H_{38}O_7$	G. applanatum	[47]
131	applanoic acid D	$C_{30}H_{38}O_8$	G. applanatum	[47]
132	applanone A	$C_{24}H_{34}O_6$	G. applanatum	[47]
133	applanone B	$C_{24}H_{32}O_6$	G. applanatum	[47]
134	applanone C	$C_{24}H_{30}O_6$	G. applanatum	[47]
135	applanone D	$C_{24}H_{34}O_5$	G. applanatum	[47]
136	applanone E	$C_{24}H_{32}O_5$	G. applanatum	[47]
137	applanoxidic acid G	$C_{30}H_{40}O_8$	G. pfeifferi	[48]
138	butyl lucidenate D2	$C_{33}H_{48}O_8$	G. lucidum	[49]
139	butyl lucidenate E2	$C_{33}H_{46}O_8$	G. lucidum	[49]
140	butyl lucidenate P	$C_{33}H_{50}O_8$	G. lucidum	[49]
141	butyl lucidenate Q	$C_{31}H_{48}O_6$	G. lucidum	[49]
142	cochlate A	$C_{28}H_{40}O_6$	G. sinense	[50]
143	cochlate B	$C_{28}H_{40}O_6$	G. sinense	[50]
144	cochlate C	$C_{28}H_{38}O_7$	G. cochlear	[51]
145	cochlearic acid A	$C_{27}H_{38}O_6$	G. cochlear	[51]
146	cochlearic acid B	$C_{30}H_{46}O_3$	G. cochlear	[51]
147	colossolactone A	$C_{32}H_{52}O_5$	G. colossum	[52]

续表

编号	名称	分子式	来源	参考文献
148	colossolactone B	$C_{32}H_{48}O_5$	*G. colossum*	[52]
149	colossolactone C	$C_{32}H_{46}O_6$	*G. colossum*	[52]
150	colossolactone D	$C_{30}H_{40}O_5$	*G. colossum*	[52]
151	colossolactone E	$C_{32}H_{42}O_6$	*G. colossum*	[52]
152	colossolactone F	$C_{32}H_{42}O_7$	*G. colossum*	[52]
153	colossolactone G	$C_{32}H_{42}O_7$	*G. colossum*	[52]
154	colossolactone H	$C_{32}H_{42}O_8$	*G. colossum*	[53]
155	colossolactone Ⅰ	$C_{30}H_{46}O_3$	*G. colossum*	[54]
156	colossolactone Ⅱ	$C_{30}H_{46}O_4$	*G. colossum*	[54]
157	colossolactone Ⅲ	$C_{31}H_{46}O_4$	*G. colossum*	[54]
158	colossolactone Ⅳ	$C_{30}H_{44}O_5$	*G. colossum*	[54]
159	colossolactone J	$C_{32}H_{44}O_8$	*G. colossum*	[55]
160	compound B8	$C_{30}H_{44}O_7$	*G. lucidum*	[56]
161	compound B9	$C_{30}H_{46}O_7$	*G. lucidum*	[56]
162	daqingshone A	$C_{24}H_{30}O_5$	*G. daqingshanense*	[57]
163	daqingshone B	$C_{27}H_{40}O_6$	*G. daqingshanense*	[57]
164	diacetate ganoderiol C	$C_{36}H_{58}O_7$	*G. lucidum*	[58]
165	diacetate ganoderiol D	$C_{34}H_{52}O_7$	*G. lucidum*	[58]
166	epoxyganoderiol A	$C_{30}H_{48}O_4$	*G. lucidum*	[59]
167	epoxyganoderiol B	$C_{30}H_{46}O_3$	*G. lucidum*	[59]
168	epoxyganoderiol C	$C_{30}H_{48}O_3$	*G. lucidum*	[59]
169	ethyl ganoderenate D	$C_{32}H_{44}O_7$	*G. lingzhi*	[27]
170	ethyl lucidenate A	$C_{29}H_{42}O_6$	*G. lucidum*	[61]
171	fornicatin A	$C_{27}H_{40}O_7$	*G. fornicatum*	[62]
172	fornicatin B	$C_{27}H_{40}O_6$	*G. fornicatum*	[62]
173	fornicatin D	$C_{28}H_{42}O_6$	*G. sinense*	[50]
174	fornicatin E	$C_{28}H_{42}O_6$	*G. sinense*	[50]
175	fornicatin F	$C_{29}H_{44}O_6$	*G. sinense*	[50]
176	fornicatin G	$C_{29}H_{44}O_6$	*G. cochlear*	[63]
177	fornicatin H	$C_{29}H_{44}O_7$	*G. cochlear*	[63]
178	ganoapplanic acid A	$C_{30}H_{40}O_6$	*G. applanatum*	[64]
179	ganoapplanic acid B	$C_{30}H_{40}O_6$	*G. applanatum*	[64]
180	ganoapplanic acid C	$C_{30}H_{40}O_7$	*G. applanatum*	[64]
181	ganoapplanic acid F	$C_{30}H_{38}O_8$	*G. applanatum*	[64]
182	ganoapplanilactone A	$C_{30}H_{38}O_8$	*G. applanatum*	[64]
183	ganoapplanilactone B	$C_{30}H_{38}O_8$	*G. applanatum*	[64]
184	ganoapplanilactone C	$C_{30}H_{38}O_7$	*G. applanatum*	[64]
185	ganoapplic acid A	$C_{31}H_{42}O_9$	*G. applanatum*	[6]
186	ganoapplic acid B	$C_{30}H_{42}O_8$	*G. applanatum*	[6]
187	ganoapplic acid C	$C_{30}H_{40}O_8$	*G. applanatum*	[6]

编号	名称	分子式	来源	参考文献
188	ganoapplic acid D	$C_{30}H_{40}O_7$	*G. applanatum*	[6]
189	ganoapplic acid E	$C_{30}H_{42}O_6$	*G. applanatum*	[6]
190	ganoapplic acid F	$C_{30}H_{40}O_7$	*G. applanatum*	[6]
191	ganoapplic acid G	$C_{30}H_{40}O_7$	*G. applanatum*	[6]
192	ganoboninketal A	$C_{32}H_{46}O_7$	*G. boninense*	[65]
193	ganoboninketal B	$C_{30}H_{42}O_6$	*G. boninense*	[65]
194	ganoboninketal C	$C_{32}H_{46}O_8$	*G. boninense*	[65]
195	ganoboninketal D	$C_{31}H_{44}O_8$	*G. orbiforme*	[44]
196	ganoboninone A	$C_{29}H_{38}O_8$	*G. boninense*	[66]
197	ganoboninone B	$C_{30}H_{40}O_8$	*G. boninense*	[66]
198	ganoboninone C	$C_{29}H_{40}O_8$	*G. boninense*	[66]
199	ganoboninone D	$C_{30}H_{42}O_8$	*G. boninense*	[66]
200	ganoboninone E	$C_{29}H_{40}O_7$	*G. boninense*	[66]
201	ganoboninone F	$C_{32}H_{46}O_7$	*G. boninense*	[66]
202	ganocasuarin A	$C_{30}H_{48}O_5$	*G. casuarinicola*	[43]
203	ganocasuarin B	$C_{30}H_{50}O_5$	*G. casuarinicola*	[43]
204	ganocasuarin C	$C_{30}H_{42}O_8$	*G. casuarinicola*	[43]
205	ganocasuarin D	$C_{32}H_{44}O_9$	*G. casuarinicola*	[43]
206	ganocasuarin E	$C_{30}H_{40}O_8$	*G. casuarinicola*	[43]
207	ganocasuarin F	$C_{30}H_{38}O_8$	*G. casuarinicola*	[43]
208	ganocasuarinone A	$C_{24}H_{32}O_5$	*G. casuarinicola*	[43]
209	ganochlearic acid A	$C_{24}H_{34}O_5$	*G. cochlear*	[51]
210	ganoderal A	$C_{30}H_{44}O_2$	*G. lucidum*	[67]
211	ganoderal B	$C_{30}H_{46}O_3$	*G. lucidum*	[59]
212	ganoderane GL-1	$C_{19}H_{24}O_3$	*G. lingzhi*	[68]
213	ganoderane GL-2	$C_{30}H_{40}O_5$	*G. lingzhi*	[68]
214	ganoderane GL-3	$C_{30}H_{42}O_5$	*G. lingzhi*	[68]
215	ganoderane GL-4	$C_{30}H_{44}O_4$	*G. lingzhi*	[68]
216	ganoderane GL-5	$C_{30}H_{44}O_5$	*G. lingzhi*	[68]
217	ganoderane GL-6	$C_{30}H_{42}O_6$	*G. lingzhi*	[68]
218	ganoderane GL-7	$C_{30}H_{42}O_5$	*G. lingzhi*	[68]
219	ganoderane GL-8	$C_{30}H_{44}O_4$	*G. lingzhi*	[68]
220	ganodercochlearin A	$C_{30}H_{48}O_3$	*G. cochlear*	[69]
221	ganodercochlearin B	$C_{30}H_{48}O_3$	*G. cochlear*	[69]
222	ganodercochlearin C	$C_{31}H_{50}O_3$	*G. cochlear*	[69]
223	ganodercochlearin D	$C_{30}H_{48}O_3$	*G. cochlear*	[51]
224	ganodercochlearin E	$C_{30}H_{50}O_4$	*G. cochlear*	[51]
225	ganodercochlearin F	$C_{30}H_{48}O_3$	*G. cochlear*	[51]
226	ganodercochlearin G	$C_{31}H_{50}O_3$	*G. cochlear*	[51]
227	ganodercochlearin H	$C_{32}H_{50}O_4$	*G. cochlear*	[51]

编号	名称	分子式	来源	参考文献
228	ganodercochlearin I	$C_{30}H_{46}O_3$	*G. cochlear*	[51]
229	ganodercochlearin J	$C_{30}H_{46}O_3$	*G. cochlear*	[51]
230	ganodercochlearin K	$C_{31}H_{52}O_3$	*G. cochlear*	[51]
231	ganoderenic acid A	$C_{30}H_{42}O_7$	*G. lucidum*	[60]
232	ganoderenic acid AM1	$C_{30}H_{40}O_7$	*G. theaecolum*	[37]
233	ganoderenic acid B	$C_{30}H_{42}O_7$	*G. lucidum*	[60]
234	ganoderenic acid C	$C_{30}H_{44}O_7$	*G. lucidum*	[60]
235	ganoderenic acid D	$C_{30}H_{40}O_7$	*G. lucidum*	[60]
236	ganoderenicfy A	$C_{31}H_{44}O_8$	*G. applanatum*	[70]
237	ganoderenicfy B	$C_{30}H_{42}O_8$	*G. applanatum*	[70]
238	ganoderenses A	$C_{30}H_{40}O_7$	*G. hainanense*	[71]
239	ganoderenses B	$C_{30}H_{42}O_7$	*G. hainanense*	[71]
240	ganoderenses C	$C_{31}H_{44}O_7$	*G. hainanense*	[71]
241	ganoderenses D	$C_{31}H_{44}O_8$	*G. hainanense*	[71]
242	ganoderenses E	$C_{31}H_{48}O_8$	*G. hainanense*	[71]
243	ganoderesin C	$C_{30}H_{42}O_7$	*G. theaecolum*	[37]
244	ganoderic acid AM1	$C_{30}H_{42}O_7$	*G. concinna*	[23]
245	ganoderic acid A	$C_{30}H_{44}O_7$	*G. lucidum*	[60]
246	ganoderic acid B	$C_{30}H_{44}O_7$	*G. lucidum*	[60]
247	ganoderic acid C	$C_{30}H_{42}O_7$	*G. lucidum*	[72]
248	ganoderic acid C2	$C_{30}H_{46}O_7$	*G. lucidum*	[72]
249	ganoderic acid C6	$C_{30}H_{42}O_8$	*G. lucidum*	[60]
250	ganoderic acid Df	$C_{30}H_{44}O_7$	*G. lucidum*	[73]
251	ganoderic acid DM	$C_{30}H_{44}O_4$	*G. lucidum*	[74]
252	ganoderic acid GS-1	$C_{30}H_{42}O_6$	*G. sinense*	[34]
253	ganoderic acid GS-2	$C_{30}H_{44}O_6$	*G. sinense*	[34]
254	ganoderic acid GS-3	$C_{32}H_{46}O_8$	*G. sinense*	[34]
255	ganoderic acid K	$C_{32}H_{46}O_9$	*G. lucidum*	[67]
256	ganoderic acid LM2	$C_{30}H_{42}O_7$	*G. lucidum*	[75]
257	ganoderic acid Ma	$C_{34}H_{52}O_7$	*G. lucidum*	[76]
258	ganoderic acid Mb	$C_{36}H_{54}O_9$	*G. lucidum*	[76]
259	ganoderic acid Mc	$C_{36}H_{54}O_9$	*G. lucidum*	[76]
260	ganoderic acid Md	$C_{35}H_{54}O_7$	*G. lucidum*	[76]
261	ganoderic acid Me	$C_{34}H_{50}O_6$	*G. lucidum*	[76]
262	ganoderic acid Mf	$C_{32}H_{48}O_5$	*G. theaecolum*	[76]
263	ganoderic acid Mg	$C_{35}H_{54}O_8$	*G. lucidum*	[77]
264	ganoderic acid Mh	$C_{34}H_{52}O_8$	*G. lucidum*	[77]
265	ganoderic acid Mi	$C_{33}H_{52}O_6$	*G. lucidum*	[77]
266	ganoderic acid Mj	$C_{33}H_{52}O_6$	*G. lucidum*	[77]
267	ganoderic acid P	$C_{34}H_{50}O_7$	*G. lucidum*	[18]

编号	名称	分子式	来源	参考文献
268	ganoderic acid Q	$C_{34}H_{50}O_7$	*G. lucidum*	[77]
269	ganoderic acid R	$C_{32}H_{50}O_6$	*G. lucidum*	[78]
270	ganoderic acid S1	$C_{30}H_{44}O_3$	*G. lucidum*	[67]
271	ganoderic acid S2	$C_{32}H_{48}O_5$	*G. lucidum*	[79]
272	ganoderic acid T	$C_{36}H_{52}O_8$	*G. lucidum*	[79]
273	ganoderic acid U	$C_{30}H_{48}O_4$	*G. lucidum*	[80]
274	ganoderic acid U1	$C_{30}H_{44}O_4$	*G. lucidum*	[81]
275	ganoderic acid U2	$C_{32}H_{48}O_6$	*G. lucidum*	[81]
276	ganoderic acid U3	$C_{34}H_{48}O_8$	*G. lucidum*	[81]
277	ganoderic acid U4	$C_{32}H_{46}O_7$	*G. lucidum*	[81]
278	ganoderic acid U5	$C_{36}H_{50}O_{10}$	*G. lucidum*	[81]
279	ganoderic acid U6	$C_{34}H_{48}O_9$	*G. lucidum*	[81]
280	ganoderic acid U7	$C_{36}H_{52}O_9$	*G. lucidum*	[81]
281	ganoderic acid U8	$C_{34}H_{50}O_8$	*G. lucidum*	[81]
282	ganoderic acid U9	$C_{32}H_{46}O_6$	*G. lucidum*	[81]
283	ganoderic acid V	$C_{32}H_{48}O_6$	*G. lucidum*	[80]
284	ganoderic acid W	$C_{34}H_{52}O_7$	*G. lucidum*	[80]
285	ganoderic acid X	$C_{33}H_{50}O_5$	*G. amboinense*	[82]
286	ganoderic acid XL1	$C_{30}H_{46}O_7$	*G. theaecolum*	[37]
287	ganoderic acid XL2	$C_{30}H_{46}O_7$	*G. theaecolum*	[37]
288	ganoderic acid XL3	$C_{30}H_{46}O_5$	*G. theaecolum*	[83]
289	ganoderic acid XL4	$C_{30}H_{40}O_7$	*G. theaecolum*	[83]
290	ganoderic acid XL5	$C_{31}H_{48}O_8$	*G. theaecolum*	[83]
291	ganoderic acid Y	$C_{30}H_{46}O_3$	*G. lucidum*	[84]
292	ganoderic acid Z	$C_{30}H_{48}O_3$	*G. lucidum*	[80]
293	ganoderic acid α	$C_{30}H_{44}O_9$	*G. lucidum*	[85]
294	ganoderic acid β	$C_{30}H_{44}O_6$	*G. lucidum*	[86]
295	ganoderic acid γ	$C_{30}H_{44}O_7$	*G. lucidum*	[87]
296	ganoderic acid δ	$C_{30}H_{44}O_7$	*G. lucidum*	[87]
297	ganoderic acid ε	$C_{30}H_{44}O_7$	*G. lucidum*	[88]
298	ganoderic acid ζ	$C_{30}H_{42}O_7$	*G. lucidum*	[87]
299	ganoderic acid η	$C_{30}H_{44}O_8$	*G. lucidum*	[87]
300	ganoderic acid θ	$C_{30}H_{42}O_8$	*G. lucidum*	[87]
301	ganoderiol A	$C_{30}H_{50}O_4$	*G. lucidum*	[88]
302	ganoderiol B	$C_{30}H_{46}O_4$	*G. lucidum*	[88]
303	ganoderiol F	$C_{30}H_{46}O_3$	*G. lucidum*	[58]
304	ganoderiol H	$C_{30}H_{50}O_5$	*G. lucidum*	[58]
305	ganoderiol I	$C_{31}H_{50}O_5$	*G. lucidum*	[58]
306	ganoderlactone A	$C_{27}H_{36}O_7$	*G. lucidum*	[89]
307	ganoderlactone B	$C_{27}H_{34}O_6$	*G. lucidum*	[89]

编号	名称	分子式	来源	参考文献
308	ganoderlactone C	$C_{29}H_{36}O_8$	*G. lucidum*	[89]
309	ganoderlactone D	$C_{27}H_{38}O_7$	*G. lucidum*	[89]
310	ganoderlactone E	$C_{27}H_{36}O_7$	*G. lucidum*	[89]
311	ganodermadiol	$C_{30}H_{48}O_2$	*G. pfeifferi*	[48]
312	ganodermalactone A	$C_{30}H_{40}O_3$	*G.* sp. KM01	[90]
313	ganodermalactone B	$C_{32}H_{46}O_6$	*G.* sp. KM01	[90]
314	ganodermalactone C	$C_{30}H_{44}O_6$	*G.* sp. KM01	[90]
315	ganodermalactone D	$C_{33}H_{48}O_8$	*G.* sp. KM01	[90]
316	ganodermalactone E	$C_{30}H_{46}O_4$	*G.* sp. KM01	[90]
317	ganodermalactone F	$C_{30}H_{38}O_5$	*G.* sp. KM01	[90]
318	ganodermalactone G	$C_{30}H_{36}O_6$	*G.* sp. KM01	[90]
319	ganodermanontriol	$C_{30}H_{48}O_4$	*G. lucidum*	[88]
320	ganodermatriol	$C_{30}H_{48}O_3$	*G. lucidum*	[88]
321	ganodernoid A	$C_{25}H_{32}O_6$	*G. lucidum*	[89]
322	ganodernoid B	$C_{25}H_{34}O_6$	*G. lucidum*	[89]
323	ganodernoid C	$C_{28}H_{36}O_6$	*G. lucidum*	[89]
324	ganodernoid D	$C_{32}H_{40}O_9$	*G. lucidum*	[89]
325	ganodernoid E	$C_{31}H_{46}O_8$	*G. lucidum*	[89]
326	ganodernoid F	$C_{31}H_{44}O_8$	*G. lucidum*	[89]
327	ganodernoid G	$C_{32}H_{44}O_9$	*G. lucidum*	[89]
328	ganoderol A	$C_{30}H_{46}O_2$	*G. lucidum*	[68]
329	ganoderol B	$C_{30}H_{48}O_2$	*G. lucidum*	[59]
330	ganoderol X	$C_{30}H_{42}O_3$	*G. lucidum*	[81]
331	ganoderterpene A	$C_{33}H_{48}O_9$	*G. lucidum*	[91]
332	ganodeweberiol A	$C_{30}H_{48}O_3$	*G. weberianum*	[92]
333	ganodeweberiol B	$C_{30}H_{48}O_4$	*G. weberianum*	[92]
334	ganodeweberiol C	$C_{30}H_{48}O_4$	*G. weberianum*	[92]
335	ganodeweberiol D	$C_{32}H_{50}O_5$	*G. weberianum*	[92]
336	ganodeweberiol E	$C_{30}H_{46}O_4$	*G. weberianum*	[92]
337	ganodeweberiol F	$C_{30}H_{46}O_4$	*G. weberianum*	[92]
338	ganodeweberiol G	$C_{30}H_{46}O_5$	*G. weberianum*	[92]
339	ganodeweberiol H	$C_{29}H_{44}O_4$	*G. weberianum*	[92]
340	ganodrenol B	$C_{25}H_{36}O_6$	*G. lucidum*	[93]
341	ganodrol A	$C_{30}H_{44}O_6$	*G. lucidum*	[30]
342	ganodrol B	$C_{32}H_{50}O_6$	*G. lucidum*	[30]
343	ganodrol C	$C_{30}H_{48}O_5$	*G. lucidum*	[30]
344	ganoduritriol A	$C_{30}H_{48}O_3$	*G. duripora*	[94]
345	ganoduritriol B	$C_{30}H_{50}O_3$	*G. duripora*	[94]
346	ganoellipsic acid A	$C_{30}H_{40}O_8$	*G. ellipsoideum*	[95]
347	ganoellipsic acid B	$C_{30}H_{40}O_7$	*G. ellipsoideum*	[95]

编号	名称	分子式	来源	参考文献
348	ganoellipsic acid C	$C_{30}H_{38}O_7$	*G. ellipsoideum*	[95]
349	ganolactone B	$C_{27}H_{38}O_6$	*G. sinense*	[96]
350	ganolactone	$C_{27}H_{36}O_6$	*G. lucidum*	[90]
351	ganoleuconin A	$C_{30}H_{44}O_6$	*G. leucocontextum*	[97]
352	ganoleuconin B	$C_{30}H_{44}O_7$	*G. leucocontextum*	[97]
353	ganoleuconin C	$C_{32}H_{46}O_8$	*G. leucocontextum*	[97]
354	ganoleuconin D	$C_{32}H_{44}O_9$	*G. leucocontextum*	[97]
355	ganoleuconin E	$C_{30}H_{42}O_8$	*G. leucocontextum*	[97]
356	ganoleuconin F	$C_{32}H_{42}O_9$	*G. leucocontextum*	[97]
357	ganoleuconin G	$C_{30}H_{46}O_5$	*G. leucocontextum*	[97]
358	ganoleuconin H	$C_{30}H_{44}O_5$	*G. leucocontextum*	[97]
359	ganoleuconin I	$C_{30}H_{46}O_5$	*G. leucocontextum*	[97]
360	ganoleuconin J	$C_{38}H_{52}O_{13}$	*G. leucocontextum*	[97]
361	ganoleuconin K	$C_{36}H_{48}O_{12}$	*G. leucocontextum*	[97]
362	ganoleuconin L	$C_{36}H_{48}O_{11}$	*G. leucocontextum*	[97]
363	ganoleuconin M	$C_{51}H_{74}O_7$	*G. leucocontextum*	[97]
364	ganoleuconin N	$C_{51}H_{74}O_7$	*G. leucocontextum*	[97]
365	ganoleuconin O	$C_{51}H_{74}O_7$	*G. leucocontextum*	[97]
366	ganoleuconin P	$C_{51}H_{74}O_8$	*G. leucocontextum*	[97]
367	ganolucidic acid D	$C_{30}H_{44}O_6$	*G. lucidum*	[98]
368	ganolucidic acid E	$C_{30}H_{44}O_5$	*G. lucidum*	[58]
369	ganolucidoid A	$C_{26}H_{36}O_7$	*G. lucidum*	[13]
370	ganolucidoid B	$C_{26}H_{34}O_7$	*G. lucidum*	[13]
371	ganoluciduone A	$C_{22}H_{30}O_4$	*G. lucidum*	[13]
372	ganoluciduone B	$C_{29}H_{44}O_2$	*G. lucidum*	[13]
373	ganolucinin A	$C_{51}H_{72}O_8$	*G. lucidum*	[99]
374	ganolucinin B	$C_{51}H_{74}O_7$	*G. lucidum*	[99]
375	ganolucinin C	$C_{51}H_{74}O_7$	*G. lucidum*	[99]
376	ganorbiformin A	$C_{32}H_{48}O_8$	*G. orbiforme* BCC 22324	[100]
377	ganorbiformin B	$C_{34}H_{50}O_7$	*G. orbiforme* BCC 22324	[100]
378	ganorbiformin C	$C_{32}H_{48}O_6$	*G. orbiforme* BCC 22324	[100]
379	ganorbiformin D	$C_{34}H_{50}O_8$	*G. orbiforme* BCC 22324	[100]
380	ganorbiformin E	$C_{32}H_{48}O_6$	*G. orbiforme* BCC 22324	[100]
381	ganorbiformin F	$C_{33}H_{50}O_6$	*G. orbiforme* BCC 22324	[100]
382	ganorbiformin G	$C_{32}H_{46}O_5$	*G. orbiforme* BCC 22324	[100]

续表

编号	名称	分子式	来源	参考文献
383	ganosinensic acid A	$C_{27}H_{38}O_6$	*G. sinense*	[101]
384	ganosinensic acid B	$C_{30}H_{42}O_7$	*G. sinense*	[101]
385	ganosinensin A	$C_{51}H_{72}O_9$	*G. sinense*	[50]
386	ganosinensin B	$C_{51}H_{72}O_9$	*G. sinense*	[50]
387	ganosinensin C	$C_{51}H_{74}O_8$	*G. sinense*	[50]
388	ganosporelactone A	$C_{30}H_{40}O_7$	*G. lucidum*	[102]
389	ganosporelactone B	$C_{30}H_{42}O_7$	*G. lucidum*	[102]
390	ganosporeric acid A	$C_{30}H_{38}O_8$	*G. lucidum*	[103]
391	ganotropic acid	$C_{30}H_{44}O_7$	*G. tropicum*	[21]
392	gibbosic acid A	$C_{30}H_{38}O_8$	*G. gibbosum*	[104]
393	gibbosic acid B	$C_{30}H_{40}O_8$	*G. gibbosum*	[104]
394	gibbosic acid C	$C_{30}H_{40}O_8$	*G. gibbosum*	[104]
395	gibbosic acid D	$C_{30}H_{42}O_8$	*G. gibbosum*	[104]
396	gibbosic acid E	$C_{30}H_{38}O_9$	*G. gibbosum*	[104]
397	gibbosic acid F	$C_{31}H_{42}O_9$	*G. gibbosum*	[104]
398	gibbosic acid G	$C_{30}H_{40}O_9$	*G. gibbosum*	[104]
399	gibbosic acid H	$C_{30}H_{42}O_9$	*G. gibbosum*	[104]
400	lanosta-7,9(11),24-trien-15-acetoxy-3-hydroxy-26-oic acid	$C_{32}H_{46}O_6$	*G. lucidum*	[17]
401	lanosta-7,9(11),24-trien-3,15-diacetoxy-26-oic acid	$C_{34}H_{48}O_7$	*G. lucidum*	[17]
402	lanosta-7,9(11),24-trien-3β,15α-dihydroxy-26-oic acid	$C_{30}H_{46}O_4$	*G. lucidum*	[17]
403	lanosta-7,9(11),24-trien-3β,22β-diacetoxy-15α-hydroxy -26-oic acid	$C_{34}H_{50}O_7$	*G. lucidum*	[17]
404	lanosta-7,9(11),24-trien-15α,22β-diacetoxy-3β-hydroxy-26-oic acid	$C_{34}H_{50}O_7$	*G. lucidum*	[39]
405	lanosta-7,9(11),24-trien-3-acetoxy-15-hydroxy-xo-26-oic acid	$C_{32}H_{46}O_6$	*G. lucidum*	[17]
406	lanosta-7,9(11),24-trien-3,15-dihydroxy-26-oic acid	$C_{30}H_{46}O_4$	*G. lucidum*	[39]
407	leucocontextin A	$C_{30}H_{42}O_8$	*G. leucocontextum*	[105]
408	leucocontextin B	$C_{30}H_{44}O_8$	*G. leucocontextum*	[105]
409	leucocontextin C	$C_{30}H_{44}O_8$	*G. leucocontextum*	[105]
410	leucocontextin D	$C_{30}H_{42}O_8$	*G. leucocontextum*	[105]
411	leucocontextin E	$C_{30}H_{40}O_8$	*G. leucocontextum*	[105]
412	leucocontextin F	$C_{30}H_{44}O_7$	*G. leucocontextum*	[105]
413	leucocontextin G	$C_{30}H_{40}O_7$	*G. leucocontextum*	[105]
414	leucocontextin H	$C_{30}H_{44}O_7$	*G. leucocontextum*	[105]
415	leucocontextin I	$C_{30}H_{44}O_6$	*G. leucocontextum*	[105]
416	leucocontextin J	$C_{32}H_{44}O_9$	*G. leucocontextum*	[105]
417	leucocontextin K	$C_{32}H_{46}O_9$	*G. leucocontextum*	[105]

编号	名称	分子式	来源	参考文献
418	leucocontextin L	$C_{32}H_{44}O_9$	*G. leucocontextum*	[105]
419	leucocontextin M	$C_{32}H_{42}O_9$	*G. leucocontextum*	[105]
420	leucocontextin N	$C_{32}H_{46}O_8$	*G. leucocontextum*	[105]
421	leucocontextin O	$C_{32}H_{42}O_9$	*G. leucocontextum*	[105]
422	leucocontextin P	$C_{33}H_{46}O_9$	*G. leucocontextum*	[105]
423	leucocontextin Q	$C_{32}H_{46}O_9$	*G. leucocontextum*	[105]
424	leucocontextin R	$C_{30}H_{46}O_5$	*G. leucocontextum*	[105]
425	leucocontextin S	$C_{30}H_{48}O_6$	*G. leucocontextum*	[106]
426	leucocontextin T	$C_{30}H_{48}O_6$	*G. leucocontextum*	[106]
427	leucocontextin U	$C_{30}H_{50}O_6$	*G. leucocontextum*	[106]
428	leucocontextin V	$C_{30}H_{44}O_6$	*G. leucocontextum*	[106]
429	leucocontextin W	$C_{30}H_{48}O_5$	*G. leucocontextum*	[106]
430	leucocontextin X	$C_{36}H_{48}O_{11}$	*G. leucocontextum*	[106]
431	lucialdehyde A	$C_{30}H_{46}O_2$	*G. lucidum*	[107]
432	lucialdehyde B	$C_{30}H_{44}O_3$	*G. lucidum*	[107]
433	lucialdehyde C	$C_{30}H_{46}O_3$	*G. lucidum*	[107]
434	lucidadiol	$C_{30}H_{48}O_3$	*G. pfeifferi*	[48]
435	lucidenic acid A	$C_{27}H_{38}O_6$	*G. lucidum*	[108]
436	lucidenic acid B	$C_{27}H_{38}O_7$	*G. lucidum*	[108]
437	lucidenic acid C	$C_{27}H_{40}O_7$	*G. lucidum*	[108]
438	lucidenic acid D	$C_{29}H_{38}O_8$	*G. lucidum*	[60]
439	lucidenic acid D1	$C_{27}H_{34}O_7$	*G. lucidum*	[109]
440	lucidenic acid E1	$C_{27}H_{38}O_7$	*G. lucidum*	[109]
441	lucidenic acid LM1	$C_{27}H_{40}O_6$	*G. lucidum*	[60]
442	lucidenic acid N	$C_{27}H_{40}O_6$	*G. lucidum*	[110]
443	lucidenic acid O	$C_{27}H_{38}O_7$	*G. lucidum*	[111]
444	lucidenic acid P	$C_{29}H_{42}O_8$	*G. lucidum*	[112]
445	lucidenic acid Q	$C_{32}H_{42}O_9$	*G. lucidum*	[99]
446	lucidenic acid R	$C_{32}H_{42}O_9$	*G. lucidum*	[99]
447	lucidenic acid R (JAFC)	$C_{29}H_{40}O_8$	*G. lucidum*	[24]
448	lucidenic acid S	$C_{30}H_{44}O_4$	*G. lucidum*	[99]
449	lucidenic lactone	$C_{27}H_{40}O_7$	*G. lucidum*	[111]
450	lucidone A	$C_{24}H_{34}O_5$	*G. lucidum*	[109]
451	lucidone B	$C_{24}H_{32}O_5$	*G. lucidum*	[17]
452	lucidone C	$C_{24}H_{36}O_5$	*G. lucidum*	[67]
453	lucidone D	$C_{24}H_{34}O_5$	*G. lucidum*	[113]
454	lucidumol A	$C_{30}H_{48}O_4$	*G. lucidum*	[86]
455	lucidumol B	$C_{30}H_{50}O_3$	*G. lucidum*	[86]
456	lucidumol C	$C_{30}H_{46}O_5$	*G. lingzhi*	[114]
457	lucidumol D	$C_{30}H_{48}O_6$	*G. lingzhi*	[115]

续表

编号	名称	分子式	来源	参考文献
458	methyl 20(21)-dehydro-lucidenate A	$C_{28}H_{38}O_6$	*G. lucidum*	[35]
459	methyl 8,9-dihydro-ganoderate J	$C_{31}H_{46}O_7$	*G. concinna*	[23]
460	methyl applaniate A	$C_{31}H_{44}O_9$	*G. applanatum*	[47]
461	methyl applate C	$C_{31}H_{40}O_7$	*G. applanatum*	[6]
462	methyl gannosate I	$C_{31}H_{42}O_8$	*G. applanatum*	[6]
463	methyl ganoapplaniate D	$C_{31}H_{44}O_8$	*G. applanatum*	[64]
464	methyl ganoapplaniate E	$C_{31}H_{42}O_8$	*G. applanatum*	[64]
465	methyl ganoapplate C	$C_{31}H_{42}O_8$	*G. applanatum*	[6]
466	methyl ganoapplate E	$C_{31}H_{44}O_6$	*G. applanatum*	[6]
467	methyl ganoapplate F	$C_{31}H_{42}O_7$	*G. applanatum*	[6]
468	methyl ganoapplate G	$C_{31}H_{42}O_7$	*G. applanatum*	[6]
469	methyl ganoderate D	$C_{31}H_{48}O_7$	*G. lucidum*	[116]
470	methyl ganoderate E	$C_{31}H_{42}O_7$	*G. lucidum*	[116]
471	methyl ganoderate F	$C_{33}H_{44}O_9$	*G. lucidum*	[116]
472	methyl ganoderate G	$C_{31}H_{46}O_8$	*G. lucidum*	[109]
473	methyl ganoderate H	$C_{33}H_{46}O_9$	*G. lucidum*	[116]
474	methyl ganoderate I	$C_{31}H_{46}O_8$	*G. lucidum*	[56]
475	methyl ganoderate J	$C_{31}H_{44}O_7$	*G. lucidum*	[67]
476	methyl ganoderate K	$C_{31}H_{46}O_7$	*G. lucidum*	[56]
477	methyl ganoderate L	$C_{31}H_{48}O_8$	*G. lucidum*	[98]
478	methyl ganoderate M	$C_{31}H_{44}O_8$	*G. lucidum*	[112]
479	methyl ganoderate N	$C_{31}H_{44}O_8$	*G. lucidum*	[112]
480	methyl ganoderate O	$C_{31}H_{42}O_8$	*G. lucidum*	[99]
481	methyl ganoderate P	$C_{33}H_{46}O_9$	*G. lucidum*	[99]
482	methyl ganolucidate A	$C_{31}H_{46}O_6$	*G. lucidum*	[109]
483	methyl ganolucidate B	$C_{31}H_{48}O_6$	*G. lucidum*	[109]
484	methyl ganolucidate C	$C_{31}H_{48}O_7$	*G. lucidum*	[117]
485	methyl ganosinensate A	$C_{28}H_{40}O_6$	*G. sinense*	[101]
486	methyl gibbosate A	$C_{31}H_{40}O_8$	*G. applanatum*	[6]
487	methyl gibbosate M	$C_{31}H_{42}O_6$	*G. applanatum*	[6]
488	methyl gibbosate O	$C_{31}H_{42}O_6$	*G. applanatum*	[6]
489	methyl lucidenate E	$C_{30}H_{42}O_8$	*G. lucidum*	[116]
490	methyl lucidenate E2	$C_{30}H_{42}O_8$	*G. lucidum*	[112]
491	methyl lucidenate F	$C_{28}H_{38}O_6$	*G. lucidum*	[116]
492	methyl lucidenate G	$C_{28}H_{42}O_7$	*G. lucidum*	[112]
493	methyl lucidenate H	$C_{28}H_{42}O_7$	*G. lucidum*	[112]
494	methyl lucidenate I	$C_{28}H_{40}O_7$	*G. lucidum*	[112]
495	methyl lucidenate J	$C_{28}H_{40}O_8$	*G. lucidum*	[112]
496	methyl lucidenate K	$C_{28}H_{38}O_7$	*G. lucidum*	[112]
497	methyl lucidenate K(JAFC)	$C_{28}H_{42}O_6$	*G. lucidum*	[24]

编号	名称	分子式	来源	参考文献
498	methyl lucidenate L	$C_{28}H_{40}O_7$	*G. lucidum*	[112]
499	methyl lucidenate L(JAFC)	$C_{28}H_{40}O_6$	*G. lucidum*	[24]
500	methyl lucidenate M	$C_{28}H_{44}O_6$	*G. lucidum*	[112]
501	methyl lucidenate P	$C_{30}H_{44}O_8$	*G. lucidum*	[112]
502	methyl lucidenate Q	$C_{28}H_{42}O_6$	*G. lucidum*	[112]
503	petchinoid A	$C_{26}H_{36}O_6$	*G. petchii*	[118]
504	petchinoid B	$C_{26}H_{38}O_6$	*G. petchii*	[118]
505	petchinoid C	$C_{30}H_{46}O_5$	*G. petchii*	[118]
506	sinensoic acid	$C_{30}H_{48}O_4$	*G. sinense*	[119]
507	triacetate ganoderiol E	$C_{36}H_{54}O_7$	*G. lucidum*	[58]
508	tsugaric acid A	$C_{32}H_{50}O_4$	*G. tsugae*	[120]
509	tsugaric acid B	$C_{33}H_{52}O_5$	*G. tsugae*	[120]
510	tsugaric acid C	$C_{32}H_{50}O_5$	*G. tsugae*	[121]
511	tsugaric acid D	$C_{32}H_{48}O_5$	*G. tsugae*	[122]
512	tsugaric acid E	$C_{31}H_{46}O_4$	*G. tsugae*	[122]
513	tsugarioside B	$C_{37}H_{60}O_7$	*G. tsugae*	[121]
514	tsugarioside C	$C_{38}H_{58}O_8$	*G. tsugae*	[121]

第三节　灵芝三萜类化合物的生物活性

一、体内活性

1. 抗肿瘤活性

根据分子内是否含羧基可将灵芝三萜分为酸性三萜及中性三萜。Li 等[123] 发现，以 5- 氟尿嘧啶（5-Fu，1 µg/mL）为阳性药，赤芝（*G. lucidum*）总中性三萜及总酸性三萜均能剂量依赖性地抑制人结肠癌细胞株的体外增殖，且总中性三萜的抑制效果更强（图 2-9）。随后研究人员又对总中性三萜抑制雄性裸鼠（BALB/cA-nu）SW620 人结肠癌细胞株移植瘤模型的肿瘤生长进行研究，以 5-Fu 为阳性药，给药 13 d 后，阳性对照组和赤芝总中性三萜组的小鼠平均肿瘤重量均显著小于对照组（图 2-10）。但由于 5-Fu 的副作用，阳性对照组小鼠体重明显降低，赤芝总中性三萜组小鼠的体重则没有明显降低。该结果表明赤芝总中性三萜可以抑制肿瘤生长，且没有明显毒性[123]。

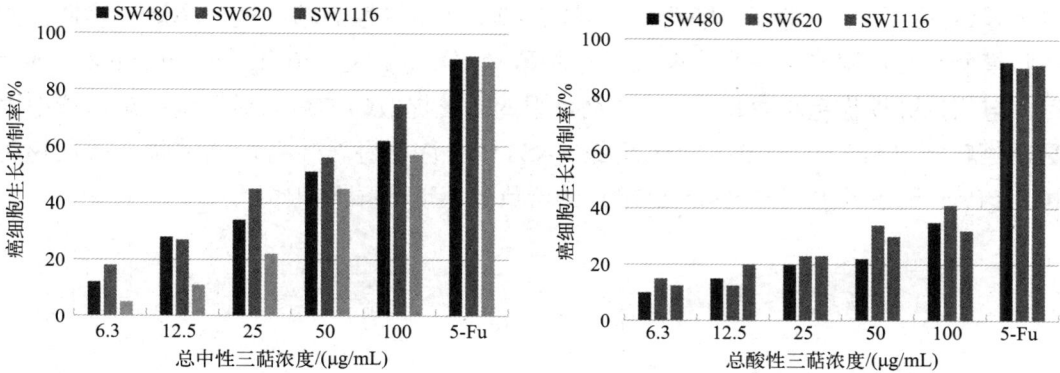

图2-9　灵芝总中性三萜及总酸性三萜对人结肠癌细胞株的抑制作用[123]

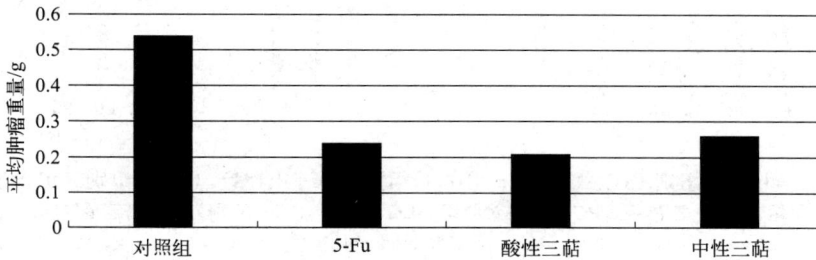

图2-10　灵芝中性三萜对小鼠SW620肿瘤生长的抑制作用[123]

赤芝（*G. lucidum*）菌丝体的总灵芝酸部分口服给药 10 d，能剂量依赖性地降低 S-180 肉瘤雄性昆明小鼠的肿瘤重量，但不如口服给药的阳性对照 5- 氟尿嘧啶（25 mg/kg）的抑制效果（表 2-3）[124]。

表 2-3　赤芝总灵芝酸对 S-180 肉瘤雄性昆明小鼠的肿瘤抑制作用 [124]

指标	组别				
	模型组	5-Fu 组	总灵芝酸组		
剂量 /（mg/kg）	—	25	62.5	125	250
肿瘤重量 /g	1.6±0.7	0.7±0.4	1.2±0.3	1.0±0.2	0.9±0.2
抑制率 /%	—	54.0±3.1	24.2±2.7	37.3±6.2	46.6±4.6

Liu 等 [125] 建立了 A549 肿瘤细胞携带裸鼠模型，以评估灵芝总三萜对肿瘤的抑制作用。灵芝总三萜联合吉非替尼治疗，可显著降低血管内皮细胞生长因子受体 2（VEGFR2）基因和蛋白质的表达，而生理盐水组血管抑制素和内皮抑制素表达升高。可见，灵芝总三萜可以通过抑制肿瘤血管的生成从而产生抗癌作用，同时联合吉非替尼使用可减小不良反应。这一结果为治疗肺癌提供了新的选择 [125]。

2. 保肝活性

赤芝（*G. lucidum*）子实体的 85% 乙醇提取物主要成分为三萜。ICR 小鼠每天口服灌胃 5 mL/kg 乙醇（二锅头），连续 30 d，成为慢性酒精肝模型小鼠。该慢性酒精肝模型小鼠口服赤芝子实体 85% 乙醇提取物（10 mg/kg、30 mg/kg、50 mg/kg）30 d 后，与急性肝损伤组小鼠相比，3 个剂量组的赤芝提取物均可明显抑制小鼠血清中丙氨酸氨转酶（ALT）/ 天冬氨酸转氨酶（AST）活性，显著升高谷胱甘肽过氧化物酶（GSH-Px）和超氧化物歧化酶（SOD）的含量，表现出肝保护作用（图 2-11）[126]。

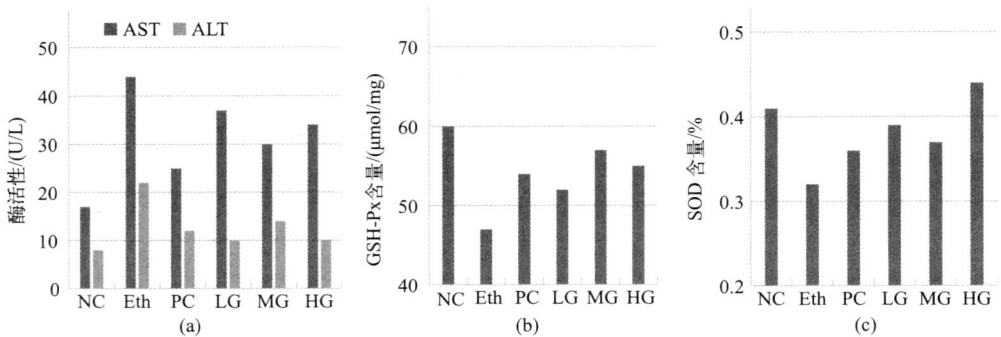

图2-11　（a）各组别AST/ALT活性；（b）各组别GSH-Px含量；（c）各组别SOD含量[126]

NC—阴性对照组；Eth—乙醇组；PC—阳性对照组；LG、MG、HG—分别为服用赤芝醇提取物10 mg/kg、30 mg/kg、50 mg/kg的实验组

3. 抗辐射

骨髓细胞微核的形成可提示染色体受到破坏，因此骨髓细胞微核形成率可作为 γ 射线照射引起染色体损伤的指标。雄性白色 Swiss 小鼠预先口服赤芝（G. lucidum）子实体总三萜（100 mg/kg）7 d 后，照射 2.5 Gy 的 γ 射线 24 h，小鼠骨髓细胞微核形成率接近正常水平。而未服用赤芝子实体总三萜对照组的骨髓细胞微核形成率上升了约 5 倍。这证实了赤芝子实体总三萜对 γ 射线诱导的染色体损伤有保护作用[127]。

此外，雄性白色 Swiss 小鼠口服赤芝总三萜（100 mg/kg）14 d 后，再受到 6 Gy 的 γ 射线照射，与未服用赤芝总三萜对照组相比，小鼠脑组织和肝脏的脂质与蛋白质过氧化指标均明显降低[128]。

4. 延迟肾囊肿发生活性

Pkd1 基因敲除的多囊肾病（kPKD）小鼠出生 1～4 d 后，以 100 mg/kg 剂量皮下注射赤芝（G. lucidum）总三萜。结果显示注射赤芝总三萜小鼠的囊肿大小和肾脏重量显著低于未注射赤芝总三萜的对照组小鼠（图 2-12）。该结果显示了赤芝总三萜作为药物治疗多囊肾病的潜力[129]。为深入探究赤芝总三萜中的活性分子及其作用机制，该研究组分离出 12 个灵芝三萜单体化合物，在体外马丁达比犬肾细胞（MDCK）肾囊肿模型中证实了产生肾囊肿抑制作用的主要活性成分为 ganoderic acid A（**245**）[130]。研究显示，50 mg/kg 的 ganoderic acid A 能显著抑制 Pkd1 基因敲除的 kPKD 小鼠肾囊肿的发育，且对野生型小鼠的肾脏发育无不良影响（图 2-13）。

免疫印迹分析结果表明，ganoderic acid A 通过降低 kPKD 小鼠肾脏中通常过度激活的 B-raf、p-ERK 和 c-fos 的表达，显著下调了 Ras/MAPK 信号通路，从而抑制了囊肿细胞的增殖 [130]。ganoderic acid A 对肾囊肿发展的抑制活性显著，且在灵芝子实体中含量丰富，具有生产价值，其作为多囊肾病新型药物有着巨大发展潜力 [130]。

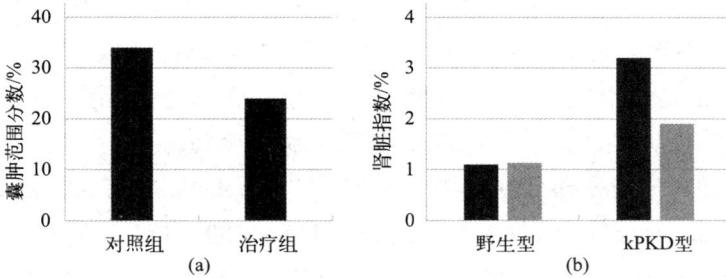

图2-12　赤芝总三萜抑制kPKD小鼠的肾囊肿发展[129]
（a）kPKD小鼠的囊肿范围分数（肾囊肿范围/肾总范围）；　（b）肾脏指数（肾脏重量/体重）

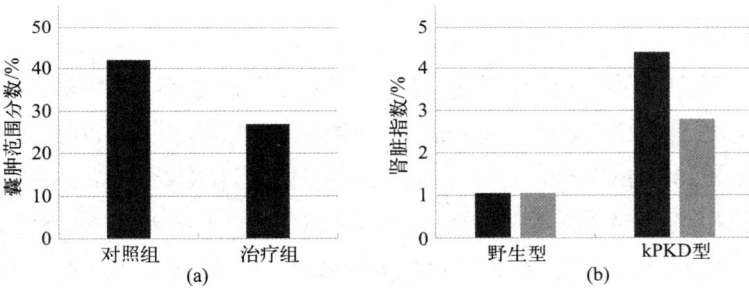

图2-13　ganoderic acid A抑制kPKD小鼠的肾囊肿发展[130]
（a）kPKD小鼠的囊肿范围分数（肾囊肿范围/肾总范围）；　（b）肾脏指数（肾脏重量/体重）

5. 促血管生成活性

Jiang 等 [70] 使用 PTK787 诱导的荧光斑马鱼血管损伤模型评估了从树舌灵芝（G. applanatum）中分离得到的 ganoderenicfy A（**236**）和 ganoderenicfy B（**237**）对血管的影响。该研究以人参皂苷 Rg1 为阳性对照，在化合物 **236** 和 **237** 浓度为 20 μg/mL、50 μg/mL、100 μg/mL 时表现出显著的剂量依赖促血管生成活性。这是关于灵芝三萜类化合物促血管生成活性的首次报道。该结果表明了灵芝三萜类化合物作为心血管疾病候选药物先导物的潜力。

二、体外活性

1. 肝细胞保护活性

Liu 等 [37] 从茶病灵芝（G. theaecolum）中分离出的灵芝三萜 ganoderenic acid

AM1（**232**）、ganoderesin C（**243**）和 ganoderic acid XL1（**286**）对 DL- 氨基半乳糖诱导的人正常肝细胞 HL-7702 损伤具有保护作用。在 10 μmol/L 的浓度下，在化合物 **232**、**243** 和 **286** 的作用下，肝细胞存活率分别为 55%、75% 及 80%，优于阳性对照双环醇（55%）。

Zhang 等[81] 对从赤芝（*G. lucidum*）中分离得到的灵芝三萜类化合物进行了肝细胞保护活性研究。在过氧化氢诱导的人肝癌细胞 HepG2 损伤模型中，以 N- 乙酰半胱氨酸为阳性对照，ganoderic acids U1、U5～U9（**274**、**278**～**282**）和 ganoderol X（**330**）在 15 μmol/L 的浓度下表现出显著的肝细胞保护作用，肝细胞存活率在 60% 以上（阳性对照 N- 乙酰半胱氨酸细胞存活率约 65%）。

从树舌灵芝（*G. applanatum*）中分离得到的 applanlactone A（**126**）、applanoic acid B（**129**）、ganoapplanic acids A、C、F（**178**、**180**、**181**）、methyl applaniate A（**460**）及 methyl ganoapplaniate D（**463**）对 TGF-β1 诱导的肝星状细胞增殖有抑制作用[46,63]。其中化合物 **180** 和 **460** 的效果最好，在浓度为 10 μmol/L 时，它们的抑制率分别为 27.1% 和 20.1%，表明这两个化合物具有抗肝纤维化的潜力。

2. 细胞毒活性

已有多个灵芝三萜经活性筛选被发现具有细胞毒活性（表 2-4）。其中，Su 等[22] 从黄边灵芝（*G. luteomarginatum*）中分离得到的 (5α,24*E*)-3β-acetoxy-26-hydroxylanosta-8,24-dien-7-one（**32**），对人胃癌细胞 HGC-27、人宫颈癌细胞 HeLa、人非小细胞肺癌细胞 A549 和人肝癌细胞 SMMC-7721 的半数抑制浓度（IC$_{50}$）均＜10 μmol/L，而对人正常肝细胞 LO2 毒性较小（表 2-4），说明该化合物具有较好的选择性细胞毒性。Gao 等[107] 从赤芝（*G. lucidum*）中分离得到的 lucialdehyde C（**433**），对多种癌细胞显示细胞毒作用，对小鼠肺癌细胞 LLC、人乳腺管癌细胞 T-47D、小鼠腹水瘤细胞 S-180 和小鼠肉瘤细胞 Meth-A 的半数有效量（ED$_{50}$）分别为 23.5 μmol/L、8.1 μmol/L、15.6 μmol/L 和 8.4 μmol/L。Li 等[82] 证实了 ganoderic acid X（**285**）对人肝癌细胞 HuH-7 的细胞毒作用是因其对拓扑异构酶的抑制而产生的。

表 2-4　灵芝三萜的细胞毒活性

化合物编号	细胞模型	半数抑制浓度 /（μmol/L）	参考文献
29	HGC-27	7.19	[15]
	HeLa	11.60	
	A549	12.84	
	SMMC-7721	8.64	
30	HGC-27	8.47	[15]
	HeLa	11.21	
	A549	20.26	
	SMMC-7721	22.33	
31	HGC-27	6.80	[15]

化合物编号	细胞模型	半数抑制浓度 / （µmol/L）	参考文献
32	HGC-27	5.01	[15]
	HeLa	1.29	
	A549	1.50	
	SMMC-7721	2.47	
	LO2	32.22	
35	HGC-27	13.04	[15]
52	A549	15.38	[24]
	HepG2	18.61	
215	HL-60	17.10	[61]
219	HL-60	16.40	[61]
	A549	18.60	
	SMMC-7721	14.80	
	MCF-7	18.90	
	SW480	20.20	
285	HuH-7	20.3	[81]
	HCT-116	38.3	
	Raji	39.2	
	HL-60	26.5	
357	K562	11.40	[90]
358	PC-3	24.20	[90]
424	K562	20.35	[98]
	MCF-7	28.66	
432	LLC	31.5	[107]
	T-47D	33.1	
	Meth-A	8.8	
433	LLC	23.5	[107]
	T-47D	8.1	
	S-180	15.6	
	Meth-A	8.4	

3. 抗炎活性

一氧化氮（NO）水平的增加与炎症的发生相关，因此可通过化合物对 NO 生成的抑制率来评估化合物的抗炎作用。

Kou 等[91]从赤芝（*G. lucidum*）中分离出的灵芝三萜酸甲酯类化合物 ganoderterpene A（**331**），能够抑制脂多糖处理的 BV-2 小胶质细胞中 NO 的生成，IC_{50} 为 7.15 µmol/L，优于阳性对照槲皮素（9.05 µmol/L）。

Ma 等[65]从狭长孢灵芝（*G. boninense*）中提取并分离得到的 ganoboninketal B（**193**）在小鼠单核巨噬细胞 RAW264.7 中对脂多糖诱导的 NO 生成有抑制作用，IC_{50} 为 24.3 µmol/L，强于阳性药皮质醇（IC_{50} 为 53.7 µmol/L）。

Gao 等[46]从树舌灵芝中分离的灵芝酸内酯 applandiketone B（**123**）能抑制小鼠单核巨噬细胞 RAW264.7 中脂多糖诱导的 NO 生成，IC_{50}（20.65 μmol/L）与阳性对照地塞米松（20.35 μmol/L）相当。

Wu 等[24]从赤芝（*G. lucidum*）中分离出的 methyl lucidenate L（**449**）为较少见的 25,26,27- 三降灵芝酸甲酯，在小鼠单核巨噬细胞 RAW264.7 中，能够抑制脂多糖诱导的 NO 生成，IC_{50} 为 38.6 μmol/L（阳性对照地塞米松 IC_{50} 为 7.19 μmol/L）。

Su 等[13]从赤芝（*G. lucidum*）中分离得到的 ganoluciduone B（**372**）浓度为 12.5 μmol/L 时，在小鼠单核巨噬细胞 RAW264.7 中，对脂多糖诱导的 NO 生成的抑制率为 45.5%，阳性对照 L-NMMA（总 NOS 抑制剂）在 50 μmol/L 时的抑制率为 55.9%。

Yang 等[92]从韦伯灵芝（*G. weberianum*）中分离得到的 ganodeweberiol H（**339**）有弱的抗炎活性，IC_{50} 为 40.71 μmol/L（阳性对照槲皮素 IC_{50} 为 11.02 μmol/L）。

4. 脂肪酸酰胺水解酶抑制作用

脂肪酸酰胺水解酶（FAAH）已被证实与神经炎症相关，是治疗神经退行性疾病的药物靶点。Lin 等[30]从赤芝（*G. lucidum*）中分离得到的 ganodrol B（**342**）在 100 μmol/L 下对 FAAH 的抑制率达到 80%，与阳性对照 URB597 在 50 μmol/L 时对 FAAH 的抑制率相当，表明 ganodrol B（**342**）具有抑制脂肪酸酰胺水解酶作用。

5. 抗脂肪生成活性

Peng 等[64]从树舌灵芝（*G. applanatum*）中分离得到的 methyl ganoapplate C（**465**），在 20 μmol/L 下显示出比阳性对照（氯化锂，20 mmol/L）更强的抑制脂肪细胞 3T3-L1 分化作用，且对该细胞系无细胞毒性。该课题组研究了灵芝三萜抗脂肪生成活性的构效关系，后续对灵芝三萜进行结构改造，以寻找先导化合物。

6. 抑菌活性

Shi 等[9]从树舌灵芝（*G. applanatum*）中提取并分离的 3-oxo-25-methoxy-24,26-dihydroxy-lanosta-7,9(11)-diene（**2**）和 25-methoxy-11-oxo-ganoderiol D（**119**）对 3 种革兰氏阳性菌有一定的抑菌活性（表 2-5）。

表 2-5　灵芝三萜化合物的抑菌活性

化合物编号	最小抑菌浓度 /(μg/mL)		
	棒状杆菌 T25-17	粪肠球菌 ATCC11827	耐低温肠球菌 MB2-1
119	40	37	49
2	57	47	51
庆大霉素（阳性对照）	5	4	3

7. 抗疟原虫活性

Ma 等[65]从狭长孢灵芝（*G. boninense*）中分离得到的灵芝三萜 ganoboninketals

A～C（**192**～**194**）显示出抗疟原虫活性，对恶性疟原虫 K1 的 IC_{50} 分别为 4.0 μmol/L、7.9 μmol/L 和 1.7 μmol/L（阳性对照二氢青蒿素 IC_{50} 为 0.004 μmol/L）。

8. 抗病毒活性

Mothana 等[48]发现从弗氏灵芝（*G. pfeifferi*）中分离得到的灵芝三萜 ganodermadiol（**311**）、lucidadiol（**434**）和 applanoxidic acid G（**137**）可使 MDCK 犬肾细胞抗甲型流感病毒感染，ED_{50} 分别为 0.22 mmol/L、0.22 mmol/L 和 0.19 mmol/L；ganodermadiol（**311**）还可保护 Vero 非洲绿猴肾细胞抗 HSV-1 单纯疱疹病毒感染，ED_{50} 为 0.068 mmol/L。

第四节　灵芝含有三萜类成分提取物的应用

一、抗氧化和护肝作用

Chiu 等[131]研究了灵芝提取物（主要为三萜和多糖）对人的抗氧化和保肝功效，开展了随机、双盲、安慰剂对照的交叉研究。42 名健康受试者随机分为实验组和安慰剂组，每日午饭或晚饭后服用灵芝胶囊（225 mg，主要成分为 7% 的灵芝三萜酸和 6% 的灵芝多糖）或安慰剂，持续 6 个月（其间有 1 个月的洗脱期），然后进行人体测量分析和生化测定以及腹部超声检查。结果表明，摄入灵芝提取物能提高血浆总抗氧化能力、总硫醇和谷胱甘肽含量，增强抗氧化酶的活性。硫代巴比妥酸反应物质、8- 羟基脱氧鸟苷和肝脏标志酶的水平在接受灵芝提取物治疗后降低。此外，腹部超声检查显示部分灵芝治疗受试者的肝脏状态显著改善，从轻度脂肪肝转变为正常肝脏。该研究揭示了灵芝提取物通过抑制氧化应激从而产生抗氧化和保肝作用。

二、慢性乙型肝炎肝纤维化辅助治疗

灵芝三萜是灵芝保肝活性的物质基础。李有实[132]对灵芝养肝丸联合丙酚替诺福韦、穴位贴敷治疗慢性乙型肝炎肝纤维化进行了临床研究。167 例慢性乙型肝炎肝纤维化患者被随机分为对照组 83 例和观察组 84 例，所有患者均实施常规丙酚替诺福韦治疗，观察组在常规治疗的基础上增加口服灵芝养肝丸和穴位贴敷治疗，疗程 24 周。灵芝养肝丸为医院内中药制剂，主要成分为灵芝、党参、墨旱莲、白术、白芍、赤芍、三七、炙鳖甲、土元、水红花子、马鞭草、白花蛇舌草、虎杖、甘草等。灵芝养肝丸具有健脾养肝，调补滋养肝脾肾之气，活血通络，祛瘀散结，缓中止痛，调节免疫功能等作用。对比两组患者治疗后肝功能指标 ALT、AST、总胆红素（TBiL）、白蛋白 (Alb) 值，肝纤维化四项指标透明质酸（HA）、层黏连蛋白（LN）、Ⅲ 型前胶原（PC Ⅲ）、Ⅳ 型胶原蛋白（Ⅳ-C）值和中医证候评分，观察组患者均显著优于对照组，差异具有统计学意义。

三、首发精神分裂症辅助治疗

齐拉西酮是一种新型的抗精神病药物，其在精神分裂症的临床治疗上效果显著。灵芝具有补气安神的功效，传统中医在临床上常将其用于治疗心神不宁、失眠心悸等。谢莹等 [133] 对齐拉西酮联合灵芝浸膏片治疗首发精神分裂症进行了研究。灵芝浸膏片为灵芝醇提物，主要成分为灵芝三萜。80 例首发精神分裂症患者被随机分为对照组和研究组，每组 40 例，所有患者均接受齐拉西酮治疗，研究组加服灵芝浸膏片，0.6～0.9 g/d，疗程为 8 周。治疗后，对照组患者总有效率为 87.5%，研究组患者总有效率为 95%，差异具有统计学意义。治疗 2 周、4 周、8 周后，两组患者阳性和阴性症状评定量表（PANSS）评分、一般病理指标评分、简明精神量表（BPRS）评分逐渐降低，社会功能评定量表（SSPI）评分有所改善，比较差异有统计学意义。不良反应量表（TESS）评分比较差异无统计学意义。该研究印证了齐拉西酮作为治疗精神分裂症药物的效果，证实了齐拉西酮与灵芝浸膏片联合使用，能帮助患者改善症状，同时帮助患者恢复生活能力、社交能力、社会活动技能。

（邵泓杰　撰写，康洁　审校）

参考文献

[1] 许海燕，侯敏娜，刘剑 . 灵芝总三萜提取工艺研究 [J]. 陕西中医学院学报，2007，30（3）：43-44.

[2] 弓晓峰，谢明勇，陈奕 . 黑灵芝中三萜及其皂苷类化合物总量的光度测定 [J]. 天然产物研究与开发，2006，18（5）：825-829.

[3] 簧霄云，何晋浙，王静，等 . 微波提取灵芝中三萜类化合物的研究 [J]. 中国食品学报，2010，10（2）：89-96.

[4] 贾晓斌，宋师花，陈彦，等 . 超临界 CO_2 萃取法和醇回流法提取灵芝中三萜类成分的比较 [J]. 中成药，2010，32（5）：868-871.

[5] 华正根，王金亮，朱丽萍，等 . 高压超临界 CO_2 提取灵芝三萜和甾醇成分的研究 [J]. 中国食用菌，2018，37（5）：62-65+69.

[6] Peng X R, Wang Q, Su H G, et al. Anti-adipogenic lanostane-type triterpenoids from the edible and medicinal mushroom *Ganoderma applanatum* [J]. *J Fungi*, 2022, 8 (4): 331.

[7] Shao H, Li Y, Wu C, et al. Triterpenes from antler-shaped fruiting body of *Ganoderma lucidum* and their

hepatoprotective activities [J]. *Phytochemistry*, 2024, 224: 114148.

[8]　Yangchum A, Fujii R, Choowong W, et al. Lanostane triterpenoids from cultivated fruiting bodies of basidiomycete *Ganoderma mbrekobenum* [J]. *Phytochemistry*, 2022, 196: 113075.

[9]　Shi J X, Chen G Y, Sun Q, et al. Antimicrobial lanostane triterpenoids from the fruiting bodies of *Ganoderma applanatum* [J]. *J Asian Nat Prod Res*, 2022, 24 (11): 1001-1007.

[10]　Gan K H, Fann Y F, Hsu S H, et al. Mediation of the cytotoxicity of lanostanoids and steroids of *Ganoderma tsugae* through apoptosis and cell cycle [J]. *J Nat Prod*, 1998, 61 (4): 485-487.

[11]　Niu X M, Li S H, Xiao W L, et al. Two new lanostanoids from *Ganoderma resinaceum* [J]. *J Asian Nat Prod Res*, 2007, 9 (7): 659-664.

[12]　Qiu J, Wang X, Song C. Neuroprotective and antioxidant lanostanoid triterpenes from the fruiting bodies of *Ganoderma atrum* [J]. *Fitoterapia*, 2016, 109 (4): 75-79.

[13]　Su H G, Peng X R, Shi Q Q, et al. Lanostane triterpenoids with anti-inflammatory activities from *Ganoderma lucidum* [J]. *Phytochemistry*, 2020, 173: 112256.

[14]　Cheng C R, Yue Q X, Wu Z Y, et al. Cytotoxic triterpenoids from *Ganoderma lucidum* [J]. *Phytochemistry*, 2010, 71 (13): 1579-1585.

[15]　Jiao Y, Xie T, Zou L H, et al. Lanostane triterpenoids from *Ganoderma curtisii* and their NO production inhibitory activities of LPS-induced microglia [J]. *Bioorg Med Chem Lett*, 2016, 26 (15): 3556-3561.

[16]　Hu L L, Ma Q Y, Huang S Z, et al. Three new lanostanoid triterpenes from the fruiting bodies of *Ganoderma tropicum* [J]. *J Asian Nat Prod Res*, 2013, 15 (4): 357-362.

[17]　Shiao M S, Lin L J, Yeh S F. Triterpenes from *Ganoderma lucidum* [J]. *Phytochemistry*, 1988, 27 (7): 2269-2271.

[18]　Hirotani M, Asaka I, Ino C, et al. Ganoderic acid derivatives and ergosta-4,7,22-triene-3,6-dione from *Ganoderma lucidum* [J]. *Phytochemistry*, 1987, 26 (10): 2797-2803.

[19]　Li Y B, Liu R M, Zhong J J. A new ganoderic acid from *Ganoderma lucidum* mycelia and its stability [J]. *Fitoterapia*, 2013, 84: 115-122.

[20]　Nguyen V T, Tung N T, Cuong T D, et al. Cytotoxic and anti-angiogenic effects of lanostane triterpenoids from *Ganoderma lucidum* [J]. *Phytochem Lett*, 2015, 12: 69-74.

[21]　Zhang S S, Wang Y G, Ma Q Y, et al. Three new lanostanoids from the mushroom *Ganoderma tropicum* [J]. *Molecules*, 2015, 20 (2): 3281-3289.

[22]　Su H G, Zhou Q M, Guo L, et al. Lanostane triterpenoids from *Ganoderma luteomarginatum* and their cytotoxicity against four human cancer cell lines [J]. *Phytochemistry*, 2018, 156: 89-95.

[23]　González A G, León F, Rivera A, et al. New lanostanoids from the fungus *Ganoderma concinna* [J]. *J Nat Prod*, 2002, 65 (3): 417-421.

[24]　Wu Y L, Han F, Luan S S, et al. Triterpenoids from *Ganoderma lucidum* and their potential anti-inflammatory effects [J]. *J Agric Food Chem*, 2019, 67 (18): 5147-5158.

[25]　Joseph S, Janardhanan K K, George V, et al. A new epoxidic ganoderic acid and other phytoconstituents from *Ganoderma lucidum* [J]. *Phytochem Lett*, 2011, 4 (3): 386-388.

[26]　Xu Q, Sheng C Y. Lanostane triterpenoids from the fruiting bodies of *Ganoderma hainanense* and their cytotoxic activity [J]. *J Asian Nat Prod Res*, 2022, 25 (4): 342-348.

[27] Amen Y M, Zhu Q, Afifi M S, et al. New cytotoxic lanostanoid triterpenes from *Ganoderma lingzhi* [J]. *Phytochem Lett*, 2016, 17: 64-70.

[28] Guan S H, Xia J M, Yang M, et al. Cytotoxic lanostanoid triterpenes from *Ganoderma lucidum* [J]. *J Asian Nat Prod Res*, 2008, 10 (8): 695-700.

[29] Liu D Z, Zhu Y Q, Li X F, et al. New triterpenoids from the fruiting bodies of *Ganoderma lucidum* and their bioactivities [J]. *Chem Biodivers*, 2014, 11 (6): 982-986.

[30] Lin Y X, Sun J T, Liao Z Z, et al. Triterpenoids from the fruiting bodies of *Ganoderma lucidum* and their inhibitory activity against FAAH [J]. *Fitoterapia*, 2022, 158: 105161.

[31] Cao L, Jin H, Liang Q, et al. A new anti-tumor cytotoxic triterpene from *Ganoderma lucidum* [J]. *Nat Prod Res*, 2022, 36 (16): 4125-4131.

[32] Tan Z, Zhao J L, Liu J M, et al. Lanostane triterpenoids and ergostane-type steroids from the cultured mycelia of *Ganoderma capense* [J]. *J Asian Nat Prod Res*, 2018, 20 (9): 844-851.

[33] Ma Q Y, Luo Y, Huang S Z, et al. Lanostane triterpenoids with cytotoxic activities from the fruiting bodies of *Ganoderma hainanense* [J]. *J Asian Nat Prod Res*, 2013, 15 (11): 1214-1219.

[34] Sato N, Zhang Q, Ma C M, et al. Anti-human immunodeficiency virus-1 protease activity of new lanostane-type triterpenoids from *Ganoderma sinense* [J]. *Chem Pharm Bull*, 2009, 57 (10): 1076-1080.

[35] Akihisa T, Tagata M, Ukiya M, et al. Oxygenated lanostane-type triterpenoids from the fungus *Ganoderma lucidum* [J]. *J Nat Prod*, 2005, 68 (4): 559-563.

[36] Isaka M, Chinthanom P, Mayteeworakoon S, et al. Lanostane triterpenoids from cultivated fruiting bodies of the basidiomycete *Ganoderma australe* [J]. *Nat Prod Res*, 2018, 32 (9): 1044-1049.

[37] Liu L Y, Chen H, Liu C, et al. Triterpenoids of *Ganoderma theaecolum* and their hepatoprotective activities [J]. *Fitoterapia*, 2014, 98: 254-259.

[38] Kong D X, Ma Q Y, Yang L, et al. Two lanostane triterpenoids with α-glucosidase inhibitory activity from the fruiting bodies of *Ganoderma weberianum* [J]. *Nat Prod Res*, 2023, 37(15): 2493-2499.

[39] Lin L J, Shiao M S, Yeh S F. Seven new triterpenes from *Ganoderma lucidum* [J]. *J Nat Prod*, 1988, 51 (5): 918-924.

[40] Isaka M, Chinthanom P, Sappan M, et al. Antitubercular lanostane triterpenes from cultures of the basidiomycete *Ganoderma* sp. BCC 16642 [J]. *J Nat Prod*, 2016, 79 (1): 161-169.

[41] Zhao Z Z, Yin R H, Chen H P, et al. Two new triterpenoids from fruiting bodies of fungus *Ganoderma lucidum* [J]. *J Asian Nat Prod Res*, 2015, 17 (7): 750-755.

[42] Ma Q Y, Huang S Z, Hu L L, et al. Two new tirucallane triterpenoids from the fruiting bodies of *Ganoderma tropicum* [J]. *Chem Nat Compd*, 2016, 52 (4): 656-659.

[43] Isaka M, Chinthanom P, Rachtawee P, et al. Lanostane triterpenoids from cultivated fruiting bodies of the wood-rot basidiomycete *Ganoderma casuarinicola*[J]. *Phytochemistry*, 2020, 170: 112225.

[44] Isaka M, Chinthanom P, Mayteeworakoon S, et al. Lanostane triterpenoids from cultivated fruiting bodies of the basidiomycete *Ganoderma orbiforme* [J]. *Phytochem Lett*, 2017, 21: 251-255.

[45] Ha T B, Gerhäuser C, Zhang W D, et al. New lanostanoids from *Ganoderma lucidum* that induce NAD(P)H: quinone oxidoreductase in cultured hepalclc7 murine hepatoma cells [J]. *Planta Med*, 2000, 66 (7): 681-684.

[46] Gao J, Chen Y, Liu W, et al. Applanhydrides A and B, lanostane triterpenoids with unprecedented seven-membered cyclo-anhydride in ring C from *Ganoderma applanatum* [J]. *Tetrahedron*, 2021, 79: 131839.

[47] Peng X R, Li L, Dong J R, et al. Lanostane-type triterpenoids from the fruiting bodies of *Ganoderma applanatum* [J]. *Phytochemistry*, 2019, 157: 103-110.

[48] Mothana R A A, Ali N A A, Jansen R, et al. Antiviral lanostanoid triterpenes from the fungus *Ganoderma pfeifferi* [J]. *Fitoterapia*, 2003, 74 (1): 177-180.

[49] Tung N T, Cuong T D, Hung T M, et al. Inhibitory effect on NO production of triterpenes from the fruiting bodies of *Ganoderma lucidum* [J]. *Bioorg Med Chem Lett*, 2013, 23 (5): 1428-1432.

[50] Sato N, Mao C M, Komatsu K, et al. Triterpene-farnesyl hydroquinone conjugates from *Ganoderma sinense* [J]. *J Nat Prod*, 2009, 72 (5): 958-961.

[51] Peng X R, Wang X, Zhou L, et al. Ganocochlearic acid A, a rearranged hexanorlanostane triterpenoid, and cytotoxic triterpenoids from the fruiting bodies of *Ganoderma cochlear* [J]. *RSC Adv*, 2015, 5 (115): 95212-95222.

[52] Kleinwächter P, Anh N, Kiet T T, et al. Colossolactones, new triterpenoid metabolites from a Vietnamese mushroom *Ganoderma colossum* [J]. *J Nat Prod*, 2001, 64 (2): 236-239.

[53] Chen S Y, Chang C L, Chen T H, et al. Colossolactone H, a new *Ganoderma* triterpenoid exhibits cytotoxicity and potentiates drug efficacy of gefitinib in lung cancer [J]. *Fitoterapia*, 2016, 114: 81-91.

[54] Dine R S E, Halawany A M E, Nakamura N, et al. New lanostane triterpene lactones from the Vietnamese mushroom *Ganoderma colossum* (Fr.) C. F.Baker [J]. *Chem Pharm Bull*, 2008, 56 (5): 642-646.

[55] Chinthanom P, Sappan M, Srichomthong K, et al. Colossolactone J, a highly modified lanostane triterpenoid from a natural fruiting body of *Ganoderma colossus* [J]. *Nat Prod Res*, 2023, 37 (16): 2639-2646.

[56] Kikuchi T, Kanomi S, Kadota S, et al. Constitutents of the fungus *Ganoderma lucidum* (Fr.) Karst. I.: structures of ganoderic acids C2, E, I, and K, lucidenic acid F and related compounds [J]. *Chem Pharma Bull*, 1986, 34 (9): 3695-3712.

[57] Lan N N, Ma Q Y, Kong F D, et al. Two new nortriterpenoids from the fruiting bodies of *Ganoderma daqingshanense* [J]. *Phytochem Lett*, 2017, 22: 210-213.

[58] Nishitoba T, Oda K, Sato H, et al. Novel triterpenoids from the fungus *Ganoderma lucidum* [J]. *Agric Biol Chem*, 1988, 52 (2): 367-372.

[59] Nishitoba T, Sato H, Oda K, et al. Novel triterpenoids and a steroid from the fungus *Ganoderma lucidum* [J]. *Agric Biol Chem*, 1988, 52 (1): 211-216.

[60] Komoda Y, Nakamura H, Ishihara S, et al. Structures of new terpenoid constituents of *Ganoderma lucidum* (Fr.) Karst. (Polyporaceae) [J]. *Chem Pharma Bull*, 1985, 33 (11): 4829-4835.

[61] Li P, Deng Y P, Wei X X, et al. Triterpenoids from *Ganoderma lucidum* and their cytotoxic activities [J]. *Nat Prod Res*, 2013, 27 (1): 17-22.

[62] Niu X, Qiu M, Li Z, et al. Two novel 3,4-seco-trinorlanostane triterpenoids isolated from *Ganoderma fornicatum* [J]. *Tetrahedron Lett*, 2004, 45 (14): 2989-2993.

[63] 彭惺蓉, 刘接卿, 夏建军, 等. 反柄紫芝中 2 个新三萜类化合物 [J]. 中草药, 2012, 43 (6): 1045-1049.

[64] Li L, Peng X R, Dong J R, et al. Rearranged lanostane-type triterpenoids with anti-hepatic fibrosis

activities from *Ganoderma applanatum* [J]. *RSC Adv*, 2018, 8: 31287-31295.

[65] Ma K, Ren J, Han J, et al. Ganoboninketals A–C, antiplasmodial 3,4-seco-27-norlanostane triterpenes from *Ganoderma boninense* Pat [J]. *J Nat Prod*, 2014, 77 (8): 1847-1852.

[66] Ma K, Li L, Bao L, et al. Six new 3,4-seco-27-norlanostane triterpenes from the medicinal mushroom *Ganoderma boninense* and their antiplasmodial activity and agonistic activity to LXRβ[J]. *Tetrahedron*, 2015, 71 (12): 1808-1814.

[67] Morigiwa A, Kitabatake K, Fujimoto Y, et al. Angiotensin converting enzyme-inhibitory triterpenes from *Ganoderma lucidum* [J]. *Chem Pharm Bull*, 1986, 34 (7): 3025-3028.

[68] Zhao Z Z, Ji B Y, Wang Z Z, et al. Lanostane triterpenoids with anti-proliferative and anti-inflammatory activities from medicinal mushroom *Ganoderma lingzhi* [J]. *Phytochemistry*, 2023, 213: 113791.

[69] Peng X R, Liu J Q, Wang C F, et al. Hepatoprotective effects of triterpenoids from *Ganoderma cochlear* [J]. *J Nat Prod*, 2014, 77 (4): 737-743.

[70] Jiang C, Ji J, Li P, et al. New lanostane-type triterpenoids with proangiogenic activity from the fruiting body of *Ganoderma applanatum* [J]. *Nat Prod Res*, 2022, 36 (6): 1529-1535.

[71] Li W, Lou L L, Zhu J Y, et al. New lanostane-type triterpenoids from the fruiting body of *Ganoderma hainanense* [J]. *Fitoterapia*, 2016, 115: 24-30.

[72] Kohda H, Tokumoto W, Sakamoto K, et al. The biologically active constituents of *Ganoderma lucidum* (Fr.) Karst. Histamine release-inhibitory triterpenes [J]. *Chem Pharma Bull*, 1985, 33 (4): 1367-1374.

[73] Fatmawati S, Shimizu K, Kondo R. Ganoderic acid Df, a new triterpenoid with aldose reductase inhibitory activity from the fruiting body of *Ganoderma lucidum* [J]. *Fitoterapia*, 2010, 81 (8): 1033-1036.

[74] 王芳生，蔡辉，杨峻山，等. 赤芝子实体中灵芝酸类成分的研究 [J]. 药学学报，1997, 32（6）：447-450.

[75] Luo J, Zhao Y Z. A new lanostane-type triterpene from the fruiting bodies of *Ganoderma lucidum* [J]. *J Asian Nat Prod Res*, 2002, 4 (2): 129-134.

[76] Nishitoba T, Sato H, Shirasu S, et al. Novel triterpenoids from the mycelial mat at the previous stage of fruiting of *Ganoderma lucidum* [J]. *Agric Biol Chem*, 1987, 51 (2): 619-622.

[77] Nishitoba T, Sato H, Sakamura S. Novel mycelial components, ganoderic acid Mg, Mh, Mi, Mj and Mk, from the fungus *Ganoderma lucidum* [J]. *Agric Biol Chem*, 1987, 51 (4): 1149-1153.

[78] Hirotani M, Ino C, Furuya T, et al. Ganoderic acids T, S and R, new triterpenoids from the cultured mycelia of *Ganoderma lucidum* [J]. *Chem Pharm Bull*, 1986, 34 (5): 2282-2285.

[79] Hirotani M, Asaka I, Furuya T. Investigation of the biosynthesis of 3α-hydroxy triterpenoids, ganoderic acids T and S, by application of a feeding experiment using $[1,2\text{-}^{13}C_2]$acetate [J]. *J Chem Soc Perkin Trans* 1, 1990(10): 2751-2754.

[80] Toth J O, Luu B, Beck J P, et al. Cytotoxic triterpenes from *Ganoderma lucidum* (Polyporaceae): structures of ganoderic acids U-Z [J]. *J Chem Res Synop*, 1983 (12): 299.

[81] Zhang X Q, Gao X X, Long G Q, et al. Lanostane-type triterpenoids from the mycelial mat of *Ganoderma lucidum* and their hepatoprotective activities [J]. *Phytochemistry*, 2022, 198: 113131.

[82] Li C H, Chen P Y, Chang U M, et al. Ganoderic acid X, a lanostanoid triterpene, inhibits topoisomerases and induces apoptosis of cancer cells [J]. *Life Sci*, 2005, 77 (3): 252-265.

[83]　Liu L Y, Yan Z, Kang J, et al. Three new triterpenoids from *Ganoderma theaecolum* [J]. *J Asian Nat Prod Res*, 2017, 19 (9): 847-853.

[84]　Toth J O, Luu B, Ourisson G. Les acides ganoderiques tàz: triterpenes cytotoxiques de *Ganoderma lucidum* (Polyporacée) [J]. *Tetrahedron Lett*, 1983, 24 (10): 1081-1084.

[85]　El-Mekkawy S, Meselhy M R, Nakamura N, et al. Anti-HIV-1 and anti-HIV-1-protease substances from *Ganoderma lucidum* [J]. *Phytochemistry*, 1998, 49 (6): 1651-1657.

[86]　Min B S, Nakamura N, Miyashiro H, et al. Triterpenes from the Spores of *Ganoderma lucidum* and their inhibitory activity against HIV-1 protease [J]. *Chem Pharm Bull*, 1998, 46 (10): 1607-1612.

[87]　Min B S, Gao J J, Nakamura N, et al. Triterpenes from the spores of *Ganoderma lucidum* and their cytotoxicity against Meth-A and LLC tumor cells [J]. *Chem Pharm Bull*, 2000, 48 (7): 1026-1033.

[88]　Sato H, Nishitoba T, Shirasu S, et al. Ganoderiol A and B, new triterpenoids from the fungus *Ganoderma lucidum* (Reishi) [J]. *Agric Biol Chem*, 1986, 50 (11): 2887-2890.

[89]　Zhao X R, Huo X K, Dong P P, et al. Inhibitory effects of highly oxygenated lanostane derivatives from the fungus *Ganoderma lucidum* on p-glycoprotein and α-glucosidase [J]. *J Nat Prod*, 2015, 78 (8): 1868-1876.

[90]　Lakornwong W, Kanokmedhakul K, Kanokmedhakul S, et al. Triterpene lactones from cultures of *Ganoderma* sp. KM01 [J]. *J Nat Prod*, 2014, 77 (7): 1545-1553.

[91]　Kou R W, Gao Y Q, Xia B, et al. Ganoderterpene A, a new triterpenoid from *Ganoderma lucidum*, attenuates LPS-induced inflammation and apoptosis via suppressing MAPK and TLR-4/NF-κB pathways in BV-2 cells [J]. *J Agric Food Chem*, 2021, 69 (43): 12730-12740.

[92]　Yang L, Kong D X, Xiao N, et al. Antidiabetic lanostane triterpenoids from the fruiting bodies of *Ganoderma weberianum* [J]. *Bioorg Chem*, 2022, 127: 106025.

[93]　Lin D, Leng Y, Liao Z, et al. Nor-triterpenoids from the fruiting bodies of *Ganoderma lucidum* and their inhibitory activity against FAAH [J]. *Nat Prod Res*, 2023, 37 (4): 579-585.

[94]　Lian C, Wang C F, Xiao Q, et al. The triterpenes and steroids from the fruiting body *Ganoderma duripora* [J]. *Biochem System Eco*, 2017, 73: 50-53.

[95]　Sappan M, Rachtawee P, Srichomthong K, et al. Ganoellipsic acids A-C, lanostane triterpenoids from artificially cultivated fruiting bodies of *Ganoderma ellipsoideum* [J]. *Phytochem Lett*, 2022, 49: 27-31.

[96]　Qiao Y, Zhang X M, Qiu M H. Two novel lanostane triterpenoids from *Ganoderma Sinense* [J]. *Molecules*, 2007, 12 (8): 2038-2046.

[97]　Wang K, Bao L, Xiong W, et al. Lanostane Triterpenes from the Tibetan medicinal mushroom *Ganoderma leucocontextum* and their inhibitory effects on HMG-CoA reductase and α-glucosidase [J]. *J Nat Prod*, 2015, 78 (8): 1977-1989.

[98]　Nishitoba T, Sato H, Sakamura S. New terpenoids, ganolucidic acid D, ganoderic acid L, lucidone C and lucidenic acid G, from the Fungus *Ganoderma lucidum* [J]. *Agric Biol Chem*, 1986, 50 (3): 809-811.

[99]　Chen B, Jin T, Zhang J, et al. Triterpenes and meroterpenes from *Ganoderma lucidum* with inhibitory activity against HMGs reductase, aldose reductase and α-glucosidase [J]. *Fitoterapia*, 2017, 120: 6-16.

[100]　Isaka M, Chinthanom P, Kongthong S, et al. Lanostane triterpenes from cultures of the basidiomycete *Ganoderma orbiforme* BCC 22324 [J]. *Phytochemistry*, 2013, 87 (3): 133-139.

[101]　Wang C F, Liu J Q, Yan Y X, et al. Three new triterpenoids containing four-membered ring from the

fruiting body of *Ganoderma sinense* [J]. *Org Lett*, 2010, 12 (8): 1656-1659.

[102] 陈若芸, 于德泉. 用二维核磁共振技术研究赤芝孢子内酯 A 和 B 的结构 [J]. 药学学报, 1991, 26 (6): 430-436.

[103] 马林, 吴丰, 陈若芸. 灵芝三萜成分分析 [J]. 药学学报, 2003, 38 (1): 50-52.

[104] Pu D B, Zheng X, Gao J B, et al. Highly oxygenated lanostane-type triterpenoids and their bioactivity from the fruiting body of *Ganoderma gibbosum* [J]. *Fitoterapia*, 2017, 119: 1-7.

[105] Zhao Z Z, Chen H P, Li Z H, et al. Leucocontextins A–R, lanostane-type triterpenoids from *Ganoderma leucocontextum* [J]. *Fitoterapia*, 2016, 109: 91-98.

[106] Zhao Z Z, Chen H P, Huang Y, et al. Lanostane triterpenoids from fruiting bodies of *Ganoderma leucocontextum* [J]. *Nat Prod Biopro*, 2016, 6 (2): 103-109.

[107] Gao J J, Min B S, Ahn E M, et al. New triterpene aldehydes, lucialdehydes A—C, from *Ganoderma lucidum* and their cytotoxicity against murine and human tumor cells [J]. *Chem Pharm Bull*, 2022, 50 (6): 837-840.

[108] Nishitoba T, Sato H, Kasai T. New bitter C_{27} and C_{30} terpenoids from the fungus *Ganoderma lucidum* (Reishi)[J]. *Agric Biol Chem*, 1985, 49 (6): 1793-1798.

[109] Kikuchi T, Kanomi S, Murai Y, et al. Constituents of the fungus *Ganoderma lucidum* (Fr.) Karst. Ⅲ: structures of ganolucidic acids A and B, new lanostane-type triterpenoids [J]. *Chem Pharm Bull*, 1986, 34 (10): 4030-4036.

[110] Wu T S, Shi L S, Kuo S C. Cytotoxicity of *Ganoderma lucidum* triterpenes [J]. *J Nat Prod*, 2001, 64 (8): 1121-1122.

[111] Mizushina Y, Takahashi N, Hanashima L, et al. Lucidenic acid O and lactone, new terpene inhibitors of eukaryotic DNA polymerases from a basidiomycete, *Ganoderma lucidum* [J]. *Bioorg Med Chem*, 1999, 7 (9): 2047-2052.

[112] Iwatsuki K, Akihisa T, Tokuda H, et al. Lucidenic acids P and Q, methyl lucidenate P, and other triterpenoids from the fungus *Ganoderma lucidum* and their inhibitory effects on Epstein-Barr virus activation [J]. *J Nat Prod*, 2003, 66 (12): 1582-1585.

[113] 刘超, 李保明, 康洁, 等. 赤芝中的一个新萜类化合物 [J]. 药学学报, 2013, 48 (9): 1450-1452.

[114] Amen Y M, Zhu Q, Tran H B, et al. Lucidumol C, a new cytotoxic lanostanoid triterpene from *Ganoderma lingzhi* against human cancer cells [J]. *J Nat Med*, 2016, 70 (3): 661-666.

[115] Satria D, Amen Y, Niwa Y, et al. Lucidumol D, a new lanostane-type triterpene from fruiting bodies of Reishi (*Ganoderma lingzhi*) [J]. *Nat Prod Res*, 2019, 33 (2): 189-195.

[116] Kikuchi T, Matsuda S, Kadota S, et al. Ganoderic acid D, E, F, and H and lucidenic acid D, E, and F, new triterpenoids from *Ganoderma lucidum* [J]. *Chem Pharm Bull*, 1985, 33 (6): 2624-2627.

[117] Nishitoba T, Sato S, Sakamura S. New terpenoids from *Ganoderma lucidum* and their bitterness [J]. *Agric Biol Chem*, 1985, 49 (5): 1547-1549.

[118] 郭平霞, 王心龙, 程永现, 等. 佩氏灵芝中三个新三萜 [J]. 天然产物研究与开发, 2016, 28 (1):1-4.

[119] 刘超, 陈若芸. 紫芝中的一个新三萜 [J]. 中草药, 2010, 41 (1): 8-11.

[120] Lin C N, Fann Y F, Chung M I. Steroids of formosan *Ganoderma tsugae* [J]. *Phytochemistry*, 1997, 46 (6): 1143-1146.

[121] Su H J, Fann Y F, Chung M I, et al. New lanostanoids of *Ganoderma tsugae* [J]. *J Nat Prod*, 2000, 63 (4): 514-516.

[122] Lin K W, Chen Y T, Yang S C, et al. Xanthine oxidase inhibitory lanostanoids from *Ganoderma tsugae* [J]. *Fitoterapia*, 2013, 89 (1): 231-238.

[123] Li P, Liu L, Huang S, et al. Anti-cancer effects of a neutral triterpene fraction from *Ganoderma lucidum* and its active constituents on SW620 human colorectal cancer cells [J]. *Anti-Cancer Agents Me*, 2020, 20: 237-244.

[124] Wang X L, Ding Z Y, Liu G Q, et al. Improved production and antitumor properties of triterpene acids from submerged culture of *Ganoderma lingzhi* [J]. Molecules, 2016, 21(10): 1395.

[125] Liu W, Yuan R, Hou A, et al. *Ganoderma* triterpenoids attenuate tumour angiogenesis in lung cancer tumour-bearing nude mice [J]. *Pharm Biol*, 2020, 58 (1): 1070-1077.

[126] Zhao C, Fan J, Liu Y, et al. Hepatoprotective activity of *Ganoderma lucidum* triterpenoids in alcohol-induced liver injury in mice, an iTRAQ-based proteomic analysis [J]. *Food Chem*, 2019, 271: 148-156.

[127] Smina T P, Maurya D K, Devasagayam T P A, et al. Protection of radiation induced DNA and membrane damages by total triterpenes isolated from *Ganoderma lucidum* (Fr.) P. Karst. [J]. *Chem-Biol Interact*, 2015, 233: 1-7.

[128] Smina T P, Joseph J, Janardhanan K K, et al. *Ganoderma lucidum* total triterpenes prevent γ-radiation induced oxidative stress in Swiss albino mice in vivo [J]. *Redox Rep*, 2016, 21 (6): 254-261.

[129] Su L, Liu L, Jia Y, et al. *Ganoderma* triterpenes retard renal cyst development by downregulating Ras/MAPK signaling and promoting cell differentiation [J]. *Kidney Int*, 2017, 92: 1404-1418.

[130] Meng J, Wang S Z, He J Z, et al. Ganoderic acid A is the effective ingredient of *Ganoderma* triterpenes in retarding renal cyst development in polycystic kidney disease [J]. *Acta Pharmacol Sin*, 2020, 41(6): 780-790.

[131] Chiu H F, Fu Y H, Lu Y Y, et al. Triterpenoids and polysaccharide peptides enriched *Ganoderma lucidum*: a randomized, double-blind placebo-controlled crossover study of its antioxidation and hepatoprotective efficacy in healthy volunteers [J]. *Pharm Biol*, 2017, 55(1): 1041-1046.

[132] 李有实. 灵芝养肝丸联合丙酚替诺福韦、穴位贴敷治疗慢性乙型肝炎肝纤维化的临床研究 [J]. 黑龙江中医药，2023，52（2）：343-345.

[133] 谢莹，蔡文婷，张杨正浩，等. 齐拉西酮联合灵芝浸膏片对首发精神分裂症疗效及社会功能康复的影响 [J]. 当代医学，2019，25（27）：7-9.

第三章
灵芝多糖和多糖肽化学成分及其生物活性

现代研究表明，灵芝中多糖类化合物是灵芝的主要有效成分[1]。灵芝多糖类化合物可从灵芝子实体、孢子粉、菌丝体和发酵液中提取并分离获得[2]。目前从灵芝中分离的多糖主要包括葡聚糖、杂多糖和多糖-蛋白复合物等[3]。药理学研究表明，灵芝多糖和多糖肽具有抗炎、调节免疫、抗肿瘤、抗氧化和降血糖等药理学活性[4]。本章对1980年后文献报道的70个灵芝多糖和29个灵芝多糖肽的化学结构、提取方法、药理活性及临床应用的研究进展进行分析、总结，旨在为灵芝多糖及多糖肽的后续研究开发提供理论依据。

第一节　灵芝粗多糖及多糖肽的提取和分离纯化方法

一、灵芝粗多糖及多糖肽的提取

灵芝粗多糖含量的差异与灵芝的品种和提取部位有关。据报道，日本灵芝（*G. japonicum*）子实体的粗多糖含量为1.49%，松杉灵芝（*G. tsugae*）子实体的粗多糖含量为1.30%，紫芝（*G. sinense*）子实体的粗多糖含量为1.05%[5]。此外，赤芝（*G. lucidum*）菌丝体中粗多糖含量是子实体中粗多糖含量的6倍，是孢子粉中粗多糖含量的2.8倍[5]。

灵芝粗多糖及多糖肽提取方法多样，包括热水提取法、碱提取法、超声辅助提取法、微波辅助提取法、酶介质辅助提取法以及复合提取法等。

1. 热水提取法

热水提取法操作简便，是目前常用的多糖及多糖肽提取方法。

灵芝多糖及多糖肽微溶于常温水，易溶于热水，但在冷水中溶解度较小，不溶于乙醇、乙醚、丙酮等有机溶剂。可以利用多糖及多糖肽的这一性质提取灵芝多糖及多糖肽，即水提醇沉法。在常规实验中，灵芝用水在95～100℃下以料液比1:10至1:15提取1h，重复2～3次。然后在浓缩的水提取物中加入乙醇，通过离心，收集产生的沉淀，即多糖或多糖肽部分[6-9]。

还可以先用高浓度的乙醇对灵芝进行脱脂处理，再用沸水提取，将水提液浓缩、透析，得到总多糖或多糖肽[10]。

虽然热水提取法是提取灵芝多糖的主要方法，但热水提取法存在提取率低、提取时间长、料液损失大等问题。例如在热水提取法、超声辅助提取法、超声辅助酶法及微波辅助提取法四种方法中，热水提取法的灵芝多糖提取率最低，仅为1.13%[11]。

2. 碱提取法

碱提取法即用碱液作为溶剂，提取原材料中的多糖及多糖肽。常用的溶剂有NaOH、KOH、氨水等[12]。碱提取法适于提取灵芝中的碱溶性多糖及多糖肽，并且灵芝子实体经碱液处理后，其纤维易被破坏，进而可促进多糖及多糖肽的释放[13-15]。

在碱提取过程中，碱溶液的种类、浓度、提取温度的差异对灵芝多糖及多糖肽的得率会造成一定的影响。其中碱溶液的浓度对灵芝多糖及多糖肽的提取影响最大：多糖及多糖肽得率随碱溶液浓度的增加而增加，但过高浓度的碱溶液易使多糖及多糖肽结构发生变化，甚至使单糖的六碳环裂解，引起多糖活性的丧失。综合考虑，碱溶液浓度一般以 0.5 mol/L 为宜[12]。

例如，Pan 等[14-15] 将干燥的赤芝（G. lucidum）子实体磨粉后，用沸乙醇脱脂，弃去上清液，固体残渣用 2 mol/L 氨水溶液提取，然后将上清液依次中和、浓缩、透析、冻干，得到粗糖肽。

3. 超声辅助提取法

超声辅助提取法是一种新型的灵芝多糖及多糖肽提取技术，主要利用超声波的机械效应和空化作用破坏细胞壁、细胞膜等组织，并加大细胞内的传质效率，从而促进植物多糖及多糖肽成分的释放和提取[16]。

据报道，超声辅助提取灵芝子实体多糖的最佳提取条件为超声功率 320 W、提取温度 70℃、提取时间 34 min。在此条件下，灵芝多糖的产率为 2.78%[17]。与热水提取法相比，超声辅助提取法的提取率高、时间短、耗能低。

4. 微波辅助提取法

微波是一种高速电磁波，具有很强的穿透作用。在多糖及多糖肽的提取过程中，微波可以迅速升温升压，使多糖及多糖肽从细胞中溶出，从而提高提取率[18]。

以多糖提取率为考察指标，微波提取灵芝多糖的最佳提取工艺条件为提取时间 20 min、提取功率 400 W、提取温度 90℃、料液比 20 mL/g、提取 2 次。在此条件下，灵芝多糖提取率为 1.15%。若不使用微波，仅水浴加热提取灵芝多糖的提取率为 0.831%。与微波最佳提取条件所得的灵芝多糖提取率相比，使用微波后，多糖提取率提高了 40%[19]。

5. 酶介质辅助提取法

酶介质辅助提取法提取多糖及多糖肽主要是利用酶降解细胞壁上的纤维素、蛋白质等，使多糖及多糖肽容易被提取出来。酶介质辅助提取法的提取条件相对温和、工艺简单、选择性高，只需在常温、常压、接近中性的水溶液中进行提取[20]。

吕兴萍等[21] 使用纤维素酶从灵芝子实体中提取灵芝多糖，在酶量 2.0%、酶解时间 90 min、料液比 1∶30、温度 50℃的条件下，灵芝多糖提取率可达 6.30%，而普通热水提取法的提取率仅为 1%。与普通的热水提取法相比，纤维素酶提取灵芝多糖的提取时间大幅缩短，提取率可提高 5～6 倍。

6. 其他方法

除上述几种提取方法外，也有很多研究采用两种技术联合的方法对灵芝多糖及多糖肽进行提取，并且取得了很好的效果。

Huang 等 [22] 采用响应面法对超声-微波辅助提取条件进行了优化。结果表明，最佳提取条件为超声功率 50 W、微波功率 284 W、提取时间 12 min、水与固体原料比 11.6 : 1。使用超声 - 微波辅助提取，多糖的提取率为 3.27%，比经典热水提取法高出 115.56%，比超声辅助提取法提高了 27.7%。这证实了超声 - 微波辅助提取技术在多糖提取中具有巨大的应用潜力。

二、灵芝多糖及多糖肽的分离纯化

灵芝多糖和多糖肽的分离纯化基本相同，一般分为初级纯化和精细纯化。初级纯化是除去多糖及多糖肽中游离的蛋白质、色素、盐和一些小分子杂质的过程；精细纯化是将多糖混合物分离为单一多糖或多糖肽的过程。多糖及多糖肽分离纯化方法的选择取决于多糖及多糖肽的性质、组成及分离目的等，总体遵循"先除杂、后细分"的原则。

1. 初级纯化

多糖及多糖肽的粗提物通常含有蛋白质、色素及小分子杂质等，需进行脱蛋白和脱色等处理，可得初步纯化的总多糖及多糖肽。

（1）脱蛋白

多糖及多糖肽脱蛋白（除蛋白）一般选择使蛋白质沉淀而不使多糖或多糖肽沉淀的试剂处理，如酚、三氯乙酸、鞣酸等。但需要注意处理时间不能过长，温度不能过高，避免多糖降解。常用的脱蛋白方法有 Sevag 法、三氟三氯乙烷法和三氯乙酸法等 [23]。

Sevag 法是较常用的方法，是根据蛋白质在氯仿等有机溶剂中变性后不溶于水的性质，在粗多糖溶液中加入氯仿 - 正丁醇（戊醇）混合溶液，充分振荡，使溶液中的蛋白质变性沉淀，再经离心除去 [6,15]。Sevag 法脱蛋白较温和，可避免多糖降解，但脱蛋白步骤通常要重复 10 次以上，脱蛋白效率不高。因而常与酶法脱蛋白结合，提高脱蛋白效率 [24]。

李平作等 [24] 从赤芝（*G. lucidum*）发酵液中提取得到粗多糖，利用蛋白酶法和 Sevag 法结合除去蛋白，然后经葡聚糖凝胶（Sepharose）CL-6B 凝胶过滤色谱和二乙氨乙基（DEAE）纤维素柱色谱纯化，多糖回收率达 78.2%。何云庆等 [6] 将赤芝（*G. lucidum*）经热水提取、乙醇沉淀得到的粗多糖透析后用 Sevag 法除蛋白 15 次，再经乙醇沉淀、丙酮洗涤得到多糖 GLA。

三氯乙酸法效率较高，操作简便。具体操作为：向一定体积的多糖或多糖肽溶液中加入浓度为 3%～5% 三氯乙酸溶液，产生白色沉淀，静置片刻后过滤澄清，继续加入三氯乙酸溶液，静置、过滤，直至不再产生沉淀为止 [25]。

（2）脱色

灵芝多糖及多糖肽常用的脱色方法包括活性炭吸附脱色、过氧化氢脱色及树脂法脱色等。

① 活性炭吸附脱色。活性炭是黑色细微多孔性物质，具有芳香环式的结构，可以利用范德华力将色素吸附到自身表面，从而实现脱色。活性炭易于吸附芳香族有机物和结构中有 3 个及以上碳原子的其他有机物[26]。多糖及多糖肽中的有色物质大部分为芳香族化合物，因此可以利用活性炭易于吸附芳香族有机物的性质除去多糖中的色素。

实验步骤为：在灵芝水提液中，加入一定量的活性炭吸附剂进行吸附、离心，分离后所得的上清液即为去除色素后的多糖或多糖肽[27]。

② 过氧化氢脱色。过氧化氢脱色是利用过氧化氢的水溶液能够电离出活性氧离子，而活性氧离子能够与多糖中的色素分子发生氧化反应的特点，除去水溶性色素。

灵芝多糖或多糖肽中常含有酚类或羟基蒽醌衍生物等色素，这类色素大多呈负性离子，用活性炭脱色的效果不好，通常使用过氧化氢氧化脱色。另外，灵芝多糖中还有一些与糖结合的色素，也可使用过氧化氢氧化脱色[6,26]。

③ 树脂法脱色。树脂法包括离子交换树脂法和吸附树脂法等，具有脱色率高、脱色后特征基团结构稳定等优点。离子交换树脂法是通过离子交换脱去色素，吸附树脂法是通过比表面积和网孔孔容、孔径吸附脱去色素[28]。

2. 精细纯化

初步纯化得到的总多糖及多糖肽通常是由多种多糖及多糖肽组成的混合物，需进一步分离分级、纯化，以便获得均一的多糖及多糖肽组分。精细纯化的分离方法包括分级沉淀法、超滤法、离子交换色谱法、凝胶过滤色谱法等。

（1）分级沉淀法

分级沉淀法的原理是根据不同分子量的多糖及多糖肽在不同浓度的有机溶剂中溶解度的不同而进行分离。在较低浓度的有机溶剂中，大分子量的多糖及多糖肽先被沉淀出来，随着有机溶剂浓度增大，小分子量的多糖及多糖肽随之被沉淀出来。因此可采用不同比例的乙醇利用乙醇分级沉淀法对提取物中不同分子量的多糖及多糖肽进行分离[29]。如图 3-1 所示，乙醇浓度（体积分数）为 30%、60% 和 90% 时，分子量最大的多糖及多糖肽将首先在 30% 乙醇中析出。离心收集沉淀，得到分子量最大的多糖。然后，依次用 60% 和 90% 乙醇沉淀及离心，分别得到分子量适中和分子量最小的多糖及多糖肽组分。

Liu 等[30] 用热水提取赤芝（*G. lucidum*）孢子粉，得到水提物 GLSB，依次经 30%、50%、70% 和 85% 乙醇分级沉淀后，得到 4 个组分，分别为 GLSB30、GLSB50、GLSB70 和 GLSB85。利用高效凝胶色谱法进行分析，结果表明，随着乙醇体积分数的增加，醇沉组分的保留时间延长，相应的分子质量逐渐降低，分别为 4.06×10^7 Da、3.73×10^5 Da、1.06×10^4 Da、3.91×10^3 Da。

（2）超滤法

超滤法也叫膜过滤法，即在一定的跨膜压力下，用不同孔径的超滤膜对多糖进行基于分子量的分离。超滤法是一种比乙醇沉淀法更快速、更适合大规模生产的方法，但分级精度不够高，一般不能得到均一性多糖[28]。

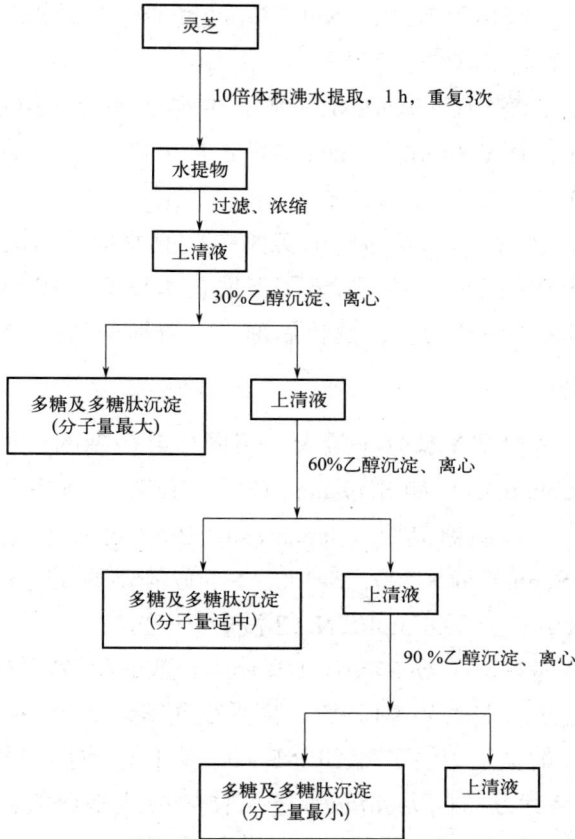

图3-1　乙醇分级沉淀法提取灵芝多糖及多糖肽流程图

2013 年，Ma 等[31] 将从赤芝（*G. lucidum*）提取的粗多糖 GLP 用超滤膜进一步分离为 GLP1（>10 kDa）、GLP2（8～10 kDa）、GLP3（2.5～8 kDa）和 GLP4（<2.5 kDa）4 种不同分子质量的多糖。

2021 年，Cai 等[32] 采用级联超滤膜技术将多糖分为三个不同分子量等级。实验步骤为用热水从赤芝（*G. lucidum*）子实体中提取粗多糖 GLP，依次用 100 kDa、10 kDa 和 1 kDa 超滤膜进行分级。最终得到三种分子量级的粗多糖，分别命名为 GLP-100、GLP-10 和 GLP-1，分子质量分别为 322.0 kDa、18.8 kDa 和 6.4 kDa。

3. 离子交换色谱法

离子交换色谱法是根据多糖所带电荷不同，与交换剂上的离子基团结合力的大小也不同，从而对多糖进行分离的一种方法。常用的离子交换剂有阳离子交换剂、阴离子交换剂以及硼砂交换剂等。阳离子交换色谱的固定相有羧甲基纤维素（CM-cellulose）、磺乙基纤维素（SE-cellulose）、磺甲基纤维素（SM-cellulose）等，只用于分离碱性多糖及多糖肽；阴离子交换色谱最为常用，固定相有二乙氨乙基纤维素（DEAE cellulose）、二乙氨乙基葡聚糖凝胶（DEAE Sephadex）、二乙氨乙基琼脂糖凝胶（DEAE Sepharose）等，适用于分离酸性和中性多糖[7]。分离碱性多糖可用 HCl

作洗脱液，分离酸性多糖可用 NaCl、NaHCO$_3$ 或硼酸盐等无机盐作洗脱液，中性多糖可用不同浓度的硼砂溶液作洗脱液 [6,33]。

Dong 等 [34] 对从赤芝（*G. lucidum*）孢子中得到的多糖 GLSA50-1 用阴离子 DEAD 纤维素柱纯化，用 0.2 mol/L NaCl 溶液洗脱，得到均一的灵芝多糖 GLSA50-1B，分子质量为 103 kDa。

Pan 等 [14] 将从赤芝（*G. lucidum*）子实体中用氨水提取、凝胶色谱纯化后得到的多糖 FYGL 进一步使用 DEAE-52 阴离子交换色谱以 0～0.3 mol/L NaCl 溶液梯度洗脱，用 Sevag 试剂去除游离蛋白，透析后冻干，得到多糖肽 FYGL-n。

4. 凝胶过滤色谱法

凝胶过滤色谱法是根据多糖分子量大小不同分离多糖的一种方法。常用的凝胶有：葡聚糖凝胶（Sephadex），如 Sephadex G10、G20、G75 等不同型号可分离分子量由小到大的多糖 [6]；琼脂糖凝胶（Sepharose，Bio-Gel A）；聚丙烯酰胺葡聚糖凝胶（Sephacryl），如 Sephacryl S-200、S-300、S-500 等不同型号可分离分子量由小到大的多糖，通常用水或 0.1～0.3 mol/L NaCl 洗脱 [7,15,33]。

Huang 等 [35] 将从赤芝（*G. lucidum*）子实体中提取的粗多糖样品 GLP 先在 DEAE-Sepharose 离子交换柱上洗脱得到 GLP-F1，然后使用 Sephacryl S-500 凝胶色谱分离组分 GLP-F1，得到均一的灵芝中性多糖 GLP-F1-1，其平均分子质量为 2500 kDa。

林冬梅等 [36] 将从赤芝（*G. lucidum*）子实体中经热水提取、中空纤维膜初步纯化后得到灵芝多糖肽 GL-PP，后用 0.22 μm 微孔滤膜过滤，滤液采用凝胶渗透色谱法分离纯化，得到均一的灵芝多糖肽 GL-PPSQ$_2$，其分子质量为 50×10^4 Da。

第二节　灵芝多糖及多糖肽的结构

一、灵芝多糖的化学结构

灵芝多糖（polysaccharide）从单糖组成上分类，分为均一性多糖和杂多糖。均一性多糖主要由葡聚糖构成，而杂多糖种类多样且结构复杂，其主链基本为葡萄糖、半乳糖或甘露糖，支链由岩藻糖、木糖等单元组成 [3,37]。

多糖的化学结构可分为一级、二级、三级、四级结构。多糖的一级结构包括单糖组成、糖苷键及其构型、糖连接序列等。灵芝多糖的糖苷键具有多种连接方式，如 β-(1→3)、β-(1→4)、β-(1→6) 和 α-(1→6) 糖苷键等 [38]。二级结构是多糖链间以氢键结合所形成的构象。三级结构和四级结构是在二级结构的基础上，通过非共价作用形成的有规则的构象 [39]。图 3-2 是从赤芝（*Ganoderma lucidum*）子实体中提取得到的多糖 Lzps-1 的一级结构。可以看出 Lzps-1 是以 β-(1→3) 葡聚糖为主链，β-(1→6) 葡聚糖为侧链，并且在 β-(1→6) 的侧链上连接有 α-(1→4) 葡聚糖[40]。

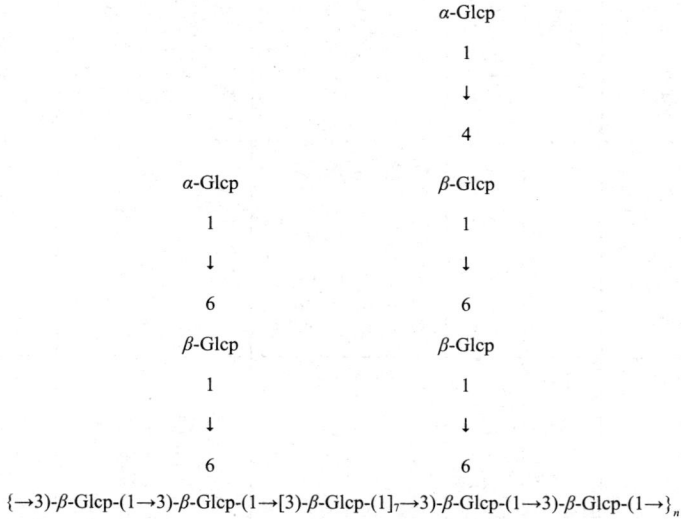

$$\{\rightarrow3)\text{-}\beta\text{-Glcp-}(1\rightarrow3)\text{-}\beta\text{-Glcp-}(1\rightarrow[3]\text{-}\beta\text{-Glcp-}(1]_7\rightarrow3)\text{-}\beta\text{-Glcp-}(1\rightarrow3)\text{-}\beta\text{-Glcp-}(1\rightarrow\}_n$$

图3-2 从赤芝（*G. lucidum*）子实体中分离得到多糖Lzps-1的一级结构

二、灵芝多糖肽的化学结构

糖肽（polysaccharide-peptide）是多糖链和肽链通过糖肽键共价连接而成的复合物。在结构鉴定方面，除需鉴定多糖的结构外，还需鉴定肽链的结构及糖肽键的连接方式。灵芝多糖肽中最常见的糖肽键类型是 *O*- 糖肽键和 *N*- 糖肽键。其中 *O*- 糖肽键是由多糖的碳原子与苏氨酸（Thr）或丝氨酸（Ser）的羟基氧原子共价连接形成的，*N*- 糖肽键是由多糖的碳原子与天冬酰胺（Asn）的酰氨基氮原子共价连接形成的。图 3-3 是 *O*- 糖肽键和 *N*- 糖肽键的糖肽结构片段[41]。

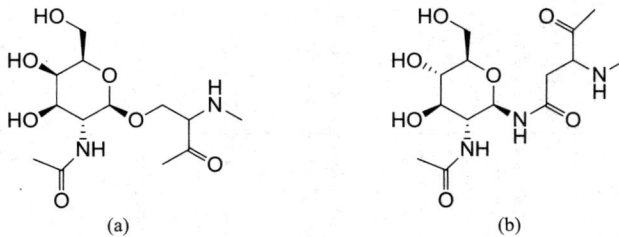

图3-3 含*O*-糖肽键（a）和*N*-糖肽键（b）的糖肽结构片段

从赤芝（*G. lucidum*）、紫芝（*G. sinense*）、松杉灵芝（*G. tsugae*）、薄盖灵芝（*G. capense*）和无柄灵芝（*G. resinaceum*）5 种灵芝中发现了 70 个多糖化合物；而从赤芝（*G. lucidum*）和松杉灵芝（*G. tsugae*）中发现了 29 个多糖肽化合物。这些多糖和多糖肽的名称、来源、提取及纯化方法和结构鉴定分别见表 3-1 和表 3-2。

表3-1 灵芝多糖的名称、来源、提取及纯化方法和结构鉴定

编号	名称	来源	提取及纯化方法	单糖组成	连接方式	检测方法	分子质量及其检测方法	参考文献
1	BN3C1	G. lucidum（子实体）	热水提取，DEAE纤维素色谱柱纯化	葡萄糖	β-(1→6)(1→3) 葡聚糖	酶解、酸水解、过碘酸氧化、甲酸生成、Smith降解、气相色谱（GC）、紫外-可见光谱（UV）	16.2 kDa 凝胶过滤法	[42]
2	BN3C2	G. lucidum（子实体）	热水提取，DEAE纤维素色谱柱纯化	—	—	—	22.4 kDa 凝胶过滤法	[42]
3	BN3C4	G. lucidum（子实体）	热水提取，DEAE纤维素色谱柱纯化	—	—	—	31.6 kDa 凝胶过滤法	[42]
4	CM-GL	G. lucidum（子实体）	碱液（NaOH）提取，羧甲基化衍生物	—	—	傅里叶变换红外光谱（FT-IR）、元素分析（EA）、NMR、尺寸排阻色谱-激光散射联用（SEC-LLS）	6.3×10^4 Da SEC-LLS	[43]
5	DESSK5	G.resinaceum（子实体）	碱液提取，超滤法纯化	葡萄糖：甘露糖：半乳糖：木糖=96.5：1.6：0.7：1.2	主链→3)-β-D-Glcp-(1→3,6)-β-D-Glcp-(1→；支链 β-D-Glcp-(1→4)-β-D-Glcp-(1→	甲基化气相色谱-质谱联用（GC-MS）、NMR、Smith降解	2.6×10^4Da 高效体积排阻色谱-多角度激光散射-示差检测器（HPSEC-MALLS-RI）	[44]
6	EPF1	G. tsugae（菌丝体）	培养液过滤除菌丝、DEAE-Sephadrse CL-B纯化	岩藻糖：木糖：甘露糖：半乳糖：葡萄糖：葡萄糖醛酸=2.9：16.1：66.7：9.4：0.1：4.3	—	—	9.20×10^5 Da SEC-LLS	[45]
7	EPF2	G. tsugae（菌丝体）	热水提取，DEAE纤维素色谱柱纯化	岩藻糖：木糖：甘露糖：半乳糖：葡萄糖：葡萄糖醛酸=4.5：1.3：58.0：24.5：3.8：7.9	—	—	8.35×10^4 Da SEC-LLS	[45]

续表

编号	名称	来源	提取及纯化方法	单糖组成	连接方式	检测方法	分子质量及其检测方法	参考文献
8	FYGL-1	G. lucidum（子实体）	碱水提取，Sephadex G75柱色谱和DEAE-52依次纯化	半乳糖：鼠李糖：葡萄糖=1.00：1.15：3.22	主链→2)-β-L-Rhap-(1→6)-α-D-Galp-(1→6)-α-D-Glcp-(1；支链为α-D-Glcp，连接在2位和3位	FT-IR、GC-MS、NMR	7.8×10^4 Da 凝胶渗透色谱法（GPC）	[46]
9	Ganoderan A	G. lucidum（子实体）	热水提取，DEAE-Toyopearl、Sepharose 6B、Sephacryl S-200纯化	鼠李糖：半乳糖：葡萄糖=0.4：1.0：0.7	—	—	2.3×10^4 Da GPC	[47]
10	GCP50-1	G. capense.（菌丝体）	热水提取，DEAE-Sepharose CL-6B、Sephadex G75纯化	葡萄糖	主链→4)-α-D-Glcp-(1→4, 6)-α-D-Glcp-(1；支链为α-D-Glcp-(1→	高碘酸氧化、Smith降解、甲基化、FT-IR、GC-MS、NMR	1.5×10^4 Da 高效凝胶渗透色谱（HPGPC）	[48]
11	GFb	G. tsugae（菌丝体）	热水提取，乙醇二次分级、未做分级纯化	半乳糖：葡萄糖=1：2	主链由1→6半乳糖基和1→6葡萄糖基构成，二者之比为1：1，分支点在O-3位上，分支率为50%。支链由1→3，1→4葡萄糖由1→3，未端葡萄糖基及未端半乳糖基构成	高碘酸盐氧化、Smith降解、甲基化分析、红外光谱（IR）、GC-MS、NMR、纸色谱（PC）	9.8×10^5 Da GPC	[49]
12	GL-Ⅳ	G. lucidum（子实体）	30℃ 1mol/L NaOH提取分离	葡萄糖	(1→3)糖苷键	FT-IR、GC-MS、NMR	18.4×10^4 Da SEC-LLS	[50]
13	GL-Ⅴ	G. lucidum（子实体）	60℃ 1mol/L NaOH提取分离	葡萄糖	(1→3)糖苷键	FT-IR、GC-MS、NMR	10.3×10^4 Da SEC-LLS	[50]

续表

编号	名称	来源	提取及纯化方法	单糖组成	连接方式	检测方法	分子质量及其检测方法	参考文献
14	GLA4	*G. lucidum*（子实体）	热水提取，乙醇分级沉淀，硼酸型DEAE纤维素柱色谱分离，Sephadex G50柱色谱纯化	葡萄糖：木糖=6：1	β-(1→6),(1→4),(1→3)糖苷键相连	完全酸水解，过碘酸盐氧化，Smith降解，IR，GC	$1.33×10^4$ Da HPLC	[6]
15	GLA7	*G. lucidum*（子实体）	热水提取，乙醇分级沉淀，硼酸型DEAE纤维素柱色谱分离，Sephadex G50柱色谱纯化	葡萄糖：阿拉伯糖：木糖：半乳糖=46：3：2：1	β-(1→6),(1→4),(1→3)糖苷键相连	完全酸水解，过碘酸盐氧化，Smith降解，IR，GC	$1.19×10^4$ Da HPLC	[6]
16	GLB₂	*G. lucidum*（子实体）	—	—	—	—	$7.1×10^3$ Da	[51]
17	GLB₃	*G. lucidum*（子实体）	—	—	—	—	$7.7×10^3$ Da	[51]
18	GLB₄	*G. lucidum*（子实体）	—	—	—	—	$9.0×10^3$ Da	[51]
19	GLB₆	*G. lucidum*（子实体）	—	阿拉伯糖、木糖、半乳糖、葡萄糖、甘露糖	—	—	$8.8×10^3$ Da	[51]
20	GLB₇	*G. lucidum*（子实体）	—	阿拉伯糖、木糖、半乳糖、葡萄糖、甘露糖	—	—	$9.0×10^3$ Da	[51]
21	GLB₉	*G. lucidum*（子实体）	—	—	—	—	$9.3×10^3$ Da	[51]
22	GLB₁₀	*G. lucidum*（子实体）	—	鼠李糖、阿拉伯糖、木糖、甘露糖、半乳糖、葡萄糖	—	—	$6.8×10^3$ Da	[51]
23	GLC₁	*G. lucidum*（子实体）	—	鼠李糖、阿拉伯糖、木糖、甘露糖、半乳糖、葡萄糖	—	—	$5.7×10^3$ Da	[51]
24	GL-Ⅳ-1	*G. lucidum*（子实体）	碱液（NaOH）提取	葡萄糖	β-D-葡聚糖	FT-IR，EA，NMR，SEC-LLS	$13.3×10^4$ Da SEC-LLS	[43]

续表

编号	名称	来源	提取及纯化方法	单糖组成	连接方式	检测方法	分子质量及其检测方法	参考文献
25	GLP-1	G. lucidum（子实体）	90℃热水提取、1 kDa 超滤膜纯化	岩藻糖、阿拉伯糖、半乳糖、葡萄糖、木糖、甘露糖	β-糖苷键	甲基化分析、GC-MS、FT-IR	6.4 kDa HPLC、GPC	[32]
26	GLP1	G. lucidum（子实体）	超声波提取、超滤膜纯化	甘露糖:葡萄糖:鼠李糖:半乳糖=5.8:0.35:68.04:25.81	—	—	>10 kDa	[31]
27	GLP2	G. lucidum（子实体）	超声提取、超滤膜纯化	甘露糖:葡萄糖:鼠李糖:半乳糖=7.1:1.23:73.23:18.44	—	—	8～10 kDa	[31]
28	GLP3	G. lucidum（子实体）	超声提取、超滤膜纯化	甘露糖:葡萄糖:鼠李糖:半乳糖=2.46:1.0:70.11:26.43	—	—	2.5～8 kDa	[31]
29	GLP4	G. lucidum（子实体）	超声提取、超滤膜纯化	甘露糖:葡萄糖:鼠李糖:半乳糖=3.55:0.45:75.22:20.78	—	—	<2.5 kDa	[31]
30	GLP-10	G. lucidum（子实体）	90℃热水提取、10 kDa超滤膜纯化	岩藻糖、阿拉伯糖、半乳糖、葡萄糖、木糖、甘露糖	β-糖苷键	甲基化分析、GC-MS、FT-IR	18.8 kDa HPLC、GPC	[32]
31	GLP20	G. lucidum（子实体）	热水提取、20%乙醇沉淀	葡萄糖	主链为(1→3)-β-D-葡萄糖，每隔3个基团连接一个(1→6)-β-D-吡喃葡萄糖分支	甲基化分析、NMR	$3.75×10^6$ Da 高效排阻色谱法（HPSEC）	[52]
32	GLP-100	G. lucidum（子实体）	90℃热水提取、100 kDa超滤膜纯化	岩藻糖、阿拉伯糖、半乳糖、葡萄糖、木糖、甘露糖	β-糖苷键	甲基化分析、GC-MS、FT-IR	322.0 kDa HPLC、GPC	[32]
33	GLP-F1-1	G. lucidum（子实体）	超声-微波辅助提取、DEAE离子交换和Sephacryl S-500 HR 纯化	葡萄糖:半乳糖=34:1	主链为1,4-二取代-β-吡喃葡萄糖和1,4,6-三取代-β-吡喃葡萄糖；支链由1,6-二取代-β-吡喃葡萄糖和1,4-二取代-β-吡喃半乳糖组成。摩尔比为6:1	FT-IR、NMR、GC-MS	$2.5×10^6$ Da HPSEC	[35]
34	GLP_L1	G. lucidum（子实体）	热水提取、Sephacryl S-200 HR 凝胶色谱柱纯化	葡萄糖	$β-(1→3),(1→4),(1→6)$ 糖苷键	甲基化分析、IR、GC-MS、NMR	$5.2×10^3$ Da HPLC	[53]

续表

编号	名称	来源	提取及纯化方法	单糖组成	连接方式	检测方法	分子质量及其检测方法	参考文献
35	GLP$_L$2	G. lucidum（子实体）	热水提取，Sepharcyl S-200 HR凝胶色谱柱纯化	葡萄糖、半乳糖、甘露糖	β-(1→3),(1→6)糖苷键	甲基化分析、IR、GC-MS、NMR	15.4×10³ Da HPLC	[53]
36	GLPO	G. lucidum（子实体）	—	葡萄糖	β-(1→3),(1→6)糖苷键	—	<1.2×10⁴ Da	[53]
37	GLP-40	G. lucidum（子实体）	超声-微波粉碎提取，40%乙醇沉淀分级	甘露糖:核糖:半乳糖:葡萄糖:岩藻糖=1.40:0.31:23.02:3.46:0.91	单糖残基为β-吡喃环	HPLC、FT-IR	—	[54]
38	GLP-60	G. lucidum（子实体）	超声-微波粉碎提取，60%乙醇沉淀分级	甘露糖:核糖:半乳糖:葡萄糖:岩藻糖=0.96:0.34:25.76:2.47:0.46	单糖残基为β-吡喃环	HPLC、FT-IR	—	[54]
39	GLP-80	G. lucidum（子实体）	超声-微波粉碎提取，80%乙醇沉淀分级	甘露糖:核糖:半乳糖:葡萄糖:岩藻糖=2.81:1.42:23.83:1.61:0.33	单糖残基为β-吡喃环	HPLC、FT-IR	—	[54]
40	GLSA50-1B	G. lucidum（孢子）	沸水提取，DEAE纤维素阴离子交换柱色谱、凝胶渗透色谱 Sephacryl S-300 纯化	葡萄糖	主链β-D-(1→6)葡聚糖，葡萄糖残基通过O-4与主链相连	甲基化分析、部分酸水解、乙酰化反应、NMR、电喷雾质谱法（ESI-MS）	1.03×10⁵ Da HPGPC	[10]
41	GLSB50A-Ⅲ-1	G. lucidum（孢子）	沸水提取，50%乙醇分级沉淀，DEAE-Sepharose纯化	葡萄糖	主链由(1→3),(1→4),(1→6)连接的β-D-葡萄糖残基组成，侧链为β-D-葡萄糖在O-6位	甲基化分析、GC-MS、FT-IR、NMR	1.93×10⁵ Da HPSEC	[30]
42	GLSWA-I	G. lucidum（孢子）	沸水提取，阴离子交换和凝胶渗透色谱纯化	葡萄糖	主链由(1→3),(1→4),(1→6)-D-Glcp混合连接，在侧链上有两个单个链上β-D-Glcp和一个(1→4)-β-D-Glcp-1-糖单元	甲基化分析、GC-MS、FT-IR、NMR	1.57×10⁵ g/mol HPSEC	[55]

续表

编号	名称	来源	提取及纯化方法	单糖组成	连接方式	检测方法	分子质量及其检测方法	参考文献
43	GLP-1-1	G. lucidum（培养液）	DEAE阴离子交换，Sephadex G75凝胶过滤纯化	葡萄糖：甘露糖：半乳糖=92.23：7.55：0.22	—	甲基化分析、FT-IR、GC-MS	22014 Da 高效凝胶色谱（HPGFC）	[56]
44	GSG	G. lucidum（孢子）	微波辅助提取法，DEAE纤维素柱和Sephadex G50凝胶过滤纯化	葡萄糖	包含(1→3),(1→3,6),(1→6)和(1→4)连接的D-葡萄糖基β或α残基	FT-IR、NMR	8000 Da HPGPC	[57]
45	GSPB70-S	G. sinense（子实体）	碱液（0.5mol/L NaOH）提取，DEAE球脂糖快速流动柱纯化	葡萄糖：氨基糖：半乳糖=12.90：3.70：2.26：1.00	主链→3)-β-D-Glcp-(1→4)-α-D-GlcpNAc-(1→4)-α-D-Manp-(1→3)-β-D-Glcp-(1→；支链β-D-Glcp-(1→，α-D-GlcpNAc-(1→和→4)-α-D-Galp-(1→	甲基化分析、GC-MS、NMR	2.87×10³ Da HPGPC	[13]
46	GTM3	G. tsugae（菌丝体）	碳酸钠缓冲液提取，80℃	葡萄糖	β-D-(1→3)葡聚糖，α-D-(1→4)葡聚糖	IR、EA、GC、NMR	4.65×10⁶ Da SEC-LLS	[58]
47	GTM4	G. tsugae（菌丝体）	热水提取，120℃	葡萄糖	β-D-(1→3)葡聚糖，α-D-(1→4)葡聚糖	IR、EA、GC、NMR	4.68×10⁶ Da SEC-LLS	[58]
48	GTM5	G. tsugae（菌丝体）	碱液（0.5mol/L NaOH）提取，25℃	葡萄糖	(1→6)分支β-D-(1→3)葡聚糖	IR、EA、GC、NMR	1.76×10⁶ Da SEC-LLS	[58]
49	GTM6	G. tsugae（菌丝体）	碱液（0.5mol/L NaOH）提取，65℃	葡萄糖：甘露糖=66.9：17.4	(1→6)分支β-D-(1→3)葡聚糖	IR、EA、GC、NMR	1.61×10⁶ Da SEC-LLS	[58]
50	HE-GL	G. lucidum（子实体）	碱液（NaOH）提取，羟乙基化产物	—		FT-IR、EA、NMR、SEC-LLS	7.2×10⁴ Da SEC-LLS	[43]
51	HP-GL	G. lucidum（子实体）	碱液（NaOH）提取，羟丙基化产物	—		FT-IR、EA、NMR、SEC-LLS	5.1×10⁴ Da SEC-LLS	[43]

续表

编号	名称	来源	提取及纯化方法	单糖组成	连接方式	检测方法	分子质量及其检测方法	参考文献
52	LMG	G. lucidum（子实体）	碱液（NaOH）提取，Sephadex G15尺寸排阻色谱纯化	葡萄糖	(1→3) 葡聚糖，(1→6) 葡聚糖	GC-MS、NMR	3979 Da NMR，基质辅助激光解析电离飞行时间质谱（MALDI-TOF-MS）	[59]
53	LZ-B-1	G. lucidum（子实体）	沸水提取、超滤膜过滤纯化	1,6-二取代半乳糖：1,2,6-三取代半乳糖：1-取代岩藻糖：1,3-二取代葡萄糖：1,4,6-三取代葡萄糖：1-取代葡萄糖=4.07:1.04:1.00:0.57:0.68:0.67	主链为 1,6-二取代-α-半乳糖基，1,2,6-三取代 α-半乳糖基，1,3-二取代-β-葡萄糖基和 1,4,6-三取代的 β-葡萄糖基残基。分支主要由 1-取代的 β-葡萄糖和 1-取代的 α-葡萄糖残基组成	NMR	1.12×10^4 Da HPLC	[60]
54	LZ-C-1	G. lucidum（子实体）	沸水提取、DEAE 琼脂糖阴离子交换色谱和 Sephacryl S-300 高分辨色谱纯化	L-岩藻糖、D-半乳糖、D-葡萄糖	分支主要为 β-D-Glcp 和 α-L-Fucp	甲基化分析、IR、NMR	7×10^3 Da HPLC	[61]
55	LZ-D-1	G. lucidum（子实体）	沸水提取、超滤膜过滤	L-岩藻糖：D-葡萄糖：D-半乳糖 =1：1：5	主链由 1,6-二取代 α-D-半乳糖、1,2,6-三取代 α-D 半乳糖组成，分支由 O-2 连接的 1,2,6-三取代 α-D-半乳糖残基组成	甲基化分析、IR、NMR	2.8×10^4 Da HPLC	[62]
56	Lzps-1	G. lucidum（子实体）	微波辅助提取、DEAE-cellulose 和 Sephadex G50 柱色谱纯化	葡萄糖	主链 {1→3-β-Glcp-(1→[3]-β-Glcp-(1]$_7$→3-β-Glcp-(1→3)-β-Glcp-(1→}$_n$, n=2～4	甲基化分析、NMR	8×10^3 Da HPLC	[40]

续表

编号	名称	来源	提取及纯化方法	单糖组成	连接方式	检测方法	分子质量及其检测方法	参考文献
57	M-GL	*G. lucidum*（子实体）	碱液（NaOH）提取，甲基化产物	—	—	FT-IR、EA、NMR、SEC-LLS	$14.1×10^4$ Da SEC-LLS	[43]
58	MPN	*G. lucidum*（菌丝体）	蒸馏水室温提取，DEAE 球脂糖快速流动色谱和 Sephadex G100 纯化	葡萄糖	$(1{\to}4),(1{\to}6)$ 葡聚糖	UV、FT-IR、NMR	$1.0295×10^4$ Da HPGPC	[63]
59	PL-1	*G. lucidum*（子实体）	沸水提取，DEAE-cellulose 和 Sephacryl S-300 HR 纯化	鼠李糖：半乳糖：葡萄糖 = 1：4：13	主链由 1,4- 连接的 α-D- 葡萄糖残基和 1,6- 连接的 β-D- 半乳糖残基组成	部分酸水解、乙酰水解、高碘酸盐氧化、NMR、ESI-MS	$8.3×10^3$ Da HPSEC	[64]
60	PL-3	*G. lucidum*（子实体）	沸水提取，DEAE-cellulose 和 Sephacryl S-300 HR 纯化	葡萄糖	1,3- 连接的 β-D- 葡萄糖基残基	部分酸水解、乙酰水解、高碘酸盐氧化、NMR、ESI-MS	$6.3×10^4$ Da HPSEC	[64]
61	PL-4	*G. lucidum*（子实体）	沸水提取，DEAE-cellulose 和 Sephacryl S-300 HR 纯化	甘露糖：葡萄糖 =1：13	由 $(1{\to}3),(1{\to}4)$, $(1{\to}6)$- 连接的 β-D- 葡萄糖吡喃基残基和 $(1{\to}6)$ 连接的 β-D- 甘露吡喃基残基组成	部分酸水解、乙酰水解、高碘酸盐氧化、NMR、ESI-MS	$2.0×10^5$ Da HPSEC	[64]
62	PS-F1	*G. sinense*（菌丝体）	Tris/HCl 缓冲液提取，Sepharose CL-6B 凝胶色谱纯化	甘露糖：半乳糖：葡萄糖：岩藻糖：果糖：鼠李糖 = 50.13：13.1：17.47：6.94：2.71：921：0.45		—	$>2.0×10^6$ Da	[65]
63	PS-F2	*G. sinense*（菌丝体）	Tris/HCl 缓冲液提取，Sepharose CL-6B 凝胶色谱纯化	甘露糖：半乳糖：葡萄糖：阿拉伯：岩藻糖：鼠李糖 =44.91：38.64：8.26：0.08：8.02：0.09		—	$6×10^3 \sim 52×10^3$ Da	[65]
64	PS-F3	*G. sinense*（菌丝体）	Tris/HCl 缓冲液提取，Sepharose CL-6B 凝胶色谱纯化	甘露糖：半乳糖：葡萄糖：阿拉伯：岩藻糖：果糖：鼠李糖 =33.35：30.84：20.52：8.78：4.44：1.33：0.74		—	$2×10^3 \sim 4×10^3$ Da	[65]

续表

编号	名称	来源	提取及纯化方法	单糖组成	连接方式	检测方法	分子质量及其检测方法	参考文献
65	PSG-1	G. atrum（子实体）	Superdex-G 200 凝胶色谱纯化	葡萄糖:甘露糖:半乳糖:半乳糖醛酸 =4.91:1:1.28:0.71	主链为 (1→3) 连接和 (1→6) 连接的葡萄糖残基。α-(1→4)-葡萄糖和 α-(1→2)- 甘露糖和 α-(1→4)- 甘露糖在 O-3 和 O-6 位置取代	甲基化分析，GC-MS，NMR	$1.013×10^6$ Da HPSEC	[66]
66	PSG-2	G. atrum（子实体）	90℃蒸馏水提取，Superdex-G 200 凝胶色谱纯化	半乳糖:岩藻糖:葡萄糖 = 75.87:11.83:6.02	主链为 α-(1→6)- 半乳糖，在 O-2 位置分支	部分酸水解，甲基化分析，FT-IR，NMR	$6.9×10^4$ Da HPSEC	[66]
67	RGLP-1	G. lucidum（子实体）	沸水连续相萃取，超滤膜和 Sephacyl S-500 HR 柱色谱纯化	岩藻糖:甘露糖:半乳糖:葡萄糖 = 0.13:0.05:0.72:0.10	大部分为 (1→3)-β-葡萄糖残基和 (1→3,6)-β-葡萄糖残基，具有三螺旋构象	乙酰化反应，高碘酸氧化，Smith 降解，FT-IR，GC-MS	$3.978×10^6$ Da HPGPC	[67]
68	S-GL	G. lucidum（子实体）	碱液（NaOH）提取，硫酸化产物	—	—	FT-IR，EA，NMR，SEC-LLS	$10.1×10^4$ Da SEC-LLS	[43]
69	UMP	G. lucidum（子实体）	超声 - 微波辅助提取法	—	—	—	—	[22]
70	WGLP	G. lucidum（孢子）	沸水提取，渗透凝胶色谱纯化	葡萄糖	主链 (1→3)-β-D- 糖基残基，O-6 位置连接的葡萄糖基 (1→6)-β-D-葡萄糖氨基残基支链	高碘酸氧化，Smith 降解，NMR，FT-IR	$1.5×10^4$ Da HPLC	[68]

表3-2　灵芝多糖肽的名称、来源、提取及纯化方法和结构鉴定

编号	名称	来源	提取及纯化方法	多糖含量及单糖组成	肽类含量及氨基酸组成	连接方式	检测方法	分子质量及其检测方法	参考文献
1	BN3C3	G. lucidum（子实体）	热水提取，DEAE纤维素色谱柱纯化	94.6%，葡萄糖：阿拉伯糖=4:1	5.40%，胱氨酸、酪氨酸、亮氨酸、谷氨酸、丙氨酸、苯丙氨酸、缬氨酸、γ-氨基丁酸及微量的精氨酸、赖氨酸、蛋氨酸组氨酸等12种氨基酸	以β-(1→6)(1→3)相连	酶解、酸水解、过碘酸氧化、甲酸生成、Smith降解、GC、UV	24500 Da HPGPC	[42]
2	EGLP	G. lucidum（子实体）	酶解法提取（纤维素酶），超滤膜纯化	89.16%	0.47%	—	—	816.1 kDa 分子排阻色谱-多角度激光光散射仪-示差折光检测器联用（SEC-MALLS-RI）	[20]
3	F31	G. lucidum（子实体）	热水提取，DEAD-Sephrose离子交换色谱和Sephacryl S-300凝胶色谱纯化	83.9%，阿拉伯糖、甘露糖、葡萄糖	15.2%，天冬氨酸、谷氨酸、苏氨酸、丝氨酸、甘氨酸、丙氨酸、脯氨酸、缬氨酸、精氨酸、亮氨酸、赖氨酸和异亮氨酸等	β-构型糖苷键相连接的吡喃环杂多糖，含有1→6位和1→3位键合的糖基，其比例为1:1	部分酸水解、高碘酸氧化、Smith降解、GC-MS、FT-IR、NMR	$1.59×10^4$ Da	[7]
4	FYGL-a	G. lucidum（子实体）	碱液（氨水）提取，Sephadex G75凝胶色谱，DEAE-52纤维素柱纯化	85%±2%，鼠李糖：葡萄糖：葡萄糖醛酸残基=1.0:3.7:3.9:2.0	15%±2%，16种氨基酸	主链→3)-β-D-Glcp-(1→构成，在O-6位连接一个长支链，支链由α-D-Glcp-(1→、-4,6)-β-D-Glcp-(1→、-4)-β-D-Glcp-(1→6)-β-D-Glcp-(1→依次连接构成	甲基化分析、高碘酸盐氧化、Smith降解、NMR、GC-MS	100.2 kDa GPC	[14]

续表

编号	名称	来源	提取及纯化方法	多糖含量及单糖组成	肽类含量及氨基酸组成	连接方式	检测方法	分子质量及其检测方法	参考文献
5	FYGL-n	G. lucidum（子实体）	碱液（氨水）提取，Sephadex G75 凝胶色谱，DEAE-52 纤维素柱纯化	82%±2%，阿拉伯糖：半乳糖：鼠李糖：葡萄糖 = 0.08：0.21：0.24：0.47	12%±2%，天冬氨酸，丝氨酸，丙氨酸，谷氨酸和苏氨酸等16种氨基酸	超支化杂多糖，丝氨酸和苏氨酸残基以多糖肽链与 O-糖链多糖链连接，水溶液中呈球形	甲基化分析，高碘酸盐氧化，Smith 降解，GC-MS，NMR，AFM	72.9 kDa GPC	[15]
6	Ganoderan B	G. lucidum（子实体）	热水提取，DEAE-Toyopearl，Sepharose 6B，Sephadex G50 纯化	82.5%，半乳糖醛酸：葡萄糖 = 0.7：1.0	17.5%，丙氨酸，甘氨酸，苏氨酸，天冬氨酸，谷氨酸，脯氨酸，缬氨酸等	—	—	$7.4×10^3$ Da GPC	[47]
7	GL-Ⅰ	G. lucidum（子实体）	0.9%NaCl 溶液提取，再生纤维素管纯化	—	14.6%	主链(1→4)半乳糖	FT-IR，甲基化分析，GC-MS	—	[50]
8	GL-Ⅱ	G. lucidum（子实体）	0.9%NaCl 溶液提取分离，再生纤维素管纯化	—	5.7%	主链(1→3)葡聚糖	FT-IR，甲基化分析，GC-MS	—	[50]
9	GL-Ⅲ	G. lucidum（子实体）	蒸馏水提取	—	3.6%	主链(1→3)葡聚糖	FT-IR，甲基化分析，GC-MS	—	[50]
10	GLIS	G. lucidum（子实体）	沸水提取，DEAE-Sephacel，Sephacryl S-300，Sephacryl S-400 和阴离子柱纯化	92%，葡萄糖：半乳糖：甘露糖 = 3：1：1	8%	—	—	$2×10^6$ Da HPLC	[69]
11	GLPCW-Ⅱ	G. lucidum（子实体）	热水提取，DEAE Sepharose-Fast-Flow 离子交换色谱和 Sephacryl S-300 凝胶色谱纯化	90%，D-葡萄糖：L-岩藻糖：D-半乳糖 = 1.00：1.09：4.09	8%，精氨酸：甘氨酸：苏氨酸 = 4：3：1	主链→6)-α-D-Glcp-(1→6)-α-D-Galp-(1→3)-α-D-Galp-(1→6)-α-D-Galp-(1；支链为 L-α-Fucp	甲基化分析，GC-MS，NMR	$1.2×10^4$ Da HPLC	[70]

续表

编号	名称	来源	提取及纯化方法	多糖含量及单糖组成	肽类含量及氨基酸组成	连接方式	检测方法	分子质量及其检测方法	参考文献
12	GL-PP-3A	G. lucidum（子实体）	热水提取，BioGel P-10 凝胶色谱柱分离	大量多糖，鼠李糖:木糖:甘露糖:半乳糖:葡萄糖 = 3.5:1.0:3.9:11.6:21.1	少量氨基酸	主链由 1,6- 或 1,3- 连接的 β-D-Glcp 构成，比例约为 2:1。在部分 1,6- 连接的主链葡萄糖的 2 或 3 位有分支，分支的非还原末端主要为 β-D-Glcp。糖和肽之间为 O- 糖肽键连接	UV、NMR、甲基化分析	$1.7×10^4$ Da HPLC	[29]
13	GL-PPSQ$_2$	G. lucidum（子实体）	热水提取，超滤膜和凝胶过滤色谱纯化	87.17%，葡萄糖:甘露糖 =31.85:1.00	5.04%，天冬氨酸、苏氨酸、丝氨酸、谷氨酸、甘氨酸、丙氨酸、半胱氨酸、缬氨酸、蛋氨酸、异亮氨酸、亮氨酸、酪氨酸、苯丙氨酸等 16 种氨基酸	主链由→3)-β-D-Glcp-(1→构成，每 4 个→3)-β-D-Glcp-(1→在 O-6 位连接一个长支链，支链由 α-D-Glcp-(1→4,6)-β-D-Glcp-(1→4)-β-D-Glcp-(1→和→6)-β-D-Glcp-(1→依次相连构成	甲基化分析、GC-MS、IR、NMR	$5.0×10^4$ Da HPSEC	[36]
14	GLSB30	G. lucidum（孢子）	30% 乙醇分级沉淀	—	3.44%	—	甲基化分析、GC-MS、NMR	$4.06×10^7$ Da HPSEC	[30]
15	GLSB50	G. lucidum（孢子）	50% 乙醇分级沉淀	—	2.28%	—	—	$3.73×10^5$ Da HPSEC	[30]
16	GLSB70	G. lucidum（孢子）	70% 乙醇分级沉淀	—	5.7%	—	—	$1.06×10^4$ Da HPSEC	[30]

续表

编号	名称	来源	提取及纯化方法	多糖含量及单糖组成	肽类含量及氨基酸组成	连接方式	检测方法	分子质量及其检测方法	参考文献
17	GLSB85	G. lucidum（孢子）	85%乙醇分级沉淀	—	11.16%	—	—	3.91×10³ Da HPSEC	[30]
18	GLSP-1	G. lucidum（子实体）	热水提取，DEAE纤维素离子交换色谱，Sephadex G50凝胶色谱纯化	半乳糖:鼠李糖=3:1	9.25%，谷氨酸:缬氨酸:亮氨酸:丙氨酸:异亮氨酸:苏氨酸=16.8:12.2:10.8:9.5:7.8:6.8:6.0:4.6	β-(1→3),(1→4),(1→6)糖苷键相连	完全酸水解、过碘酸盐氧化、Smith降解、UV、GC、甲基化分析	0.98×10⁴ Da HPLC	[71]
19	GLSP-2	G. lucidum（子实体）	热水提取，DEAE纤维素离子交换色谱，Sephadex G50凝胶色谱纯化	葡萄糖	26.6%，谷氨酸:缬氨酸:亮氨酸:丙氨酸:甘氨酸:异亮氨酸=17.3:12.4:10.6:9.2:8.6:7.8	含有β-(1→3),(1→4),(1→6)糖苷键	完全酸水解、过碘酸盐氧化、Smith降解、UV、GC、甲基化分析	1.28×10⁴ Da HPLC	[71]
20	GLSP-3	G. lucidum（子实体）	热水提取，DEAE纤维素离子交换色谱，Sephadex G50凝胶色谱纯化	葡萄糖	12.3%，谷氨酸:缬氨酸:亮氨酸:丙氨酸:甘氨酸:天冬氨酸=16.2:13.1:10.5:9.3:9.2:7.6	含有β-(1→4),(1→6)糖苷键 其比例为1:1	完全酸水解、过碘酸盐氧化、Smith降解、UV、GC、甲基化分析	1.41×10⁴ Da HPLC	[71]
21	GTM1	G. tsugae（菌丝体）	磷酸钠缓冲提取，0.5mol/L NaOH分离	岩藻糖:木糖:甘露糖:半乳糖:葡萄糖:葡萄糖酰胺=6.7:0.4:26.1:48.3:10.1:8.5	13.5%	—	—	6.28×10⁵ Da SEC-LLC	[58]
22	GTM2	G. tsugae（菌丝体）	磷酸钠缓冲液，0.6mol/L NaOH提取，分离	岩藻糖:甘露糖:半乳糖:葡萄糖:葡萄糖酰胺=6.2:4.8:34.3:46.8:7.9	20.1%	—	—	8.18×10⁵ Da SEC-LLC	[58]

续表

编号	名称	来源	提取及纯化方法	多糖含量及单糖组成	肽类含量及氨基酸组成	连接方式	检测方法	分子质量及其检测方法	参考文献
23	TGLP-1	G. lucidum（子实体）	热水提取，DEAE-cellulose 离子交换纯化	—	—	—	—	—	[72]
24	TGLP-2	G. lucidum（子实体）	热水提取，DEAE-cellulose 离子交换纯化	葡萄糖和微量甘露糖	8.9%，甘氨酸、丝氨酸、谷氨酸、丙氨酸、缬氨酸、异亮氨酸、天冬氨酸、苯丙氨酸、苏氨酸、亮氨酸、亮氨酸等14种氨基酸	β-(1→3),(1→4) 连接的甘露葡聚糖肽	完全酸水解、过碘酸氧化、Smith 降解	2.09×10⁵ Da GPC	[72]
25	TGLP-3	G. lucidum（子实体）	热水提取，DEAE-cellulose 离子交换纯化	葡萄糖	4%	β-(1→3),(1→4), (1→6)糖苷键	完全酸水解、过碘酸氧化、Smith 降解	4.5×10⁴ Da GPC	[72]
26	TGLP-4	G. lucidum（子实体）	热水提取，DEAE-cellulose 离子交换纯化	—	—	—	—	—	[72]
27	TGLP-5	G. lucidum（子实体）	热水提取，DEAE-cellulose 离子交换纯化	—	—	—	—	—	[72]
28	TGLP-6	G. lucidum（子实体）	热水提取，DEAE-cellulose 离子交换纯化	葡萄糖	3.7%，甘氨酸、丙氨酸、丝氨酸、苏氨酸、天冬氨酸、缬氨酸、异亮氨酸、谷氨酸等14种氨基酸	β-(1→3),(1→4) 糖苷键	完全酸水解、过碘酸氧化、Smith 降解	3.2×10⁴ Da GPC	[72]
29	TGLP-7	G. lucidum（子实体）	热水提取，DEAE-cellulose 离子交换纯化	半乳糖	5.5%	β-(1→3),(1→4), (1→6)糖苷键	完全酸水解、过碘酸氧化、Smith 降解	10.0×10⁴ Da GPC	[72]

第三节　灵芝多糖及多糖肽的结构鉴定

多糖的结构包括一级结构和高级结构（二级、三级和四级结构）。多糖一级结构包括单糖组成、分子量、异头碳构型以及糖残基的连接顺序等。多糖的二级结构一般指多糖主链间以氢键为主要次级键而形成的有序结构。多糖的三、四级结构是以二级结构为基础，单糖间通过非共价键的相互作用而形成的构象[2]。

多糖肽的结构鉴定包含分析多糖的结构，肽链的氨基酸组成以及糖与肽连接方式的鉴定。

一、多糖一级结构的测定

1. 多糖的均一性测定

多糖的均一性是指纯化后的多糖组分的纯度和均一程度。对多糖进行均一性测定可以为后续的结构鉴定奠定良好的基础。

色谱法是目前鉴定多糖均一性常用的方法，例如凝胶渗透色谱法（GPC）和高效液相色谱法（HPLC）等。色谱法不仅可用于检测多糖的均一性，还可以计算多糖的分子量。

不同分子量的多糖在凝胶柱中以不同的速度移动。因此，可以通过调节流速来洗脱多糖样品中不同分子量的组分。以收集管数为横坐标，以吸光度为纵坐标绘制吸光度曲线，如果多糖在吸光度曲线中呈现单一且对称的峰，则认为该多糖是均一多糖[30,36]。

林冬梅等[36]使用HPGPC（高效凝胶渗透色谱法）分析赤芝（*G. lucidum*）多糖肽GL-PPSQ$_2$的均一性，结果如图3-4所示，曲线是单一对称峰，表明GL-PPSQ$_2$是均一多糖。

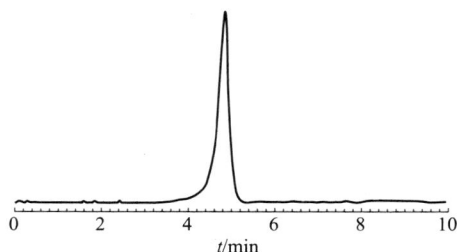

图3-4　灵芝多糖肽GL-PPSQ$_2$的HPGPC谱图[36]

GPC结合聚丙烯酰胺凝胶电泳和乙酸纤维素薄膜电泳也是测定多糖分子量的常用方法。两种方法结合，可以更加准确地检测多糖的纯度[39]。

2. 多糖分子量的测定

多糖是由聚合度不等的同系物组成的混合物，其分子量存在一个分布范围。用来描述多糖分子量的方式有：数均分子量（M_n）、重均分子量（M_w）、z-均分子量（M_z）和黏均分子量（M_η）等。其中，M_n 可通过膜渗透压法和分子排阻色谱法等测定；M_w 可通过静态光散射和沉淀平衡法等测定；M_z 可通过沉淀平衡法等测定；M_η 则需要通过黏度法结合 Mark-Houwink 方程计算得到 [73]。

表示多糖分子量常用的方式为 M_n，测量 M_n 的方法有高效排阻色谱法（HPSEC）、质谱法（MS）等。

（1）高效排阻色谱法

高效排阻色谱法具有快速、高分辨率和可重复的优点，并且可以在测量分子量的同时对多糖的均一性进行检测。常用的色谱柱有 μ-Bondagel、Sephadex、Superose 等。流动相包括水、缓冲溶液或含水有机溶剂等。探测器包括紫外检测器、蒸发光散射仪、多角度激光散射器等 [8,39,55]。

高效排阻色谱法是基于多糖的分子量差异来分离多糖，所以需要使用已知分子量的多糖标准品绘制标准曲线，再通过校准曲线将待测多糖的保留时间转换成分子量。也可以使用响应值与分子量相关的检测器测量多糖的分子量，如与示差折光检测器（RID）或多角度激光散射检测器（MALLS）相结合，通过检测光散射能力得到多糖分子量 [8,33]。

（2）质谱法

基质辅助激光解析电离飞行时间质谱（MALDI-TOF-MS）常用于分析多糖等生物大分子。该法不仅可用于多糖分子量的测定，还可用于多糖结构片段的鉴定 [39]。

3. 多糖的单糖组成分析

单糖是多糖的最小组成单元。要获得单糖的组成信息，就需要对多糖样品进行完全酸水解处理，通过强酸溶液（三氟乙酸和硫酸等）在高温下破坏糖苷键，使单糖游离出来，再对单糖进行定性和定量检测 [33,37]。

单糖组成分析的方法包括气相色谱法（GC）、高效液相色谱法（HPLC）和高效阴离子交换色谱 - 脉冲安培检测法（HPAEC-PAD）等。

GC 法首先需要将水解的单糖乙酰化，使之能在色谱系统中气化。但是糖醛酸无法进行乙酰化反应，所以无法直接用 GC 法进行检测，需要借助强还原试剂（硼氢化钠等）将糖醛酸还原成中性糖，然后进行乙酰化衍生 [33]。

利用 HPLC 法检测单糖组成，需要先将无紫外吸收的单糖分子连接上具有紫外吸收的基团，从而使单糖分子可以通过紫外检测器进行检测。常用的衍生化试剂是甲基 -3- 甲基 -5- 吡唑啉酮（PMP）。HPLC 法操作简单，可以结合质谱检测器，降低样品的最低检出限。

HPAEC-PAD 法具有分离度高、定量灵敏的优点。在单糖分析中，多糖样品经酸水解后，不需要进行衍生化处理，可直接进样分析，从而减小试验误差[55]。

4. 多糖链结构分析

（1）甲基化分析

甲基化分析可用于判断多糖中糖苷键的连接方式。实验步骤为：首先用甲基化试剂（碘甲烷等）对多糖进行甲基化，然后通过透析、冷冻和干燥回收产物，用三氟乙酸水解，硼氢化合物还原后再进行乙酰化，生成部分甲基化的糖醇乙酸酯衍生物（polymethacrylic acid，PMAA），最后通过 GC-MS 分析 PMAA，与数据库比对，确定糖苷键的连接方式[33,37]。

（2）高碘酸氧化

多糖中的邻二醇和邻三醇结构易被杂多酸氧化生成相应的多糖醛、甲醛或甲酸，因此可以通过测定高碘酸的消耗量和单糖的生成量来确定多糖中各种单糖的连接位置。一般通过高碘酸氧化法测定多糖结构需要结合甲基化分析和 Smith 降解才能得到准确可靠的结果[42,48,49]。

（3）Smith 降解反应

Smith 降解是将高碘酸氧化产物用硼氢化合物（硼氢化钠等）还原成稳定的多羟基化合物，然后进行适度的酸水解，用纸色谱法或气相色谱法鉴定水解产物，由水解产物推断多糖各组分的连接方式及次序[39,48,49]。

（4）红外光谱分析

红外光谱是一种分子吸收光谱，不同化学键或基团振动时，会吸收不同波数的中红外光，由此可以确定多糖的结构和化学键。例如 α- 端基异构体和 β- 异构体分别在 844 cm^{-1}±8 cm^{-1} 和 891 cm^{-1}±7 cm^{-1} 处出现吸收峰。半乳糖在 875 cm^{-1} 处有吸收峰，岩藻糖和鼠李糖在 967 cm^{-1} 处显示吸收峰[33,74]。

（5）核磁共振光谱分析

在灵芝多糖结构分析中，核磁共振光谱（NMR）可以提供异头构型（α 或 β 型）、糖苷键连接方式、糖残基连接顺序等信息[33,39]。

在一维核磁共振谱（1D-NMR）中，常用的是 ¹H-NMR 和 ¹³C-NMR。在 ¹H-NMR 中，多糖的信号集中在 δ 3～6。根据异头氢的化学位移可以确定异头构型。多糖中异头氢的化学位移在 δ 4.3～6.0，其中 δ 4.3～4.8 为 β 构型，而 δ 5.0 以上为 α 构型。而在 ¹³C-NMR 中，多糖中葡萄糖的化学位移分布在 δ 60～110，相比氢谱，碳谱信号更易辨识。在 ¹³C-NMR 中，葡萄糖异头碳的化学位移在 δ 95～105，其中 β 构型的化学位移在 δ 101 以上，而 α 构型的化学位移在 δ 95～103，C_2～C_5 的信号在 δ 65～85[37]。

2D-NMR 信息可以用来归属不同糖残基的核磁信号，并判断单糖的连接顺序。2D-NMR 包括 COSY（correlation spectroscopy）、HSQC（heteronuclear single quantum coherence）和 HMBC（heteronuclear multiple bond coherence）等[37]。

例如，2014 年，Liu 等 [52] 从赤芝（*G. lucidum*）子实体中提取出灵芝多糖 GLP20，用 NMR 进行结构分析。多糖 GLP20 的 ¹H-NMR 谱、¹³C-NMR 谱、COSY 谱和异核多量子相关（HMQC）谱如图 3-5 所示。¹H-NMR 谱中信号 δ 4.5，4.2 和 ¹³C-NMR 谱中信号 δ 102.959 表明，多糖中含有 β- 吡喃葡萄糖。又根据 COSY 谱和 HMQC 谱，推测 GLP20 重复单元的主链为（1→3）-β-D- 葡萄糖，且每隔 3 个（1→3）-β-D- 葡萄糖连接一个（1→6）-β-D- 吡喃葡萄糖分支。

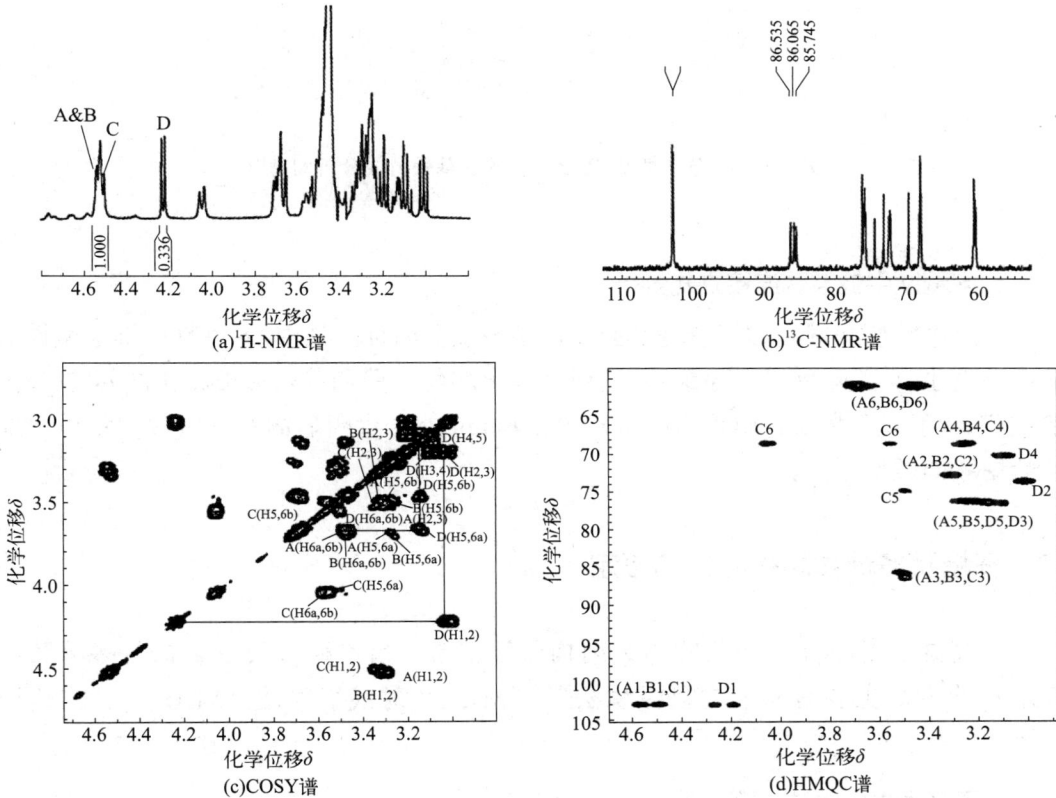

图3-5　60℃下灵芝多糖GLP20的NMR图谱[52]

溶剂为二甲基亚砜（DMSO-d_6）与重水（D_2O）按6∶1的比例混合而成

5. 多糖肽的氨基酸组成分析

多糖肽中氨基酸种类和含量的分析一般通过氨基酸自动分析仪进行分析 [6,41]。氨基酸自动分析仪具有自动化程度和灵敏度高、分析速度快、结果准确等优点 [75]。

林冬梅等 [36] 用氨基酸分析仪对从赤芝（*G. lucidum*）中提取的多糖肽 GL-PPSQ₂ 的氨基酸含量和组成进行分析，分析结果如图 3-6 所示，表明 GL-PPSQ₂ 由天冬氨酸（Asp）、苏氨酸（Thr）、丝氨酸（Ser）、谷氨酸（Glu）、甘氨酸（Gly）、丙氨酸（Ala）、半胱氨酸（Cys）、缬氨酸（Val）、蛋氨酸（Met）、异亮氨酸（Ile）、亮氨酸（Leu）、酪氨酸（Tyr）、苯丙氨酸（Phe）、赖氨酸（Lys）、组氨酸（His）、精氨酸

（Arg）16 种氨基酸组成，氨基酸总量为 5.04%。

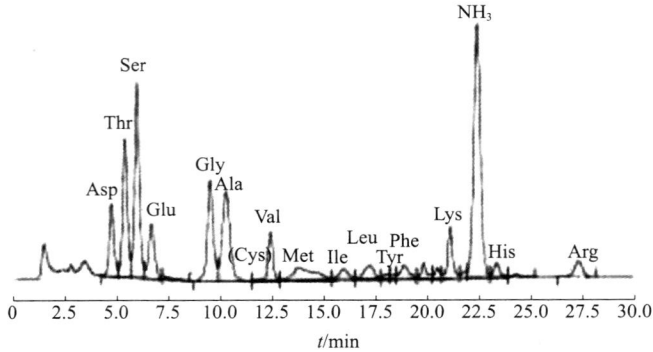

图3-6　灵芝多糖肽GL-PPSQ₂的氨基酸组成分析图谱[36]

6. 多糖肽中糖与肽连接方式分析

糖肽中的糖肽键有 O- 型糖肽键和 N- 型糖肽键两种。其中 O- 型糖肽键在碱性溶液中易发生 β- 消除反应，导致 O- 型糖肽键上的丝氨酸和苏氨酸被转化成 α- 氨基丙烯酸和 α- 丁基丙烯酸，这两种物质会在 240 nm 处产生明显的紫外吸收，可以由此判断糖肽键类型 [15,76]。

二、多糖及多糖肽高级结构的鉴定

研究灵芝多糖及多糖肽的高级结构比较困难，目前研究灵芝多糖及多糖肽高级结构的方法主要有原子力显微镜法（AFM）、X 射线衍射法（XRD）、圆二色谱法等。

1. 原子力显微镜法

AFM 可对多糖等生物大分子进行形态扫描，对多糖及多糖肽的形态和构象进行直观地观察和研究。用 AFM 可以观察到多糖及多糖肽的球形链、无规线团、单股螺旋、双股螺旋和三股螺旋等结构 [77]。

Wang 等 [50] 利用 AFM 对从赤芝（G. lucidum）子实体中提取得到的三种灵芝多糖 GL-Ⅰ、GL-Ⅱ、GL-Ⅲ在纯水中的形态进行扫描。观察到三种多糖在水溶液中是以紧凑的套环链形式存在的单分散球体，平均半径分别为 36 nm、41 nm 和 60 nm。

Pan 等 [15] 利用 AFM 对从赤芝（G. lucidum）子实体中提取得到的多糖肽 FYGL-n 在 25℃蒸馏水中的形态进行扫描。如图 3-7 所示，AFM 图像显示出明显的球状颗粒，直径在 150～200 nm，表明 FYGL-n 分子单独分散在极稀溶液中，并以球状链的构象存在。

2. X 射线衍射法

XRD 是用 X 射线照射晶体，引起晶体中原子的电子产生振动，射线出现干涉现象，从而获得衍射图谱。通过衍射图谱可以获得多糖晶型、分子构型及空间构象等信息。

何晋浙等 [78] 对从赤芝（*G. lucidum*）中提取的多糖 GL 用 XRD 进行分析，结果如图 3-8 所示，灵芝多糖在 2θ 为 14.1° 和 30° 处有两个很小的衍射峰，说明灵芝多糖的结晶度非常低，处在无定形的状态。

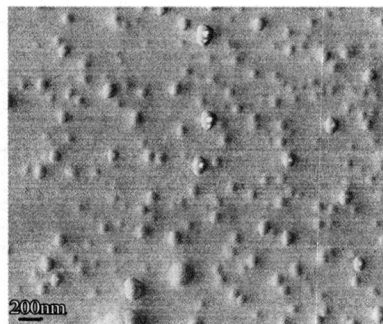

图3-7　灵芝多糖肽FYGL-n在25℃蒸馏水中的
AFM图像[46]

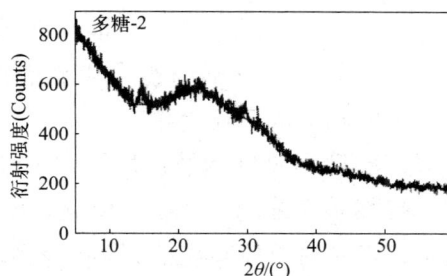

图3-8　灵芝多糖GL的X射线衍射分析结果[78]

3. 圆二色谱法

由于中性多糖缺少特征紫外吸收基团，使用圆二色谱（CD）法时通常需要先对多糖进行结构修饰或与刚果红络合后再进行测定 [37]。依据多糖衍生物的 CD，及多糖分子中生色团的极化性和取向性，可分析多糖的空间结构及构象转变。

第四节　灵芝多糖及多糖肽的生物活性

多糖及多糖肽是灵芝中重要的活性成分之一，其已被证实具有免疫调节、抗肿瘤、抗炎、降血糖等多种生物活性。

一、抗炎

灵芝多糖有一定的抗炎作用，能够通过调节肿瘤坏死因子 -α（TNF-α）、白细胞介素 -1β（IL-1β）、白细胞介素 -10（IL-10）等多种炎症因子的表达，影响体内微生物群，增强细胞免疫功能，从而有效治疗急性肠炎、牙周炎、肝炎和乳腺炎等多种炎症疾病。

从黑灵芝（*G. atrum*）子实体中分离得到的新型多糖 PSG-1[66] 具有抗炎活性。在脂多糖（LPS）刺激的炎症巨噬细胞模型和肠样 Caco-2 / 巨噬细胞共培养炎症模型中，PSG-1 在 160 µg/mL 剂量下显著降低了 LPS 诱导的促炎细胞因子 TNF-α、白细胞介素 -6（IL-6）、IL-1β 的分泌和活性氧（ROS）水平，并抑制了诱导型环氧合酶 -2（COX-2）的表达。以上结果表明了灵芝多糖具有良好的抗炎作用。

二、免疫调节

当自身免疫应答反应异常时，可能导致系统性红斑狼疮、类风湿性关节炎、硬皮病等自身免疫性疾病 [1]。目前，许多研究显示，灵芝多糖作为免疫调节剂对多种与免疫调节相关的疾病有益，能够增强机体免疫系统抵抗细菌和病毒入侵的能力，是调节免疫功能的潜在药物。

灵芝多糖的免疫调节作用是通过促进巨噬细胞增殖，激活 T 淋巴细胞、B 淋巴细胞、自然杀伤细胞（NK）、树突状细胞（DC）和其他免疫细胞，从而促进脾细胞的增殖，产生对机体有利的细胞因子和抗体 [79]。

2017 年，Wang 等 [55] 从破壁赤芝（*G. lucidum*）孢子中分离纯化得到 1 个 β- 葡聚糖 GLSWA-I，通过体内活性试验检测 GLSWA-I 的免疫调节活性。BALB/c 小鼠被随机分为 6 组（每组小鼠个数 n=10）：对照组和模型组分别通过灌胃给予蒸馏水和醋酸泼尼松（剂量均为 20 mg/kg）；其余 4 组小鼠分别灌胃给予 GLSWA-I（剂量分别为 75 mg/kg、150 mg/kg 和 300 mg/kg）和香菇多糖（剂量为 150 mg/kg），并同时灌胃给予醋酸泼尼松（剂量为 20 mg/kg）。试验结束前 24 h，在小鼠右耳涂抹 20 µL 1.5% DNCB（二硝基氯苯）溶液，左耳涂抹 20 µL 丙酮橄榄油。耳肿胀度为右耳重量减去左耳重量。试验结果如表 3-3 所示，与模型组相比，GLSWA-I（灌胃）在 150 mg/kg 和 300 mg/kg 的剂量下能显著促进 DNCB 诱导的 BALB/c 小鼠迟发性耳肿胀，（显著性水平 $p < 0.05$），表示差异具有统计学意义提示其可作为潜在的免疫增强剂。

表 3-3　灵芝多糖 GLSWA-I 对 DNCB 诱导的小鼠迟发性耳肿胀的影响 [55]

组别	剂量 /（mg/kg）	左耳重（$\bar{x} \pm$SD）/mg	右耳重（$\bar{x} \pm$SD）/mg	耳肿胀度（$\bar{x} \pm$SD）/mg
对照组	—	8.1±0.7	14.7±1.4	6.6±1.5
模型组	—	7.7±0.6	10.7±1.4①	2.9±1.2①
香菇多糖	150	7.6±1.1	11.7±1.6	4.4±0.8②
低剂量 GLSWA-I	75	7.9±0.9	12.1±1.6	4.2±1.6
中等剂量 GLSWA-I	150	7.8±0.8	12.5±2.4	4.6±2.1②
高剂量 GLSWA-I	300	7.6±0.8	12.4±1.8②	4.8±1.7②

①$p < 0.01$，与对照组比较。

②$p < 0.05$，与模型组比较。

2020 年，Chen 等 [13] 从紫芝（*G. sinense*）子实体中分离纯化得到 1 个新型杂多糖 GSPB70-S。体外试验表明，与空白对照相比，GSPB70-S 在 250～500 μg/mL 浓度下显著促进 RAW264.7 细胞释放 NO，而 NO 具有免疫调节活性，可使与产生疾病的相关因子表达下调，因此提示 GSPB70-S 具有良好的免疫调节活性，并推测该活性与多糖的高度分支结构有关。

2008 年，Ye 等 [62] 从赤芝（*G. lucidum*）子实体中分离得到多糖 LZ-D-1，通过体外试验检测 BALB/c 小鼠脾细胞的增殖情况，结果表明 LZ-D-1 浓度在 500 μg/mL 时，小鼠脾细胞增殖率与对照药物植物血凝素（PHA）相似，约为 210%。这提示灵芝多糖 LZ-D-1 可以作为潜在的免疫增强剂。

2002 年，Bao 等 [64] 从赤芝（*G. lucidum*）中提取并分离得到多糖 PL-1、PL-3、PL-4。在体外试验中，PL-1、PL-3 和 PL-4 在 1～100 μg/mL 的剂量下均可显著促进雌性 ICR 小鼠的 T、B 淋巴细胞的增殖；在体内试验中，PL-1（腹腔注射）在 25 mg/kg 的剂量下可显著刺激雌性 ICR 小鼠的 T、B 淋巴细胞增殖和抗体产生。以上试验表明，3 种多糖均有增强免疫的活性。

三、抗肿瘤

灵芝多糖的抗肿瘤作用是灵芝药物研发的热点。目前研究表明，灵芝多糖的抗肿瘤活性主要与宿主介导的免疫功能有关。多糖分子结构中的 β-(1→3) 糖苷键和 β-(1→6) 分支点是多糖抗肿瘤活性的重要结构 [4]。

江艳等 [40] 从赤芝（*G. lucidum*）孢子粉中提取得到总多糖 Lzps。总多糖 Lzps 在小鼠体内抗肺癌试验结果如表 3-4 所示，Lzps（腹腔注射）在 200 mg/kg 和 100 mg/kg 的剂量下可显著抑制小鼠 Lewis 肺癌肿瘤的生长（$p < 0.01$）。Lzps（腹腔注射）在 200 mg/kg 和 100 mg/kg 的剂量下可显著抑制小鼠 S-180 肉瘤的增长（$p < 0.01$）（表 3-5）。Lzps 对 Lewis 肺癌荷瘤小鼠腹腔注射 Lzps（200 mg/kg 和 100 mg/kg），自然杀伤细胞活性均显著高于空白对照组（$p < 0.01$）（表 3-6）。以上结果表明 Lzps 抗肿瘤疗效明显。

表 3-4 灵芝多糖 Lzps 对小鼠 Lewis 肺癌的抑制作用 [40]

组别	剂量 / (mg/kg)	肿瘤重量（$\bar{x} \pm s$）/g	抑制率 /%
高剂量 Lzps	200	0.33±0.04	62.89
低剂量 Lzps	100	0.42±0.04	53.03
环磷酰胺	30	0.009±0.020	98.40
对照组（0.9%NaCl）	—	0.89±0.12	—

表 3-5　灵芝多糖 Lzps 对 S-180 肉瘤的抑制作用 [40]

组别	剂量 /（mg/kg）	肿瘤重量（$\bar{x}\pm s$）/g	抑制率 /%
高剂量 Lzps	200	1.13±0.15	57.36
低剂量 Lzps	100	1.41±0.04	46.79
环磷酰胺	30	0.28±0.10	89.43
对照组（0.9%NaCl）	—	2.65±0.26	—

表 3-6　灵芝多糖 Lzps 对 Lewis 肺癌小鼠自然杀伤细胞活性的影响 [40]

组别	剂量 /（mg/kg）	自然杀伤细胞活性 /%
高剂量 Lzps	200	55.20
低剂量 Lzps	100	54.47
对照组（0.9%NaCl）	—	36.72

抗氧化酶的主要功能是清除体内的自由基，抑制过氧化物的形成和脂质氧化反应，从而保护细胞免受氧化应激的伤害。丙二醛（malondialdehyde，MDA）是膜脂过氧化反应的主要产物，可作为脂质过氧化指标，反映细胞膜脂过氧化的程度。Kong 等 [20] 从赤芝（G. lucidum）子实体中提取得到多糖 EGLP。多糖 EGLP（灌胃）在 80 mg/kg 的剂量下处理 U14 宫颈癌小鼠，与空白对照组相比，EGLP 处理后，U14 宫颈癌小鼠肿瘤生长的抑制率为 45.31%，小鼠血清中的抗氧化酶活性显著升高，MDA 含量显著降低，表明 EGLP 可通过调节细胞凋亡过程来抑制肿瘤的生长，并有效保护 U14 宫颈癌小鼠的免疫器官。

2020 年，Bai 等 [80] 在体外试验中用 MTT 法测定 EGLP 的抗肿瘤作用，表明 50～300 μg/mL 的 EGLP（24 h）可以显著抑制结肠癌细胞 HCT-116 的增殖。且通过 Western blotting 实验研究了 EGLP 诱导细胞凋亡的潜在机制。用剂量为 150 μg/mL 和 300 μg/mL 的 EGLP 处理 HCT-116 细胞 24 h，结果为抑制细胞凋亡的 Bcl-2、P-ERK、P-Akt1 蛋白和 COX-2 的表达显著降低，促进细胞凋亡的 Bax 和 cleaved 钙蛋白酶 I 的表达显著增加。由此可见，EGLP 能够通过促进 HCT-116 细胞凋亡，从而抑制 HCT-116 细胞的生长，表明 EGLP 可以作为治疗结肠癌的潜在药物。

四、抗氧化

氧化应激是细胞内外环境中的氧化剂与抗氧化剂失衡，导致产生过多的活性氧物质，从而引发细胞损伤和炎症反应的过程。心血管疾病、神经退行性疾病（如帕金森病、阿尔茨海默病、亨廷顿病和卒中等）、糖尿病等多种疾病的发生均与氧化应激有关。研究表明，灵芝多糖具有显著的抗氧化活性。多糖的抗氧化机制是多糖提供的氢离子与游离自由基结合，形成稳定的自由基，结束自由基链反应。因此，对自由基的清除能力、与金属离子的结合能力、对过氧化物的还原能力以及抗氧化酶活性的测定，均可用于评价多糖的抗氧化活性。

2012 年，Kao 等[59]发现从赤芝（G. lucidum）子实体中高效分离得到的 β-1,3-葡聚糖 LMG 具有很强的抗氧化活性。该研究用 H_2O_2 诱导 RAW264.7 细胞（24 h）构建了氧化应激细胞模型。该细胞模型在与剂量为 100 μg/mL 的 LMG 共处理后，细胞活力增加了 1 倍。结果表明，LMG 对 H_2O_2 诱导的 RAW264.7 细胞具有保护作用。

2015 年，Kan 等[54]从赤芝（G. lucidum）子实体中提取并分离得到 GLP40、GLP60 和 GLP80 3 种多糖。体外试验结果如表 3-7 所示，在剂量为 2.0 mg/mL 时，GLP40、GLP60 和 GLP80 对 DPPH 自由基的清除率分别为 57.01%、64.30%、76.73%；IC_{50} 值分别为 1.38 mg/mL、0.97 mg/mL、0.72 mg/mL；对超氧阴离子自由基清除作用的 IC_{50} 值分别为 1.61 mg/mL、0.96 mg/mL、0.66 mg/mL。这表明 3 种多糖均具有抗氧化作用，其中 GLP80 的抗氧化作用最强。以上结果表明 GLP40、GLP60、GLP80 均能有效清除 DPPH 自由基和超氧阴离子自由基。

表 3-7　灵芝多糖 GLP40、GLP60 和 GLP80 对 DPPH 和超氧阴离子自由基的清除作用[54]

灵芝多糖	DPPH 自由基 IC_{50}/（mg/mL）	超氧阴离子自由基 IC_{50}/（mg/mL）
GLP40	1.38	1.61
GLP60	0.97	0.96
GLP80	0.72	0.66

2020 年，Chen 等[13]从紫芝（G. sinense）子实体中分离纯化得到杂多糖 GSPB70-S。体外抗氧化试验表明，GSPB70-S 具有清除 ABTS 和 DPPH 自由基的能力。GSPB70-S 在浓度 3.2 mg/mL 时对 ABTS 自由基的清除率为 35.73%；在浓度 3.2 mg/mL 时对 DPPH 自由基的清除率为 42.76%。提示灵芝多糖 GSPB70-S 具有抗氧化活性。

2010 年，Liu 等[53]从赤芝（G. lucidum）子实体中得到 2 种低分子量多糖 GLP_L1 和 GLP_L2。体外抗氧化试验表明，GLP_L1 和 GLP_L2 对羟基自由基清除作用的 EC_{50} 值分别为 0.63 mg/mL 和 2.50 mg/mL，对超氧自由基清除作用的 EC_{50} 值分别为 2.12 mg/mL 和 10.0 mg/mL。在对过氧化氢清除活性的测定中，GLP_L1 的 EC_{50} 值为 6.0 mg/mL，GLP_L2 的 EC_{50} 值大于 10.0 mg/mL；在对亚铁离子螯合活性的测定中，GLP_L1 的 EC_{50} 值为 6.0 mg/mL，GLP_L2 的 EC_{50} 值大于 10.0 mg/mL；在对抗坏血酸还原力的测定中，GLP_L1 与 GLP_L2 的 EC_{50} 值均大于 10.0 mg/mL。这说明 GLP_L1 和 GLP_L2 均具有较强的体外抗氧化活性，且 GLP_L1 的抗氧化能力更强。

五、降血糖

糖尿病是一种由胰岛素抵抗或分泌不足引起的慢性代谢疾病。糖尿病患者机体长期处于高血糖状态会引发多种慢性代谢类疾病，还会造成肝脏、肾脏等多种器官损伤。灵芝中的多糖可通过抑制与调节血糖相关的酶从而起到降血糖的作用。

从赤芝（*G. lucidum*）子实体中得到的多糖肽 FYGL-a[14] 和 FYGL-n[15] 经体外试验，发现两种多糖肽均能够通过抑制蛋白酪氨酸磷酸酶 1B（PTP1B）的表达和活性来降低血糖水平，提高胰岛素敏感性。FYGL-a 和 FYGL-n 的 IC_{50} 值分别为（2.10±0.12）μg/mL 和（7.8±0.2）μg/mL。

从紫芝（*G. sinense*）子实体中分离纯化得到的一种新型杂多糖 GSPB70-S[13] 经体外试验，发现 GSPB70-S 能显著抑制 α-葡萄糖苷酶的活性，IC_{50} 值为 0.006 mg/mL。这提示该化合物具有良好的降血糖活性，并推测 GSPB70-S 抑制 α-葡萄糖苷酶的活性与 1,4- 糖苷键连接的 *N*- 乙酰氨基葡萄糖的结构有关。

第五节　灵芝多糖及多糖肽的临床应用

一、自身免疫疾病的辅助治疗

在临床上，灵芝多糖及多糖肽常用于自身免疫疾病的辅助治疗。2010 年，陈冬冬等 [81] 对薄芝糖肽针治疗系统性硬皮病进行了研究，85 例系统性硬皮病住院患者被分为 50 例薄芝治疗组和 35 例对照组。对照组给予静脉滴注丹参注射液、参麦注射液治疗，同时服用积雪苷片、活血健肤颗粒、肤康胶囊和青霉胺片。治疗组除给予上述常规治疗方案之外，每日还静脉滴注 4 mL 薄芝糖肽注射液。14 d 为 1 疗程，2～3 个疗程后，患者的治疗结果如表 3-8 所示。额外使用薄芝糖肽注射液的治疗组的皮肤硬度、循环免疫复合物、血沉、补体水平的治疗前后差异均显著高于仅使用常规治疗的对照组。这说明灵芝多糖可以调节免疫功能，可用于辅助治疗银屑病等自身免疫疾病。

表 3-8　两组患者治疗前后皮肤硬度积分、关节痛评分和关节功能积分比较 [81]

组别	检查项目	治疗前	治疗后	t	p
治疗组	皮肤硬度积分	20.72±9.31	12.15±7.11	4.83	<0.01
	关节痛评分	3.56±6.78	1.23±3.12	2.07	<0.05
	关节功能积分	15.32±10.13	9.85±7.73	2.26	<0.05
对照组	皮肤硬度积分	19.32±9.54	14.07±7.02	2.92	<0.01
	关节痛评分	2.42±3.17	1.32±1.56	2.12	<0.05
	关节功能积分	15.77±7.84	12.29±6.43	2.25	<0.05

2011 年，韦光伟等 [82] 观察研究了薄盖灵芝（*G. capense*）糖肽联合更昔洛韦治

疗带状疱疹的临床疗效。79 例带状疱疹患者被随机分为试验组（40 例）和对照组（39 例）。试验组每日静脉滴注薄芝糖肽注射液及更昔洛韦注射剂；对照组仅每日静脉滴注更昔洛韦注射剂。14 d 后，试验组治疗有效率显著高于对照组，后遗神经痛发生率显著低于对照组。这表明薄芝糖肽联合更昔洛韦治疗带状疱疹的疗效优于单用抗病毒药更昔洛韦的疗效，且能减少后遗神经痛的发生率。

二、呼吸系统疾病的辅助治疗

从薄盖灵芝（*G. capense*）菌丝体中提取的薄芝糖肽注射液可通过增强免疫功能，防治儿童反复呼吸道感染。2008 年，廖红群等 [83] 对薄芝糖肽注射液治疗儿童反复呼吸道感染进行了研究。对照组仅给予抗感染和对症治疗，治疗组除给予抗感染和对症治疗外，每日肌内注射 2 mL 薄芝糖肽注射液。所有病例均随访半年，以治疗后发病次数明显减少、病程缩短、临床症状减轻为显效；治疗后发病次数无明显减少，但病程缩短、临床症状减轻为有效；治疗后发病次数、病程、临床症状均无明显改善为无效。治疗后的效果比较如表 3-9 所示，薄芝糖肽注射液治疗组总有效率为 92.5%，对照组总有效率为 42.5%。与对照组相比，用薄芝糖肽注射液后，治疗效果显著提升（$p < 0.001$）。以上结果表明，薄芝糖肽注射液与抗感染等常规治疗联合应用，可增强反复呼吸道感染患者的免疫功能，提高疗效。

表 3-9　薄芝糖肽注射液治疗儿童反复呼吸道感染的效果比较 [83]

组别	例数	显效例数	有效例数	无效例数	总有效率
治疗组	80	40	34	6	92.5%
对照组	80	14	20	46	42.5%

三、恶性肿瘤的辅助治疗

在临床上，灵芝口服液（灵芝子实体提取液，多为多糖成分）等常用于肿瘤患者的辅助治疗，可以减轻化疗对身体的伤害，增强患者的免疫功能。

焉本魁等 [84] 观察研究了灵芝口服液配合化疗治疗中晚期非小细胞肺癌 56 例的临床疗效。化疗组即对照组患者服用顺铂和长春地辛。治疗组患者在化疗组的基础上同时服用灵芝口服液，灵芝口服液的剂量为每次口服 20 mL，每日 3 次。服用 2 个月后，化疗组红细胞（RBC）、白细胞（WBC）、血小板（PLT）、血红蛋白（HGB）值均有明显下降（$p < 0.05$），而治疗组的各血常规指标与治疗前无明显变化（表 3-10），表明灵芝口服液能减轻化疗对骨髓造血功能的抑制，可以增强肿瘤患者的细胞免疫功能。

表 3-10　治疗组与对照组治疗前后血常规变化（$\bar{x} \pm s$）[84]

组别	RBC/（×10¹²/L）		WBC/（×10⁹/L）		HGB/（g/L）		PLT/（×10⁹/L）	
	治疗前	治疗后	治疗前	治疗后	治疗前	治疗后	治疗前	治疗后
治疗组	4.50±0.62	4.44±0.65	6.24±1.31	6.10±1.32	125±4	125±4	221±32	220±33
对照组	4.51±0.50	3.77±0.61	6.79±1.46	5.13±2.16	128±6	108±9	217±46	183±67

　　Chen 等[85]利用免疫学方法检测了直肠癌患者服用灵芝后身体机能的变化。41例晚期直肠癌患者，以从赤芝（*G. lucidum*）子实体中提取的灵芝多糖为唯一的治疗剂。患者均给予 1800 mg 灵芝多糖，每日 3 次，饭前口服，疗程 12 周。研究发现患者在服用一段时间灵芝多糖后，血浆中肿瘤坏死因子-α 的浓度降低，而白细胞介素 -2、白细胞介素 -6 等浓度升高，自然杀伤细胞活性增强，表明灵芝在提高直肠癌患者免疫能力方面具有一定的作用。

　　2012 年，崔屹等[86]评估了薄芝糖肽注射液联合伽马刀治疗局部晚期肺癌的疗效。84 例晚期肺癌患者被分为联合组（伽马刀治疗联合薄芝糖肽注射液）和对照组（单纯伽马刀治疗），每组患者数 n 为 42。联合组在进行伽马刀治疗前 3 天每天静脉注射 6 mL 薄芝糖肽注射液。治疗 6 个月后复查 2 组患者肺部 CT 扫描，评估疗效，结果如表 3-11 所示。联合组患者疗效显著优于对照组，表明薄芝糖肽注射液可以增强伽马刀治疗局部晚期肺癌的疗效。

表 3-11　联合组与对照组治疗局部晚期肺癌疗效对比 [86]

组别	n	CR	PR	SD	PD	死亡
对照组	42	1	15	12	10	4
联合组	42	3	23	9	6	1

注：完全缓解（CR）为肿瘤完全消退4周以上，无新的病灶出现；部分缓解（PR）为肿瘤消退＞50%，4周以上无新的病灶出现；稳定（SD）为肿瘤消退＜50%或增大＜25%；病变进展（PD）为肿瘤增大＞25%或出现新的病灶。

　　根据急性放射反应分级标准记录患者住院治疗期间发生的不良反应，结果如表3-12 所示。治疗期间 2 组患者均出现了血液系统不良反应和呼吸道反应。联合组患者不良反应的发生率明显低于对照组（$p<0.05$），表明薄芝糖肽注射液能减轻伽马刀治疗的副作用。

表 3-12　联合组与对照组治疗局部晚期肺癌不良反应对比 [83]

组别	n	白细胞减少	胸腔积液增加	呼吸道反应
对照组	42	71.4%（30/42）	45.2%（19/42）	35.7%（15/42）
联合组	42	45.2%（19/42）①	23.8%（10/42）	21.4%（9/42）

①$p<0.05$，与对照组相比。

四、糖尿病的辅助治疗

在临床上，以灵芝多糖及多糖肽为主要成分的药物可以与常用的口服降糖药联合治疗糖尿病，降低患者血糖水平。

在 2002 年上海国际灵芝专题研讨会上 [87]，一项临床研究报告证明，灵芝胶囊（含灵芝子实体水提物 70%+ 灵芝孢子粉 20%+ 填充剂 10%）可显著增强口服降糖药对 2 型糖尿病患者的降血糖作用。对照组单用常规口服降糖药，灵芝组服用灵芝胶囊联合常规口服降糖药。2 组治疗后均可降低患者的空腹血糖水平，且灵芝组血糖水平与对照组相比也显著降低。这证实了灵芝子实体水提物（多为多糖）的降血糖作用。

糖尿病足是糖尿病合并症之一，主要表现为足部疼痛、麻木，皮温降低等，该病截肢率高、病程长、难治愈。2011 年，李圣海等 [88] 将 76 例糖尿病足患者分为薄芝糖肽组和对照组，各 38 例。对照组采用常规治疗方法，用胰岛素及其制剂控制血糖，用抗生素进行抗感染治疗。薄芝糖肽组则在给予对照组治疗方法的基础上，加用薄芝糖肽注射液，每次 4 mL（含多糖 10 mg、多肽 2 mg），2 日 1 次。根据治疗前后患者发凉怕冷、疼痛麻木、间接性跛行和溃疡坏疽 4 种临床症状的变化判断疗效，当创面愈合面积大于 40% 时认为有效。结果表明薄芝糖肽组的有效率为 94.74%，对照组的有效率为 42.11%，由此可见薄芝糖肽可显著提高糖尿病足治疗的有效率。

五、肝炎的辅助治疗

灵芝多糖及多糖肽具有明显的保肝作用，可用于肝炎的辅助治疗。2012 年，李广生等 [89] 将 60 例丙型肝炎住院患者分为薄芝糖肽组和对照组，各 30 例。薄芝糖肽组皮下注射重组人干扰素 -α2b 治疗，并隔日肌内注射 2 mL 薄芝糖肽注射液；对照组只皮下注射干扰素。评价标准为：丙型肝炎病毒含量降至正常，血清谷丙转氨酶（ALT）含量正常为显效；丙型肝炎病毒含量下降 3 个数量级，ALT 含量下降为有效；丙型肝炎病毒或 ALT 含量无变化或升高为无效。6 个月后的疗效如表 3-13 所示，薄芝糖肽组的总有效率为 81.7%，显著高于对照组。这表明薄芝糖肽联合干扰素治疗丙型肝炎具有协同作用。

表 3-13　薄芝糖肽组与对照组治疗丙型肝炎的疗效比较 [89]

组别	显效	有效	无效	总有效率
薄芝糖肽组	49.2%	32.5%	18.3%	81.7%
对照组	44.1%	28.3%	27.6%	72.4%

第六节　总结

虽然多糖及多糖肽具有多种药理活性，但目前临床上很少将其作为主要药物使用，而是将其作为辅助治疗的药物或保健品。这与灵芝多糖及多糖肽分离纯化和结构鉴定的困难性有关。通常用于动物试验的样品是粗多糖，用于临床的药物为灵芝的水提液或孢子粉等，因此不能明确是多糖及多糖肽发挥作用还是其他物质发挥的作用。

尽管国内外实验室对灵芝多糖及多糖肽的结构、生物活性及作用机制进行了广泛而深入的研究，但到目前为止还没有真正意义上的灵芝多糖及多糖肽药物被开发出来，因此今后应该集中在灵芝多糖及多糖肽的精制纯化和结构鉴定的研究上，特别是高级结构的确定。该研究将有助于我们更好地理解灵芝多糖及多糖肽发挥其生物活性的化学基础和作用机制。同时，应开展更多符合新药研发标准的临床研究，提供更有说服力的科学数据。

（周占荣　撰写，康洁　审校）

参考文献

[1] 张晓云，杨春清. 灵芝的化学成分和药理作用 [J]. 国外医药（植物药分册），2006（4）：152-155.

[2] 朱玲，史吉平，王晨光，等. 灵芝多糖的提取方法及其功能特性研究进展 [J]. 现代化工，2017，37（1）：55-59.

[3] 马欣宇，徐蓓蕾，宋辉，等. 灵芝化学成分及防治肿瘤的研究进展 [J]. 中国药学杂志，2023，58（16）：1437-1446.

[4] 王婷婷，陈特欣，肖建勇，等. 灵芝多糖化学结构及药理活性研究进展 [J]. 中国食用菌，2022，41（1）：7-16.

[5] 邢增涛，江汉湖，周昌艳，等. 不同灵芝中粗多糖含量的比较研究 [J]. 食用菌，2001，23（6）：4-5.

[6] 何云庆，李荣芷，吴家文，等. 灵芝抗衰老活性多糖 GLA 的化学研究 [J]. 北京医科大学学报，1992，（6）：485-487.

[7] 肖春，吴清平，张菊梅，等. 灵芝降血糖活性单峰多糖 F31 的分离纯化及其初步结构分析 [C]// 湖北省微生物学会，广东省微生物学会. 2012 年鄂粤微生物学学术年会——湖北省暨武汉微生物学会成立六十年庆祝大会论文集，2012：104.

[8] 王赛贞，丁侃，林树钱，等. 赤芝多糖肽 GL-PP-3A 的分离纯化和结构研究 [J]. 药学学报，2007（10）：1058-1061.

[9] 张志军，李淑芳，刘建华. 灵芝多糖提取——水浸提条件的研究 [J]. 天津农学院学报，2005,(1):12-15.

[10] Choong Y K, Ellan K, Chen X D, et al. Extraction and fractionation of polysaccharides from a selected mushroom species, *Ganoderma lucidum*: a critical review[J]. *IntechOpen*, 2019: 78047.

[11] 武爽，白明健，朱谋，等. 不同提取方式对灵芝多糖含量及生物活性的影响研究 [J]. 中国处方药，2022，20（4）：20-24.

[12] 张珏，张志才，王玉红，等 . 灵芝菌丝体碱提水溶性多糖工艺条件及对羟自由基的清除作用 [J]. 食品与生物技术报，2005，24（3）：98-100.

[13] Chen Y X, Ou J, Yang S, et al. Structural characterization and biological activities of a novel polysaccharide containing *N*-acetylglucosamine from *Ganoderma sinense*[J]. *Int J Biol Macromol*, 2020, 158:1204-1215.

[14] Pan D, Wang L, Hu B, et al. Structural characterization and bioactivity evaluation of an acidic proteoglycan extract from *Ganoderma lucidum* fruiting bodies for PTP1B inhibition and anti-diabetes[J]. *Biopolymers,*2014,101(6):613-623.

[15] Pan D, Wang L, Chen C H, et al. Isolation and characterization of a hyperbranched proteoglycan from *Ganoderma lucidum* for anti-diabetes[J].*Carbohydr Polym*, 2015,117:106-114.

[16] 闫晓慧,姜思亮,刘雪晴,等 . 灵芝多糖的构效关系、提取工艺及药理作用研究进展 [J]. 中医药学报，2024，52（4）：117-122.

[17] Ma C, Feng M Y, Zhai X F, et al. Optimization for the extraction of polysaccharides from *Ganoderma lucidum* and their antioxidant and antiproliferative activities[J].*J Taiwan Inst Chem Eng*, 2013, 44(6):886-894.

[18] 陈业高，海丽娜，毕先钧 . 微波辐射在天然药用活性成分提取分离中的应用 [J]. 微波学报，2003，19（2）：85-89.

[19] 胡灵，何晋浙，林炳谊，等 . 灵芝多糖微波辅助提取工艺及其模型的研究 [J]. 浙江工业大学学报，2011，39（2）：140-145.

[20] Kong M, Yao Y, Zhang H. Antitumor activity of enzymatically hydrolyzed *Ganoderma lucidum* polysaccharide on U14 cervical carcinoma-bearing mice[J]. *Int J Immunopathol Pharmacol*, 2019,33:1-8.

[21] 吕兴萍，杨薇红，马春娇 . 纤维素酶提取灵芝多糖的单因素研究 [J]. 科技信息，2013，（3）：295+308.

[22] Huang S Q, Ning Z X.Extraction of polysaccharide from *Ganoderma lucidum* and its immune enhancement activity[J]. *Int J Biol Macromol*,2010,47(3):336-341.

[23] 范媛媛，左绍远 . 植物多糖的分离纯化及抗肿瘤作用研究进展 [J]. 安徽农业科学，2019，47：23-25.

[24] 李平作，章克昌 . 灵芝胞外多糖的分离纯化及生物活性 [J]. 微生物学报，2000，(2)：105-108.

[25] 肖瑞希，陈华国，周欣 . 植物多糖分离纯化工艺研究进展 [J]. 中国中医药信息杂志，2018，25（5）：136-140.

[26] 付学鹏，杨晓杰 . 植物多糖脱色技术的研究 [J]. 食品研究与开发，2007，（11）：166-169.

[27] 孙颉,何慧,谢笔钧 . 活性炭脱色对灵芝水提液活性成分的影响 [J]. 化学工业与工程技术,2001,（1）：5-8.

[28] 郑丹婷，蔡思敏，苑子涵，等 . 灵芝多糖的提取、分离及分析方法的研究进展 [J]. 机电信息，2016，（11）：33-38+59.

[29] 王赛贞，丁侃，林树钱，等 . 赤芝多糖肽 GL-PP-3A 的分离纯化和结构研究 [J]. 药学学报，2007，（10）：1058-1061.

[30] Liu Y F, Wang Y T, Zhou S, et al. Structure and chain conformation of bioactive *β*-D-glucan purified from water extracts of *Ganoderma lucidum* unbroken spores[J]. *Int J Biol Macromol*,2021,180:484-493.

[31] Ma C W，Feng M Y, Zhai X F,et al. Optimization for the extraction of polysaccharides from *Ganoderma*

lucidum and their antioxidant and antiproliferative activities[J].*J Taiwan Inst Chem Eng*, 2013, 44(6):886-894.

[32] Cai M,Xing H Y, Tian B M , et al.Characteristics and antifatigue activity of graded polysaccharides from *Ganoderma lucidum* separated by cascade membrane technology[J]. *Carbohydr Polym*,2021,269:118329.

[33] Wang Q J,Fang Y Z. Analysis of sugars in traditional Chinese drugs[J]. *J Chromatogr B*, 2004, 812(1/2): 309-324.

[34] Dong Q, Wang Y, Shi L, et al. A novel water-soluble β-D-glucan isolated from the spores of *Ganoderma lucidum*[J]. *Carbohydr Res*, 2012, 353: 100-105.

[35] Huang S Q, Li J W, Li Y Q, et al.Purification and structural characterization of a new water-soluble neutral polysaccharide GLP-F1-1 from *Ganoderma lucidum*[J].*Int J Biol Macromol*, 2011, 48: 165-169.

[36] 林冬梅，罗虹建，王赛贞，等.灵芝多糖肽 GL-PPSQ2 结构研究及其应用 [J]. 中草药，2019，50（2）：336-343.

[37] 张汇，聂少平，艾连中，等.灵芝多糖的结构及其表征方法研究进展 [J]. 中国食品学报，2020,20（1）：290-301.

[38] 林树钱，王赛贞，王联福，等.灵芝多糖的化学研究进展 [J]. 菌物研究，2024，22（1）：9-21.

[39] Ren Y, Bai Y, Zhang Z,et al. The preparation and structure analysis methods of natural polysaccharides of plants and fungi: a review of recent development[J]. *Molecules*, 2019, 24(17): 3122.

[40] 江艳，王浩，吕龙，等.灵芝孢子粉多糖 Lzps-1 的化学研究及其总多糖的抗肿瘤活性 [J]. 药学学报，2005，（4）：347-350.

[41] 王镜岩. 生物化学 [M]. 3 版 . 北京：高等教育出版社，2002：56-72.

[42] 何云庆，李荣芷，陈琪，等.灵芝扶正固本有效成分灵芝多糖的化学研究 [J]. 北京医科大学学报，1989，（3）：225-227.

[43] Wang J G, Zhang L N.Structure and chain conformation of five water-soluble derivatives of a β-D-glucan isolated from *Ganoderma lucidum*[J]. *Carbohydr Res*, 2009, 344: 105-112.

[44] Amaral A E, Carbonero E R, Rita de Cássia G S,et al.An unusual water-soluble β-glucan from the basidiocarp of the fungus *Ganoderma resinaceum*[J].*Carbohydr Polym*, 2008, 72 (3):473-478.

[45] Peng Y F, Zhang L N, Zeng F B, et al.Structure and antitumor activity of extracellular polysaccharides from mycelium[J].*Carbohydr Polym*, 2003, 54(3):297-303.

[46] Pan D, Wang L Q, Chen C H , et al. Structure characterization of a novel neutral polysaccharide isolated from *Ganoderma lucidum* fruiting bodies[J]. *Food Chem*, 2012,135(3):1097-1103.

[47] Hikino H, Konno C, Mirin Y, et al. Isolation and hypoglycemic activity of ganoderans A and B, glycans of *Ganoderma lucidum* fruit bodies[J]. *Planta Med*, 1985, 51(4): 339-340.

[48] Li N S,Yang C Y , Hua D H,et al. Isolation, purification, and structural characterization of a novel polysaccharide from *Ganoderma capense*[J]. *Int J Biol Macromol*, 2013, 57: 285-290.

[49] 梁忠岩，张翼伸，苗春艳.松杉灵芝发酵菌丝体中水溶多糖的分离纯化与结构的比较研究 [J]. 真菌学报，1994，13（3）：211-214.

[50] Wang J G, Ma Z C, Zhang L N, et al. Structure and chain conformation of water-soluble heteropolysaccharides from *Ganoderma lucidum*[J]. *Carbohydr Polym*, 2011, 86: 844-851.

[51] Chen Q, Li R Z, He Y Q, et al.Studies on anti-aging polysaccharides GLB GLC of *Ganoderma*

lucidum[J]. *Beijing Yike Daxue Xuebao*, 1993, 25(4): 303-305.

[52]　Liu Y F , Zhang J S ,Tang Q J ,et al. Physicochemical characterization of a high molecular weight bioactive *β*-D-glucan from the fruiting bodies of *Ganoderma lucidum*[J]. *Carbohydr Polym*, 2014, 101: 968-974.

[53]　Liu W, Wang H, Pang X, et al. Characterization and antioxidant activity of two low-molecular-weight polysaccharides purified from the fruiting bodies of *Ganoderma lucidum*[J]. *Int J Biol Macromol*, 2010, 46(4): 451-457.

[54]　Kan Y, Chen T, Wu Y, et al. Antioxidant activity of polysaccharide extracted from *Ganoderma lucidum* using response surface methodology[J].*Int J Biol Macromol*, 2015, 72:151-157.

[55]　Wang Y T, Liu Y F, Yu H Z, et al.Structural characterization and immuno-enhancing activity of a highly branched water-soluble *β*-glucan from the spores of *Ganoderma lucidum*[J]. *Carbohydr Polym*, 2017, 167:337-344.

[56]　Ai-Lati A, Liu S, Ji Z, et al. Structure and bioactivities of a polysaccharide isolated from *Ganoderma lucidum* in submerged fermentation[J]. *Bioengineered*, 2017, 8(5):565-571.

[57]　Guo L, Xie J, Ruan Y, et al. Characterization and immunostimulatory activity of a polysaccharide from the spores of *Ganoderma lucidum*[J]. *Int Immunopharmacol*, 2009, 9(10):1175-1182.

[58]　Peng Y F, Zhang L N, Zeng F B, et al.Structure and antitumor activities of the water-soluble polysaccharides from *Ganoderma tsugae* mycelium[J].*Carbohydr Polym*, 2005, 59(3):385-392.

[59]　Kao P F, Wang S H, Hung W T,et al.Structural characterization and antioxidative activity of low-molecular-weights beta-1,3-glucan from the residue of extracted *Ganoderma lucidum* fruiting bodies[J].*J Biomed Biotechnol*, 2012, 2012:1-8.

[60]　Ye L B , Li J R, Zhang J S , et al.NMR characterization for polysaccharide moiety of a glycopeptide[J]. *Fitoterapia*, 2010, 81(2):93-96.

[61]　Ye L B, Zhang J S, Yang Y, et al.Structural characterisation of a heteropolysaccharide by NMR spectra[J].*Food Chem*, 2009, 112(4):962-966.

[62]　Ye L B, Zhang J S, Zhou K, et al. Purification, NMR study and immunostimulating property of a fucogalactan from the fruiting bodies of *Ganoderma lucidum*[J].*Planta Med*, 2008, 74(14):1730-1734.

[63]　Dong Z, Dong G, Lai F R, et al.Purification and comparative study of bioactivities of a natural selenized polysaccharide from *Ganoderma lucidum* mycelia[J].*Int J Biol Macromol*, 2021, 190:101-112.

[64]　Bao X F, Wang X S, Dong Q, et al.Structural features of immunologically active polysaccharides from *Ganoderma lucidum*[J]. *Phytochemistry*, 2002, 59(2):175-181.

[65]　Wang C L, Pi C C, Kuo C W, et al.Polysaccharides purified from the submerged culture of *Ganoderma formosanum* stimulate macrophage activation and protect mice against *Listeria monocytogenes* infection[J].*Biotechnol Lett*, 2011, 33:2271-2278.

[66]　Zhang H, Li W J, Nie S P, et al.Structural characterisation of a novel bioactive polysaccharide from *Ganoderma atrum*[J].*Carbohydr Polym*, 2012, 88 (3):1047-1054.

[67]　Liu G, Zhang J, Kan Q X, et al. Extraction, structural characterization, and immunomodulatory activity of a high molecular weight polysaccharide from *Ganoderma lucidum*[J]. *Front Nutr*, 2022, 9:1-12.

[68]　Fu Y, Shi L, Ding K. Structure elucidation and anti-tumor activity in vivo of a polysaccharide from

spores of *Ganoderma lucidum* (Fr.) Karst.[J]. *Int J Biol Macromol*, 2019, 141:693-699.

[69] Ji Z, Tang Q, Zhang J, et al. Immunomodulation of RAW264.7 macrophages by GLIS, a proteopolysaccharide from *Ganoderma lucidum*[J]. *J Ethnopharmacol*, 2007, 112(3):445-450.

[70] Ye L B, Zhang J S, Ye X J, et al. Structural elucidation of the polysaccharide moiety of a glycopeptide (GLPCW-Ⅱ) from *Ganoderma lucidum* fruiting bodies[J].*Carbohydr Res*, 2008, 343(4):746-752.

[71] 刘宇琪，郝利民，鲁吉珂，等 . 灵芝子实体和孢子粉纯化多糖体外抗氧化活性研究 [J]. 食品工业科技，2019，40（16）：27-31.

[72] 黎铁立，何云庆，李荣芷 . 泰山赤灵芝肽多糖的化学研究 [J]. 中国中药杂志，1997，（8）：40-42.

[73] Cui S W. Food carbohydrates: chemistry, physical properties and applications [M]. Florida, USA: CRC Press, 2005: 103-158.

[74] Zhang G, Yin Q, Han T, et al. Purification and antioxidant effect of novel fungal polysaccharides from the stroma of *Cordyceps kyushuensis*[J].*Ind Crops Prod*, 2015, 69: 485-491.

[75] 于永辉，籍国霞，臧恒昌 . 中药中氨基酸分析测定技术研究进展 [J]. 食品与药品，2014，16（5）：371-373.

[76] 唐嘉诚 . 天然糖蛋白研究进展 [J]. 食品与发酵工业，2022，48（14）：345-353.

[77] Liu W，Wang H，Yu J，et al. Structure，chain conformation and immunomodulatory activity of the polysaccharide purified from Bacillus Calmette Guerin formulation[J]. *Carbohydr Polym*, 2016, 150:149-158.

[78] 何晋浙，邵平，倪慧东，等 . 灵芝多糖结构及其组成研究 [J]. 光谱学与光谱分析，2010，30：123-127.

[79] Zhang J, Liu Y, Tang Q, et al.Polysaccharide of *Ganoderma* and its bioactivities[J]. *Adv Exp Med Biol*, 2019, 1181:107-134.

[80] Bai J H, Xu J, Zhao J, et al. *Ganoderma lucidum* polysaccharide enzymatic hydrolysate suppresses the growth of human colon cancer cells via inducing apoptosis[J].*Cell Transplant*, 2020, 29:1-9.

[81] 陈冬冬，屠文震，杨芸 . 薄芝糖肽针治疗系统性硬皮病的疗效分析及其对免疫功能的影响 [J]. 中国中西医结合皮肤性病学杂志，2010，9（6）：355-357.

[82] 韦光伟，左卫堂，石英 . 薄芝糖肽联合更昔洛韦治疗带状疱疹临床疗效观察 [J]. 中国医药科学，2011，1（15）：116.

[83] 廖红群，邱伟，王华彬 . 薄芝糖肽治疗儿童反复呼吸道感染的临床观察 [J]. 当代医学，2008，（148）：143.

[84] 焉本魁，魏延菊，李育强 . 老君仙灵芝口服液配合化疗治疗中晚期非小细胞性肺癌临床观察 [J]. 中药新药与临床药理，1998，9（2）：78-80.

[85] Chen X, Hu Z P, Yang X X, et al.Monitoring of immune responses to a herbal immuno-modulator in patients with advanced colorectal cancer[J]. *Int Immunopharmacol*, 2006, 6(3): 499-508.

[86] 崔屹，张明巍，吴蕾，等 . 伽马刀联合薄芝糖肽注射液治疗局部晚期肺癌疗效观察 [J]. 武警后勤学院学报（医学版），2012，21（9）：682-684.

[87] 林志彬 . 灵芝从神奇到科学 [M]. 4 版 . 北京：北京医科大学出版社，2024：76.

[88] 李圣海，吴红霞 . 薄芝糖肽注射液治疗糖尿病足临床疗效分析 [J]. 海南医学院学报，2011（10）：1333-1334.

[89] 李广生，赵智宏 . 干扰素联合薄芝糖肽治疗慢性丙型肝炎疗效观察 [J]. 求医问药，2012,10（6）：499.

第四章

灵芝杂萜化学成分及其生物活性

　　灵芝杂萜（Ganoderma meroterpenoids，GM）是灵芝中一类具有混合生源的天然小分子化合物，由来源于莽草酸途径的 1,2,4- 三取代苯环和来源于甲戊二羟酸途径的萜类片段侧链构成，萜类侧链多经过氧化、环化、重排、偶合等反应来丰富杂萜衍生物的结构多样性。灵芝杂萜分布广泛，已在 20 余种灵芝属真菌中被分离鉴定出来，如背柄灵芝（G. cochlear）、赤芝（G. lucidum）、茶病灵芝（G. theaecolum）、紫芝（G. sinense）、树舌灵芝（G. applanatum）、南方灵芝（G. australe）、薄盖灵芝（G. capense）等。尽管灵芝杂萜在灵芝中含量较低，但由于结构类型多样，且多以消旋体的形式存在，以分离获得的手性单体化合物个数计数，灵芝杂萜数量已一度超过灵芝三萜数量 [1,2]。

　　天然灵芝杂萜多是通过对不同种灵芝子实体进行 95% 乙醇回流提取，再利用多种色谱分离手段 [如正相硅胶柱、反相十八烷基硅烷（ODS）柱、葡萄糖凝胶柱、半制备 HPLC] 分离纯化获得。常用的结构鉴定方法包括紫外光谱、红外光谱、质谱、核磁共振波谱、旋光光谱、圆二色谱、单晶 X 射线衍射光谱。

　　灵芝杂萜由于其结构的新颖性及独特性，引起了合成化学家的关注，陆续有天然灵芝杂萜被化学合成 [3]，为该类化合物的药理活性评价奠定了基础。灵芝杂萜体内外药理活性研究表明，其具有丰富的生物活性，包括抗炎、抗肿瘤、抗氧化、肾保护、神经保护、抗糖尿病及其并发症、抗胆碱酯酶、改善胰岛素抵抗、抑制脂质积聚等。值得一提的是，灵芝杂萜 [如 ganomycin I（**175**）衍生物 **7d**] 在防治和治疗脂质代谢综合征方面展示出巨大潜力 [1]。

第一节　　灵芝杂萜类化合物的结构

　　灵芝杂萜的基本骨架由两个部分组成，分别是聚酮部分（1,2,4- 三取代苯环）和萜类部分 [由两个或三个异戊烯基（C_{10} 或 C_{15}）单元组成的多不饱和侧链]。通常情况下，根据其结构特点可将灵芝杂萜分为六大类，分别为：

① 两个异戊烯基单元（C_{10}）为侧链的灵芝杂萜衍生物；

② 三个异戊烯基单元（C_{15}）为侧链的灵芝杂萜衍生物；

③ 杂萜二聚体；

④ 杂萜-对香豆酸 / 咖啡酸聚合物；

⑤ 杂萜-三萜聚合物；

⑥ 杂萜-生物碱聚合物。

　　本节以各自结构特点为基础，重点对前五大类灵芝杂萜进行详细介绍（杂萜 - 生物碱聚合物详见第六章第一节，此处不作赘述）。

一、以两个异戊烯基单元（C₁₀）为侧链的灵芝杂萜衍生物

1. 线性 C₁₀ 侧链灵芝杂萜衍生物

geranylhydroquinone 1（**1**）是灵芝杂萜中以 C_{10} 单元为侧链的最初产物，也可以作为前体，通过简单的烯丙基氧化或还原、双键迁移、末端甲基氧化等得到一系列不同线性侧链的灵芝杂萜，见表 4-1、图 4-1。其 1′ 位一般被氧化成羰基，3′ 位常被羧基取代或在一定条件下成酯。lucidumin A（**15**）侧链较特殊，与 cochlearin H（**6**）相比，C-10′ 的羧基在脱羧酶的作用下发生脱羧反应，得到降碳产物。

表 4-1　线性 C₁₀ 侧链灵芝杂萜衍生物的名称、化学式、来源及参考文献

编号	名称	化学式	来源	参考文献
1	geranylhydroquinone 1	$C_{16}H_{22}O_2$	*G. cochlear*	[4]
2	ganodercin C	$C_{16}H_{18}O_5$	*G. cochlear*	
3	ganodercin D	$C_{17}H_{20}O_5$	*G. cochlear*	[5]
4	fornicin D	$C_{16}H_{18}O_5$	*G. cochlear*	
5	zizhine U	$C_{16}H_{18}O_6$	*G. sinensis*	[6]
6	cochlearin H	$C_{16}H_{18}O_5$	*G. cochlear*	[7]
7a	(+)-lucidumone J	$C_{16}H_{18}O_7$	*G. lucidum*	[8]
7b	(−)-lucidumone J	$C_{16}H_{18}O_7$	*G. lucidum*	
8a	(3′*R*)-(+)-chizhine D	$C_{16}H_{20}O_5$	*G. lucidum, G. cochlear*	[4]
8b	(3′*S*)-(−)-chizhine D	$C_{16}H_{20}O_5$	*G. lucidum, G. cochlear*	
9a	(3′*R*)-(+)-applanatumol S	$C_{16}H_{20}O_6$	*G. theaecolum, G. applanatum*	[9]
9b	(3′*S*)-(−)-applanatumol S	$C_{16}H_{20}O_6$	*G. theaecolum, G. applanatum*	
10	applanatumol T	$C_{16}H_{18}O_7$	*G. applanatum*	
11a	(3′*S*)-(+)-cochlearin G	$C_{17}H_{22}O_5$	*G. cochlear*	[7]
11b	(3′*R*)-(−)-cochlearin G	$C_{17}H_{22}O_5$	*G. cochlear*	
12a	(3′*S*)-(+)-cochlearol J	$C_{18}H_{24}O_5$	*G. cochlear*	
12b	(3′*R*)-(−)-cochlearol J	$C_{18}H_{24}O_5$	*G. cochlear*	[4]
13a	(3′*S*)-(+)-cochlearol K	$C_{17}H_{22}O_6$	*G. cochlear*	
13b	(3′*R*)-(−)-cochlearol K	$C_{16}H_{22}O_6$	*G. cochlear*	
14a	(3′*S*)-(+)-lucidumone K	$C_{16}H_{20}O_7$	*G. lucidum*	[8]
14b	(3′*R*)-(−)-lucidumone K	$C_{16}H_{20}O_7$	*G. lucidum*	
15	lucidumin A	$C_{15}H_{16}O_4$	*G. lucidum*	[10]

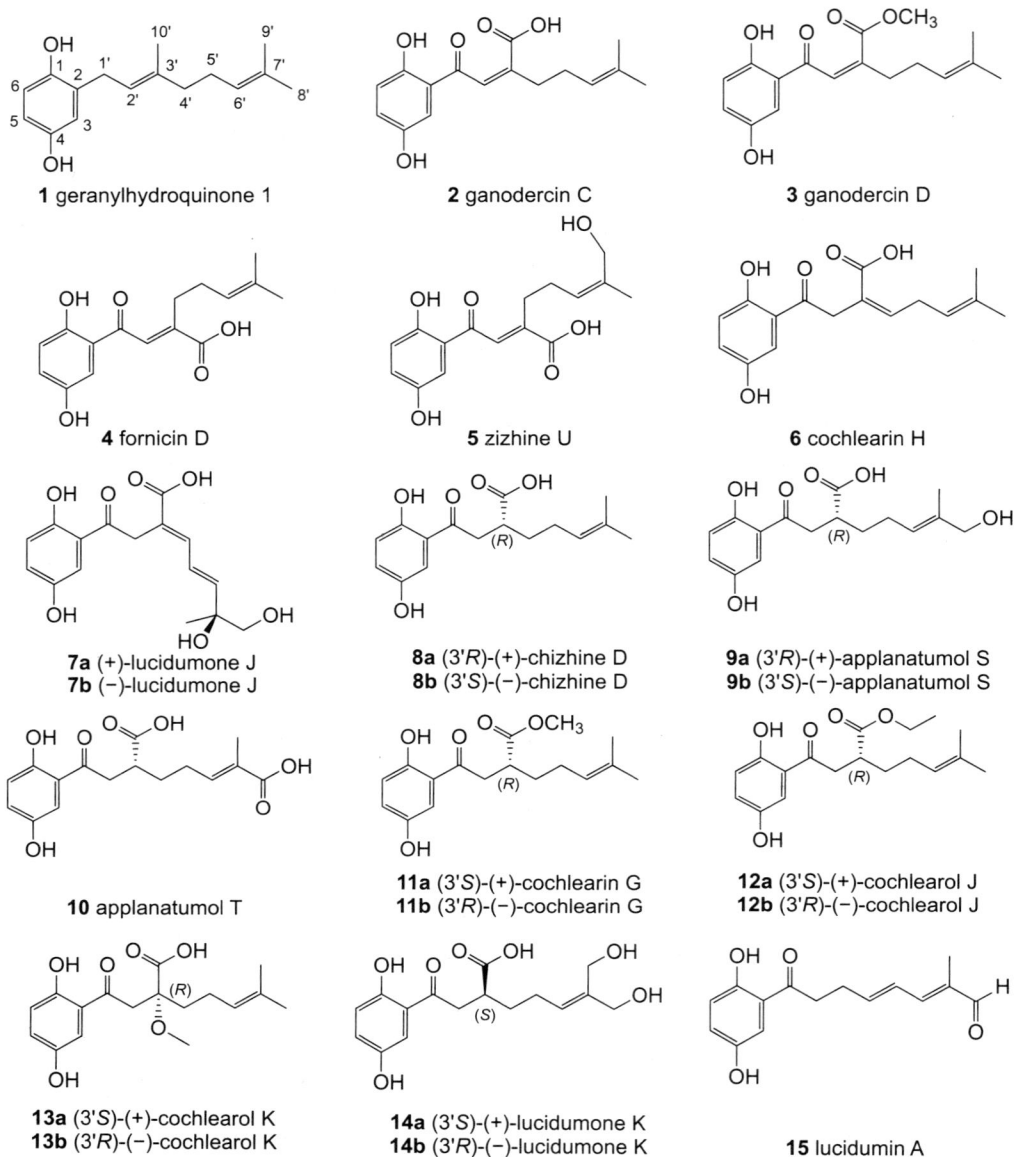

1 geranylhydroquinone 1　　**2** ganodercin C　　**3** ganodercin D

4 fornicin D　　**5** zizhine U　　**6** cochlearin H

7a (+)-lucidumone J
7b (−)-lucidumone J

8a (3′R)-(+)-chizhine D
8b (3′S)-(−)-chizhine D

9a (3′R)-(+)-applanatumol S
9b (3′S)-(−)-applanatumol S

10 applanatumol T

11a (3′S)-(+)-cochlearin G
11b (3′R)-(−)-cochlearin G

12a (3′S)-(+)-cochlearol J
12b (3′R)-(−)-cochlearol J

13a (3′S)-(+)-cochlearol K
13b (3′R)-(−)-cochlearol K

14a (3′S)-(+)-lucidumone K
14b (3′R)-(−)-lucidumone K

15 lucidumin A

图4-1　线性C_{10}侧链灵芝杂萜衍生物化学结构

2. 单环 C_{10} 侧链灵芝杂萜衍生物

根据环合方式不同，我们将以单环形式存在的C_{10}侧链灵芝杂萜衍生物（表4-2、图 4-2），分成八大类：

① 含有 1′,10′-γ- 内酯环单元的灵芝杂萜（**16**～**24**），该类产物多在 C-7′、C-8′ 和 C-9′ 发生不同程度的氧化以产生醇、醛和羧基；

② 含有 5′,10′-γ- 内酯环单元的灵芝杂萜（**25**～**27**）；

③ 含有 6′,10′-δ- 内酯环单元的灵芝杂萜（**28**）；

④ 含有 1,2′- 呋喃环单元的灵芝杂萜（**29～31**），该类产物由对羟基苯 1 位羟基与侧链 2′ 位环化形成，3′ 位多发生还原反应或末端甲基氧化成为羟基或醛基；

⑤ 含有 3′,6′- 呋喃环单元的灵芝杂萜（**32～34**）；

⑥ 含有苯并二氢吡喃或苯并四氢吡喃单元的灵芝杂萜（**35、36**）；

⑦ 含有 4′,8′- 吡喃环单元的灵芝杂萜（**37、38**）；

⑧ 其他，如含有环己烯、苯环、环戊烷环单元的灵芝杂萜（**39～63**）。

表 4-2　单环 C$_{10}$ 侧链灵芝杂萜衍生物的名称、化学式、来源及参考文献

编号	名称	化学式	来源	参考文献
16a	(1′*R*)-(+)-fornicin A	C$_{16}$H$_{18}$O$_4$	*G. fornicatum, G. sinensis, G. orbiforme, G. cochlear*	[11]
16b	(1′*S*)-(−)-fornicin A	C$_{16}$H$_{18}$O$_4$	*G. fornicatum, G. sinensis, G. orbiforme, G. cochlear*	
17a	(1′*S*)-(+)-oregonensin A	C$_{16}$H$_{16}$O$_6$	*G. oregonense*	
17b	(1′*R*)-(−)-oregonensin A	C$_{16}$H$_{16}$O$_6$	*G. oregonense*	
18a	(1′*S*)-(+)-oregonensin B	C$_{17}$H$_{18}$O$_6$	*G. oregonense*	
18b	(1′*R*)-(−)-oregonensin B	C$_{17}$H$_{18}$O$_6$	*G. oregonense*	
19a	(1′*R*)-(+)-ganocapenoid D	C$_{16}$H$_{18}$O$_5$	*G. capense, G. oregonense*	[12]
19b	(1′*S*)-(−)-ganocapenoid D	C$_{16}$H$_{18}$O$_5$	*G. capense, G. oregonense*	
20a	(1′*R*)-(+)-chizhine E	C$_{16}$H$_{16}$O$_5$	*G. lucidum, G. oregonense, G. theaecolum*	
20b	(1′*S*)-(−)-chizhine E	C$_{16}$H$_{16}$O$_5$	*G. lucidum, G. oregonense, G. theaecolum*	
21a	(1′*R*)-(+)-applanatumol U	C$_{16}$H$_{18}$O$_5$	*G. applanatum, G. oregonense, G. theaecolum*	
21b	(1′*S*)-(−)-applanatumol U	C$_{16}$H$_{18}$O$_5$	*G. applanatum, G. oregonense, G. theaecolum*	
22a	(1′*R*)-(+)-gancochlearol F	C$_{16}$H$_{20}$O$_5$	*G. cochlear*	[13]
22b	(1′*S*)-(−)-gancochlearol F	C$_{16}$H$_{20}$O$_5$	*G. cochlear*	
23a	(1′*R*)-(+)-cochlearol L	C$_{17}$H$_{20}$O$_6$	*G. cochlear*	[4]
23b	(1′*S*)-(−)-cochlearol L	C$_{17}$H$_{20}$O$_6$	*G. cochlear*	
24a	(1′*R*)-(+)-lucidulactone B	C$_{17}$H$_{18}$O$_6$	*G. applanatum, G. lucidum*	[14]
24b	(1′*S*)-(−)-lucidulactone B	C$_{17}$H$_{18}$O$_6$	*G. applanatum, G. lucidum*	
25a	(3′*S*,5′*S*)-(+)-chizhine A	C$_{16}$H$_{18}$O$_5$	*G. lucidum*	[15]
25b	(3′*R*,5′*R*)-(−)-chizhine A	C$_{16}$H$_{18}$O$_5$	*G. lucidum*	
26a	(3′*R*,5′*S*)-(+)-chizhine B	C$_{16}$H$_{18}$O$_5$	*G. lucidum, G. sinensis*	
26b	(3′*S*,5′*R*)-(−)-chizhine B	C$_{16}$H$_{18}$O$_5$	*G. lucidum, G. sinensis*	
27	ganadone D	C$_{15}$H$_{16}$O$_6$	*G. cochlear*	[16]
28a	(3′*R*,6′*R*)-(+)-chizhine C	C$_{16}$H$_{18}$O$_6$	*G. lucidum*	[15]
28b	(3′*S*,6′*S*)-(−)-chizhine C	C$_{16}$H$_{18}$O$_6$	*G. lucidum*	
29	cochlearin F	C$_{15}$H$_{12}$O$_4$	*G. cochlear*	[7]
30a	(3′*R*)-(+)-ganodercin W	C$_{17}$H$_{20}$O$_5$	*G. cochlear*	[17]
30b	(3′*S*)-(−)-ganodercin W	C$_{17}$H$_{20}$O$_5$	*G. cochlear*	
31	ganocapenoid C	C$_{16}$H$_{20}$O$_5$	*G. capense*	[18]

编号	名称	化学式	来源	参考文献
32a	(3′S,6′S)-(+)-applanatumol P	$C_{17}H_{20}O_7$	*G. applanatum*	
32b	(3′R,6′R)-(−)-applanatumol P	$C_{17}H_{20}O_7$	*G. applanatum*	
33a	(3′R,6′R)-(+)-applanatumol Q	$C_{17}H_{22}O_7$	*G. applanatum*	
33b	(3′S,6′S)-(−)-applanatumol Q	$C_{17}H_{22}O_7$	*G. applanatum*	[9]
34a	(3′R,6′R)-(+)-applanatumol R	$C_{16}H_{20}O_7$	*G. applanatum*	
34b	(3′S,6′S)-(−)-applanatumol R	$C_{16}H_{20}O_7$	*G. applanatum*	
35	applanatumol Z1	$C_{13}H_{12}O_5$	*G. applanatum*	
36a	(3′S)-(+)-ganodercin T	$C_{16}H_{18}O_5$	*G. cochlear*	[17]
36b	(3′R)-(−)-ganodercin T	$C_{16}H_{18}O_5$	*G. cochlear*	
37a	(3′R,4′R)-(+)-lingzhine E	$C_{16}H_{18}O_6$	*G. lucidum, G. lingzhi, G. australe*	
37b	(3′S,4′S)-(−)-lingzhine E	$C_{16}H_{18}O_6$	*G. lucidum, G. lingzhi, G. australe*	[19]
38a	(3′S,4′R)-(+)-lingzhine F	$C_{16}H_{18}O_6$	*G. lucidum, G. lingzhi, G. australe*	
38b	(3′R,4′S)-(−)-lingzhine F	$C_{16}H_{18}O_6$	*G. lucidum, G. lingzhi, G. australe*	
39	chizhiol A	$C_{16}H_{18}O_6$	*G. lucidum*	[20]
40a	(3′R,4′R)-(+)-ganotheaecoloid L	$C_{16}H_{18}O_6$	*G. theaecolum*	
40b	(3′S,4′S)-(−)-ganotheaecoloid L	$C_{16}H_{18}O_6$	*G. theaecolum*	
41a	(3′R,4′R)-(+)-applanatumol N	$C_{16}H_{18}O_7$	*G. theaecolum, G. applanatum, G.australe*	[21]
41b	(3′S,4′S)-(−)-applanatumol N	$C_{16}H_{18}O_7$	*G. theaecolum, G. applanatum, G.australe*	
42a	(3′R)-(+)-applanatumol O	$C_{16}H_{16}O_6$	*G. applanatum*	[9]
42b	(3′S)-(−)-applanatumol O	$C_{16}H_{16}O_6$	*G. applanatum*	
43	ganotheaecoloid M	$C_{16}H_{20}O_7$	*G. theaecolum*	
44	ganotheaecoloid N	$C_{17}H_{20}O_6$	*G. theaecolum*	[21]
45	petchiene A	$C_{16}H_{18}O_6$	*G. theaecolum, G. resinaceum, G. petchii, G.capense*	
46a	(3′R,4′R,6′R)-(+)-applanatumol K	$C_{16}H_{18}O_7$	*G. applanatum*	
46b	(3′S,4′S,6′S)-(−)-applanatumol K	$C_{16}H_{18}O_7$	*G. applanatum*	[9]
47a	(3′S,4′S,6′S)-(+)-applanatumol L	$C_{17}H_{20}O_7$	*G. applanatum*	
47b	(3′R,4′R,6′R)-(−)-applanatumol L	$C_{17}H_{20}O_7$	*G. applanatum*	
48	petchiene B	$C_{15}H_{16}O_4$	*G. petchii*	[22]
49	lucidumin C	$C_{15}H_{16}O_3$	*G. lucidum*	[10]
50	petchiene C	$C_{15}H_{16}O_3$	*G. petchii*	[22]
51	lucidumin D	$C_{15}H_{16}O_3$	*G. lucidum*	[10]
52	baoslingzhine B	$C_{17}H_{20}O_4$	*G. lucidum*	
53a	(6′R)-(+)-baoslingzhine C	$C_{17}H_{20}O_4$	*G. lucidum*	
53b	(6′S)-(−)-baoslingzhine C	$C_{17}H_{20}O_4$	*G. lucidum*	[23]
54a	(6′S)-(+)-baoslingzhine D	$C_{17}H_{20}O_4$	*G. lucidum*	
54b	(6R′)-(−)-baoslingzhine D	$C_{17}H_{20}O_4$	*G. lucidum*	

编号	名称	化学式	来源	参考文献
55a	(3′R)-(+)-australin A	$C_{15}H_{16}O_4$	*G. australe*	
55b	(3′S)-(−)-australin A	$C_{15}H_{16}O_4$	*G. australe*	
56	australin B	$C_{15}H_{14}O_3$	*G. australe*	[24]
57	lingzhine C	$C_{15}H_{12}O_4$	*G. lingzhi*, *G. australe*, *G. lucidum*, *G. resinaceum*	
58	petchiene E	$C_{15}H_{12}O_5$	*G. petchii*	[22]
59	lucidumin B	$C_{17}H_{18}O_5$	*G. lucidum*	[10]
60a	(2′R,3′R,6′S)-(+)-applanatumol V	$C_{16}H_{16}O_6$	*G. applanatum*	
60b	(2′S,3′S,6′R)-(−)-applanatumol V	$C_{16}H_{16}O_6$	*G. applanatum*	
61a	(2′R,3′R,6′S)-(+)-applanatumol W	$C_{17}H_{18}O_6$	*G. applanatum*	[9]
61b	(2′S,3′S,6′R)-(−)-applanatumol W	$C_{17}H_{18}O_6$	*G. applanatum*	
62a	(2′S,3′S,6′S)-(+)-applanatumol Z	$C_{14}H_{16}O_6$	*G. applanatum*	
62b	(2′R,3′R,6′R)-(−)-applanatumol Z	$C_{14}H_{16}O_6$	*G. applanatum*	
63a	(2′S)-(+)-lingzhine B	$C_{15}H_{14}O_4$	*G. lingzhi*	[25]
63b	(2′R)-(−)-lingzhine B	$C_{15}H_{14}O_4$	*G. lingzhi*	

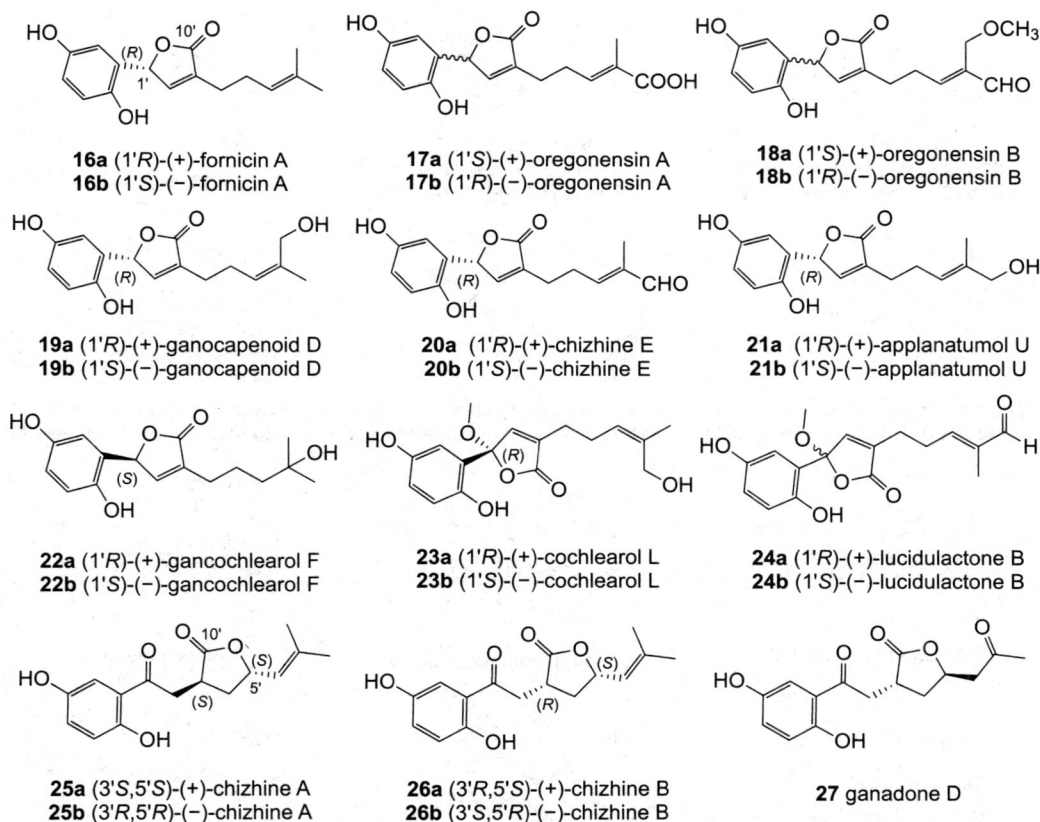

16a (1′R)-(+)-fornicin A
16b (1′S)-(−)-fornicin A

17a (1′S)-(+)-oregonensin A
17b (1′R)-(−)-oregonensin A

18a (1′S)-(+)-oregonensin B
18b (1′R)-(−)-oregonensin B

19a (1′R)-(+)-ganocapenoid D
19b (1′S)-(−)-ganocapenoid D

20a (1′R)-(+)-chizhine E
20b (1′S)-(−)-chizhine E

21a (1′R)-(+)-applanatumol U
21b (1′S)-(−)-applanatumol U

22a (1′R)-(+)-gancochlearol F
22b (1′S)-(−)-gancochlearol F

23a (1′R)-(+)-cochlearol L
23b (1′S)-(−)-cochlearol L

24a (1′R)-(+)-lucidulactone B
24b (1′S)-(−)-lucidulactone B

25a (3′S,5′S)-(+)-chizhine A
25b (3′R,5′R)-(−)-chizhine A

26a (3′R,5′S)-(+)-chizhine B
26b (3′S,5′R)-(−)-chizhine B

27 ganadone D

图4-2

131

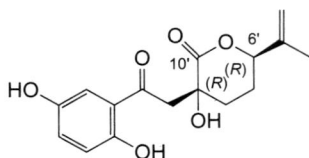

28a (3'R,6'R)-(+)-chizhine C
28b (3'S,6'S)-(−)-chizhine C

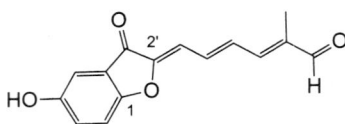

29 cochlearin F

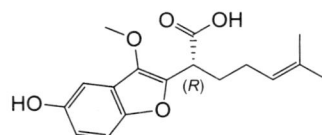

30a (3'R)-(+)-ganodercin W
30b (3'S)-(−)-ganodercin W

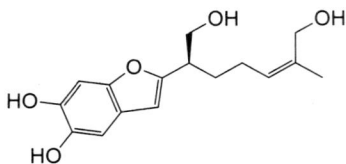

31 ganocapenoid C

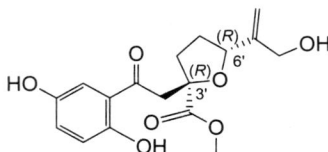

32a (3'S,6'S)-(+)-applanatumol P
32b (3'R,6'R)-(−)-applanatumol P

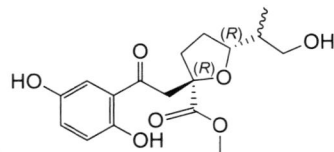

33a (3'R,6'R)-(+)-applanatumol Q
33b (3'S,6'S)-(−)-applanatumol Q

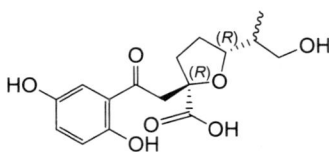

34a (3'R,6'R)-(+)-applanatumol R
34b (3'S,6'S)-(−)-applanatumol R

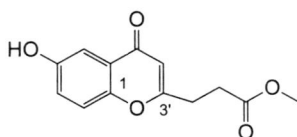

35 applanatumol Z1

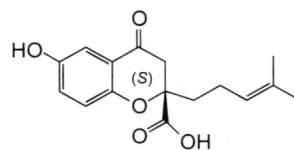

36a (3'S)-(+)-ganodercin T
36b (3'R)-(−)-ganodercin T

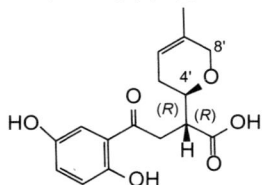

37a (3'R,4'R)-(+)-lingzhine E
37b (3'S,4'S)-(−)-lingzhine E

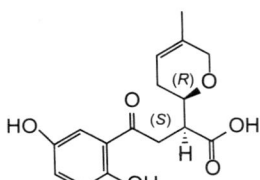

38a (3'S,4'R)-(+)-lingzhine F
38b (3'R,4'S)-(−)-lingzhine F

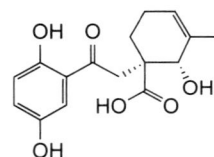

39 chizhiol A

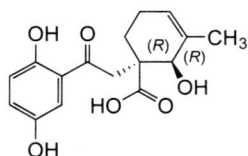

40a (3'R,4'R)-(+)-ganotheaecoloid L
40b (3'S,4'S)-(−)-ganotheaecoloid L

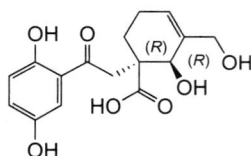

41a (3'R,4'R)-(+)-applanatumol N
41b (3'S,4'S)-(−)-applanatumol N

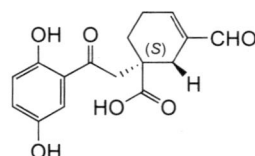

42a (3'R)-(+)-applanatumol O
42b (3'S)-(−)-applanatumol O

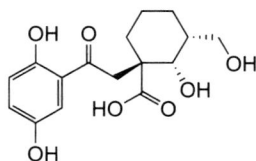

43 ganotheaecoloid M

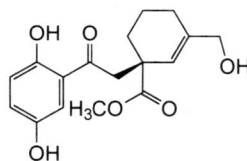

44 ganotheaecoloid N

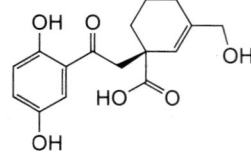

45 petchiene A

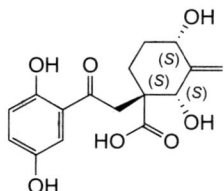

46a (3'R,4'R,6'R)-(+)-applanatumol K
46b (3'S,4'S,6'S)-(−)-applanatumol K

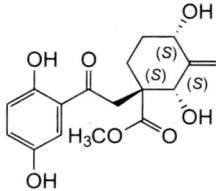

47a (3'S,4'S,6'S)-(+)-applanatumol L
47b (3'R,4'R,6'R)-(−)-applanatumol L

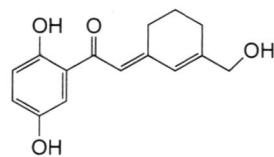

48 petchiene B

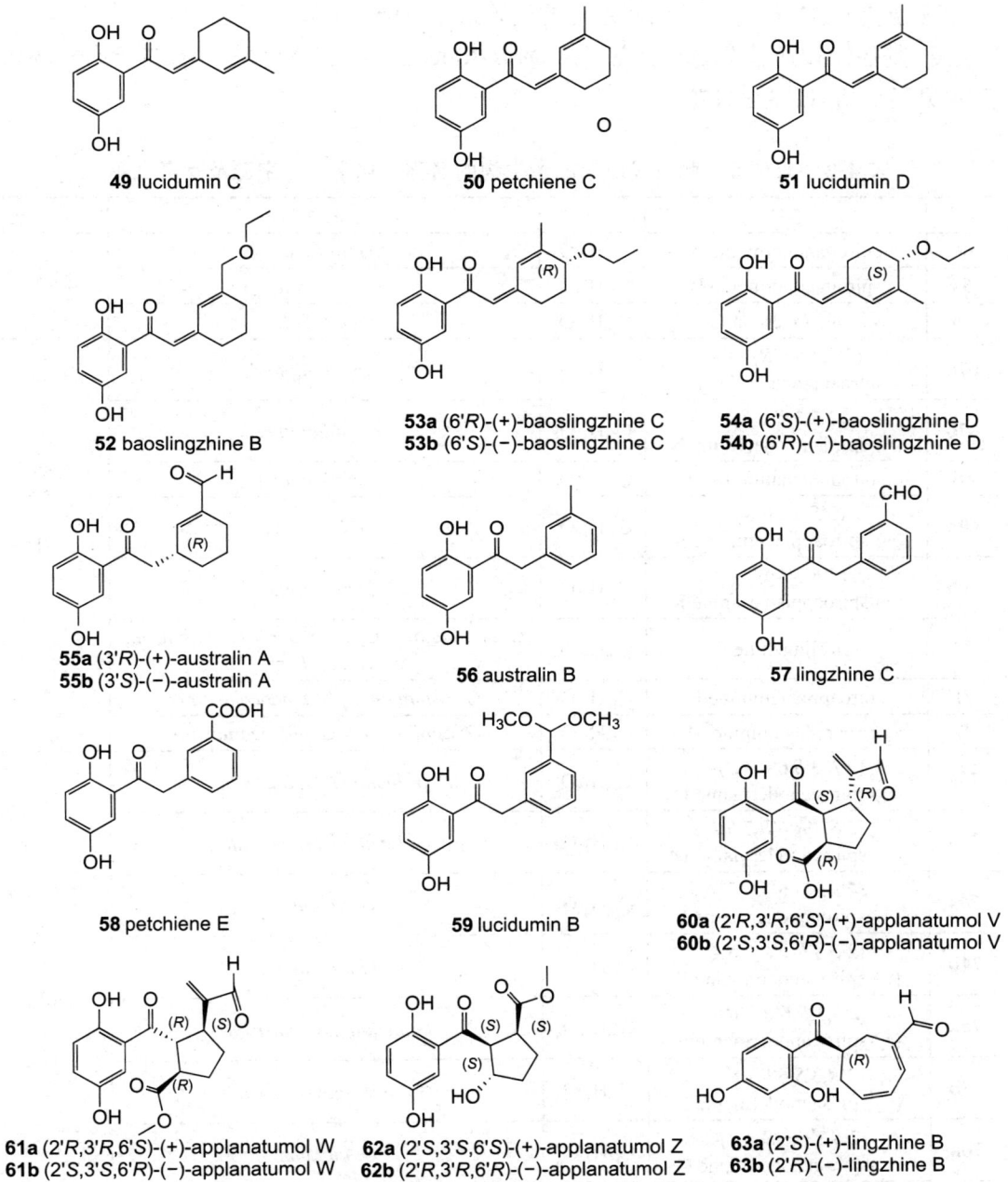

49 lucidumin C

50 petchiene C

51 lucidumin D

52 baoslingzhine B

53a (6'*R*)-(+)-baoslingzhine C
53b (6'*S*)-(−)-baoslingzhine C

54a (6'*S*)-(+)-baoslingzhine D
54b (6'*R*)-(−)-baoslingzhine D

55a (3'*R*)-(+)-australin A
55b (3'*S*)-(−)-australin A

56 australin B

57 lingzhine C

58 petchiene E

59 lucidumin B

60a (2'*R*,3'*R*,6'*S*)-(+)-applanatumol V
60b (2'*S*,3'*S*,6'*R*)-(−)-applanatumol V

61a (2'*R*,3'*R*,6'*S*)-(+)-applanatumol W
61b (2'*S*,3'*S*,6'*R*)-(−)-applanatumol W

62a (2'*S*,3'*S*,6'*S*)-(+)-applanatumol Z
62b (2'*R*,3'*R*,6'*R*)-(−)-applanatumol Z

63a (2'*S*)-(+)-lingzhine B
63b (2'*R*)-(−)-lingzhine B

图4-2　单环C$_{10}$侧链灵芝杂萜衍生物化学结构

3. 双环 C$_{10}$ 侧链灵芝杂萜衍生物

C$_{10}$ 侧链灵芝杂萜衍生物的侧链在不同条件下可形成含有双环单元的衍生物（表 4-3、图 4-3），可分为四大类：

① 含有螺 [苯并呋喃-环戊烷] 单元的灵芝杂萜（**64～84**）；

② 含有螺 [苯并呋喃-环庚烷] 单元的灵芝杂萜（**85～94**）；

③ 含有环戊酮 [c] 呋喃内酯单元的灵芝杂萜（**95～108**）；

④ 其他，如通过杂 DA 反应（杂 Diels-Alder 反应，HDA）等形成的含有双环单元的灵芝杂萜（**113～117**）。

表 4-3 双环 C_{10} 侧链灵芝杂萜衍生物的名称、化学式、来源及参考文献

编号	名称	化学式	来源	参考文献
64	spiroganodermaine A	$C_{16}H_{16}O_7$	*G. australe*	
65	spiroganodermaine B	$C_{16}H_{14}O_7$	*G. australe*	[26]
66	spiroganodermaine C	$C_{16}H_{14}O_7$	*G. australe*	
67a	(2′S,3′S,6′R)-(+)-spiroapplanatumine N	$C_{16}H_{14}O_6$	*G. applanatum*	
67b	(2′R,3′R,6′S)-(−)-spiroapplanatumine N	$C_{16}H_{14}O_6$	*G. applanatum*	
68	spiroapplanatumine O	$C_{17}H_{16}O_6$	*G. applanatum*	
69a	(2′S,3′S,6′R)-(+)-spiroapplanatumine K	$C_{17}H_{18}O_6$	*G. lucidum*	[27]
69b	(2′R,3′R,6′S)-(−)-spiroapplanatumine K	$C_{17}H_{18}O_6$	*G. applanatum*	
70	spirolingzhine D	$C_{16}H_{16}O_6$	*G. applanatum, G.leucocontextum, G.lingzhi, G. lucidum*	
71	spiroapplanatumine L	$C_{16}H_{16}O_6$	*G. applanatum, G. leucocontextum*	
72	spiroapplanatumine M	$C_{16}H_{16}O_6$	*G. applanatum, G. leucocontextum*	
73a	(2′R,3′S,6′S,7′R)-(+)-spiroganodermaine D	$C_{16}H_{18}O_6$	*G. lucidum, G. australe*	
73b	(2′S,3′R,6′R,7′S)-(−)-spiroganodermaine D	$C_{16}H_{18}O_6$	*G. lucidum, G. australe*	
74a	(2′R,3′S,6′S,7′R)-(+)-spiroganodermaine F	$C_{17}H_{20}O_6$	*G. lucidum*	
74b	(2′S,3′R,6′R,7′S)-(−)-spiroganodermaine F	$C_{17}H_{20}O_6$	*G. lucidum*	[26]
75a	(2′S,3′R,6′R,7′R)-(+)-spiroganodermaine E	$C_{16}H_{18}O_6$	*G. lucidum, G. australe*	
75b	(2′R,3′S,6′S,7′S)-(−)-spiroganodermaine E	$C_{16}H_{18}O_6$	*G. lucidum, G. australe*	
76a	(2′S,3′R,6′R,7′R)-(+)-spiroganodermaine G	$C_{17}H_{20}O_6$	*G. lucidum*	
76b	(2′R,3′S,6′S,7′S)-(−)-spiroganodermaine G	$C_{17}H_{20}O_6$	*G. lucidum*	
77a	(2′S,3′S,6′R,7′S)-(+)-spirolingzhine A	$C_{16}H_{18}O_6$	*G. applanatum, G. leucocontextum, G. lingzhi*	
77b	(2′R,3′R,6′S,7′R)-(−)-spirolingzhine A	$C_{16}H_{18}O_6$	*G. applanatum, G. leucocontextum, G. lingzhi*	[25]
78a	(2′S,3′S,6′R,7′R)-(+)-spirolingzhine B	$C_{16}H_{18}O_6$	*G. applanatum, G. leucocontextum, G. lingzhi, G. capense*	
78b	(2′R,3′R,6′S,7′S)-(−)-spirolingzhine B	$C_{16}H_{18}O_6$	*G. applanatum, G. leucocontextum, G. lingzhi, G. capense*	

编号	名称	化学式	来源	参考文献
79	spiroapplanatumine P	$C_{17}H_{20}O_6$	*G. applanatum*	[29]
80a	(2'S,6'R,7'S)-(+)-spiroganodermaine H	$C_{16}H_{16}O_6$	*G. lucidum*	[8]
80b	(2'R,6'S,7'R)-(−)-spiroganodermaine H	$C_{16}H_{16}O_6$	*G. lucidum*	
81a	(2'R,3'S,6'R)-(+)-spiroganodermaine I	$C_{16}H_{18}O_7$	*G. lucidum*	
81b	(2'S,3'R,6'S)-(−)-spiroganodermaine I	$C_{16}H_{18}O_7$	*G. lucidum*	
82a	(2'R,3'S,6'S,7'S)-(+)-spiroganodermaine J	$C_{15}H_{16}O_6$	*G. lucidum*	
82b	(2'S,3'R,6'R,7'R)-(−)-spiroganodermaine J	$C_{15}H_{16}O_6$	*G. lucidum*	
83a	(2'R,3'S,6'R)-(+)-spirolingzhine C	$C_{15}H_{14}O_6$	*G. lingzhi*	[25]
83b	(2'S,3'R,6'S)-(−)-spirolingzhine C	$C_{15}H_{14}O_6$	*G. lingzhi*	
84	spiroapplanatumine Q	$C_{14}H_{14}O_6$	*G. applanatum*	[27]
85	spiroapplanatumine A	$C_{16}H_{14}O_7$	*G. applanatum*	
86	spiroapplanatumine C	$C_{17}H_{16}O_7$	*G. applanatum*	
87	spiroapplanatumine E	$C_{17}H_{16}O_7$	*G. applanatum*	
88	spiroapplanatumine G	$C_{16}H_{14}O_6$	*G. applanatum, G. australe*	
89	spiroapplanatumine I	$C_{17}H_{16}O_6$	*G. applanatum*	
90	spiroapplanatumine B	$C_{16}H_{14}O_7$	*G. applanatum*	
91	spiroapplanatumine D	$C_{17}H_{16}O_7$	*G. applanatum, G. leucocontextum*	
92	spiroapplanatumine F	$C_{17}H_{16}O_7$	*G. applanatum*	
93	spiroapplanatumine H	$C_{16}H_{14}O_6$	*G. applanatum*	
94	spiroapplanatumine J	$C_{17}H_{18}O_7$	*G. applanatum*	
95a	(3'S,7'R,8'S)-(+)-lingzhilactone A	$C_{18}H_{20}O_7$	*G. lingzhi*	[28]
95b	(3'R,7'S,8'R)-(−)-lingzhilactone A	$C_{18}H_{20}O_7$	*G. lingzhi*	
96a	(3'S,7'R,8'S)-(+)-lingzhilactone B	$C_{16}H_{16}O_7$	*G. lingzhi, G. applanatum*	
96b	(3'R,7'S,8'R)-(−)-lingzhilactone B	$C_{16}H_{16}O_7$	*G. lingzhi, G. applanatum*	
97a	(3'R,7'S,8'R)-(+)-applanatumol H	$C_{16}H_{18}O_7$	*G. applanatum, G. sinense*	[9]
97b	(3'S,7'R,8'S)-(−)-applanatumol H	$C_{16}H_{18}O_7$	*G. applanatum*	
98a	(3'R,7'S,8'R)-(+)-applanatumol I	$C_{16}H_{16}O_8$	*G. applanatum, G. sinense*	
98b	(3'S,7'R,8'R)-(−)-applanatumol I	$C_{16}H_{16}O_8$	*G. applanatum, G. sinense*	

编号	名称	化学式	来源	参考文献
99a	(3'S,7'S,8'R)- (+)-applanatumol J	$C_{15}H_{15}ClO_6$	*G. applanatum*	[9]
99b	(3'R,7'R,8'S)- (−)-applanatumol J	$C_{15}H_{15}ClO_6$	*G. applanatum*	
100a	(3'S,7'S)-(+)-lucidumone I	$C_{16}H_{18}O_6$	*G. lucidum*	[8]
100b	(3'R,7'R)-(−)-lucidumone I	$C_{16}H_{18}O_6$	*G. lucidum*	
101a	(3'R,7'S,8'R)- (+)-applanatumol E	$C_{18}H_{22}O_8$	*G. applanatum*	[9]
101b	(3'S,7'R,8'S)- (−)-applanatumol E	$C_{18}H_{22}O_8$	*G. applanatum*	
102a	(3'R,7'S,8'R)- (+)-applanatumol G	$C_{20}H_{26}O_8$	*G. applanatum*	
102b	(3'S,7'R,8'S)- (−)-applanatumol G	$C_{20}H_{26}O_8$	*G. applanatum*	
103a	(3'S,7'R,8'S)- (+)-lingzhilactone C	$C_{20}H_{26}O_8$	*G. lingzhi*	[28]
103b	(3'R,7'S,8'R)- (−)-lingzhilactone C	$C_{20}H_{26}O_8$	*G. lingzhi*	
104a	(3'R,7'S,8'S)- (+)-applanatumol F	$C_{18}H_{22}O_8$	*G. applanatum, G. sinense*	[9]
104b	(3'S,7'R,8'S)- (−)-applanatumol F	$C_{18}H_{22}O_8$	*G. applanatum, G. sinense*	
105a	(3'S,6'S,7'S,8'R)- (+)-ganoderin A	$C_{17}H_{20}O_7$	*G. cochlear*	[29]
105b	(3'R,6'R,7'R,8'S)- (−)-ganoderin A	$C_{17}H_{20}O_7$	*G. cochlear*	
106a	(3'S,6'R,7'S)- (+)-lingzhilactone E	$C_{16}H_{16}O_6$	*G. lucidum*	[30]
106b	(3'R,6'S,7'R)- (−)-lingzhilactone E	$C_{16}H_{16}O_6$	*G. lucidum*	
107a	(3'S,6'R,7'S)- (+)-lingzhilactone F	$C_{15}H_{16}O_6$	*G. lucidum*	
107b	(3'R,6'S,7'R)- (−)-lingzhilactone F	$C_{15}H_{16}O_6$	*G. lucidum*	
108a	(3'S,6'S,7'S)-(+)-cochlearin L	$C_{16}H_{18}O_6$	*G. cochlear*	[31]
108b	(3'R,6'R,7'R)-(−)-cochlearin L	$C_{16}H_{18}O_6$	*G. cochlear*	
109	philippin	$C_{16}H_{18}O_7$	*G. philippii*	[32]
110a	(2'R,3'S,6'S)- (+)-applanatumol X	$C_{13}H_{12}O_5$	*G. applanatum*	[9]
110b	(2'S,3'R,6'R)- (−)-applanatumol X	$C_{13}H_{12}O_5$	*G. applanatum*	
111a	(2'R,3'S,6'S)- (+)-applanatumol Y	$C_{14}H_{14}O_5$	*G. applanatum*	

编号	名称	化学式	来源	参考文献
111b	(2'S,3'R,6'R)-(−)-applanatumol Y	$C_{14}H_{14}O_5$	*G. applanatum*	[9]
112a	(5'R)-(+)-applanatumol Z2	$C_{14}H_{12}O_5$	*G. applanatum*	
112b	(5'S)-(−)-applanatumol Z2	$C_{14}H_{12}O_5$	*G. applanatum*	
113a	(6'R)-(+)-ganocochlearin B	$C_{15}H_{16}O_3$	*G. cochlear, G. capense, G. lucidum*	[29]
113b	(6'S)-(−)-ganocochlearin B	$C_{15}H_{16}O_3$	*G. cochlear, G. capense, G. lucidum*	
114	ganocapenoid B	$C_{16}H_{16}O_4$	*G. capense*	[18]
115a	(1'S,6'S)-(+)-lingzhine A	$C_{16}H_{18}O_4$	*G. lingzhi*	[25]
115b	(1'R,6'R)-(−)-lingzhine A	$C_{16}H_{18}O_4$	*G. lingzhi*	
116	lingzhine D	$C_{16}H_{14}O_4$	*G. lingzhi*	
117	cochlearol V	$C_{17}H_{16}O_4$	*G. cochlear*	[33]
118a	(3'S,4'S,6'S)-(+)-applanatumol M	$C_{16}H_{16}O_6$	*G. applanatum*	[9]
118b	(3'R,4'R,6'R)-(−)-applanatumol M	$C_{16}H_{16}O_6$	*G. applanatum*	
119	ganoderpetchoid B	$C_{16}H_{18}O_6$	*G. petchii*	[34]
120a	(3'R)-(+)-petchiene D	$C_{15}H_{16}O_4$	*G. petchii*	[22]
120b	(3'S)-(−)-petchiene D	$C_{15}H_{16}O_4$	*G. petchii*	
121a	(6'S,7'R)-(+)-ganoderpetchoid A	$C_{15}H_{14}O_6$	*G. petchii*	[34]
121b	(6'R,7'S)-(−)-ganoderpetchoid A	$C_{15}H_{14}O_6$	*G. petchii*	

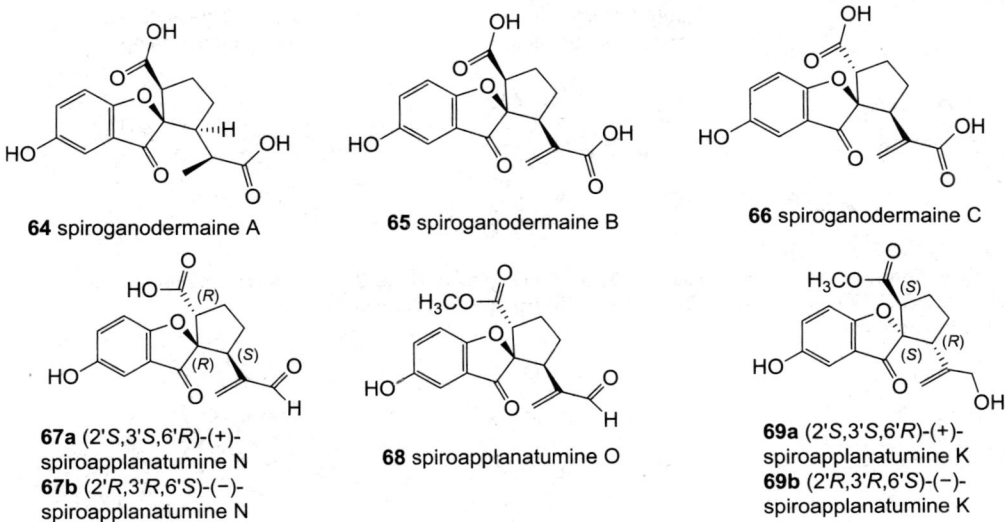

64 spiroganodermaine A

65 spiroganodermaine B

66 spiroganodermaine C

67a (2'S,3'S,6'R)-(+)-spiroapplanatumine N
67b (2'R,3'R,6'S)-(−)-spiroapplanatumine N

68 spiroapplanatumine O

69a (2'S,3'S,6'R)-(+)-spiroapplanatumine K
69b (2'R,3'R,6'S)-(−)-spiroapplanatumine K

图4-3

137

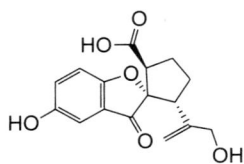

70 spirolingzhine D

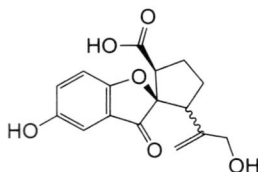

71 spiroapplanatumine L

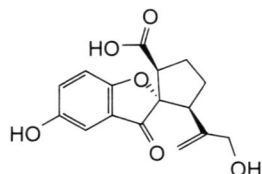

72 spiroapplanatumine M

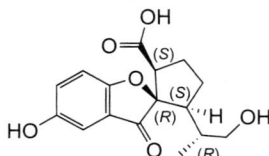

73a (2'R,3'S,6'S,7'R)-(+)-spiroganodermaine D
73b (2'S,3'R,6'R,7'S)-(−)-spiroganodermaine D

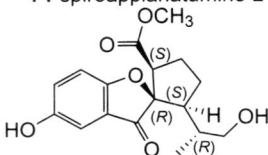

74a (2'R,3'S,6'S,7'R)-(+)-spiroganodermaine F
74b (2'S,3'R,6'R,7'S)-(−)-spiroganodermaine F

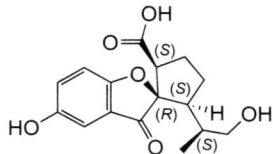

75a (2'R,3'R,6'R,7'R)-(+)-spiroganodermaine E
75b (2'R,3'S,6'S,7'S)-(−)-spiroganodermaine E

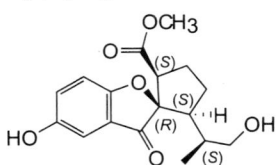

76a (2'S,3'R,6'R,7'R)-(+)-spiroganodermaine G
76b (2'R,3'S,6'S,7'S)-(−)-spiroganodermaine G

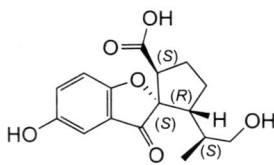

77a (2'S,3'S,6'R,7'S)-(+)-spirolingzhine A
77b (2'R,3'R,6'S,7'R)-(−)-spirolingzhine A

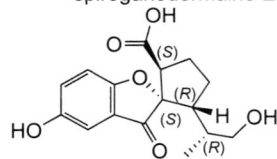

78a (2'S,3'S,6'R,7'R)-(+)-spirolingzhine B
78b (2'R,3'R,6'S,7'S)-(−)-spirolingzhine B

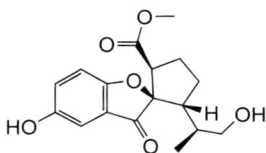

79 spiroapplanatumine P

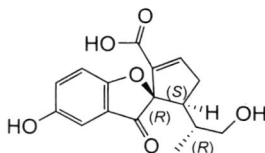

80a (2'S,6'R,7'S)-(+)-spiroganodermaine H
80b (2'R,6'S,7'R)-(−)-spiroganodermaine H

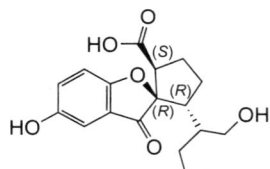

81a (2'R,3'S,6'R)-(+)-spiroganodermaine I
81b (2'S,3'R,6'S)-(−)-spiroganodermaine I

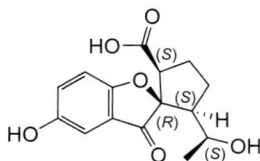

82a (2'R,3'S,6'S,7'S)-(+)-spiroganodermaine J
82b (2'S,3'R,6'R,7'R)-(−)-spiroganodermaine J

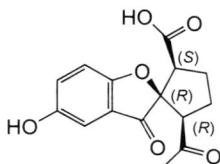

83a (2'R,3'S,6'R)-(+)-spirolingzhine C
83b (2'S,3'R,6'S)-(−)-spirolingzhine C

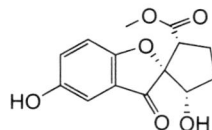

84 spiroapplanatumine Q

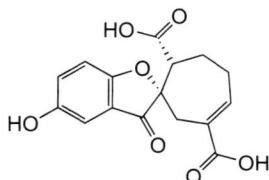

85 spiroapplanatumine A

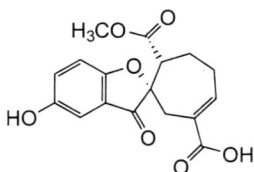

86 spiroapplanatumine C

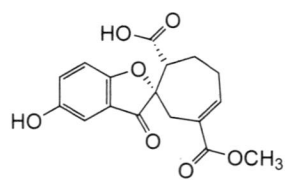

87 spiroapplanatumine E

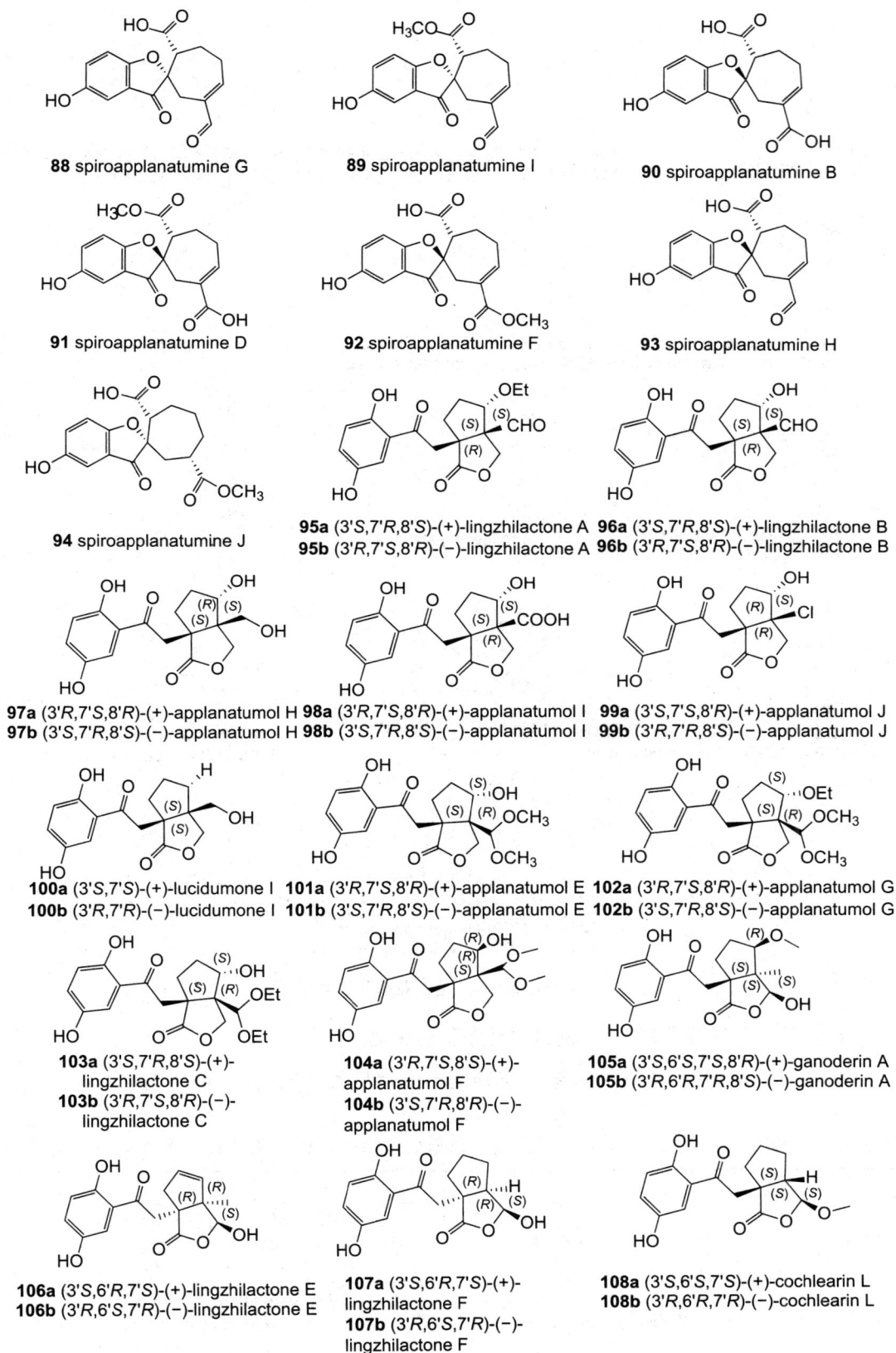

88 spiroapplanatumine G

89 spiroapplanatumine I

90 spiroapplanatumine B

91 spiroapplanatumine D

92 spiroapplanatumine F

93 spiroapplanatumine H

94 spiroapplanatumine J

95a (3'S,7'R,8'S)-(+)-lingzhilactone A
95b (3'R,7'S,8'R)-(−)-lingzhilactone A

96a (3'S,7'R,8'S)-(+)-lingzhilactone B
96b (3'R,7'S,8'R)-(−)-lingzhilactone B

97a (3'R,7'S,8'R)-(+)-applanatumol H
97b (3'S,7'R,8'S)-(−)-applanatumol H

98a (3'R,7'S,8'R)-(+)-applanatumol I
98b (3'S,7'R,8'S)-(−)-applanatumol I

99a (3'S,7'S,8'R)-(+)-applanatumol J
99b (3'R,7'R,8'S)-(−)-applanatumol J

100a (3'S,7'S)-(+)-lucidumone I
100b (3'R,7'R)-(−)-lucidumone I

101a (3'R,7'S,8'R)-(+)-applanatumol E
101b (3'S,7'R,8'S)-(−)-applanatumol E

102a (3'R,7'S,8'R)-(+)-applanatumol G
102b (3'S,7'R,8'S)-(−)-applanatumol G

103a (3'S,7'R,8'S)-(+)-lingzhilactone C
103b (3'R,7'R,8'R)-(−)-lingzhilactone C

104a (3'R,7'R,8'S)-(+)-applanatumol F
104b (3'S,7'R,8'R)-(−)-applanatumol F

105a (3'S,6'S,7'S,8'R)-(+)-ganoderin A
105b (3'R,6'R,7'R,8'S)-(−)-ganoderin A

106a (3'S,6'R,7'S)-(+)-lingzhilactone E
106b (3'R,6'S,7'R)-(−)-lingzhilactone E

107a (3'S,6'R,7'S)-(+)-lingzhilactone F
107b (3'R,6'S,7'R)-(−)-lingzhilactone F

108a (3'S,6'S,7'S)-(+)-cochlearin L
108b (3'R,6'R,7'R)-(−)-cochlearin L

图4-3

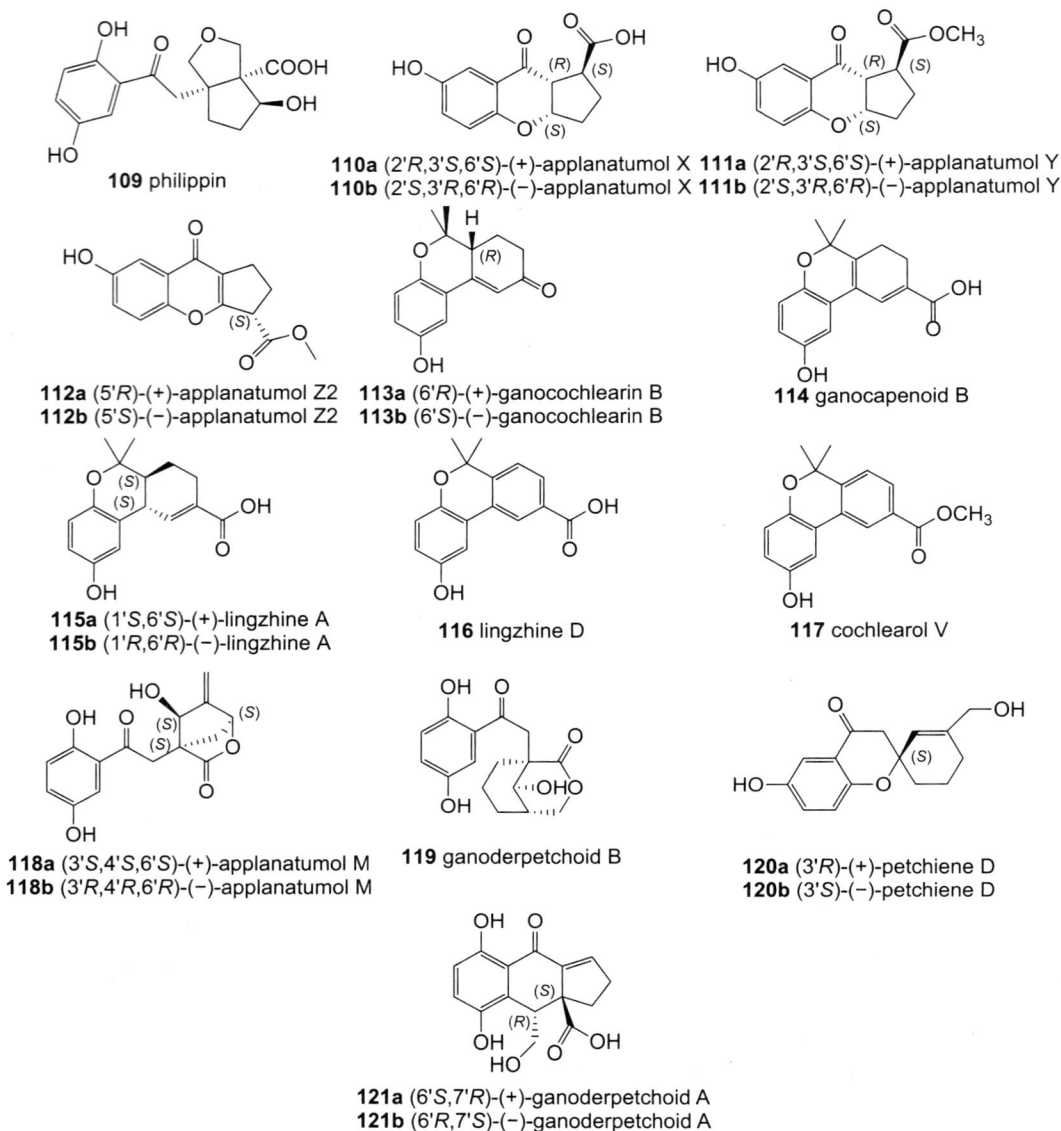

109 philippin

110a (2'R,3'S,6'S)-(+)-applanatumol X **111a** (2'R,3'S,6'S)-(+)-applanatumol Y
110b (2'S,3'R,6'R)-(−)-applanatumol X **111b** (2'S,3'R,6'R)-(−)-applanatumol Y

112a (5'R)-(+)-applanatumol Z2
112b (5'S)-(−)-applanatumol Z2

113a (6'R)-(+)-ganocochlearin B
113b (6'S)-(−)-ganocochlearin B

114 ganocapenoid B

115a (1'S,6'S)-(+)-lingzhine A
115b (1'R,6'R)-(−)-lingzhine A

116 lingzhine D

117 cochlearol V

118a (3'S,4'S,6'S)-(+)-applanatumol M
118b (3'R,4'R,6'R)-(−)-applanatumol M

119 ganoderpetchoid B

120a (3'R)-(+)-petchiene D
120b (3'S)-(−)-petchiene D

121a (6'S,7'R)-(+)-ganoderpetchoid A
121b (6'R,7'S)-(−)-ganoderpetchoid A

图4-3 双环C_{10}侧链灵芝杂萜衍生物化学结构

4. 多环（三环或四环）C_{10}侧链灵芝杂萜衍生物

多环（三环或四环）C_{10}侧链灵芝杂萜衍生物见表4-4、图4-4。

表4-4 多环（三环或四环）C_{10}侧链灵芝杂萜衍生物的名称、化学式、来源及参考文献

编号	名称	化学式	来源	参考文献
122a	(3'S,6'S,7'S)-(+)-lingzhiol	$C_{15}H_{14}O_6$	*G. applanatum, G. sinensis, G. cochlear, G. australe, G. lucidum, G. sinense*	[35]
122b	(3'R,6'R,7'R)-(−)-lingzhiol	$C_{15}H_{14}O_6$	*G. applanatum, G. sinensis, G. cochlear, G. australe, G. lucidum, G. sinense*	

编号	名称	化学式	来源	参考文献
123a	(3'S,6'S,7'S)-(+)-6'-O-ethyllingzhiol	$C_{17}H_{18}O_6$	G. australe	[36]
123b	(3'R,6'R,7'R)-(−)-6'-O-ethyllingzhiol	$C_{17}H_{18}O_6$	G. australe	
124a	(3'R,6'S,7'R)-(+)-applanatumol C	$C_{15}H_{14}O_6$	G. applanatum	[9]
124b	(3'S,6'R,7'S)-(−)-applanatumol C	$C_{15}H_{14}O_6$	G. applanatum	
125a	(3'S,6'R,7'S,8'R)-(+)-lingzhilactone D	$C_{17}H_{16}O_8$	G. lucidum	[30]
125b	(3'R,6'S,7'R,8'S)-(−)-lingzhilactone D	$C_{17}H_{16}O_8$	G. lucidum	
126a	(3'R,6'S,7'R,8'R)-(+)-applanatumol D	$C_{17}H_{16}O_8$	G. applanatum	[9]
126b	(3'S,6'R,7'S,8'S)-(−)-applanatumol D	$C_{17}H_{16}O_8$	G. applanatum	
127a	(3'S,6'S,7'R,10'R,11'S)-(+)-applanatumols Z3 和 Z4	$C_{19}H_{22}O_9$	G. applanatum	[37]
127b	(3'R,6'R,7'S,10'S,11'R)-(−)-applanatumols Z3 和 Z4	$C_{19}H_{22}O_9$	G. applanatum	
128a	(2'S,3'R,6'R,7'R,10'S)-(+)-petchilactone C	$C_{16}H_{14}O_7$	G. petchii	[38]
128b	(2'R,3'S,6'S,7'S,10'R)-(−)-petchilactone C	$C_{16}H_{14}O_7$	G. petchii	
129a	(1'S,2'S,3'R,7'R,8'S)-(+)-applanatumol B	$C_{16}H_{18}O_6$	G. applanatum	[39]
129b	(1'R,2'R,3'S,7'S,8'R)-(−)-applanatumol B	$C_{16}H_{18}O_6$	G. applanatum	
130a	(2'R,3'S,6'S,7'R)-(+)-petchilactone A	$C_{15}H_{14}O_6$	G. petchii	[38]
130b	(2'S,3'R,6'R,7'S)-(−)-petchilactone A	$C_{15}H_{14}O_6$	G. petchii	
131a	(6'S,7'S,9'S)-(+)-petchilactone B	$C_{15}H_{12}O_6$	G. petchii	
131b	(6'R,7'R,9'R)-(−)-petchilactone B	$C_{15}H_{12}O_6$	G. petchii	
132a	(3'S,6'R,7'S)-(+)-cochlearol A	$C_{15}H_{14}O_7$	G. cochlear	[40]
132b	(3'R,6'S,7'R)-(−)-cochlearol A	$C_{15}H_{14}O_7$	G. cochlear	
133	applanatumol A	$C_{16}H_{16}O_6$	G. applanatum	[39]
134	ganoderpetchoid C	$C_{16}H_{16}O_7$	G. petchii	[34]

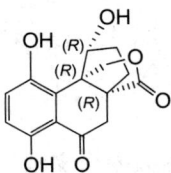

122a (3'S,6'S,7'S)-(+)-lingzhiol
122b (3'R,6'R,7'R)-(−)-lingzhiol

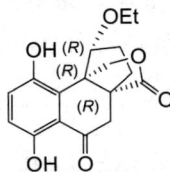

123a (3'S,6'S,7'S)-(+)-6'-O-ethyllingzhiol
123b (3'R,6'R,7'R)-(−)-6'-O-ethyllingzhiol

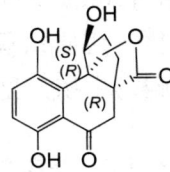

124a (3'R,6'S,7'R)-(+)-applanatumol C
124b (3'S,6'R,7'S)-(−)-applanatumol C

图4-4

141

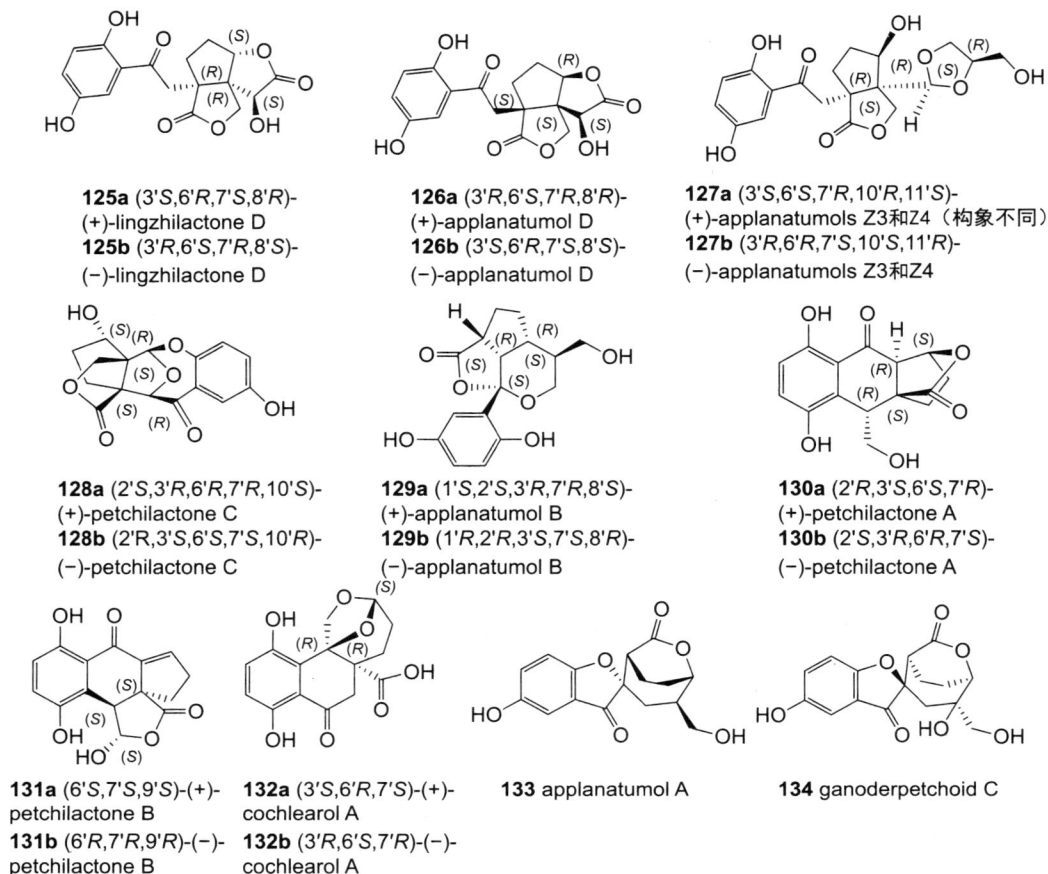

125a (3'S,6'R,7'S,8'R)-
(+)-lingzhilactone D
125b (3'R,6'S,7'R,8'S)-
(−)-lingzhilactone D

126a (3'R,6'S,7'R,8'R)-
(+)-applanatumol D
126b (3'S,6'R,7'S,8'S)-
(−)-applanatumol D

127a (3'S,6'S,7'R,10'R,11'S)-
(+)-applanatumols Z3和Z4（构象不同）
127b (3'R,6'R,7'S,10'S,11'R)-
(−)-applanatumols Z3和Z4

128a (2'S,3'R,6'R,7'R,10'S)-
(+)-petchilactone C
128b (2'R,3'S,6'S,7'S,10'R)-
(−)-petchilactone C

129a (1'S,2'S,3'R,7'R,8'S)-
(+)-applanatumol B
129b (1'R,2'R,3'S,7'S,8'R)-
(−)-applanatumol B

130a (2'R,3'S,6'R,7'R)-
(+)-petchilactone A
130b (2'S,3'R,6'R,7'S)-
(−)-petchilactone A

131a (6'S,7'S,9'S)-(+)-
petchilactone B
131b (6'R,7'R,9'R)-(−)-
petchilactone B

132a (3'S,6'R,7'S)-(+)-
cochlearol A
132b (3'R,6'S,7'R)-(−)-
cochlearol A

133 applanatumol A

134 ganoderpetchoid C

图4-4　多环（三环或四环）C_{10}侧链灵芝杂萜衍生物化学结构

二、以三个异戊烯基单元（C_{15}）为侧链的灵芝杂萜衍生物

1. 线性 C_{15} 侧链灵芝杂萜衍生物

线性 C_{15} 侧链灵芝杂萜衍生物与两个异戊烯基单元 C_{10} 侧链衍生物的结构相似，当 farnesylhydroquinone (**135**) 为 C_{15} 侧链灵芝杂萜的基本母核，其可作为前体，通过烯丙基氧化、还原和双键迁移形成一系列线性的以三个异戊烯基单元（C_{15}）为侧链的灵芝杂萜衍生物，见表 4-5、图 4-5。

表 4-5　线性 C_{15} 侧链灵芝杂萜衍生物的名称、化学式、来源及参考文献

编号	名称	化学式	来源	参考文献
135	farnesylhydroquinone	$C_{21}H_{30}O_2$	*G. pfeifferi*	[41]
136	ganomycin F	$C_{21}H_{30}O_3$	*G. capense, G. cochlear*	[42]
137	gancochlearol D	$C_{23}H_{32}O_4$	*G. cochlear*	

编号	名称	化学式	来源	参考文献
138	ganomycin A	$C_{21}H_{28}O_5$	*G. pfeifferi*	[43]
139	ganomycin B	$C_{21}H_{28}O_4$	*G. pfeifferi, G. colossum, G. leucocontextum, G. lucidum*	
140	ganomycin J	$C_{21}H_{30}O_6$	*G. leucocontextum, G. lucidum,*	[44]
141	ganodercin A	$C_{21}H_{26}O_5$	*G. cochlear*	[5]
142	amaurosubresin	$C_{22}H_{28}O_7$	*G. capense*	[18]
143	cochlearin I	$C_{22}H_{28}O_5$	*G. cochlear, G. capense, G. australe, G. lucidum*	[5]
144	cochlearol D	$C_{21}H_{26}O_5$	*G. cochlear*	[42]
145	ganotheaecolumol K	$C_{21}H_{26}O_6$	*G. theaecolum*	[45]
146a	(7′S)-(+)-cochlearin K	$C_{21}H_{26}O_6$	*G. cochlear*	[31]
146b	(7′R)-(−)-cochlearin K	$C_{21}H_{26}O_6$	*G. cochlear*	
147a	(+)-cochlearol M	$C_{21}H_{26}O_6$	*G. cochlear*	[4]
147b	(−)-cochlearol M	$C_{21}H_{26}O_6$	*G. cochlear*	
148	ganoresinain E	$C_{21}H_{28}O_7$	*G. resinaceum*	[46]
149	ganocalidin F	$C_{21}H_{24}O_7$	*G. calidophilum*	[47]
150	zizhine N	$C_{21}H_{26}O_7$	*G. sinensis*	[48]
151	lucidumone C	$C_{22}H_{26}O_5$	*G. lucidum*	[49]
152	ganoleucin B	$C_{21}H_{28}O_4$	*G. leucocontextum*	[47]
153	iso-ganotheaecolumol I	$C_{21}H_{26}O_6$	*G. theaecolum*	
154	ganocalidin D	$C_{21}H_{24}O_7$	*G. theaecolum, G. calidophilum*	[45]
155	ganomycin C	$C_{21}H_{26}O_5$	*G. cochlear, G. capense, G. australe, G. theaecolum, G. leucocontextum, G. lucidum*	
156	ganodercin B	$C_{22}H_{28}O_5$	*G. cochlear*	[5]
157	zizhine M	$C_{21}H_{26}O_7$	*G. sinensis*	[48]
158	ganodercin E	$C_{21}H_{28}O_7$	*G. cochlear*	[5]
159	ganodercin F	$C_{21}H_{28}O_6$	*G. cochlear*	
160	ganotheaecolumol I	$C_{21}H_{26}O_6$	*G. theaecolum*	[45]
161	ganotheaecolumol J	$C_{21}H_{24}O_6$	*G. theaecolum*	
162a	(7′R)-(+)-zizhine O	$C_{21}H_{28}O_7$	*G. sinensis*	[48]
162b	(7′S)-(−)-zizhine O	$C_{21}H_{28}O_7$	*G. sinensis*	
163	australeol D	$C_{21}H_{26}O_5$	*G. australe*	
164a	(3′R)-(+)-fornicin C	$C_{21}H_{28}O_5$	*G. fornicatum, G. calidophilum, G. leucocontextum, G. cochlear, G. australe, G. lucidum*	[47]
164b	(3′S)-(−)-fornicin C	$C_{21}H_{28}O_5$	*G. fornicatum, G. calidophilum, G. leucocontextum, G. cochlear, G. Australe, G. lucidum*	
165a	(3′R)-(+)-ganomycin E	$C_{21}H_{26}O_6$	*G. capense, G. australe, G. lucidum*	[50]
165b	(3′S)-(−)-ganomycin E	$C_{21}H_{26}O_6$	*G. capense, G. australe, G. lucidum*	
166a	(3′R)-(+)-dayaolingzhiol H	$C_{21}H_{28}O_6$	*G. petchii, G. lucidum*	[34]
166b	(3′S)-(−)-dayaolingzhiol H	$C_{21}H_{28}O_6$	*G. petchii, G. lucidum*	
167	ganoderpetchoid D	$C_{21}H_{28}O_6$	*G. petchii*	

编号	名称	化学式	来源	参考文献
168	ganocalidin B	$C_{21}H_{26}O_7$	*G. calidophilum, G. lucidum*	[47]
169a	(3′*S*)-(+)-dayaolingzhiol M	$C_{21}H_{28}O_6$	*G. lucidum*	
169b	(3′*R*)-(−)-dayaolingzhiol M	$C_{21}H_{28}O_6$	*G. lucidum*	
170a	(3′*R*)-(+)-dayaolingzhiol L	$C_{22}H_{30}O_5$	*G. lucidum*	[51]
170b	(3′*S*)-(−)-dayaolingzhiol L	$C_{22}H_{30}O_5$	*G. lucidum*	
171a	(3′*R*)-(+)-lucidumone D	$C_{21}H_{28}O_7$	*G. lucidum*	
171b	(3′*S*)-(−)-lucidumone D	$C_{21}H_{28}O_7$	*G. lucidum*	
172a	(3′*S*)-(+)-lucidumone E	$C_{21}H_{26}O_6$	*G. lucidum*	
172b	(3′*R*)-(−)-lucidumone E	$C_{21}H_{26}O_6$	*G. lucidum*	[49]
173a	(3′*R*)-(+)-lucidumone F	$C_{21}H_{26}O_6$	*G. lucidum*	
173b	(3′*S*)-(−)-lucidumone F	$C_{21}H_{26}O_6$	*G. lucidum*	
174a	(3′*R*)-(+)-lucidumone G	$C_{21}H_{26}O_5$	*G. lucidum*	
174b	(3′*S*)-(−)-lucidumone G	$C_{21}H_{26}O_5$	*G. lucidum*	

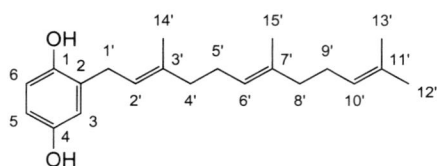

135 farnesylhydroquinone

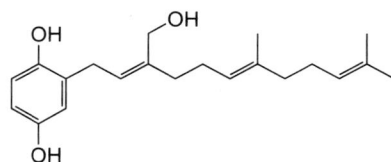

136 ganomycin F

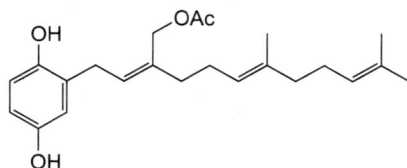

137 gancochlearol D

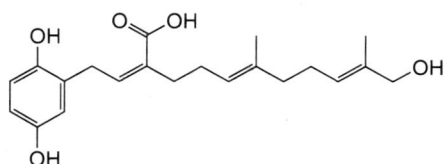

138 ganomycin A

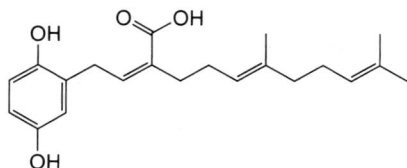

139 ganomycin B

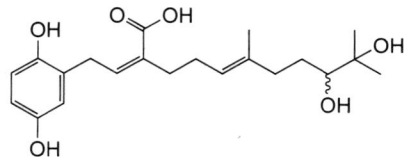

140 ganomycin J

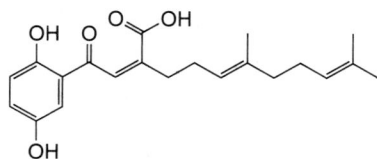

141 ganodercin A

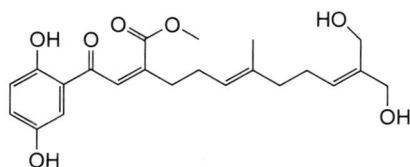

142 amaurosubresin

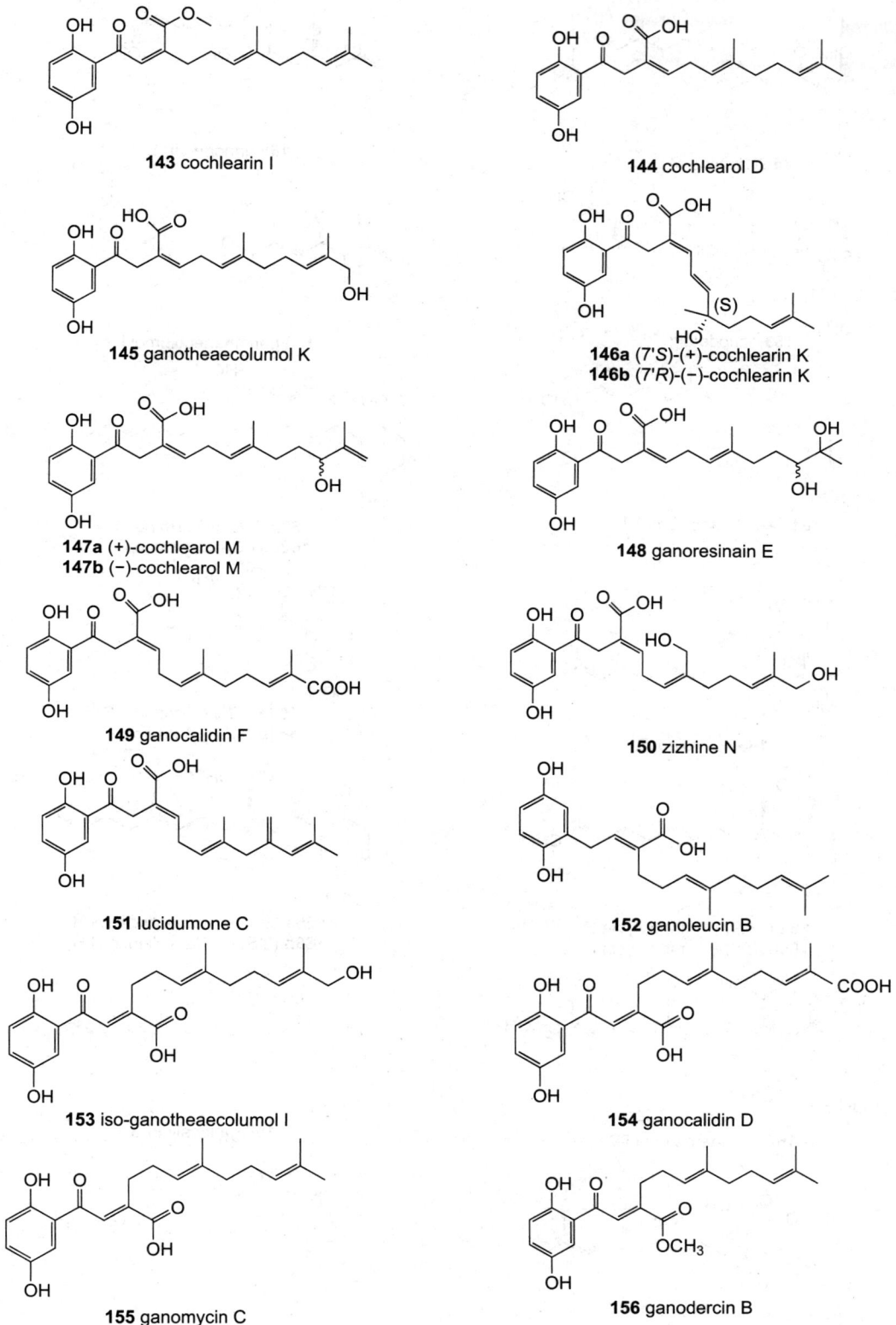

143 cochlearin I

144 cochlearol D

145 ganotheaecolumol K

146a (7'S)-(+)-cochlearin K
146b (7'R)-(−)-cochlearin K

147a (+)-cochlearol M
147b (−)-cochlearol M

148 ganoresinain E

149 ganocalidin F

150 zizhine N

151 lucidumone C

152 ganoleucin B

153 iso-ganotheaecolumol I

154 ganocalidin D

155 ganomycin C

156 ganodercin B

图4-5

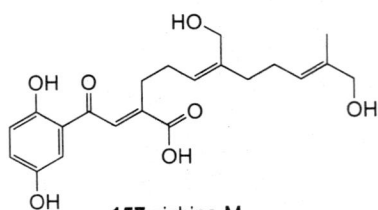

157 zizhine M

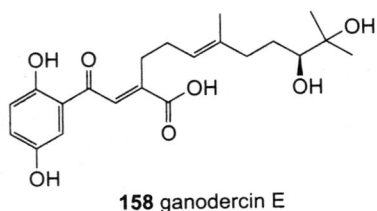

158 ganodercin E

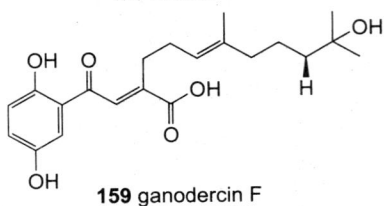

159 ganodercin F

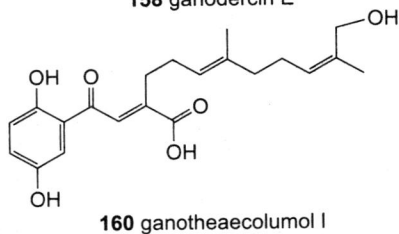

160 ganotheaecolumol I

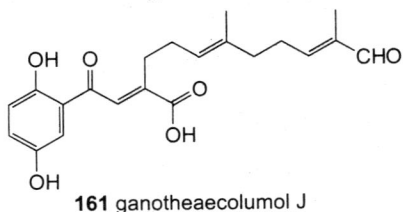

161 ganotheaecolumol J

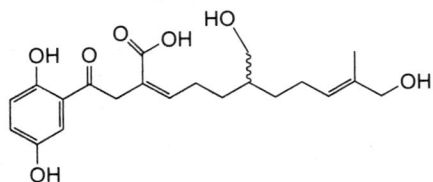

162a (7'*R*)-(+)-zizhine O
162b (7'*S*)-(−)-zizhine O

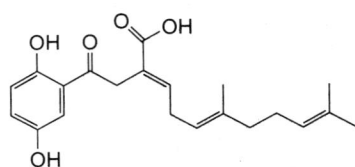

163 australeol D

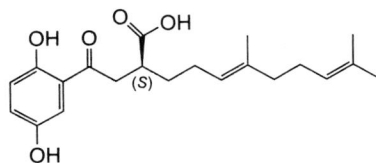

164a (3'*R*)-(+)-fornicin C
164b (3'*S*)-(−)-fornicin C

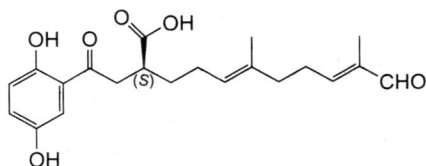

165a (3'*R*)-(+)-ganomycin E
165b (3'*S*)-(−)-ganomycin E

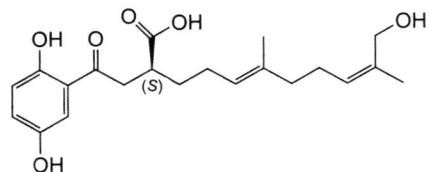

166a (3'*R*)-(+)-dayaolingzhiol H
166b (3'*S*)-(−)-dayaolingzhiol H

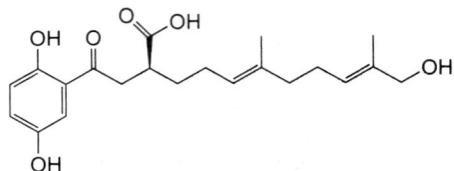

167 ganoderpetchoid D

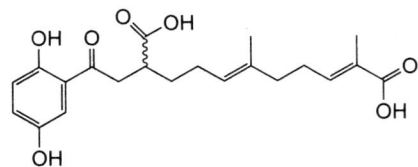

168 ganocalidin B

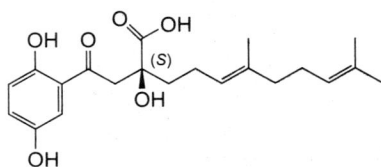

169a (3'*S*)-(+)-dayaolingzhiol M
169b (3'*R*)-(−)-dayaolingzhiol M

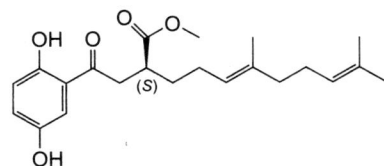

170a (3'*R*)-(+)-dayaolingzhiol L
170b (3'*S*)-(−)-dayaolingzhiol L

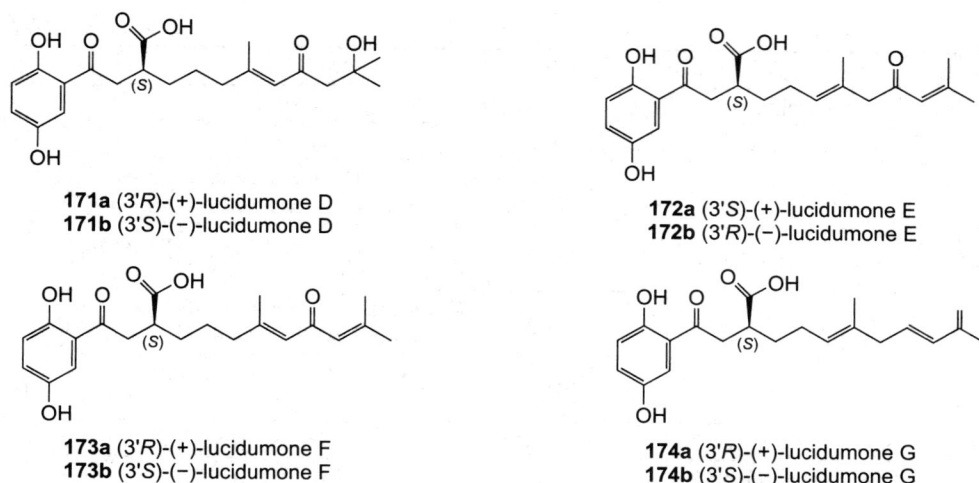

171a (3'R)-(+)-lucidumone D
171b (3'S)-(−)-lucidumone D

172a (3'S)-(+)-lucidumone E
172b (3'R)-(−)-lucidumone E

173a (3'R)-(+)-lucidumone F
173b (3'S)-(−)-lucidumone F

174a (3'R)-(+)-lucidumone G
174b (3'S)-(−)-lucidumone G

图4-5　线性C$_{15}$侧链灵芝杂萜衍生物化学结构

2. 单环 C$_{15}$ 侧链灵芝杂萜衍生物

根据侧链单环结构类型的不同，可将单环 C$_{15}$ 侧链灵芝杂萜衍生物分为六类，其名称、化学式、来源见表 4-6，结构见图 4-6。

① 含有 1′,14′-γ- 内酯环单元的灵芝杂萜（**175～205**）；也存在个别 3′,14′-γ- 内酯环单元的灵芝杂萜（**206**）及 1′,14′- 四氢呋喃环单元的灵芝杂萜（**207**）；

② 含有 1,2′- 苯并呋喃环或苯并二氢呋喃环单元的灵芝杂萜（**208～213**）；

③ 含有 1,3′- 苯并吡喃环单元的灵芝杂萜（**214～222**）；

④ 含有 7′,10′- 呋喃环单元的灵芝杂萜（**223、224**）；

⑤ 含有七元或十五元醚环或内酯环单元的灵芝杂萜（**225～230**）；

⑥ 其他杂萜，如含有环己烷、环己烯单元的灵芝杂萜（**231～245**）。

表 4-6　单环 C$_{15}$ 侧链灵芝杂萜衍生物的名称、化学式、来源及参考文献

编号	名称	化学式	来源	参考文献
175a	(1′R)-(+)-ganomycin I	C$_{21}$H$_{26}$O$_4$	G. colossum, G. resinaceum, G. lucidum, G. capense, G. leucocontextum, G. lingzhi, G. orbiforme	[44]
175b	(1′S)-(−)-ganomycin I	C$_{21}$H$_{26}$O$_4$	G. colossum, G. resinaceum, G. lucidum, G. capense, G. leucocontextum, G. lingzhi, G. orbiforme	
176a	(1′R)-(+)-ganocapenoid A	C$_{19}$H$_{22}$O$_6$	G. capense	[18]
176b	(1′S)-(−)-ganocapenoid A	C$_{19}$H$_{22}$O$_6$	G. capense	
177a	(+)-fornicin E	C$_{22}$H$_{28}$O$_6$	G. capense, G. australe	[50]
177b	(−)-fornicin E	C$_{22}$H$_{28}$O$_6$	G. capense, G. australe	
178	ganocalidin C	C$_{21}$H$_{24}$O$_6$	G. calidophilum, G. lucidum	
179	ganocalidin E	C$_{22}$H$_{28}$O$_7$	G. calidophilum, G. capense	[52]
180	ganoresinain B	C$_{21}$H$_{26}$O$_5$	G. resinaceum, G. australe, G. capense, G. theaecolum, G. lucidum	

编号	名称	化学式	来源	参考文献
181a	(+)-zizhine F	$C_{24}H_{30}O_8$	*G. sinensis*	[53]
181b	(−)-zizhine F	$C_{24}H_{30}O_8$	*G. sinensis*	
182	(±)-fornicin B	$C_{22}H_{28}O_5$	*G. fornicatum, G. leucocontextum, G. lucidum, G. capense, G. cochlear*	[11]
183a	(1′R)-(+)-zizhine A	$C_{21}H_{26}O_5$	*G. sinensis, G. lucidum, G. resinaceum, G. theaecolum, G. capense, G. australe*	[53]
183b	(1′S)-(−)-zizhine A	$C_{21}H_{26}O_5$	*G. sinensis, G. lucidum, G. resinaceum, G. theaecolum, G. capense, G. australe*	
184	ganoleucin C	$C_{21}H_{24}O_5$	*G. lucidum, G. theaecolum, G. leucocontextum*	[45]
185a	(1′R)-(+)-zizhine Z3	$C_{21}H_{26}O_6$	*G. sinensis*	[54]
185b	(1′S)-(−)-zizhine Z3	$C_{21}H_{26}O_6$	*G. sinensis*	
186	gancochlearol E	$C_{21}H_{28}O_6$	*G. cochlear*	[13]
187a	(1′R)-(+)-zizhine B	$C_{23}H_{28}O_7$	*G. sinensis*	[53]
187b	(1′S)-(−)-zizhine B	$C_{23}H_{28}O_7$	*G. sinensis*	
188a	(1′R)-(+)-zizhine D	$C_{23}H_{28}O_7$	*G. sinensis*	
188b	(1′S)-(−)-zizhine D	$C_{23}H_{28}O_7$	*G. sinensis*	
189a	(1′R)-(+)-chizhine F	$C_{21}H_{24}O_5$	*G. lucidum*	[15]
189b	(1′S)-(−)-chizhine F	$C_{21}H_{24}O_5$	*G. lucidum*	
190a	(1′R)-(+)-dayaolingzhiol C	$C_{21}H_{24}O_5$	*G. lucidum*	[52]
190b	(1′S)-(−)-dayaolingzhiol C	$C_{21}H_{24}O_5$	*G. lucidum*	
191a	(1′R)-(+)-gancochlearol I	$C_{21}H_{28}O_5$	*G. cochlear*	[13]
191b	(1′S)-(−)-gancochlearol I	$C_{21}H_{28}O_5$	*G. cochlear*	
192	ganomycin K	$C_{21}H_{28}O_6$	*G. pfeifferi, G. cochlear, G. capense*	
193a	(1′R)-(+)-dayaolingzhiol K	$C_{21}H_{28}O_5$	*G. lucidum*	[51]
193b	(1′S)-(−)-dayaolingzhiol K	$C_{21}H_{28}O_5$	*G. lucidum*	
194a	(1′R)-(+)-zizhine C	$C_{23}H_{30}O_7$	*G. sinensis*	[53]
194b	(1′S)-(−)-zizhine C	$C_{23}H_{30}O_7$	*G. sinensis*	
195a	(1′R)-(+)-zizhine E	$C_{23}H_{30}O_7$	*G. sinensis*	
195b	(1′S)-(−)-zizhine E	$C_{23}H_{30}O_7$	*G. sinensis*	
196a	(1′R)-(+)-dayaolingzhiol D	$C_{22}H_{28}O_5$	*G. lucidum*	[52]
196b	(1′S)-(−)-dayaolingzhiol D	$C_{22}H_{28}O_5$	*G. lucidum*	
197a	(1′R)-(+)-ganotheaecolumol G	$C_{22}H_{26}O_7$	*G. theaecolum*	[45]
197b	(1′S)-(−)-ganotheaecolumol G	$C_{22}H_{26}O_7$	*G. theaecolum*	
198a	(1′R)-(+)-ganotheaecolumol H	$C_{22}H_{26}O_6$	*G. theaecolum*	
198b	(1′S)-(−)-ganotheaecolumol H	$C_{22}H_{26}O_6$	*G. theaecolum*	
199a	(1′S)-(+)-ganoderpetchoid E	$C_{22}H_{28}O_6$	*G. petchii*	[34]
199b	(1′R)-(−)-ganoderpetchoid E	$C_{22}H_{28}O_6$	*G. petchii*	
200a	(1′S)-(+)-lucidumone B	$C_{22}H_{26}O_6$	*G. lucidum*	[49]
200b	(1′R)-(−)-lucidumone B	$C_{22}H_{26}O_6$	*G. lucidum*	
201a	(1′R)-(+)-australeol C	$C_{22}H_{28}O_6$	*G. australe*	[50]
201b	(1′S)-(−)-australeol C	$C_{22}H_{28}O_6$	*G. australe*	

续表

编号	名称	化学式	来源	参考文献
202a	(1′R)-(+)-dayaolingzhiol E	$C_{23}H_{30}O_5$	*G. lucidum*	[52]
202b	(1′S)-(−)-dayaolingzhiol E	$C_{23}H_{30}O_5$	*G. lucidum*	
203a	(1′S)-(+)-australeol E	$C_{23}H_{30}O_6$	*G. australe*	
203b	(1′R)-(−)-australeol E	$C_{23}H_{30}O_6$	*G. australe*	[50]
204a	(1′R)-(+)-australeol F	$C_{23}H_{30}O_6$	*G. australe*	
204b	(1′S)-(−)-australeol F	$C_{23}H_{30}O_6$	*G. australe*	
205	ganotheaecolumol F	$C_{21}H_{26}O_5$	*G. theaecolum*	[45]
206	ganodermaone B	$C_{21}H_{26}O_5$	*G. lucidum*	[55]
207	(±)-cochlearin D	$C_{21}H_{28}O_3$	*G. cochlear*	[7]
208	(±)-cochlearol I	$C_{20}H_{26}O_4$	*G. cochlear*	[4]
209	(±)-ganotheaecolumol C	$C_{20}H_{26}O_5$	*G. theaecolum*	[45]
210	(±)-ganotheaecolumol D	$C_{20}H_{26}O_5$	*G. theaecolum*	
211a	(3′R)-(+)-ganodercin V	$C_{23}H_{30}O_5$	*G. cochlear*	[17]
211b	(3′S)-(−)-ganodercin V	$C_{23}H_{30}O_5$	*G. cochlear*	
212	ganofuran B	$C_{21}H_{26}O_4$	*G. lucidum*	[56]
213a	(3′R)-(+)-dayaolingzhi J	$C_{22}H_{28}O_5$	*G. lucidum*	[51]
213b	(3′S)-(−)-dayaolingzhi J	$C_{22}H_{28}O_5$	*G. lucidum*	
214	(±)-ganodercin Q	$C_{21}H_{30}O_4$	*G. cochlear*	[17]
215a	(3′S)-(+)-cochlearin E	$C_{21}H_{28}O_3$	*G. cochlear*	[4]
215b	(3′R)-(−)-cochlearin E	$C_{21}H_{28}O_3$	*G. cochlear*	
216a	(3′S)-(+)-ganodercin R	$C_{21}H_{26}O_5$	*G. cochlear*	
216b	(3′R)-(−)-ganodercin R	$C_{21}H_{26}O_5$	*G. cochlear*	[17]
217a	(3′S)-(+)-ganodercin S	$C_{22}H_{28}O_5$	*G. cochlear*	
217b	(3′R)-(−)-ganodercin S	$C_{22}H_{28}O_5$	*G. cochlear*	
218a	(3′S)-(+)-ganotheaecolumol A	$C_{21}H_{26}O_6$	*G. australe, G. theaecolum*	
218b	(3′R)-(−)-ganotheaecolumol A	$C_{21}H_{26}O_6$	*G. australe, G. theaecolum*	[45]
219a	(3′S)-(+)-ganotheaecolumol B	$C_{21}H_{26}O_6$	*G. australe, G. theaecolum*	
219b	(3′R)-(−)-ganotheaecolumol B	$C_{21}H_{26}O_6$	*G. australe, G. theaecolum*	
220	cochlearol C	$C_{20}H_{24}O_4$	*G. cochlear*	
221	cochlearol E	$C_{20}H_{24}O_3$	*G. cochlear*	[17]
222	ganodercin U	$C_{20}H_{26}O_6$	*G. cochlear*	
223a	(7′R,10′S)-(+)-cochlearol E	$C_{21}H_{26}O_7$	*G. cochlear*	
223b	(7′S,10′R)-(−)-cochlearol E	$C_{21}H_{26}O_7$	*G. cochlear*	[4]
224	(±)-cochlearol F	$C_{21}H_{26}O_7$	*G. cochlear*	
225a	(3′S)-(+)-zizhine P	$C_{21}H_{26}O_7$	*G. sinensis*	[6]
225b	(3′R)-(−)-zizhine P	$C_{21}H_{26}O_7$	*G. sinensis*	
226a	(3′S,7′R)-(+)-lucidumone H	$C_{22}H_{28}O_6$	*G. lucidum*	[49]
226b	(3′R,7′S)-(−)-lucidumone H	$C_{22}H_{28}O_6$	*G. lucidum*	
227	ganoleucin A	$C_{21}H_{28}O_5$	*G. leucocontextum*	[57]
228	baoslingzhine E	$C_{21}H_{26}O_4$	*G. lucidum*	[23]

编号	名称	化学式	来源	参考文献
229	petchiether B/ganocapensin B	$C_{21}H_{28}O_5$	*G. calidophilum, G. capense*	[58]
230	petchiether A	$C_{21}H_{28}O_5$	*G. petchii, G. australe*	[50]
231	ganodercin I	$C_{21}H_{28}O_5$	*G. cochlear*	[59]
232	ganotheaecoloid D	$C_{21}H_{26}O_6$	*G. theaecolum, G. australe*	[50]
233	ganodercin L	$C_{21}H_{28}O_6$	*G. theaecolum, G. cochlear, G. australe*	
234	ganodercin H	$C_{21}H_{26}O_6$	*G. cochlear*	
235	ganodercin M	$C_{22}H_{30}O_6$	*G. cochlear*	
236	3-*epi*-ganodercin L	$C_{21}H_{28}O_6$	*G. theaecolum, G. cochlear, G. australe*	[59]
237	ganodercin G	$C_{21}H_{26}O_6$	*G. cochlear*	
238	ganodercin J	$C_{21}H_{28}O_5$	*G. cochlear*	
239	(±)-cochlearol H	$C_{21}H_{26}O_6$	*G. cochlear*	[4]
240	ganotheaecoloid F	$C_{21}H_{26}O_6$	*G. theaecolum, G. cochlear*	
241	cochlearol G	$C_{21}H_{26}O_6$	*G. cochlear*	[59]
242	ganodercin K	$C_{21}H_{28}O_6$	*G. cochlear*	
243	3-*epi*-ganodercin K	$C_{21}H_{28}O_6$	*G. cochlear*	
244	ganotheaecoloid E	$C_{21}H_{28}O_6$	*G. theaecolum*	[21]
245a	(1'S,6'S)-(+)-cochlearin A	$C_{21}H_{26}O_3$	*G. cochlear*	[7]
245b	(1'R,6'R)-(−)-cochlearin A	$C_{21}H_{26}O_3$	*G. cochlear*	

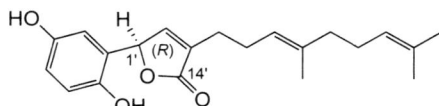

175a (1'R)-(+)-ganomycin I
175b (1'S)-(−)-ganomycin I

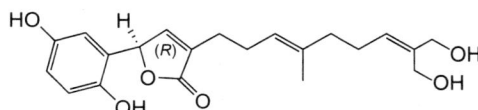

176a (1'R)-(+)-ganocapenoid A
176b (1'S)-(−)-ganocapenoid A

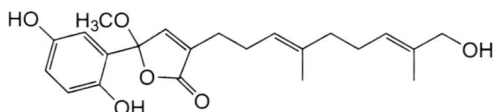

177a (+)-fornicin E
177b (−)-fornicin E

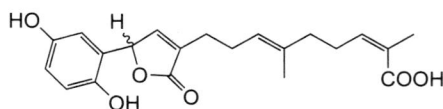

178 ganocalidin C

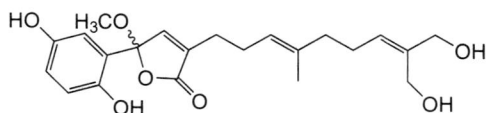

179 ganocalidin E

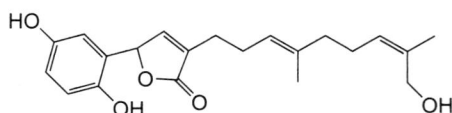

180 ganoresinain B

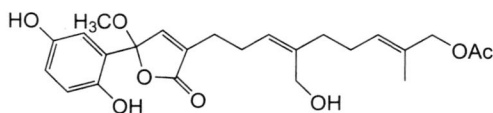

181a (+)-zizhine F
181b (−)-zizhine F

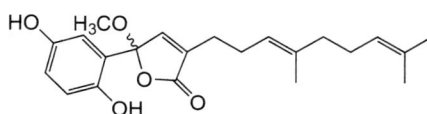

182 (±)-fornicin B

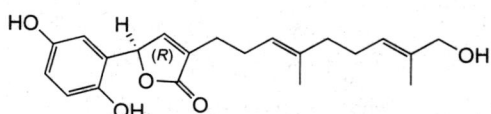

183a (1'R)-(+)-zizhine A
183b (1'S)-(−)-zizhine A

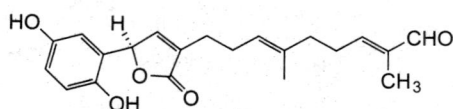

184 ganoleucin C

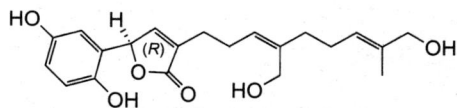

185a (1'R)-(+)-zizhine Z3
185b (1'S)-(−)-zizhine Z3

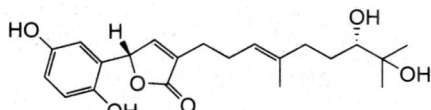

186 gancochlearol E

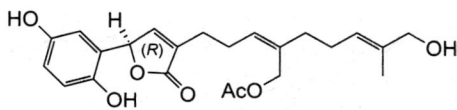

187a (1'R)-(+)-zizhine B
187b (1'S)-(−)-zizhine B

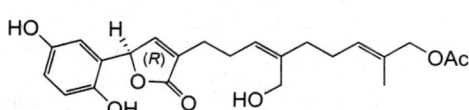

188a (1'R)-(+)-zizhine D
188b (1'S)-(−)-zizhine D

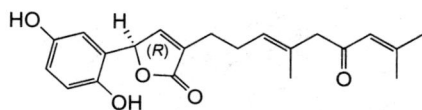

189a (1'R)-(+)-chizhine F
189b (1'S)-(−)-chizhine F

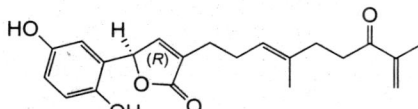

190a (1'R)-(+)-dayaolingzhiol C
190b (1'S)-(−)-dayaolingzhiol C

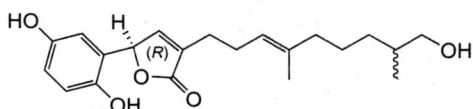

191a (1'R)-(+)-gancochlearol I
191b (1'S)-(−)-gancochlearol I

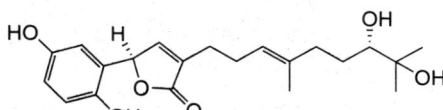

192 ganomycin K

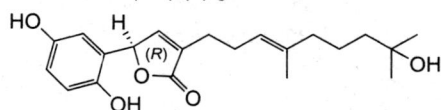

193a (1'R)-(+)-dayaolingzhiol K
193b (1'S)-(−)-dayaolingzhiol K

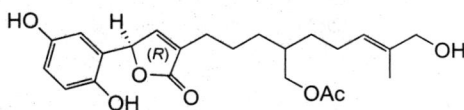

194a (1'R)-(+)-zizhine C
194b (1'S)-(−)-zizhine C

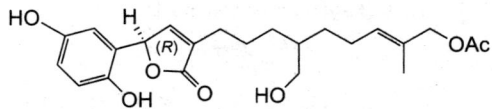

195a (1'R)-(+)-zizhine E
195b (1'S)-(−)-zizhine E

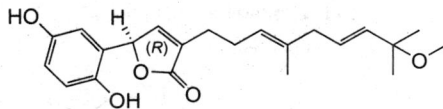

196a (1'R)-(+)-dayaolingzhiol D
196b (1'S)-(−)-dayaolingzhiol D

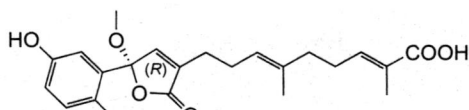

197a (1'R)-(+)-ganotheaecolumol G
197b (1'S)-(−)-ganotheaecolumol G

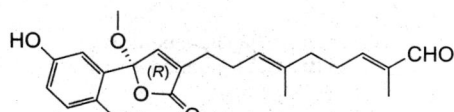

198a (1'R)-(+)-ganotheaecolumol H
198b (1'S)-(−)-ganotheaecolumol H

图4-6

151

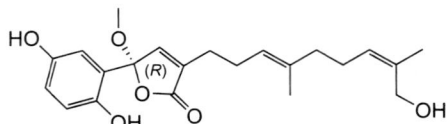

199a (1'S)-(+)-ganoderpetchoid E
199b (1'R)-(−)-ganoderpetchoid E

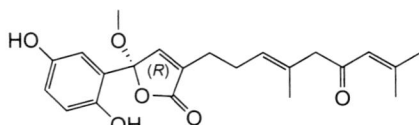

200a (1'S)-(+)-lucidumone B
200b (1'R)-(−)-lucidumone B

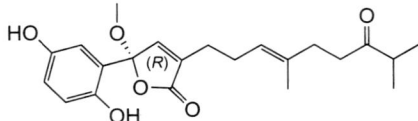

201a (1'R)-(+)-australeol C
201b (1'S)-(−)-australeol C

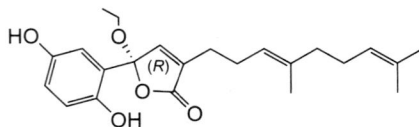

202a (1'R)-(+)-dayaolingzhiol E
202b (1'S)-(−)-dayaolingzhiol E

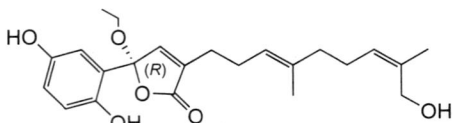

203a (1'S)-(+)-australeol E
203b (1'R)-(−)-australeol E

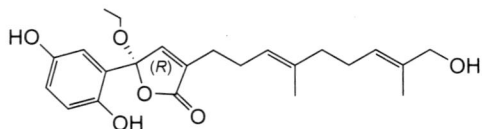

204a (1'R)-(+)-australeol F
204b (1'S)-(−)-australeol F

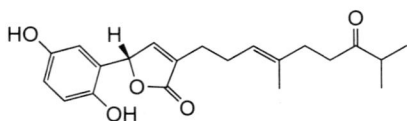

205 ganotheaecolumol F

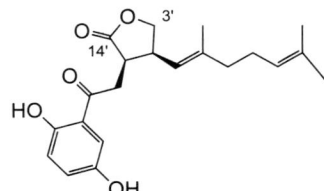

206 ganodermaone B

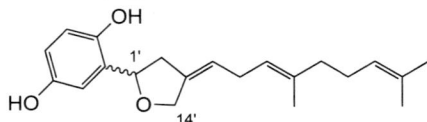

207 (±)-cochlearin D

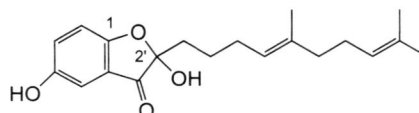

208 (±)-cochlearol I

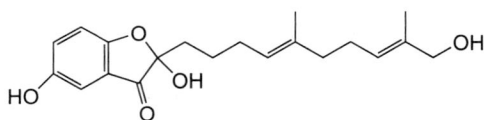

209 (±)-ganotheaecolumol C

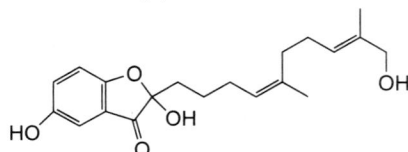

210 (±)-ganotheaecolumol D

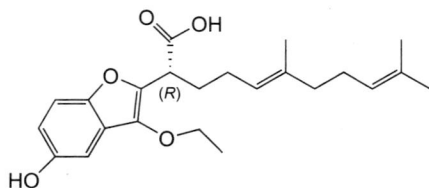

211a (3'R)-(+)-ganodercin V
211b (3'S)-(−)-ganodercin V

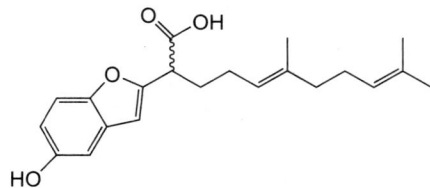

212 ganofuran B

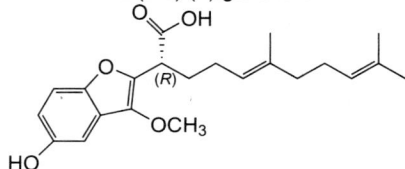

213a (3'R)-(+)-dayaolingzhi J
213b (3'S)-(−)-dayaolingzhi J

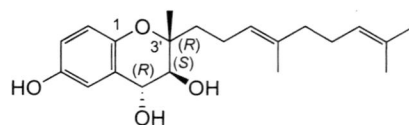

214 (±)-ganodercin Q

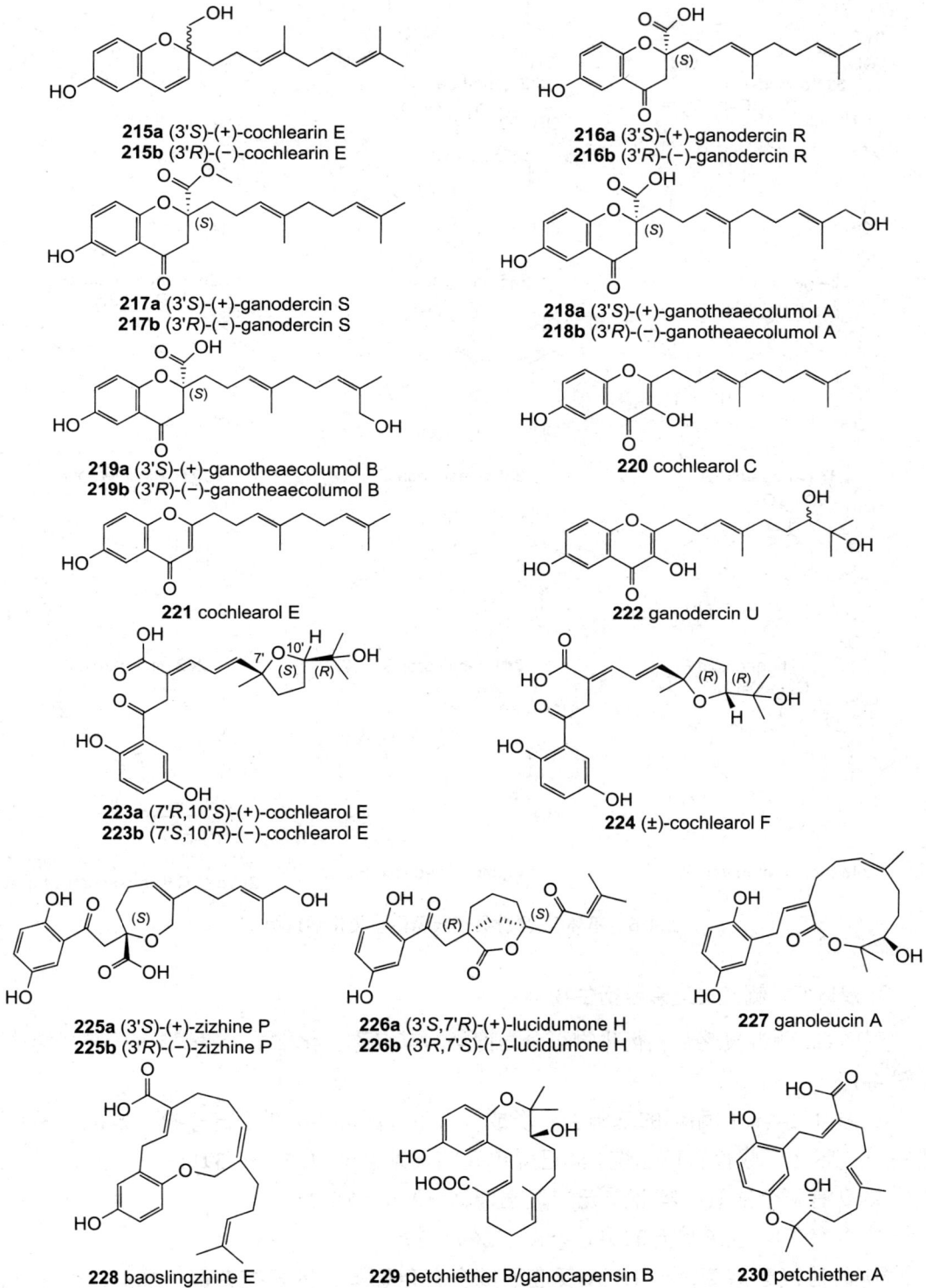

215a (3'S)-(+)-cochlearin E
215b (3'R)-(−)-cochlearin E

216a (3'S)-(+)-ganodercin R
216b (3'R)-(−)-ganodercin R

217a (3'S)-(+)-ganodercin S
217b (3'R)-(−)-ganodercin S

218a (3'S)-(+)-ganotheaecolumol A
218b (3'R)-(−)-ganotheaecolumol A

219a (3'S)-(+)-ganotheaecolumol B
219b (3'R)-(−)-ganotheaecolumol B

220 cochlearol C

221 cochlearol E

222 ganodercin U

223a (7'R,10'S)-(+)-cochlearol E
223b (7'S,10'R)-(−)-cochlearol E

224 (±)-cochlearol F

225a (3'S)-(+)-zizhine P
225b (3'R)-(−)-zizhine P

226a (3'S,7'R)-(+)-lucidumone H
226b (3'R,7'S)-(−)-lucidumone H

227 ganoleucin A

228 baoslingzhine E

229 petchiether B/ganocapensin B

230 petchiether A

图4-6

153

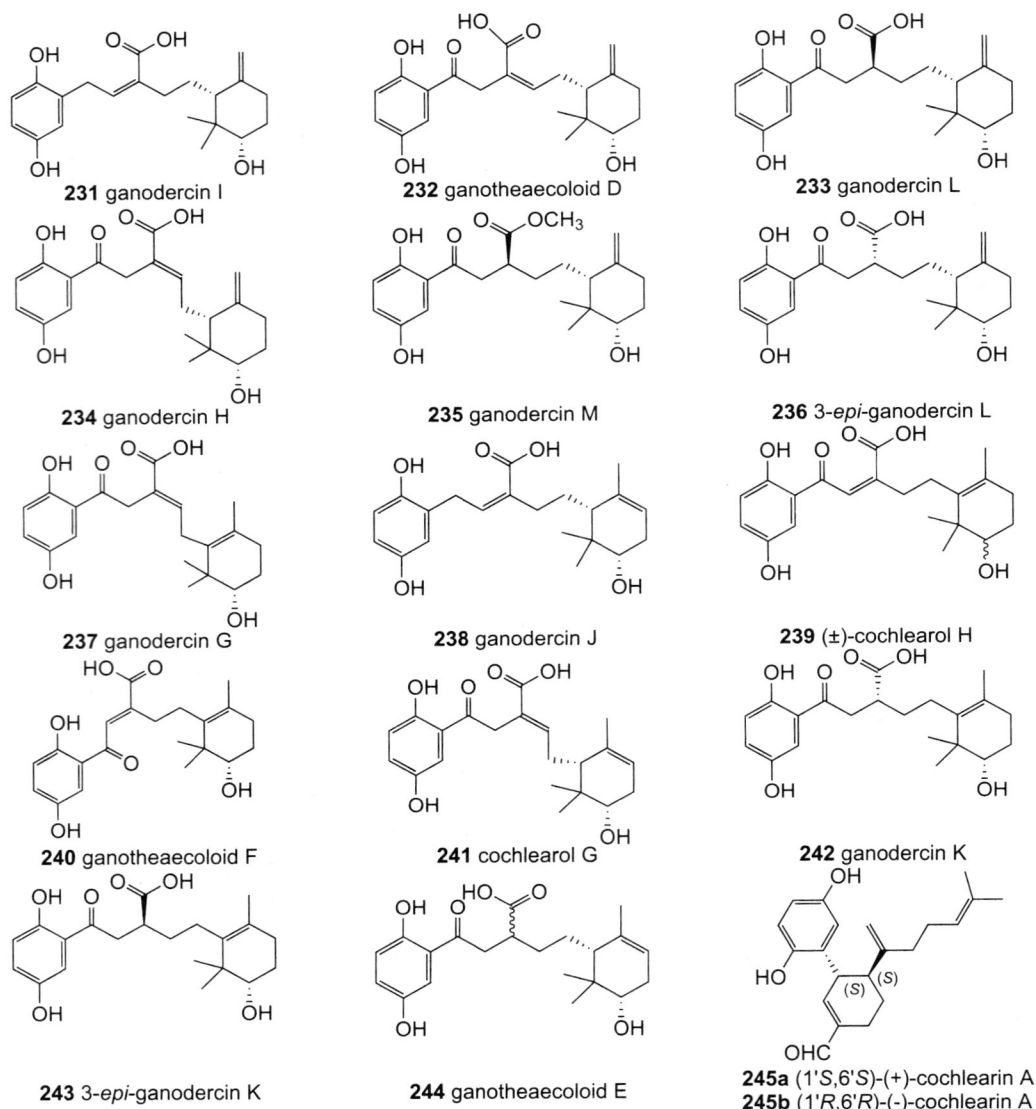

231 ganodercin I **232** ganotheaecoloid D **233** ganodercin L

234 ganodercin H **235** ganodercin M **236** 3-*epi*-ganodercin L

237 ganodercin G **238** ganodercin J **239** (±)-cochlearol H

240 ganotheaecoloid F **241** cochlearol G **242** ganodercin K

243 3-*epi*-ganodercin K **244** ganotheaecoloid E **245a** (1'*S*,6'*S*)-(+)-cochlearin A
245b (1'*R*,6'*R*)-(-)-cochlearin A

图4-6　单环C$_{15}$侧链灵芝杂萜衍生物化学结构

3. 双环 C$_{15}$ 侧链灵芝杂萜衍生物

双环 C$_{15}$ 侧链灵芝杂萜衍生物可分为四类，其名称、化学式、来源见表4-7，结构见图 4-7。

① 在 1',14'-γ- 内酯环的基础上，形成含有不同醚环单元的灵芝杂萜（**246～251**），或进一步环合形成含有环己烷 / 环己烯单元的灵芝杂萜（**252～259**）；

② 含有两个四氢呋喃环单元的灵芝杂萜（**260～267**）；

③ 含有苯[*c*]色烯单元的灵芝杂萜（**268～279**）；

④ 其他灵芝杂萜，如 HDA 反应形成含有色烯单元的灵芝杂萜（**283**），八氢合萘结构的灵芝杂萜（**280～282**），二氢合萘结构的灵芝杂萜（**284**），其他含有复杂

双环单元的灵芝杂萜（**285～292**）。

表 4-7 双环 C_{15} 侧链灵芝杂萜衍生物的名称、化学式、来源及参考文献

编号	名称	化学式	来源	参考文献
246a	(7′R,10′R)-(+)-ganotheaecolumol E	$C_{21}H_{24}O_6$	*G. theaecolum*	[45]
246b	(7′S,10′S)-(−)-ganotheaecolumol E	$C_{21}H_{24}O_6$	*G. theaecolum*	
247	australeol A	$C_{21}H_{26}O_5$	*G. australe*	[50]
248	australeol B	$C_{21}H_{26}O_5$	*G. australe*	
249a	(+)-cochlearin C	$C_{21}H_{26}O_4$	*G. cochlear*	[7]
249b	(−)-cochlearin C	$C_{21}H_{26}O_4$	*G. cochlear*	
250a	(7R)-(+)-ganoresinain A	$C_{21}H_{24}O_5$	*G. resinaceum, G. australe*	[50]
250b	(7S)-(−)-ganoresinain A	$C_{21}H_{24}O_5$	*G. resinaceum, G. australe*	
251	ganocapensin A	$C_{21}H_{24}O_6$	*G. calidophilum, G. capense*	[47]
252	ganoresinain C	$C_{21}H_{26}O_5$	*G. resinaceum, G. theaecolum*	[21]
253	ganadone E	$C_{21}H_{26}O_5$	*G. cochlear*	[16]
254	ganotheaecoloid G	$C_{21}H_{26}O_5$	*G. theaecolum, G.australe*	
255	ganotheaecoloid H	$C_{21}H_{26}O_5$	*G. theaecolum*	
256	ganotheaecoloid I	$C_{21}H_{26}O_6$	*G. theaecolum*	
257	ganotheaecoloid A	$C_{20}H_{26}O_5$	*G. theaecolum*	[21]
258	ganotheaecoloid B	$C_{20}H_{26}O_5$	*G. theaecolum*	
259	ganotheaecoloid K	$C_{21}H_{28}O_5$	*G. theaecolum*	
260a	(+)-cochlearol Q	$C_{21}H_{28}O_8$	*G. cochlear*	[33]
260b	(−)-cochlearol Q	$C_{21}H_{28}O_8$	*G. cochlear*	
261	ganadone A	$C_{22}H_{30}O_8$	*G. cochlear*	
262	ganadone B	$C_{23}H_{32}O_9$	*G. cochlear*	
263	3′,10′-di-*epi*-ganadone A	$C_{22}H_{30}O_8$	*G. cochlear*	
264	10′-*epi*-ganadone A	$C_{22}H_{30}O_8$	*G. cochlear*	[16]
265	10′-*epi*-ganadone B	$C_{23}H_{32}O_9$	*G. cochlear*	
266	ganadone C	$C_{21}H_{28}O_8$	*G. cochlear*	
267	3′-*epi*-ganadone A	$C_{22}H_{30}O_8$	*G. cochlear*	
268a	(1′S, 6′R, 7′S)-(+)-cochlearol S	$C_{21}H_{28}O_3$	*G. cochlear*	[33]
268b	(1′R, 6′S, 7′R)-(−)-cochlearol S	$C_{21}H_{28}O_3$	*G. cochlear*	
269a	(1′S, 6′S, 7′R)-(+)-dayaolingzhiol A	$C_{21}H_{26}O_4$	*G. lucidum*	[52]
269b	(1′R, 6′R, 7′S)-(−)-dayaolingzhiol A	$C_{21}H_{26}O_4$	*G. lucidum*	
270a	(1′S, 6′S, 7′S)-(+)-dayaolingzhiol B	$C_{21}H_{26}O_4$	*G. lucidum*	
270b	(1′R, 6′R, 7′R)-(−)-dayaolingzhiol B	$C_{21}H_{26}O_4$	*G. lucidum*	

编号	名称	化学式	来源	参考文献
271a	(6′R,7′R)-(+)-cochlearol W	$C_{20}H_{24}O_4$	*G. cochlear*	[33]
271b	(6′S,7′S)-(−)-cochlearol W	$C_{20}H_{24}O_4$	*G. cochlear*	
272a	(6′R,7′S)-(+)-ganocochlearin A	$C_{20}H_{24}O_3$	*G. cochlear*	[29]
272b	(6′S,7′R)-(−)-ganocochlearin A	$C_{20}H_{24}O_3$	*G. cochlear*	
273a	(6′S)-(+)-cochlearol X	$C_{15}H_{16}O_4$	*G. cochlear*	
273b	(6′R)-(−)-cochlearol X	$C_{15}H_{16}O_4$	*G. cochlear*	
274a	(6′S,7′R)-(+)-cochlearol Y	$C_{21}H_{26}O_3$	*G. cochlear*	[33]
274b	(6′R,7′S)-(−)-cochlearol Y	$C_{21}H_{26}O_3$	*G. cochlear*	
275a	(7′R)-(+)-cochlearol F	$C_{21}H_{24}O_2$	*G. cochlear*	[60]
275b	(7′S)-(−)-cochlearol F	$C_{21}H_{24}O_2$	*G. cochlear*	
276a	(7′S)-(+)-cochlearol T	$C_{21}H_{24}O_3$	*G. cochlear*	
276b	(7′R)-(−)-cochlearol T	$C_{21}H_{24}O_3$	*G. cochlear*	
277a	(7′S)-(+)-cochlearol U	$C_{22}H_{22}O_3$	*G. cochlear*	[33]
277b	(7′R)-(−)-cochlearol U	$C_{22}H_{22}O_3$	*G. cochlear*	
278a	(7′S)-(+)-ganocochlearin C	$C_{21}H_{22}O_3$	*G. cochlear*	
278b	(7′R)-(−)-ganocochlearin C	$C_{21}H_{22}O_3$	*G. cochlear*	
279a	(6′S)-(+)-ganocochlearin D	$C_{21}H_{22}O_4$	*G. cochlear*	[29]
279b	(6′R)-(−)-ganocochlearin D	$C_{21}H_{22}O_4$	*G. cochlear*	
280	cochlearol N	$C_{21}H_{26}O_7$	*G. cochlear*	
281	cochlearol O	$C_{21}H_{26}O_6$	*G. cochlear*	[33]
282	ganoresinain D	$C_{21}H_{26}O_6$	*G. resinaceum*	[46]
283	cochlearol P	$C_{21}H_{28}O_7$	*G. cochlear*	[33]
284	baoslingzhine A	$C_{18}H_{14}O_4$	*G. lucidum*	[23]
285a	(3′R,6′S,7′R)-(+)-dayaolingzhiol I	$C_{21}H_{26}O_6$	*G. lucidum*	[51]
285b	(3′S,6′R,7′S)-(−)-dayaolingzhiol I	$C_{21}H_{26}O_6$	*G. lucidum*	
286	lingzhifuran A	$C_{18}H_{14}O_3$	*G. lucidum*	[30]
287a	(1′R,2′R,3′R)-(+)-cochlearol R	$C_{21}H_{28}O_4$	*G. cochlear*	[33]
287b	(1′S,2′S,3′S)-(−)-cochlearol R	$C_{21}H_{28}O_4$	*G. cochlear*	
288	ganodercin N	$C_{21}H_{26}O_6$	*G. cochlear*	
289	3-*epi*-ganodercin P	$C_{21}H_{28}O_6$	*G. cochlear*	[59]
290	ganodercin P	$C_{21}H_{28}O_6$	*G. cochlear*	
291	ganodercin O	$C_{21}H_{26}O_6$	*G. cochlear*	
292a	(3′R,6′R,7′S)-(+)-cochlearin B	$C_{21}H_{28}O_4$	*G. cochlear*	[7]
292b	(3′S,6′S,7′R)-(−)-cochlearin B	$C_{21}H_{28}O_4$	*G. cochlear*	

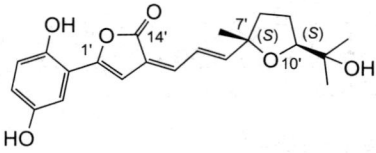

246a (7'*R*,10'*R*)-(+)-ganotheaecolumol E
246b (7'*S*,10'*S*)-(−)-ganotheaecolumol E

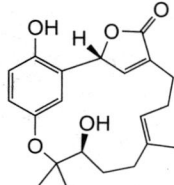

247 australeol A

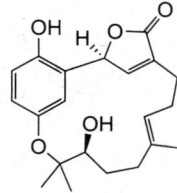

248 australeol B

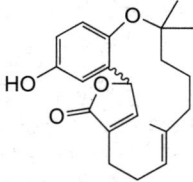

249a (+)-cochlearin C
249b (−)-cochlearin C

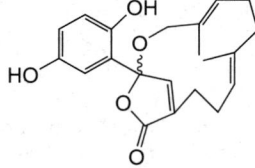

250a (7*R*)-(+)-ganoresinain A
250b (7*S*)-(−)-ganoresinain A

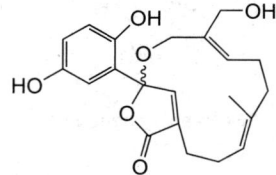

251 ganocapensin A

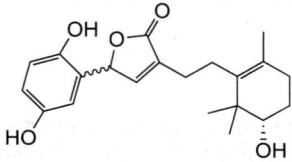

252 ganoresinain C

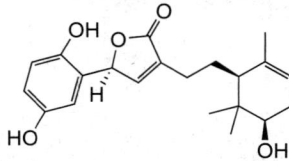

253 ganadone E

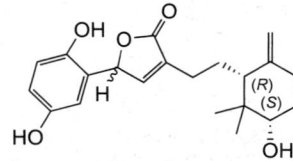

254 ganotheaecoloid G

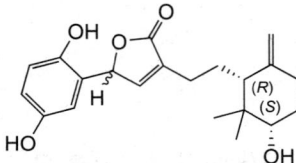

255 ganotheaecoloid H

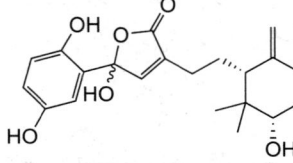

256 ganotheaecoloid I

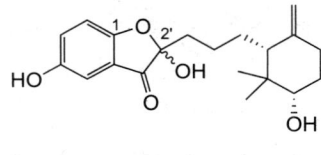

257 ganotheaecoloid A

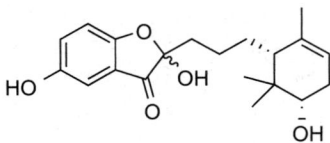

258 ganotheaecoloid B

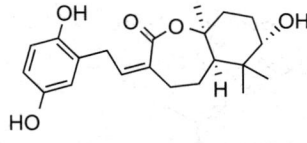

259 ganotheaecoloid K

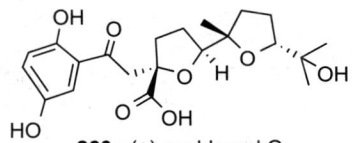

260a (+)-cochlearol Q
260b (−)-cochlearol Q

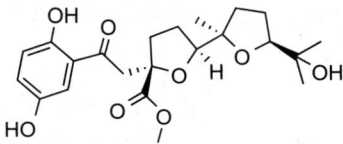

261 ganadone A

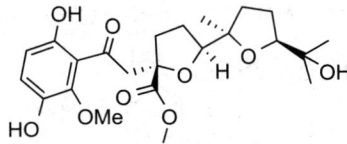

262 ganadone B

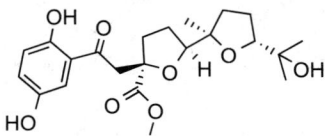

263 3',10'-di-*epi*-ganadone A

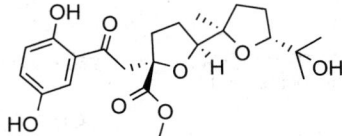

264 10'-*epi*-ganadone A

图4-7

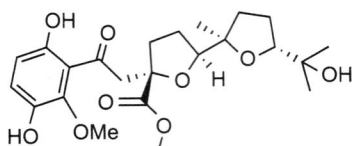

265 10'-*epi*-ganadone B

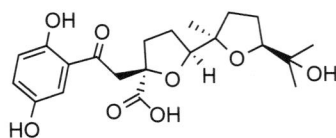

266 ganadone C

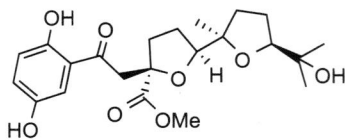

267 3'-*epi*-ganadone A

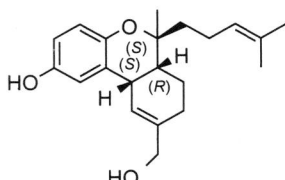

268a (1'S,6'R,7'S)-(+)-cochlearol S
268b (1'R,6'S,7'R)-(−)-cochlearol S

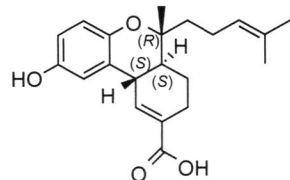

269a (1'S,6'S,7'R)-(+)-dayaolingzhiol A
269b (1'R,6'R,7'S)-(−)-dayaolingzhiol A

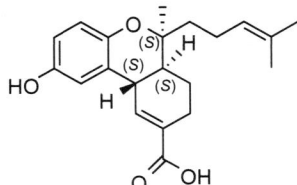

270a (1'S,6'S,7'S)-(+)-dayaolingzhiol B
270b (1'R,6'R,7'R)-(−)-dayaolingzhiol B

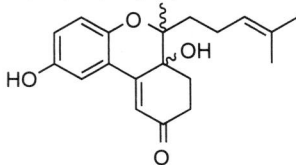

271a (6'R,7'R)-(+)-cochlearol W
271b (6'S,7'S)-(−)-cochlearol W

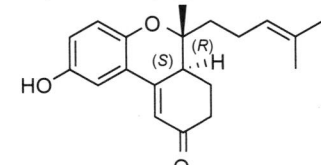

272a (6'R,7'S)-(+)-ganocochlearin A
272b (6'S,7'R)-(−)-ganocochlearin A

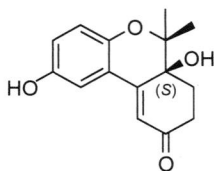

273a (6'S)-(+)-cochlearol X
273b (6'R)-(−)-cochlearol X

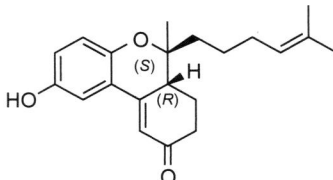

274a (6'S,7'R)-(+)-cochlearol Y
274b (6'R,7'S)-(−)-cochlearol Y

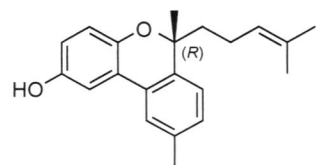

275a (7'R)-(+)-cochlearol F
275b (7'S)-(−)-cochlearol F

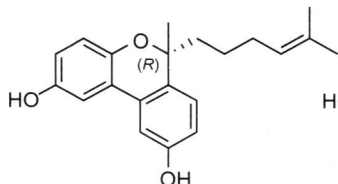

276a (7'S)-(+)-cochlearol T
276b (7'R)-(−)-cochlearol T

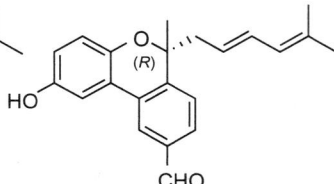

277a (7'S)-(+)-cochlearol U
277b (7'R)-(−)-cochlearol U

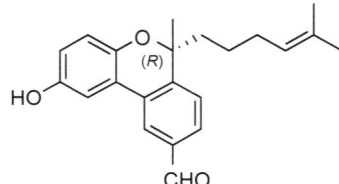

278a (7'S)-(+)-ganocochlearin C
278b (7'R)-(−)-ganocochlearin C

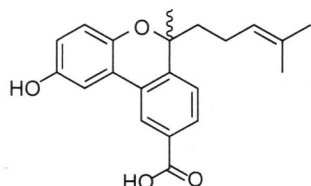

279a (6'S)-(+)-ganocochlearin D
279b (6'R)-(−)-ganocochlearin D

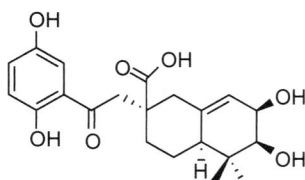

280 cochlearol N

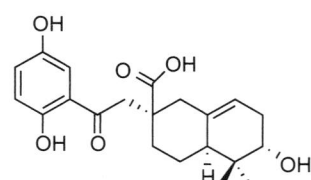

281 cochlearol O

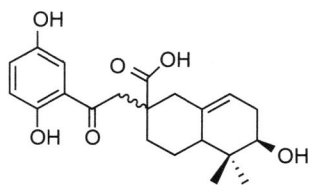

282 ganoresinain D

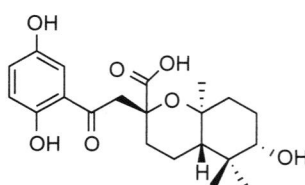

283 cochlearol P

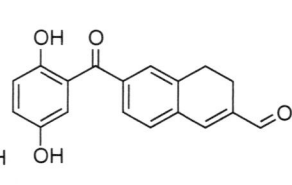

284 baoslingzhine A

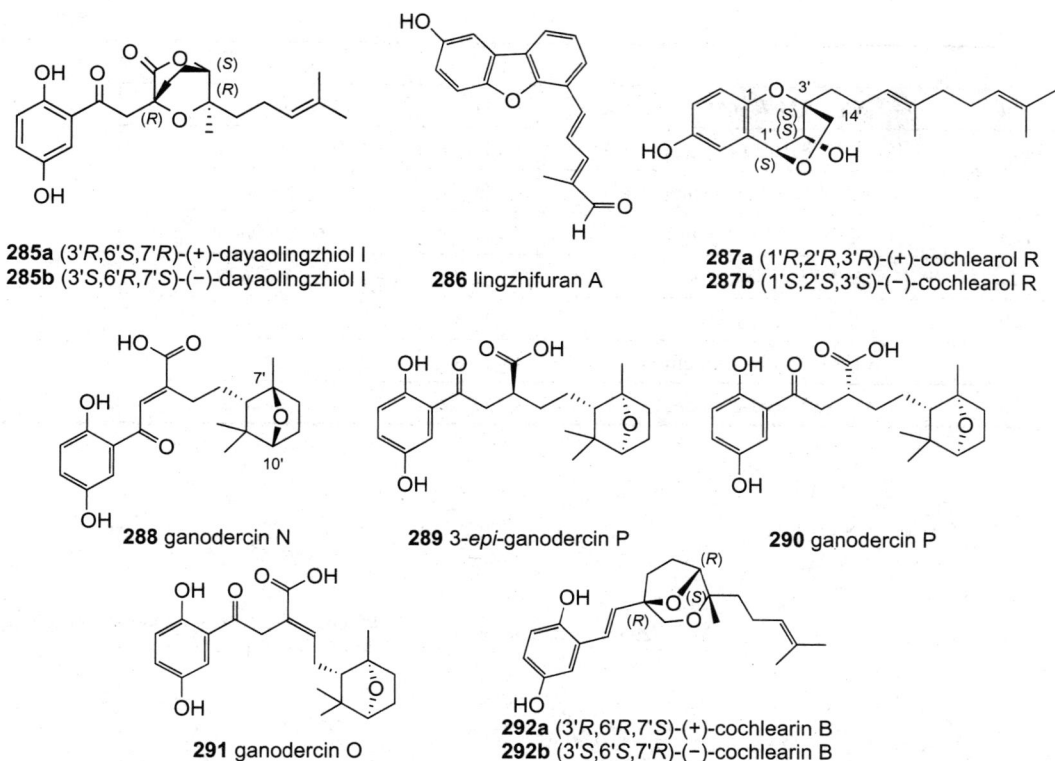

285a (3'R,6'S,7'R)-(+)-dayaolingzhiol I
285b (3'S,6'R,7'S)-(−)-dayaolingzhiol I

286 lingzhifuran A

287a (1'R,2'R,3'R)-(+)-cochlearol R
287b (1'S,2'S,3'S)-(−)-cochlearol R

288 ganodercin N

289 3-*epi*-ganodercin P

290 ganodercin P

291 ganodercin O

292a (3'R,6'R,7'S)-(+)-cochlearin B
292b (3'S,6'S,7'R)-(−)-cochlearin B

图4-7 双环C$_{15}$侧链灵芝杂萜衍生物化学结构

4. 多环 C$_{15}$ 侧链灵芝杂萜衍生物

多环 C$_{15}$ 侧链灵芝杂萜衍生物是以双环侧链灵芝杂萜为前体，进一步发生环氧化或酯化等反应形成多个碳环或杂环，其名称、化学式、来源见表 4-8，结构见图 4-8。

表 4-8 多环 C$_{15}$ 侧链灵芝杂萜衍生物的名称、化学式、来源及参考文献

编号	名称	化学式	来源	参考文献
293	gancochlearol G	C$_{21}$H$_{26}$O$_5$	*G. cochlear*	[13]
294	gancochlearol H	C$_{21}$H$_{26}$O$_5$	*G. cochlear*	
295a	(6'R,8'S,11'R)-(+)-ganotheaecoloid J	C$_{22}$H$_{28}$O$_6$	*G. theaecolum, G. australe*	[50]
295b	(6'S,8'R,11'S)-(−)-ganotheaecoloid J	C$_{22}$H$_{28}$O$_6$	*G. theaecolum, G. australe*	
296	ganoresinoid E	C$_{22}$H$_{28}$O$_6$	*G. resinaceum*	[61]
297a	(1'S,6'S,7'S,10'S)-(+)-cochlearol B	C$_{21}$H$_{24}$O$_3$	*G. cochlear*	[40]
297b	(1'R,6'R,7'R,10'R)-(+)-cochlearol B	C$_{21}$H$_{24}$O$_3$	*G. cochlear*	
298	ganodermaone A	C$_{21}$H$_{26}$O$_6$	*G. cochlear*	[55]
299a	(3'S,6'S,7'S)-(+)-cochlactone A	C$_{21}$H$_{26}$O$_5$	*G. cochlear*	[62]
299b	(3'R,6'R,7'R)-(−)-cochlactone A	C$_{21}$H$_{26}$O$_5$	*G. cochlear*	

159

编号	名称	化学式	来源	参考文献
300a	(1′S,6′S,7′S,10′R)-(+)-ganocin A	$C_{21}H_{24}O_4$	*G. cochlear*	[60]
300b	(1′R,6′R,7′R,10′S)-(−)-ganocin A	$C_{21}H_{24}O_4$	*G. cochlear*	
301a	(6′R,7′R,10′R)-(+)-ganocin B	$C_{20}H_{22}O_3$	*G. cochlear*	
301b	(6′S,7′S,10′S)-(−)-ganocin B	$C_{20}H_{22}O_3$	*G. cochlear*	
302a	(6′R,7′R)-(+)-ganocin C	$C_{20}H_{22}O_3$	*G. cochlear*	[63]
302b	(6′S,7′S)-(−)-ganocin C	$C_{20}H_{22}O_3$	*G. cochlear*	
303a	(1′R,6′R)-(+)-ganocin D	$C_{20}H_{22}O_3$	*G. cochlear*	
303b	(1′S,6′S)-(−)-ganocin D	$C_{20}H_{22}O_3$	*G. cochlear*	

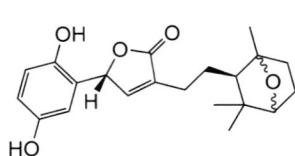

293 gancochlearol G

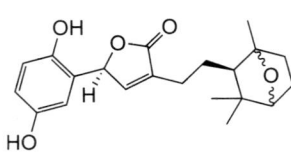

294 gancochlearol H

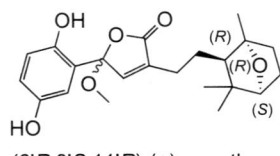

295a (6′R,8′S,11′R)-(+)-ganotheaecoloid J
295b (6′S,8′R,11′S)-(−)-ganotheaecoloid J

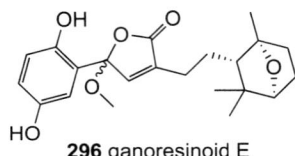

296 ganoresinoid E

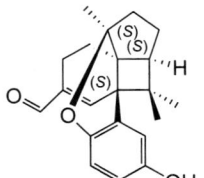

297a (1′S,6′S,7′S,10′S)-(+)-cochlearol B
297b (1′R,6′R,7′R,10′R)-(−)-cochlearol B

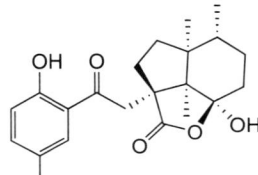

298 ganodermaone A

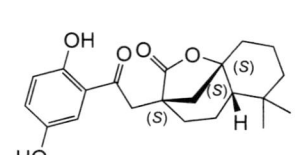

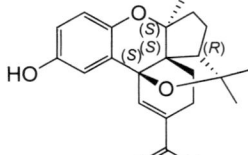

299a (3′S,6′S,7′S)-(+)-cochlactone A **300a** (1′S,6′S,7′S,10′R)-(+)-ganocin A **301a** (6′R,7′R,10′R)-(+)-ganocin B
299b (3′R,6′R,7′R)-(−)-cochlactone A **300b** (1′R,6′R,7′R,10′S)-(−)-ganocin A **301b** (6′S,7′S,10′S)-(−)-ganocin B

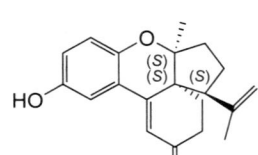

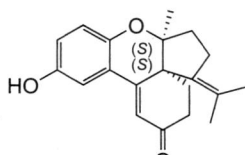

302a (6′R,7′R)-(+)-ganocin C **303a** (1′R,6′R)-(+)-ganocin D
302b (6′S,7′S)-(−)-ganocin C **303b** (1′S,6′S)-(−)-ganocin D

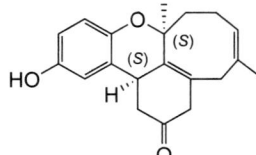

图4-8　多环C_{15}侧链灵芝杂萜衍生物化学结构

三、杂萜二聚体

杂萜二聚反应类型主要包括：[4+2] 环加成、苯酚偶联反应、酯化、亲核加成等。杂萜二聚体的名称、化学式、来源见表4-9，结构见图4-9。

表 4-9　杂萜二聚体的名称、化学式、来源及参考文献

编号	名称	化学式	来源	参考文献
304a	(13aS,15aR,7bS,8bS,9bR,11bS)-(+)-applandimeric acid B	$C_{32}H_{28}O_{11}$	*G. applanatum*	[64]
304b	(13aR,15aS,7bR,8bR,9bS,11bR)-(−)-applandimeric acid B	$C_{32}H_{28}O_{11}$	*G. applanatum*	
305a	(13aR,15aS,7bR,8bR,9bR,11bR)-(+)-applandimeric acid C	$C_{32}H_{28}O_{11}$	*G. applanatum*	
305b	(13aS,15aR,7bS,8bS,9bS,11bS)-(−)-applandimeric acid C	$C_{32}H_{28}O_{11}$	*G. applanatum*	
306a	(13aR,15aS,7bR,8bR,9bR,11bR)-(+)-applandimeric acid D	$C_{32}H_{28}O_{11}$	*G. applanatum*	
306b	(13aS,15aR,7bS,8bS,9bS,11bS)-(−)-applandimeric acid D	$C_{32}H_{28}O_{11}$	*G. applanatum*	
307a	(13aR,15aR,7bS,8bS,9bR,11bR)-(+)-applanmerotic acid A	$C_{32}H_{28}O_{11}$	*G. applanatum*	[65]
307b	(13aS,15aS,7bR,8bR,9bS,11bS)-(−)-applanmerotic acid A	$C_{32}H_{28}O_{11}$	*G. applanatum*	
308a	(13R,9′R,12′R,13′S,14′S,15′S)-(+)-applanatumine B	$C_{32}H_{30}O_{13}$	*G. applanatum*	[66]
308b	(13S,9′S,12′S,13′R,14′R,15′R)-(−)-applanatumine B	$C_{32}H_{30}O_{13}$	*G. applanatum*	
309a	(7S,13R,9′R,12′R,13′S,14′S,15′S)-(+)-applanatumine C	$C_{32}H_{30}O_{12}$	*G. applanatum*	
309b	(7R,13S,9′S,12′S,13′R,14′R,15′R)-(−)-applanatumine C	$C_{32}H_{30}O_{12}$	*G. applanatum*	
310a	(7R,13R,9′R,12′R,13′S,14′S,15′S)-(+)-applanatumine D	$C_{32}H_{30}O_{12}$	*G. applanatum*	
310b	(7S,13S,9′S,12′S,13′R,14′R,15′R)-(−)-applanatumine D	$C_{32}H_{30}O_{12}$	*G. applanatum*	
311a	(13aR,15 aR,9bS,11bR)-(+)-applandimeric acid A	$C_{32}H_{28}O_{11}$	*G. applanatum*	[64]
311b	(13aS,15 aS,9bR,11bS)-(−)-applandimeric acid A	$C_{32}H_{28}O_{11}$	*G. applanatum*	
312	applanmerotic acid B	$C_{31}H_{24}O_{11}$	*G. applanatum*	[65]
313a	(8aR,9aR,10aS,11aR,12aS,7bS)-(+)-spiroganoapplanin A	$C_{34}H_{28}O_{12}$	*G. applanatum*	[67]
313b	(8aS,9aS,10aR,11aS,12aR,7bR)-(−)-spiroganoapplanin A	$C_{34}H_{28}O_{12}$	*G. applanatum*	
314a	(1′R,3′S,6′S,7′S,9′S)-(+)-ganoapplanin	$C_{24}H_{20}O_{10}$	*G. applanatum*	[68]
314b	(1′S,3′R,6′R,7′S,9′R)-(−)-ganoapplanin	$C_{24}H_{20}O_{10}$	*G. applanatum*	

编号	名称	化学式	来源	参考文献
315a	(7*R*,9*S*,13*S*)-(+)-cochlearoid A	$C_{40}H_{48}O_8$	*G. cochlear*	
315b	(7*S*,9*R*,13*R*)-(−)-cochlearoid A	$C_{40}H_{48}O_8$	*G. cochlear*	
316a	(7*R*,9*S*,13*S*)-(+)-cochlearoid B	$C_{38}H_{46}O_6$	*G. cochlear*	
316b	(7*S*,9*R*,13*R*)-(−)-cochlearoid B	$C_{38}H_{46}O_6$	*G. cochlear*	
317a	(7*R*,9*S*,13*S*)-(+)-cochlearoid C	$C_{43}H_{54}O_7$	*G. cochlear*	[69]
317b	(7*S*,9*R*,13*R*)-(−)-cochlearoid C	$C_{43}H_{54}O_7$	*G. cochlear*	
318a	(7*R*,9*S*,13*S*)-(+)-cochlearoid D	$C_{43}H_{54}O_7$	*G. cochlear*	
318b	(7*S*,9*R*,13*R*)-(−)-cochlearoid D	$C_{43}H_{54}O_7$	*G. cochlear*	
319a	(7*R*,9*S*,13*S*)-(+)-cochlearoid E	$C_{40}H_{48}O_8$	*G. cochlear*	
319b	(7*S*,9*R*,13*R*)-(−)-cochlearoid E	$C_{40}H_{48}O_8$	*G. cochlear*	
320a	(7*R*,9*S*,13*S*)-(+)-cochlearoid Q	$C_{38}H_{44}O_8$	*G. cochlear*	[42]
320b	(7*S*,9*R*,13*R*)-(−)-cochlearoid Q	$C_{38}H_{44}O_8$	*G. cochlear*	
321a	(7*R*,9*S*,13*S*)-(+)-cochlearin J	$C_{33}H_{36}O_8$	*G. cochlear*	[31]
321b	(7*S*,9*R*,13*R*)-(−)-cochlearin J	$C_{33}H_{36}O_8$	*G. cochlear*	
322a	(7*R*,9*S*,13*S*)-(+)-cochlearoid N	$C_{39}H_{48}O_7$	*G. cochlear*	
322b	(7*S*,9*R*,13*R*)-(−)-cochlearoid N	$C_{39}H_{48}O_7$	*G. cochlear*	
323a	(7*R*,9*S*,13*S*)-(+)-cochlearoid O	$C_{39}H_{46}O_8$	*G. cochlear*	[70]
323b	(7*S*,9*R*,13*R*)-(−)-cochlearoid O	$C_{39}H_{46}O_8$	*G. cochlear*	
324a	(7*S*,9*R*,13*R*)-(+)-cochlearoid P	$C_{39}H_{46}O_8$	*G. cochlear*	
324b	(7*R*,9*S*,13*S*)-(−)-cochlearoid P	$C_{39}H_{46}O_8$	*G. cochlear*	
325	cochlearoid H	$C_{28}H_{30}O_7$	*G. cochlear*	
326	cochlearoid I	$C_{28}H_{32}O_6$	*G. cochlear*	
327	cochlearoid J	$C_{27}H_{30}O_6$	*G. cochlear*	[71-72]
328	cochlearoid K	$C_{23}H_{22}O_7$	*G. cochlear*	
329	cochlearoid L	$C_{28}H_{32}O_5$	*G. cochlear*	
330	cochlearoid M	$C_{28}H_{30}O_7$	*G. cochlear*	
331a	(7*R*)-(+)-dimercochlearlactone D	$C_{42}H_{52}O_7$	*G. cochlear*	[73]
331b	(7*S*)-(−)-dimercochlearlactone D	$C_{42}H_{52}O_7$	*G. cochlear*	
332	cochlearoid G	$C_{42}H_{52}O_7$	*G. cochlear*	[71]
333	cochlearoid F	$C_{42}H_{52}O_7$	*G. cochlear*	
334a	(7*R*,9'*R*)-(+)-ganodilactone	$C_{42}H_{50}O_7$	*G. leucocontextu*	[74]
334b	(7*S*,9'*S*)-(−)-ganodilactone	$C_{42}H_{50}O_7$	*G. leucocontextu*	

续表

编号	名称	化学式	来源	参考文献
335	spirocochlealactone B	$C_{37}H_{42}O_8$	*G. cochlear*	[75]
336	spirocochlealactone C	$C_{37}H_{42}O_8$	*G. cochlear*	
337	dimercochlearlactone I	$C_{32}H_{34}O_8$	*G. cochlear*	
338	spirocochlealactone A	$C_{42}H_{50}O_8$	*G. cochlear,* *G. lucidum*	
339	dimercochlearlactone J	$C_{32}H_{34}O_8$	*G. cochlear*	
340	dimercochlearlactone E	$C_{42}H_{52}O_7$	*G. cochlear*	[73]
341	dimercochlearlactone C	$C_{42}H_{54}O_7$	*G. cochlear*	
342a	(7′R)-(+)-dimercochlearlactone G	$C_{43}H_{54}O_8$	*G. cochlear*	
342b	(7′S)-(−)-dimercochlearlactone G	$C_{43}H_{54}O_8$	*G. cochlear*	
343a	(7R,9′S,10′R,13′S,14′R)-(+)-dispirocochlearoid C	$C_{37}H_{42}O_7$	*G. cochlear*	[76]
343b	(7S,9′R,10′S,13′R,14′S)-(−)-dispirocochlearoid C	$C_{37}H_{42}O_7$	*G. cochlear*	
344	applanatumin A	$C_{32}H_{30}O_{12}$	*G. applanatum*	[77]
345a	(+)-dimercochlearlactone F	$C_{42}H_{54}O_7$	*G. cochlear*	[73]
345b	(−)-dimercochlearlactone F	$C_{42}H_{54}O_7$	*G. cochlear*	
346a	(7′R)-(+)-gancochlearol A	$C_{42}H_{54}O_7$	*G. cochlear*	
346b	(7′S)-(−)-gancochlearol A	$C_{42}H_{54}O_7$	*G. cochlear*	[78]
347a	(7′R)-(+)-gancochlearol B	$C_{37}H_{46}O_7$	*G. cochlear*	
347b	(7′S)-(−)-gancochlearol B	$C_{37}H_{46}O_7$	*G. cochlear*	
348	dimercochlearlactone H	$C_{42}H_{52}O_6$	*G. cochlear*	[73]
349a	(7R,9′R,10′R,13′S,14′R)-(+)-dispirocochlearoid A	$C_{42}H_{50}O_7$	*G. cochlear*	
349b	(7S,9′S,10′S,13′R,14′S)-(−)-dispirocochlearoid A	$C_{42}H_{50}O_7$	*G. cochlear*	
350a	(7R,9′S,10′R,13′S,14′R)-(+)-dispirocochlearoid B	$C_{42}H_{50}O_7$	*G. cochlear*	[76]
350b	(7S,9′S,10′S,13′R,14′S)-(−)-dispirocochlearoid B	$C_{42}H_{50}O_7$	*G. cochlear*	
351a	(9R)-(+)-dimercochlearlactone A	$C_{36}H_{42}O_8$	*G. cochlear*	
351b	(9S)-(−)-dimercochlearlactone A	$C_{36}H_{42}O_8$	*G. cochlear*	
352a	(9R)-(+)-dimercochlearlactone B	$C_{41}H_{50}O_8$	*G. cochlear*	[73]
352b	(9S)-(−)-dimercochlearlactone B	$C_{41}H_{50}O_8$	*G. cochlear*	
353	ganoleucin D	$C_{32}H_{30}O_{11}$	*G. lucidum,* *G. leucocontextum*	[8]
354a	(7S)-(+)-gancochlearol C	$C_{42}H_{50}O_7$	*G. cochlear*	[42]
354b	(7R)-(−)-gancochlearol C	$C_{42}H_{50}O_7$	*G. cochlear*	

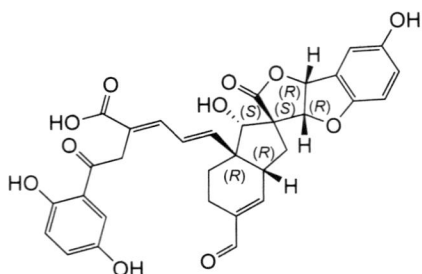

304a (13a*S*,15a*R*,7b*S*,8b*S*,9b*R*,11b*S*)-
(+)-applandimeric acid B
304b (13a*R*,15a*S*,7b*R*,8b*R*,9b*S*,11b*R*)-
(−)-applandimeric acid B

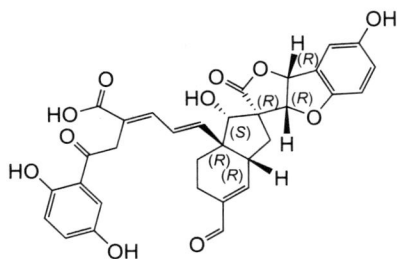

305a (13a*R*,15a*S*,7b*R*,8b*R*,9b*R*,11b*R*)-
(+)-applandimeric acid C
305b (13a*S*,15a*R*,7b*S*,8b*S*,9b*S*,11b*S*)-
(−)-applandimeric acid C

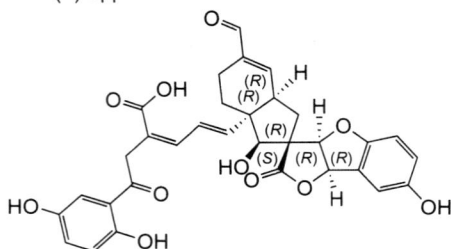

306a (13a*R*,15a*S*,7b*R*,8b*R*,9b*R*,11b*R*)-
(+)-applandimeric acid D
306b (13a*S*,15a*R*,7b*S*,8b*S*,9b*S*,11b*S*)-
(−)-applandimeric acid D

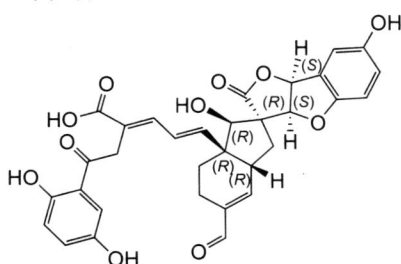

307a (13a*R*,15a*R*,7b*S*,8b*S*,9b*R*,11b*R*)-
(+)-applandimeric acid A
307b (13a*S*,15a*S*,7b*R*,8b*R*,9b*S*,11b*S*)-
(−)-applandimeric acid A

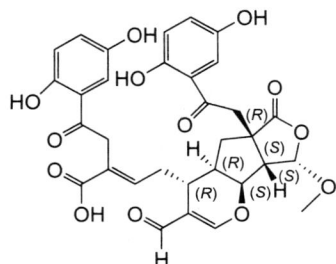

308a (13*R*,9'*R*,12'*R*,13'*S*,14'*S*,15'*S*)-
(+)-applanatumine B
308b (13*S*,9'*S*,12'*S*,13'*R*,14'*R*,15'*R*)-
(−)-applanatumine B

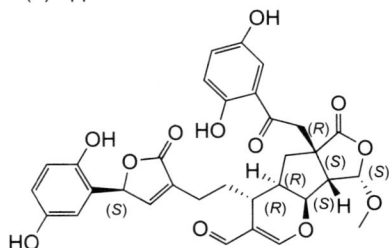

309a (7*S*,13*R*,9'*R*,12'*R*,13'*S*,14'*S*,15'*S*)-
(+)-applanatumine C
309b (7*R*,13*S*,9'*S*,12'*S*,13'*R*,14'*R*,15'*R*)-
(−)-applanatumine C

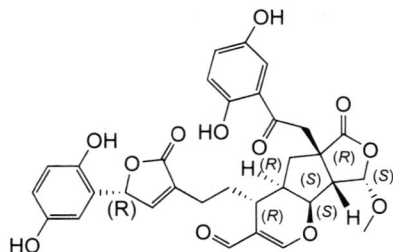

310a (7*R*,13*R*,9'*R*,12'*R*,13'*S*,14'*S*,15'*S*)-
(+)-applanatumine D
310b (7*S*,13*S*,9'*S*,12'*S*,13'*R*,14'*R*,15'*R*)-
(−)-applanatumine D

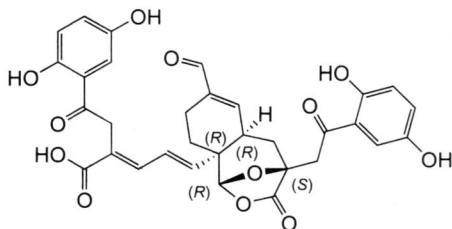

311a (13a*R*,15a*R*,9b*S*,11b*R*)-
(+)-applandimeric acid A
311b (13a*S*,15a*S*,9b*R*,11b*S*)-
(−)-applandimeric acid A

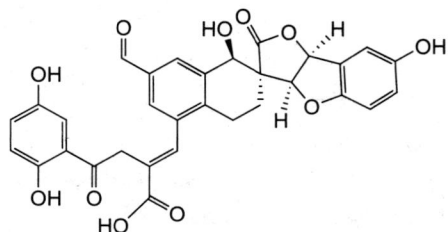

312 applanmerotic acid B

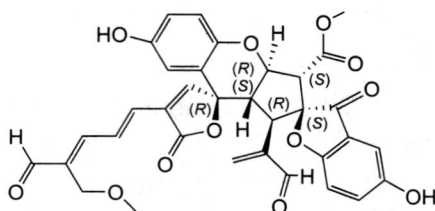

313a (8a*R*,9a*R*,10a*S*,11a*R*,12a*S*,7b*S*)-
(+)-spiroganoapplanin A
313b (8a*S*,9a*S*,10a*R*,11a*S*,12a*R*,7b*R*)-
(−)-spiroganoapplanin A

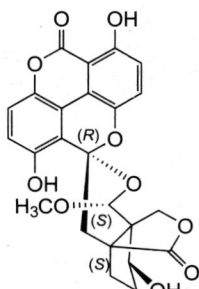

314a (1'*R*,3'*S*,6'*S*,7'*R*,9'*S*)-(+)-ganoapplanin
314b (1'*S*,3'*R*,6'*R*,7'*S*,9'*R*)-(−)-ganoapplanin

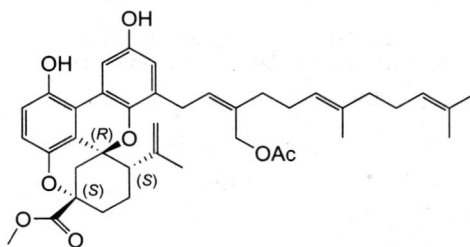

315a (7*R*,9*S*,13*S*)-(+)-cochlearoid A
315b (7*S*,9*R*,13*R*)-(−)-cochlearoid A

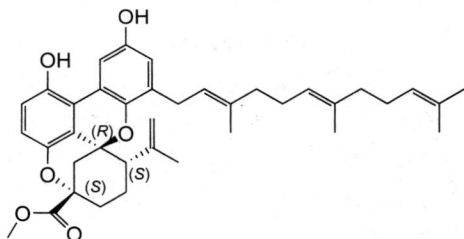

316a (7*R*,9*S*,13*S*)-(+)-cochlearoid B
316b (7*S*,9*R*,13*R*)-(−)-cochlearoid B

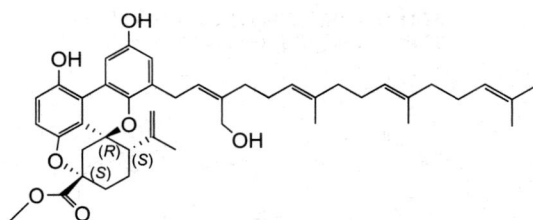

317a (7*R*,9*S*,13*S*)-(+)-cochlearoid C
317b (7*S*,9*R*,13*R*)-(−)-cochlearoid C

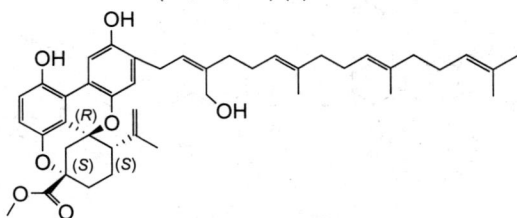

318a (7*R*,9*S*,13*S*)- (+)-cochlearoid D
318b (7*S*,9*R*,13*R*)-(−)-cochlearoid D

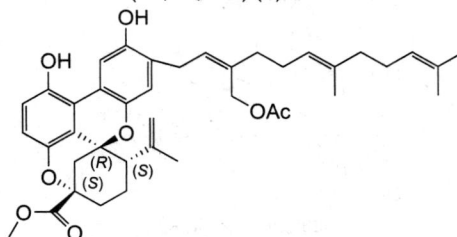

319a (7*R*,9*S*,13*S*)-(+)-cochlearoid E
319b (7*S*,9*R*,13*R*)-(−)-cochlearoid E

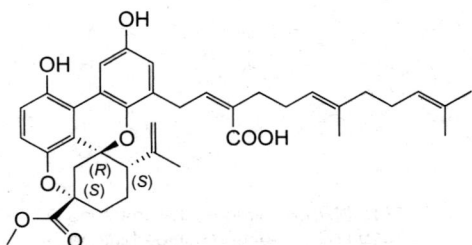

320a (7*R*,9*S*,13*S*)-(+)-cochlearoid Q
320b (7*S*,9*R*,13*R*)-(−)-cochlearoid Q

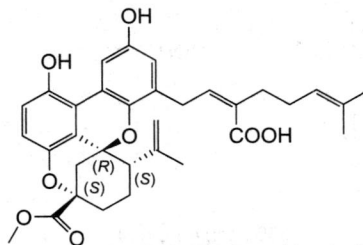

321a (7*R*,9*S*,13*S*)-(+)-cochlearin J
321b (7*S*,9*R*,13*R*)-(−)-cochlearin J

图4-9

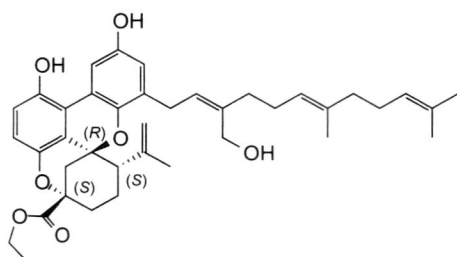

322a (7R,9S,13S)-(+)-cochlearoid N
322b (7S,9R,13R)-(−)-cochlearoid N

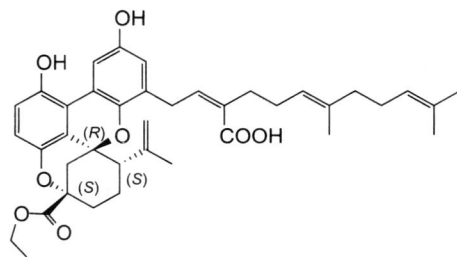

323a (7R,9S,13S)-(+)-cochlearoid O
323b (7S,9R,13R)-(−)-cochlearoid O

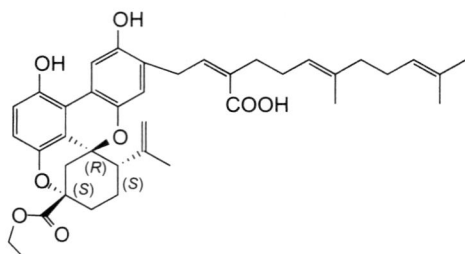

324a (7S,9R,13R)-(+)-cochlearoid P
324b (7R,9S,13S)-(−)-cochlearoid P

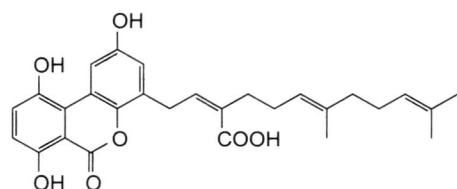

325 cochlearoid H

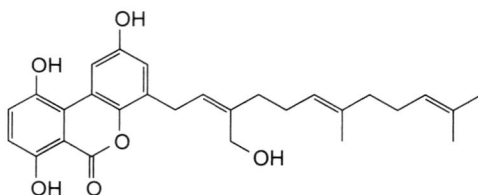

326 cochlearoid I

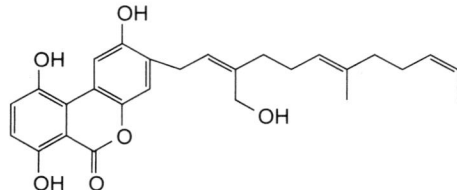

327 cochlearoid J

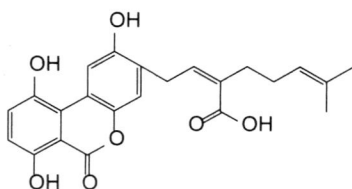

328 cochlearoid K

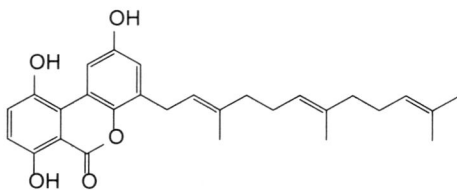

329 cochlearoid L

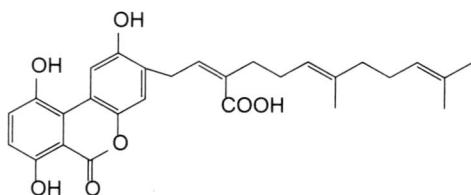

330 cochlearoid M

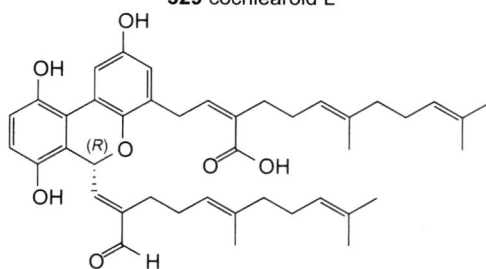

331a (7R)-(+)-dimercochlearlactone D
331b (7S)-(−)-dimercochlearlactone D

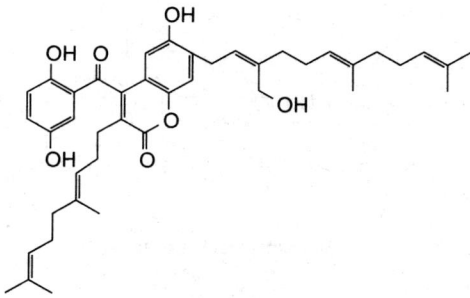

332 cochlearoid G

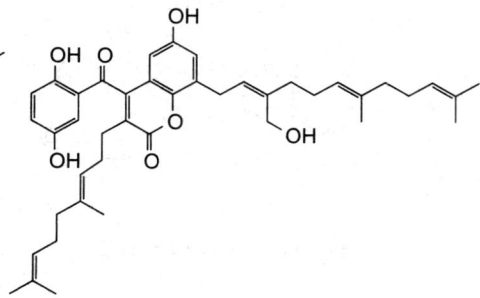

333 cochlearoid F

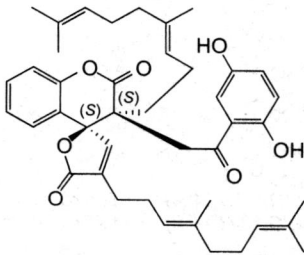

334a (7*R*,9'*R*)-(+)-ganodilactone
334b (7*S*,9'*S*)-(−)-ganodilactone

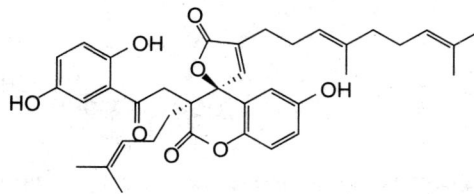

335 spirocochlealactone B

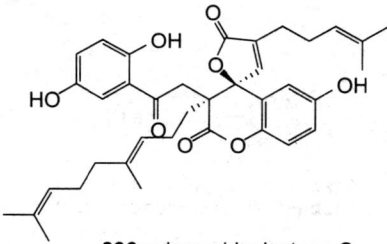

336 spirocochlealactone C

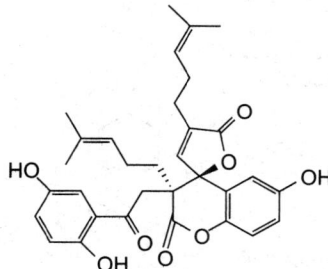

337 dimercochlearlactone I

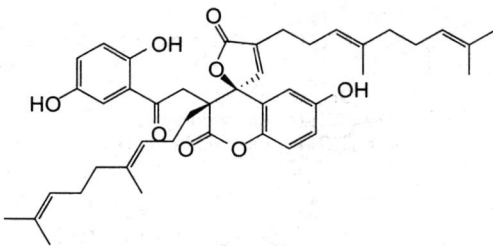

338 spirocochlealactone A

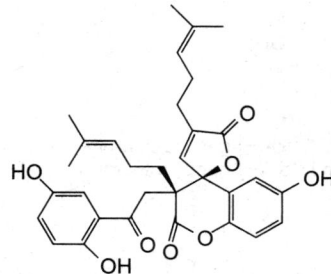

339 dimercochlearlactone J

图4-9

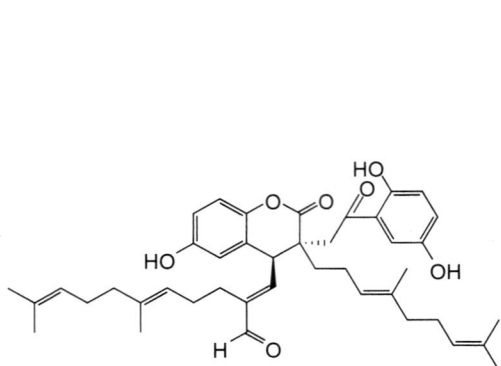

340 dimercochlearlactone E

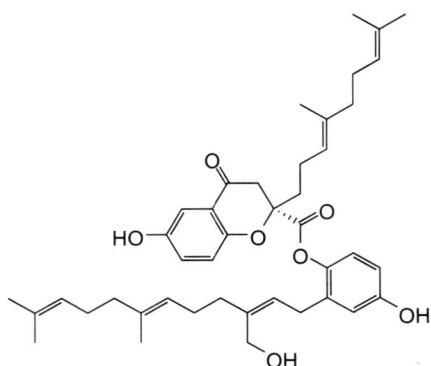

341 dimercochlearlactone C

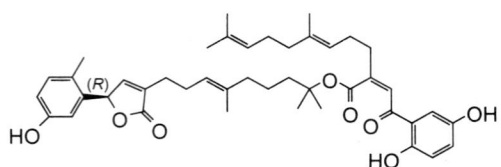

342a (7′*R*)-(+)-dimercochlearlactone G
342b (7′*S*)-(−)-dimercochlearlactone G

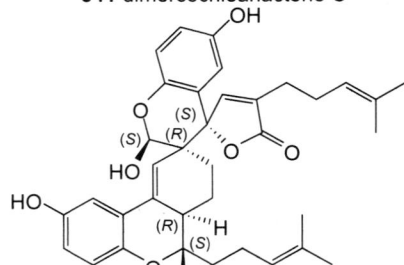

343a (7*R*,9′*S*,10′*R*,13′*S*,14′*R*)-(+)-dispirocochlearoid C
343b (7*S*,9′*R*,10′*S*,13′*R*,14′*S*)-(−)-dispirocochlearoid C

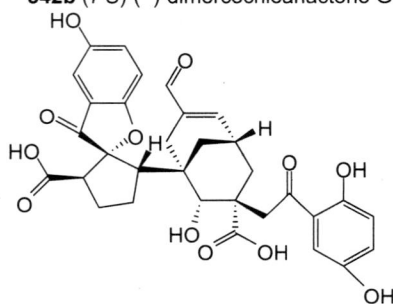

344 applanatumin A

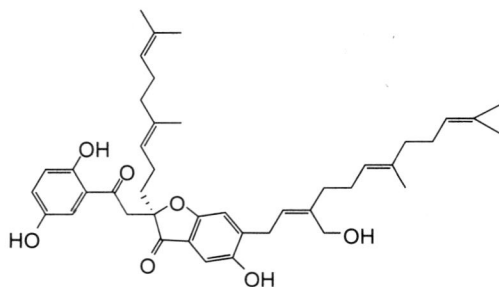

345a (+)-dimercochlearlactone F
345b (−)-dimercochlearlactone F

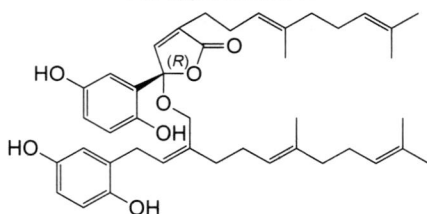

346a (7′*R*)-(+)-gancochlearol A
346b (7′*S*)-(−)-gancochlearol A

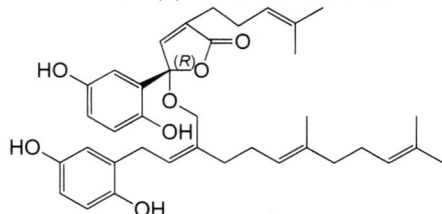

347a (7′*R*)-(+)-gancochlearol B
347b (7′*S*)-(−)-gancochlearol B

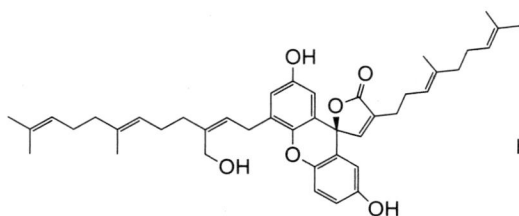

348 dimercochlearlactone H

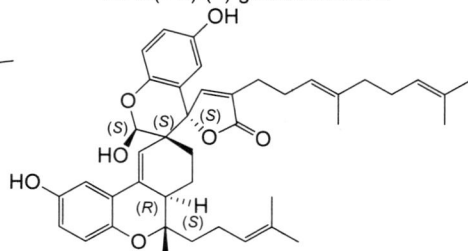

349a (7*R*,9′*R*,10′*R*,13′*S*,14′*R*)-(+)-dispirocochlearoid A
349b (7*S*,9′*S*,10′*S*,13′*R*,14′*S*)-(−)-dispirocochlearoid A

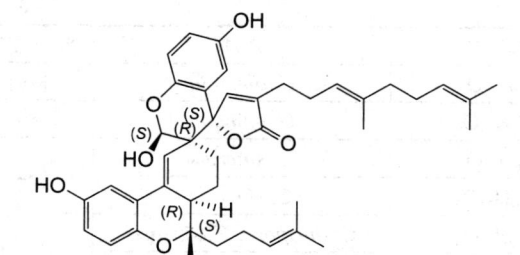

350a (7*R*,9′*S*,10′*R*,13′*S*,14′*R*)-(+)-dispirocochlearoid B
350b (7*S*,9′*R*,10′*S*,13′*R*,14′*S*)-(−)-dispirocochlearoid B

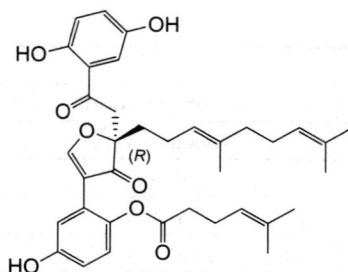

351a (9*R*)-(+)-dimercochlearlactone A
351b (9*S*)-(−)-dimercochlearlactone A

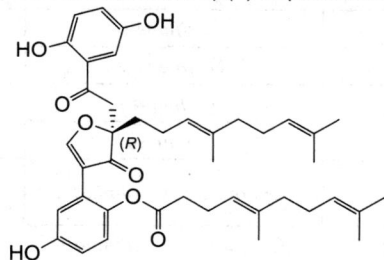

352a (9*R*)-(+)-dimercochlearlactone B
352b (9*S*)-(−)-dimercochlearlactone B

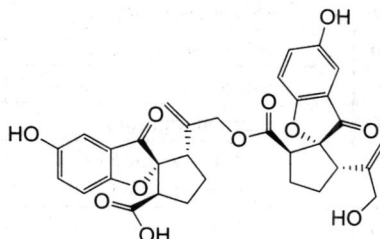

353 ganoleucin D

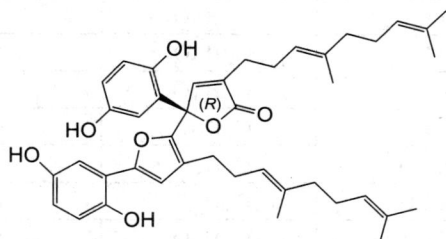

354a (7*S*)-(+)-gancochlearol C
354b (7*R*)-(−)-gancochlearol C

图4-9　杂萜二聚体化学结构

四、杂萜 - 对香豆酸 / 咖啡酸聚合物

　　该类聚合物杂萜部分多为 C_{15} 侧链，其末端 13′ 甲基氧化成醇，再与对香豆酸或咖啡酸的羧基酯化形成，其名称、化学式、来源见表 4-10，结构见图 4-10。

表 4-10　杂萜 - 对香豆酸 / 咖啡酸聚合物的名称、化学式、来源及参考文献

编号	名称	化学式	来源	参考文献
355	zizhine R	$C_{30}H_{34}O_8$	*G. sinensis*	[6]
356	zizhine Z	$C_{30}H_{36}O_8$	*G. sinensis*	[54]
357	ganoduriporol F	$C_{30}H_{32}O_9$	*G. ahmadii*	[79]
358	zizhine Y	$C_{31}H_{36}O_9$	*G. sinensis*	[54]
359	zizhine S	$C_{31}H_{34}O_9$	*G. sinensis*	[6]

编号	名称	化学式	来源	参考文献
360	ganoduriporol H	$C_{32}H_{34}O_{10}$	*G. ahmadii*	[79]
361	ganoduriporol E	$C_{30}H_{34}O_9$	*G. ahmadii*	[80]
362	zizhine V	$C_{30}H_{32}O_{10}$	*G. sinensis*	[54]
363	zizhine W	$C_{30}H_{34}O_9$	*G. sinensis*	
364	ganoduriporol A	$C_{30}H_{34}O_9$	*G. duripora, G. sinensis*	[48, 81]
365	ganoduriporol B	$C_{30}H_{36}O_9$	*G. duripora, G. sinensis*	
366	zizhine K	$C_{30}H_{32}O_9$	*G. sinensis*	[48]
367a	(8′S)-(+)-zizhine X	$C_{30}H_{32}O_9$	*G. sinensis*	[54]
367b	(8′R)-(−)-zizhine X	$C_{30}H_{32}O_9$	*G. sinensis*	
368	ganoduriporol G	$C_{30}H_{34}O_{10}$	*G. ahmadii*	[79]
369	ganoduriporol I	$C_{32}H_{36}O_{10}$	*G. ahmadii*	
370a	(7′R)-(+)-zizhine L/ ganoduriporol C	$C_{30}H_{34}O_{10}$	*G. sinensis, G. ahmadii*	[48]
370b	(7′S)-(−)-zizhine L	$C_{30}H_{34}O_{10}$	*G. sinensis, G. ahmadii*	
371	ganoduriporol D	$C_{30}H_{34}O_9$	*G. ahmadii*	[80]
372	ganosinensol C	$C_{31}H_{34}O_9$	*G. sinensis*	[82-83]
373	ganosinensol D	$C_{31}H_{34}O_9$	*G. sinensis*	
374	ganosinensol E	$C_{31}H_{36}O_9$	*G. sinensis*	
375	ganosinensol F	$C_{31}H_{36}O_9$	*G. sinensis*	
376	ganosinensol K	$C_{31}H_{34}O_8$	*G. sinensis*	[84]
377a	(1′R)-(+)-zizhine G	$C_{30}H_{32}O_7$	*G. sinensis*	[48]
377b	(1′S)-(−)-zizhine G	$C_{30}H_{32}O_7$	*G. sinensis*	
378a	(1′R)-(+)-zizhine I	$C_{30}H_{32}O_8$	*G. sinensis*	
378b	(1′S)-(−)-zizhine I	$C_{30}H_{32}O_8$	*G. sinensis*	
379	ganosinensol A	$C_{30}H_{32}O_8$	*G. sinensis*	[48,82]
380	ganosinensol B	$C_{30}H_{32}O_8$	*G. sinensis*	
381	zizhine T	$C_{30}H_{32}O_9$	*G. sinensis*	[6,48]
382	1′-epimer of zizhine T	$C_{30}H_{32}O_9$	*G. sinensis*	
383	(±)-zizhine J	$C_{30}H_{34}O_8$	*G. sinensis*	[48]
384	ganosinensol H	$C_{30}H_{34}O_8$	*G. sinensis*	[48,83]
385	ganosinensol G	$C_{30}H_{34}O_8$	*G. sinensis*	
386	ganosinensol I	$C_{31}H_{36}O_9$	*G. sinensis*	
387	ganosinensol J	$C_{31}H_{36}O_9$	*G. sinensis*	
388a	(1′R)-(+)-zizhine Z1	$C_{30}H_{30}O_9$	*G. sinensis*	[54]
388b	(1′S)-(−)-zizhine Z1	$C_{30}H_{30}O_9$	*G. sinensis*	
389a	(+)-zizhine Z2	$C_{29}H_{34}O_8$	*G. sinensis*	
389b	(−)-zizhine Z2	$C_{29}H_{34}O_8$	*G. sinensis*	
390a	(3′S)-(+)-zizhine Q	$C_{30}H_{32}O_9$	*G. sinensis, G. ahmadii*	[6]
390b	(3′R)-(−)-zizhine Q	$C_{30}H_{32}O_9$	*G. sinensis, G. ahmadii*	
391	ganoduriporol J	$C_{30}H_{34}O_9$	*G. ahmadii*	[79]
392	ganoduriporol K	$C_{30}H_{34}O_9$	*G. ahmadii*	

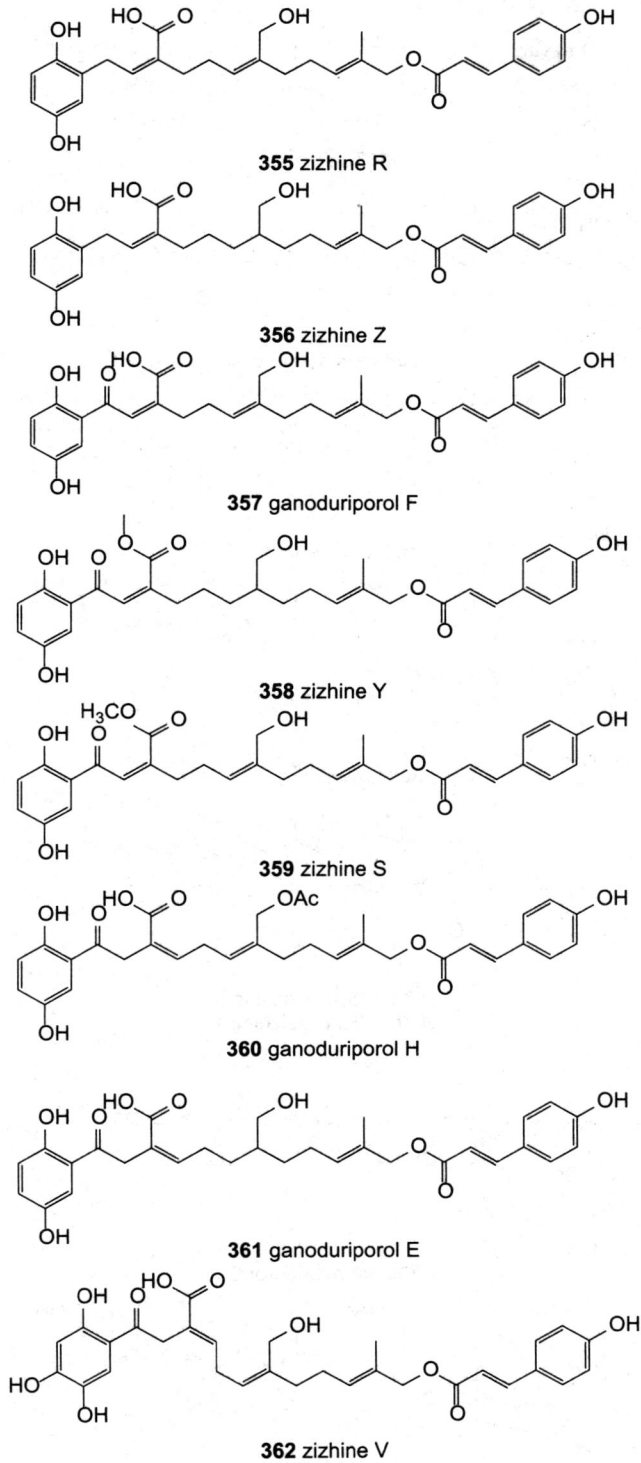

355 zizhine R

356 zizhine Z

357 ganoduriporol F

358 zizhine Y

359 zizhine S

360 ganoduriporol H

361 ganoduriporol E

362 zizhine V

图4-10

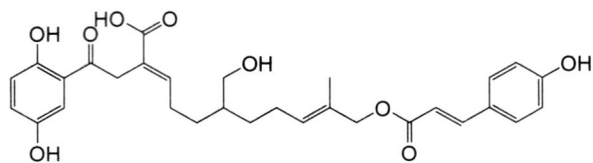

363 zizhine W

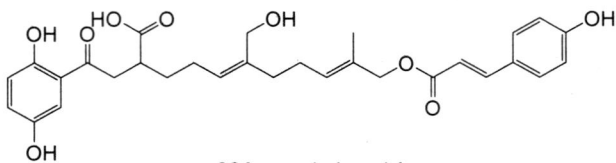

364 ganoduriporol A

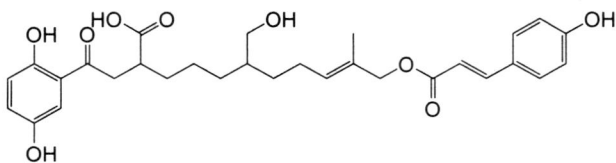

365 ganoduriporol B

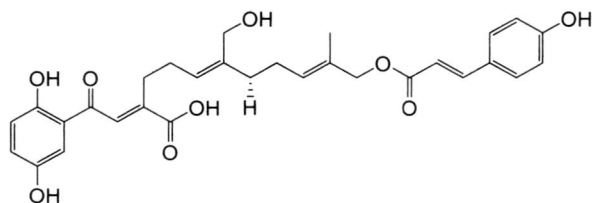

366 zizhine K

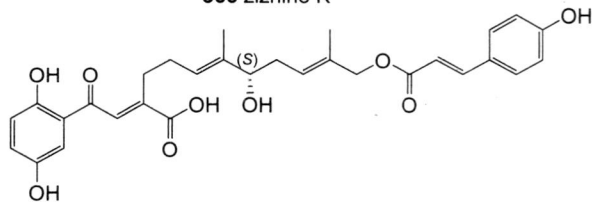

367a (8'S)-(+)-zizhine X
367b (8'R)-(−)-zizhine X

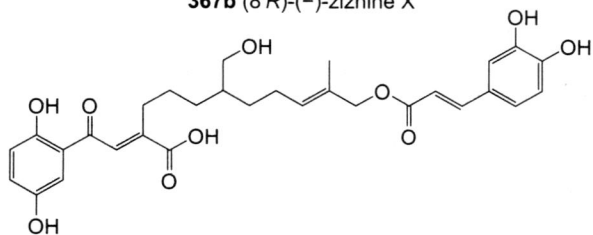

368 ganoduriporol G

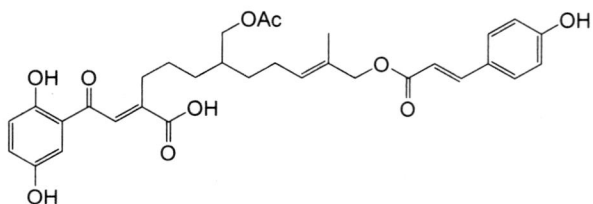

369 ganoduriporol I

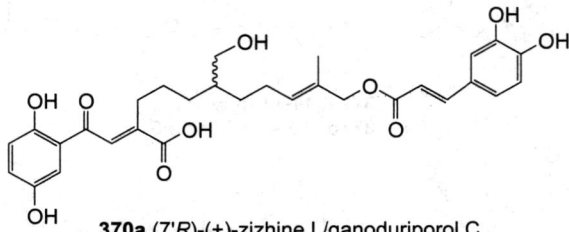

370a (7'*R*)-(+)-zizhine L/ganoduriporol C
370b (7'*S*)-(−)-zizhine L

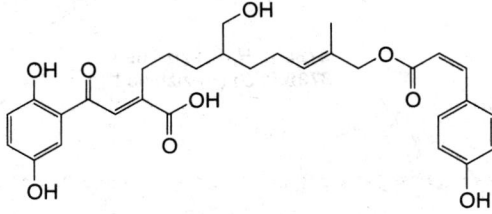

371 ganoduriporol D

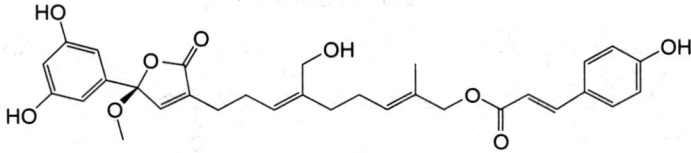

372 ganosinensol C

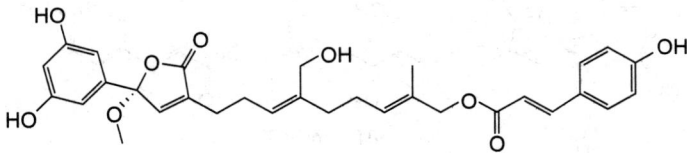

373 ganosinensol D

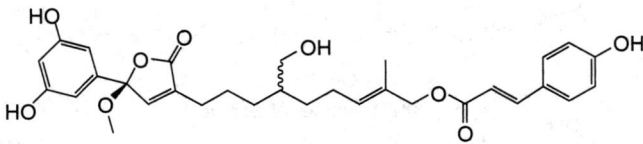

374 ganosinensol E

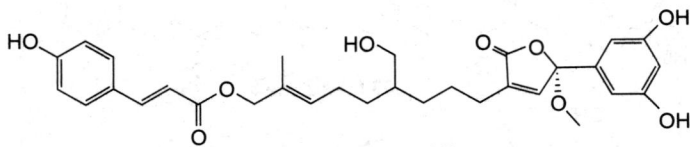

375 ganosinensol F

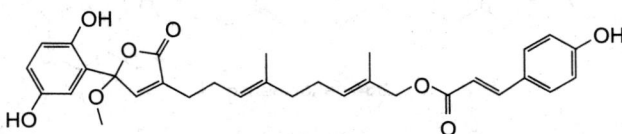

376 ganosinensol K

图4-10

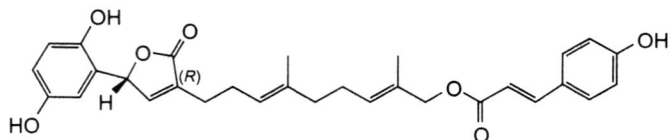

377a (1'*R*)-(+)-zizhine G
377b (1'*S*)-(−)-zizhine G

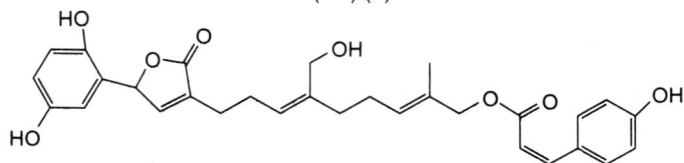

378a (1'*R*)-(+)-zizhine I
378b (1'*S*)-(−)-zizhine I

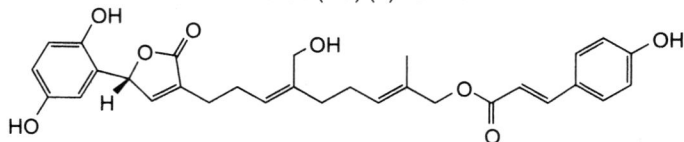

379 ganosinensol A

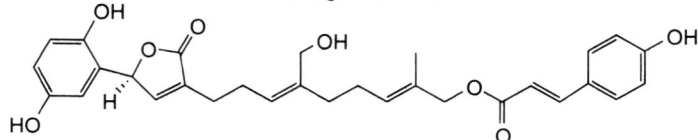

380 ganosinensol B

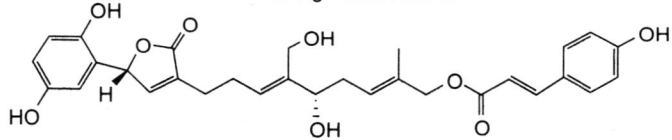

381 zizhine T

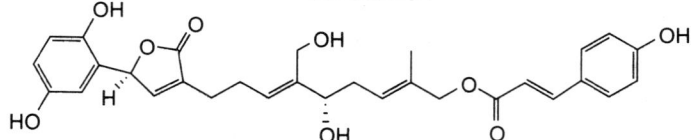

382 1'-epimer of zizhine T

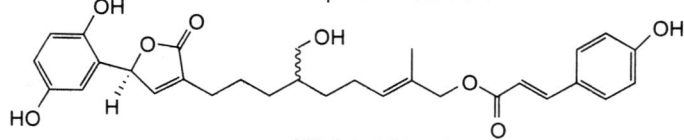

383 (±)-zizhine J

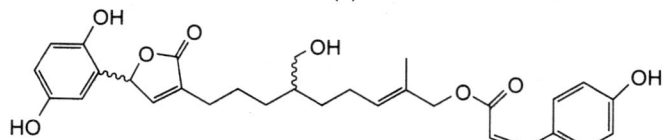

384 ganosinensol H

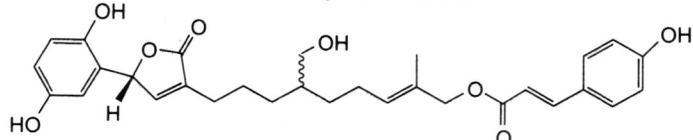

385 ganosinensol G

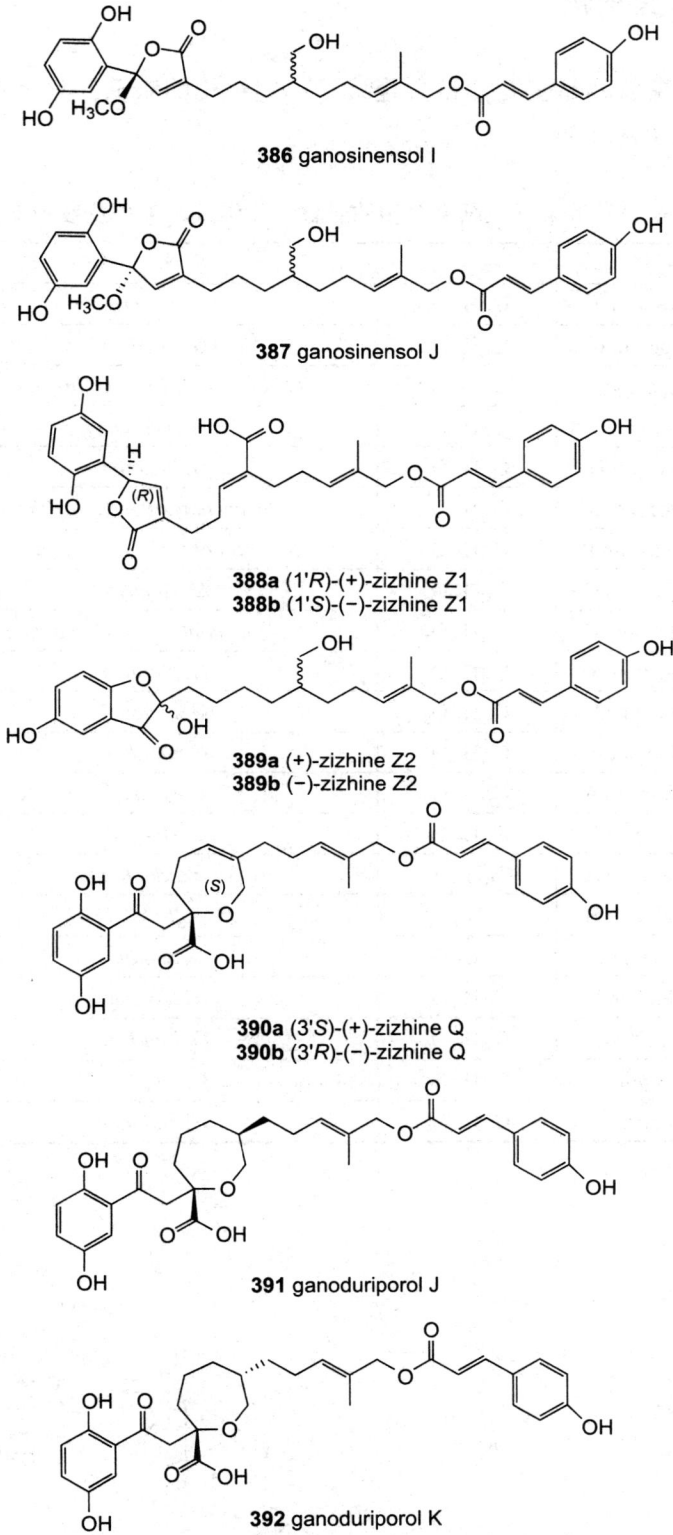

386 ganosinensol I

387 ganosinensol J

388a (1'*R*)-(+)-zizhine Z1
388b (1'*S*)-(−)-zizhine Z1

389a (+)-zizhine Z2
389b (−)-zizhine Z2

390a (3'*S*)-(+)-zizhine Q
390b (3'*R*)-(−)-zizhine Q

391 ganoduriporol J

392 ganoduriporol K

图4-10 杂萜-对香豆酸/咖啡酸聚合物化学结构

五、杂萜 - 三萜聚合物

杂萜 - 三萜聚合物是三萜侧链上连接了不同结构的杂萜，其名称、化学式来源见表 4-11，结构见图 4-11。

表 4-11　杂萜 - 三萜聚合物的名称、化学式、来源及参考文献

编号	名称	化学式	来源	参考文献
393	ganorbifoin A	$C_{45}H_{64}O_6$	*G. orbiforme*	[85]
394	ganolucinin C	$C_{51}H_{74}O_7$	*G. lucidum*	[44]
395	ganoleuconin N	$C_{51}H_{74}O_7$	*G. leucocontextum, G. lucidum*	[44,86]
396	ganolucinin G	$C_{51}H_{76}O_7$	*G. lucidum*	[87]
397	ganolucinin H	$C_{51}H_{76}O_7$	*G. lucidum*	
398	ganoleuconin M	$C_{51}H_{74}O_7$	*G. leucocontextum, G. lucidum*	[44,86]
399	ganoleuconin P	$C_{51}H_{74}O_8$	*G. leucocontextum, G. lucidum*	
400	ganosinensin C	$C_{51}H_{74}O_8$	*G. sinensis*	[88]
401	ganoleuconin O	$C_{51}H_{74}O_7$	*G. leucocontextum, G. lucidum*	[44,86]
402	ganolucinin B	$C_{51}H_{74}O_7$	*G. lucidum*	[44]
403	ganolucinin A	$C_{51}H_{72}O_8$	*G. lucidum*	
404	ganolucinin F	$C_{51}H_{74}O_8$	*G. lucidum*	[87]
405	ganosinensin A	$C_{51}H_{72}O_9$	*G. sinensis*	[88]
406	ganosinensin B	$C_{51}H_{72}O_9$	*G. sinensis*	
407	ganocalidoin A	$C_{51}H_{74}O_{10}$	*G. calidophilum*	[89]
408	ganocalidoin B	$C_{51}H_{74}O_{10}$	*G. calidophilum*	
409	ganolucinin E	$C_{51}H_{72}O_8$	*G. lucidum*	[87]
410	ganolucinin I	$C_{52}H_{76}O_8$	*G. lucidum*	
411	ganolucinin J	$C_{52}H_{76}O_9$	*G. lucidum*	
412	ganolucinin K	$C_{52}H_{76}O_9$	*G. lucidum*	
413	ganolucinin D	$C_{51}H_{74}O_7$	*G. lucidum*	

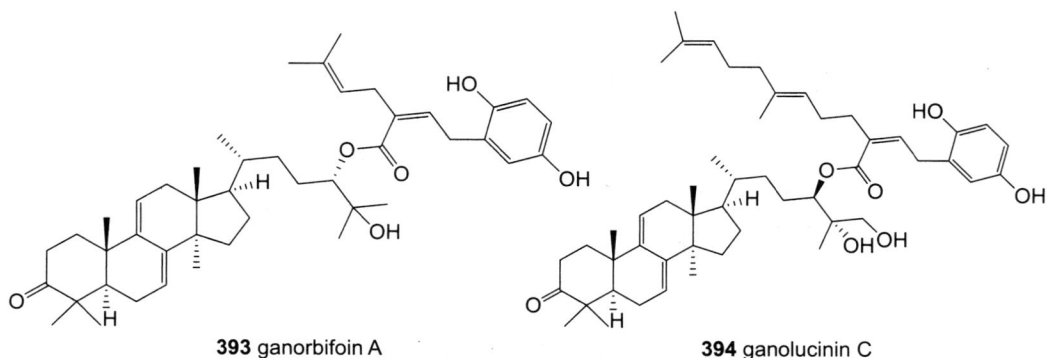

393 ganorbifoin A　　　　**394** ganolucinin C

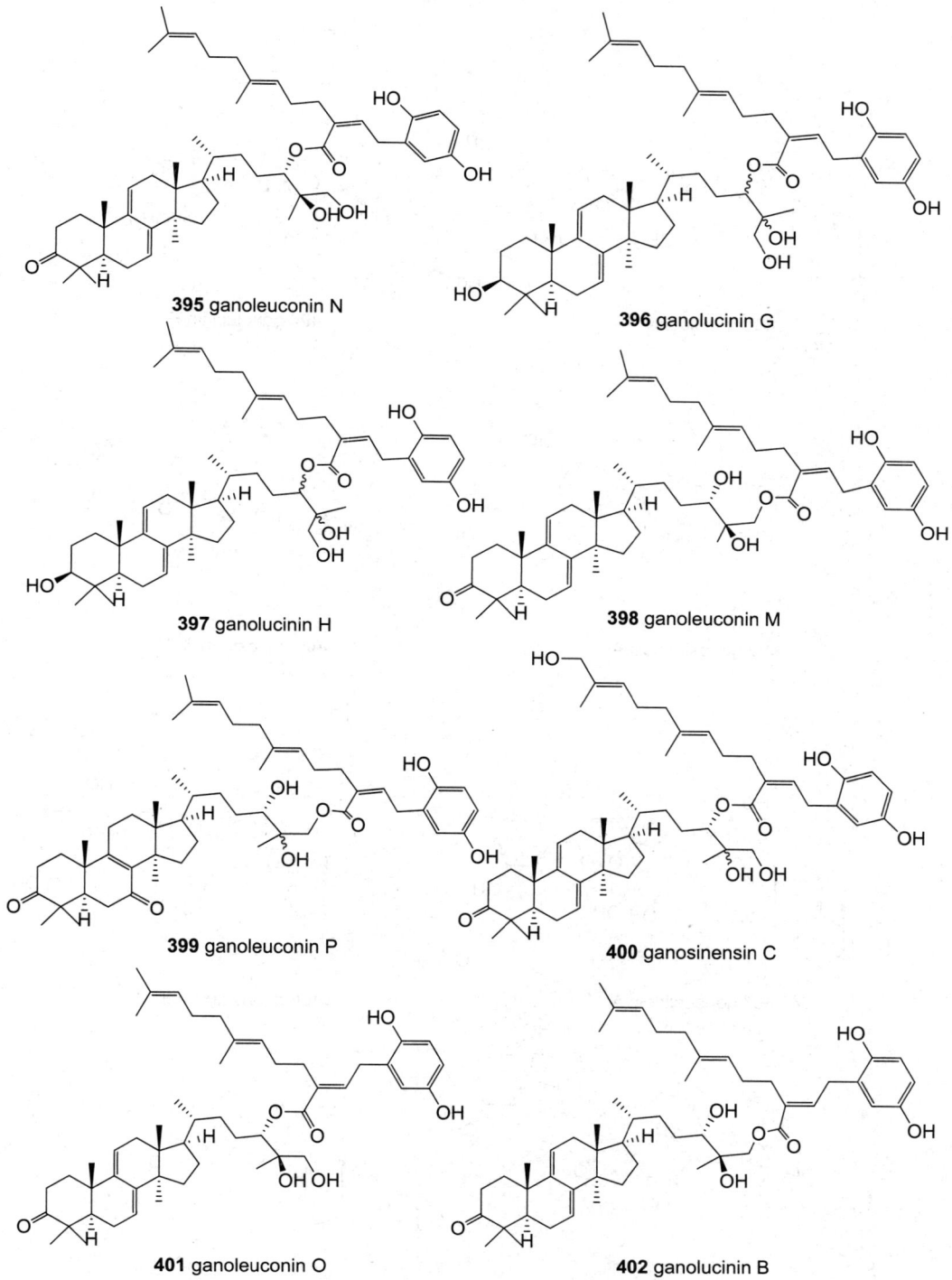

395 ganoleuconin N

396 ganolucinin G

397 ganolucinin H

398 ganoleuconin M

399 ganoleuconin P

400 ganosinensin C

401 ganoleuconin O

402 ganolucinin B

图4-11

177

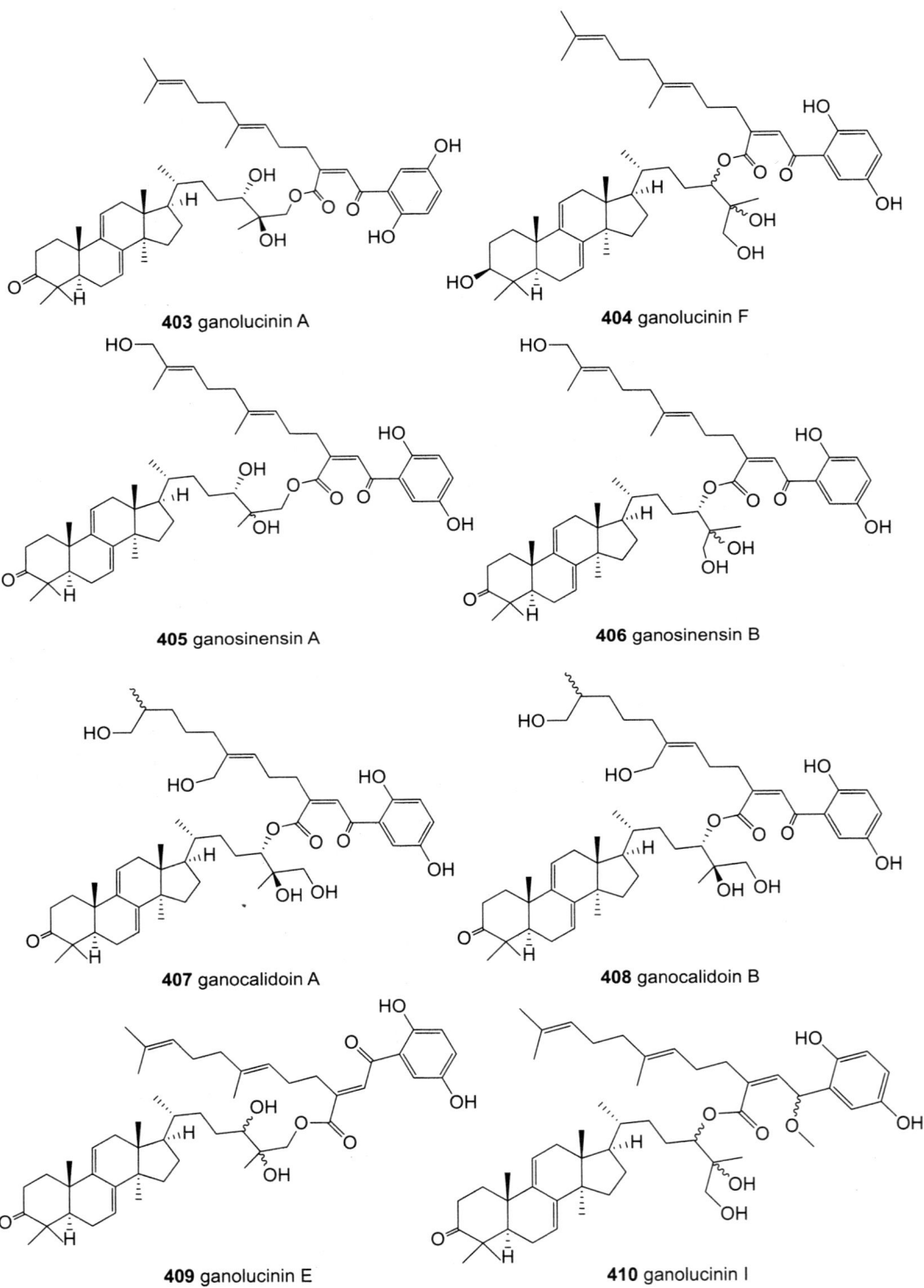

403 ganolucinin A

404 ganolucinin F

405 ganosinensin A

406 ganosinensin B

407 ganocalidoin A

408 ganocalidoin B

409 ganolucinin E

410 ganolucinin I

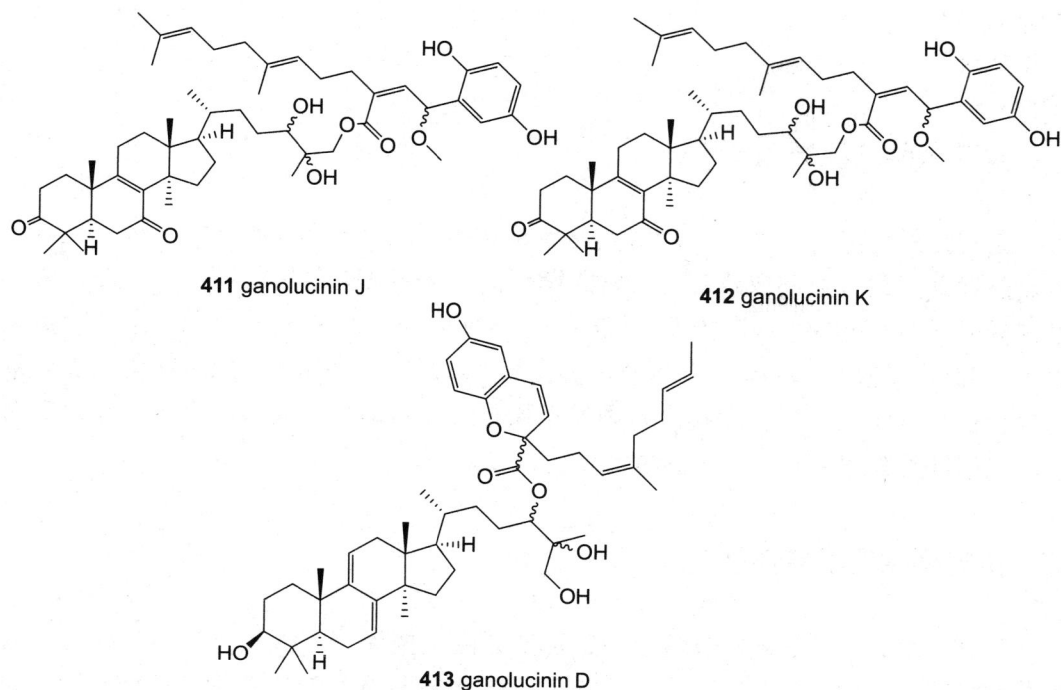

411 ganolucinin J

412 ganolucinin K

413 ganolucinin D

图4-11　杂萜-三萜聚合物化学结构

第二节　灵芝杂萜类化合物的结构鉴定

随着分离手段及波谱技术的进步，结构独特的杂萜类化合物从多种灵芝中被分离并鉴定出来。灵芝杂萜平面结构鉴定方法主要采用核磁共振波谱法，二维核磁共振波谱（2D-NMR）技术的应用更是使复杂的环系杂萜产物的结构得以被准确地确定。目前，灵芝杂萜立体化学中相对构型的确定多采用二维 NOESY 谱，绝对构型的确定则常用圆二色谱法。

一、灵芝杂萜的紫外光谱特征

灵芝杂萜中具有能够在紫外光区产生吸收的特征结构，如苯甲酰基单元、共轭双键、α,β- 不饱和羰基形成的共轭体系。一般含有苯甲酰基及共轭双键的萜类在 $\lambda=215\sim270$ nm （$\log\varepsilon$ 为 $3\sim4$）处有最大吸收，含有 α,β- 不饱和羰基官能团的萜类则在 $\lambda=220\sim250$ nm （$\log\varepsilon$ 约为 4）处有最大吸收。具有紫外吸收官能团萜类的最大吸收波长取决于该共轭体系在分子结构中具体的化学环境，如苯环引入羟基等供电基团，有利于电子跃迁，使吸收带红移，母核上氧取代程度越高，越向长波方向移动。

二、灵芝杂萜的红外光谱特征

通过红外光谱（IR 谱）可以对灵芝杂萜结构中的官能团进行检测确证。绝大多数灵芝杂萜的结构中都有双键、共轭双键、偕二甲基和含氧官能团等，一般能够通过红外光谱分辨出来。例如偕二甲基在 ν_{max}=1370 cm^{-1} 吸收峰处裂分，出现两条吸收带；部分灵芝杂萜具有内酯环结构，在 ν_{max}=1700～1800 cm^{-1} 处出现的强峰为羰基的特征吸收峰，可以粗略推测有内酯结构存在的可能性，而内酯环的大小以及有无不饱和键共轭体系，会导致其最大吸收有较大差异。

三、灵芝杂萜的质谱特征

质谱（MS 谱）在灵芝杂萜结构鉴定部分的主要作用为测定分子量。研究灵芝杂萜裂解方式的报道很少。目前，无法通过质谱碎片推测新化合物的结构，因为灵芝杂萜无稳定的杂环系统，缺乏"定向"裂解基团，在电子轰击下能裂解的双键较多，且容易发生重排，裂解方式复杂。近年，黄丽娜等[90]采用高效液相-四极杆/飞行时间质谱（HPLC-Q-TOF-MS/MS）分析了灵芝孢子粉的杂萜成分，以了解孢子粉中杂萜的分布及其特征。通过采集样品的质荷比信息，结合二级碎片离子信息和化合物质谱裂解规律，与数据库进行比对，进而推测化合物可能的结构来进行定性分析，得出了赤芝孢子粉的杂萜全谱信息。

四、灵芝杂萜的核磁共振波谱特征

近年来高分辨超导核磁分析技术和 2D-NMR 技术的开发，使得核磁共振谱成了灵芝杂萜结构鉴定的有力工具。鉴于灵芝杂萜类型多、骨架复杂、结构庞杂，在有限的篇幅中很难进行全面地总结归纳，下面对几种特征结构进行举例说明。

1. 侧链中 2′, 3′ 双键顺反异构的确定

ganodercin C（**2**）和 fornicin D（**4**）为一对顺反异构体。FuYingqin 团队[5]总结归纳了通过 H-2′ 的化学位移值确定灵芝杂萜中 2′,3′ 双键立体构型的方法，E 型异构体中 H-2′ 的化学位移约为 δ 7.70，Z 型异构体中 H-2′ 的化学位移约为 δ 6.60。H-2′ 在 E 型异构体上的化学位移向低场位移，可能是羰基的去屏蔽作用引起的。E 型异构体中的 H-2′ 为宽单峰，而 Z 型异构体中则裂分成三重峰，这一点略有不同。因此，H-2′ 的峰型也可以作为区分 2′,3′ 双键顺反异构体的辅助证据。

2. 以 fornicin A 为代表的含有 1′, 10′-γ- 内酯环单元的灵芝杂萜的 NMR 数据

fornicin A（**16**）的 ¹H-NMR 和 ¹³C-NMR 数据如图 4-12 所示，其中，¹H-NMR 数据中含有 3 个典型的芳香氢信号，δ_H 6.53 (1H,d,*J* = 2.9 Hz,H-3)，6.65 (1H,dd,*J* = 8.6、2.9 Hz,H-5) 和 6.76 (1H,d,*J* = 8.6 Hz,H-6)，表明其存在 1,2,4- 三取代苯环结构。同时，通过 HSQC 及 HMBC 图谱可以对其苯环单元的碳信号进行归属。此外，¹³C-NMR 数据中显示了 1 组特征 γ- 丁内酯碳信号，HMBC 中 δ_H 6.20 (1H,d,*J* = 1.4 Hz,H-1′) 与 δ_C 酯羰基 174.6 (C-10′) 以及烯碳 δ_C 149.5 (C-2′) 的相关信号，进一步确证了 γ- 丁内酯单元。最后，对于末端典型的异戊烯基片段，其 ¹H-NMR 和 ¹³C-NMR 化学位移值则同样可以通过 HSQC 及 HMBC 图谱进行归属。

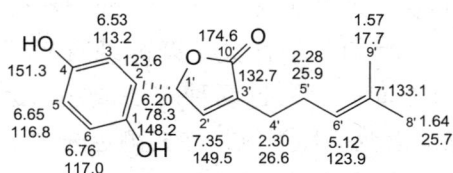

图4-12　fornicin A结构及其对应NMR数据[11]

3. 以 spiroapplanatumine N 为代表的含有 6/5/5 环系的螺环灵芝杂萜的 NMR 数据

以 spiroapplanatumine N（**67**）为代表的灵芝杂萜化合物含有特征的螺 [苯并呋喃 - 环戊烷] 单元，其 ¹H-NMR 和 ¹³C-NMR 数据如图 4-13 所示，其中 ¹³C-NMR 中羰基碳 δ_C 204.6（C-1′）向低场位移，表明其与二羟基苯环形成共轭体系。此外，环戊烷环上连接不同的取代基，因而引起其碳化学位移值发生不同程度的迁移，其中，连氧取代的烷基叔碳 δ_C 96.2（C-2′）向低场位移，与其处于多吸电基团取代的化学环境有关。

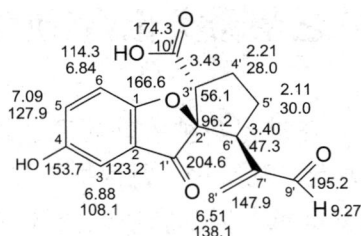

图4-13　spiroapplanatumine N结构及其对应的NMR数据[27]

4. 以 lingzhilactone A 为代表的含有环戊酮 [c] 呋喃内酯灵芝杂萜的 NMR 数据

灵芝杂萜侧链含有环戊酮 [c] 呋喃内酯结构单元的化合物较多见。lingzhilactone A（**95**）的 ¹H-NMR 和 ¹³C-NMR 数据如图 4-14 所示，通过对化合物中代表性碳化学位移值的归属即可基本确定环戊酮 [c] 呋喃内酯结构的存在。

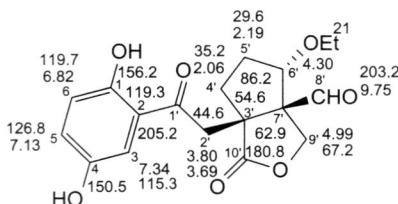

图4-14 lingzhilactone A结构及其对应NMR的数据[28]

五、灵芝杂萜的旋光光谱及圆二色谱特征

灵芝杂萜多为手性中心，天然灵芝杂萜多以外消旋体形式存在，通过手性拆分方式可获得其手性产物。目前，手性灵芝杂萜绝对构型的确定多采用旋光光谱（ORD 谱）或圆二色谱（CD 谱）[27]。这两种方法成熟，运用广泛，但针对灵芝杂萜的立体构型测定并未总结出普适性规律，需要测定未知单一手性化合物的 CD 谱，同时，通过计算模拟，对该化合物的立体异构体的 CD 谱进行计算，通过作比较，确定该化合物的立体结构。因篇幅有限，细节不在此赘述。

六、灵芝杂萜的单晶 X 射线衍射

单晶 X 射线衍射结构分析也是确定灵芝杂萜绝对构型的方法[29]，然而，由于该方法需要获得样品的晶体，对样品要求较高，因此，该方法在灵芝杂萜绝对构型的测定中应用有限。

第三节　灵芝杂萜类化合物的生物活性

绝大多数灵芝杂萜化合物在进行多种体外药理活性模型评价时，表现出良好的生物活性[2]，如抗炎、抗肿瘤、抗氧化、肾保护、神经保护、抗糖尿病及其并发症、抗胆碱酯酶、改善胰岛素抵抗、抑制脂质积聚等（图 4-15）。同时，一些灵芝杂萜化合物在进行体内活性筛选时，进一步展现出低毒高效的优势，如 ganomycin I（**175**）及其衍生物 **7d**，在脂质代谢综合征等体内活性评价中，表现出优越的药理活性及独特的作用机制。此外，petchiether A（**230**）、spiroganoapplanin A（**313**）、(−)-dispirocochlearoid B（**350b**）等分别在防治器官纤维化、抗衰老、治疗炎症等体内药理活性评价中活性显著。本节将以生物活性类型为主线，对在该活性领域中代表性化合物的研究进展，以及其他化合物的体外活性数据及前景展开描述。

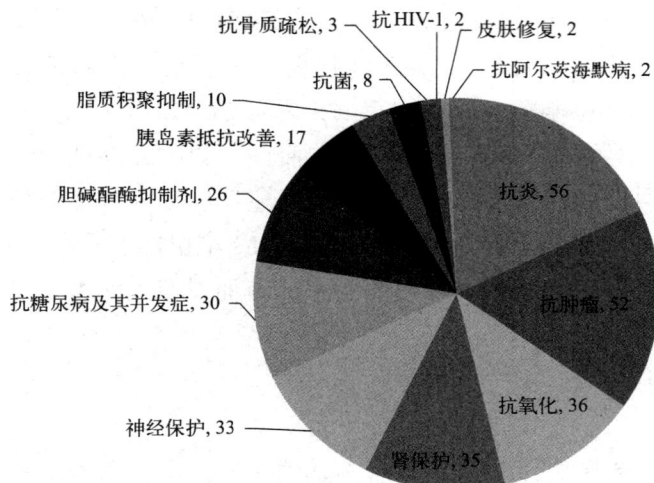

图4-15 灵芝杂萜的药理活性[2]

饼图中标识出活性及表现出该活性的杂萜化合物数量，不同种活性面积占比代表具有该活性的化合物在整体活性化合物中的占比

一、基于 COX-2 靶点的抗炎活性

环氧合酶 -2（COX-2）是催化花生四烯酸转化为前列腺素的关键限速酶，在炎症反应过程中起着关键作用[91]，选择性 COX-2 抑制剂被认为是治疗炎症的有效方法。值得一提的是，绝大多数灵芝杂萜表现出选择性抑制 COX-2 的活性。初步的构效关系研究表明，灵芝杂萜苯环上的羟基个数、苄基、羰基、末端环上的氧桥和长共轭体系与其抗炎活性直接相关，部分化合物抑制 COX-2 的活性详见表 4-12。

表 4-12 部分灵芝杂萜化合物对 COX-2 的抑制活性[13,45,76]

化合物	IC$_{50}$/（μmol/L）
(1′R)-(+)-gancochlearol F (**22a**)	1.21
(1′S)-(−)-gancochlearol F (**22b**)	1.24
ganotheaecolumol K (**145**)	4.84
iso-ganotheaecolumol I (**153**)	2.61
ganotheaecolumol I (**160**)	3.47
gancochlearol E (**186**)	1.74
(1′R)-(+)-gancochlearol I (**191a**)	1.06
(1′S)-(−)-gancochlearol I (**191b**)	1.12
ganomycin K (**192**)	2.71
(±)-ganotheaecolumol C (**209**)	1.05
(±)-ganotheaecolumol D (**210**)	1.38
gancochlearol G (**293**)	1.03
gancochlearol H (**294**)	2.02
(7S,9′R;10′S,13′R,14′S)-(−)-dispirocochlearoid B (**350b**)	0.386

($7S,9'R,10'S,13'R,14'S$) - (−)-dispirocochlearoid B （**350b**）是目前灵芝杂萜中研究较透彻且活性较优的选择性 COX-2 抑制剂，其还能剂量依赖性地抑制前列腺素 E2 （PGE2）、IL-6 和 IL-1β 的表达。在 LPS 诱导的 ALI 小鼠模型中，**350b** 抑制了晶状体上皮细胞、中性粒细胞和巨噬细胞的浸润，同时还降低了支气管肺泡灌洗液（BALF）中的蛋白浓度，以及 PGE2 和 pro- 炎症反应细胞因子的表达。此外，**350b** 还可抑制肺组织中 COX-2 的表达，进而减轻 ALI 小鼠的肺损伤。因此，**350b** 作为选择性 COX-2 抑制剂，在治疗炎症及相关疾病方面具有巨大潜力 [76]。

二、防治代谢综合征

随着社会的飞速发展以及人们生活方式的转变，与代谢紊乱相关疾病的发生率呈上升趋势。代谢综合征（metabolic syndrome，MS）涉及多种代谢异常，引起胰岛素抵抗、向心性肥胖、血压升高和血脂异常等，已成为一种全球流行病，引起了人们的广泛关注 [92]。MS 药物治疗主要存在用药量大、长期服药等弊端，近些年我国学者研究发现灵芝杂萜类化合物在代谢综合征防治领域具有明显优势。

1. ganomycin I（**175**）及其衍生物治疗代谢综合征

刘宏伟团队从白肉灵芝（*G. leucocontextum*）中分离获得 ganomycin I （**175**）。ganomycin I 与阿托伐他汀相比表现出更强的羟甲基戊二酸单酰辅酶 A （HMG-CoA）还原酶抑制作用。同时，ganomycin I 对酵母和大鼠小肠黏膜的 α- 葡萄糖苷酶均有较强的抑制活性，IC_{50} 值在 0.3 μmol/L 以内。此外，小鼠实验表明 ganomycin I 具有较强的降糖、降血脂和胰岛素增敏作用，但稳定性不够 [18]。基于此，研究人员合成了一系列 ganomycin I 衍生物，并对它们进行了 α- 葡萄糖苷酶和 HMG-CoA 还原酶抑制活性的筛选。其中，衍生物 **7d** 活性较优，且具有更好的化学稳定性和安全性。在 ob/ob 小鼠和饮食诱导的肥胖 (DOI) 小鼠模型中，衍生物 **7d** 可减少增重，降低糖化血红蛋白（HbA1c）水平，改善胰岛素抵抗和脂质代谢。此外，衍生物 **7d** 减少了 ob/ob 小鼠的肝脂肪变性，可用于非酒精性脂肪性肝炎（NAFLD）的治疗 [93]。

此外，肥胖、血脂异常和肠道失调都与心血管疾病有关，口服衍生物 7d（10 mg/kg）可改善高脂饮食（HFD）喂养的动脉粥样硬化小鼠（ApoE$^{-/-}$）的血脂水平，血液中的动脉粥样硬化发生和进展相关因子，如氧化低密度脂蛋白（ox-LDL）及其产物丙二醛（MDA）、高敏 C 反应蛋白（hs-CRP）、脂多糖（LPS）的水平均显著下降（分别降低 34%、32%、27%、39%），血液中的 TNF-α 和 IL-1β 水平也显著降低。相比之下，阿托伐他汀（10 mg/kg）对 ox-LDL、MDA、hs-CRP、LPS、TNF-α 和 IL-1β 的影响则较小 [94]。更有趣的是，衍生物 **7d** 是通过调整肠道菌群的结构和功能发挥作用的，给药后肠道毛螺菌科（Lachnospiraceae）丁酸产生菌丰度提高，变形菌门（Proteobacteria）等 LPS 产生菌丰度降低，肠壁完整性恢复，全身系统炎症水平显著降低。衍生物 **7d** 对无菌肥胖小鼠无效，证明肠道菌群在发挥药效中起到至关重要的作用 [1,95]。ganomycin I 衍生物 **7d** 改善非酒精性脂肪性肝炎和动脉粥样硬化的机制详见图 4-16。

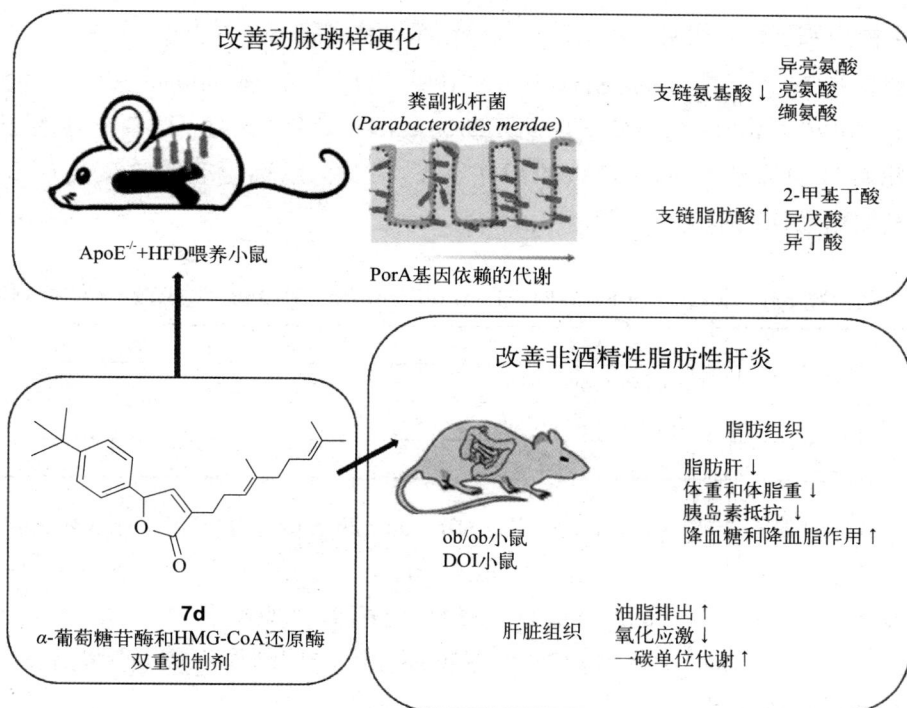

图4-16　ganomycin I衍生物7d改善非酒精性脂肪性肝炎和动脉粥样硬化的机制[1]

2. (±)-applandimeric acid D（306）治疗肥胖和肥胖相关代谢综合征

肥胖在病理上与各种慢性疾病的发展有着密切的联系，如 2 型糖尿病和心血管疾病可能会导致肥胖。肥胖的发生其实是由脂肪堆积过多造成的，前脂肪细胞分化为脂肪细胞，导致脂肪细胞的数量增加、大小发生变化，最终造成体内脂肪积聚，肥胖也被认为是炎症状态下的系统性慢性代谢疾病，抗炎策略已成为治疗肥胖和与肥胖相关代谢性疾病的重要方法 [96]。

甲酰肽受体 2（FPR 2）通过调节能量消耗，在 HFD 诱导的肥胖及其相关并发症中起关键作用，并在代谢组织中由巨噬细胞积累和 M1 极化介导的炎症中起关键作用，这表明 FPR 2 是针对肥胖和相关代谢紊乱疾病的潜在治疗靶点 [97]。邱明华等通过体外细胞试验证明了 (±)-applandimeric acid D（306）具有抑制 FPR2 受体活性的作用，并通过分子对接阐明了该化合物的作用位点，其 IC_{50} 值为 7.93 μmol/L。与阳性对照 LiCl（20 mmol/L）相比，该化合物在 20 μmol/L 的浓度下显示出与其相当的抗脂肪生成活性。同时，(±)-applandimeric acid D（306）可激活腺苷一磷酸（AMP）

活化蛋白激酶（AMPK）信号通路，抑制过氧化物酶增殖体受体-γ（PPAR-γ）、CCAAT/ 增强子结合蛋白-β（C/EBP-β）、脂肪细胞脂肪酸结合蛋白 4（FABP 4）和脂肪酸合成酶（FAS）的表达。综上所述，该化合物可通过抑制脂肪细胞中的脂质积累和减轻炎症反应，来作为治疗肥胖和肥胖相关代谢综合征的先导化合物 [64]。

3. 可能应用于防治代谢综合征的其他灵芝杂萜化合物

从拟热带灵芝（G. ahmadii）中分离出来的化合物 ganoduriporol F（**357**）和 ganoduriporol G（**368**）在体外蛋白酪氨酸磷酸酶 1B（PTP1B）抑制活性的测试中，均表现出较好的抑制 PTP1B 靶点的活性（表 4-13），从而增强胰岛素受体敏感性，具有开发为糖尿病药物的潜力 [79]。

表 4-13　化合物 ganoduriporol F（357）与 ganoduriporol G（368）对 PTP1B 的抑制活性 [79]

化合物	IC_{50}/（μmol/L）
ganoduriporol F (**357**)	17.0
ganoduriporol G (**368**)	20.2
Na_3VO_4（阳性对照）	2.0

张金金等测试了 spiroapplanatumine K（**69**）、spirolingzhine D（**70**）、spiroapplanatumine L（**71**）、（2'*S*,3'*S*,6'*R*,7'*S*)-(+)-spirolingzhine A（**77a**）、（2'*R*,3'*R*,6'*S*,7'*R*)-(−)-spirolingzhine A（**77b**）、ganoleucin D（**353**）对醛糖还原酶和 HMG-CoA 还原酶的抑制作用（表 4-14），其中化合物 **70** 对醛糖还原酶的抑制作用较强，提示其具有改善糖尿病神经病变的潜力 [98]。

表 4-14　6 个灵芝杂萜化合物对醛糖还原酶和 HMG-CoA 还原酶的抑制作用 [98]

化合物	IC_{50}/（μmol/L）	
	醛糖还原酶	HMG-CoA 还原酶
spiroapplanatumine K (**69**)	＞50	＞100
spirolingzhine D (**70**)	9.4±2.4	＞100
spiroapplanatumine L (**71**)	17.2±3.2	＞100
(2'*S*, 3'*S*, 6'*R*, 7'*S*)-(+)-spirolingzhine A (**77a**)	26.4±6.4	72.0±8.3
(2'*R*, 3'*R*, 6'*S*, 7'*R*)-(−)-spirolingzhine A (**77b**)	19.6±2.3	＞100
ganoleucin D (**353**)	28.9±10.1	27.9±5.2

三、肾保护活性

肾纤维化是慢性肾脏病发病过程中常见的进行性疾病，该病可导致患者的肾功能进行性下降，最终引起肾功能的丧失。梗阻性肾病是肾脏引流受到阻碍而产生的疾病，转化生长因子-β1(TGF-β1) 是重要的致纤维化因子，而对 TGF-β1/Smad3 信号通路进行调节可能是治疗肾纤维化的一个可行方案[99]。

Chen 等从佩氏灵芝（*G. petchii*）中分离出了大环开链萜 petchiether A （**230**）。在小鼠单侧输尿管梗阻（UUO）模型中，化合物 petchiether A （**230**）可显著抑制 Smad 3 和 NF-κB p65 的磷酸化，减少 UUO 小鼠阻塞肾脏中的巨噬细胞的滤过，抑制促炎细胞因子（IL-1β 和 TNF-α）的表达，并减少细胞外基质（α- 平滑肌肌动蛋白、胶原蛋白 I 和纤连蛋白）的沉积。petchiether A （**230**）在体外模型中表现出同样的活性，可抑制 TGF-β1 处理的肾上皮细胞中 Smad 3 的磷酸化，下调肾小球标志物胶原 I 的表达。此外，化合物 petchiether A （**230**）还可抑制 TGF-β/Smad 3 信号转导途径下游基因的表达。这些研究结果均说明灵芝杂萜化合物在防治肾病及肾纤维化方面具有潜力[100]。

四、抗阿尔茨海默病活性

当前老年人口数量急剧增加，阿尔茨海默病（Alzheimer disease，AD）是一种发生于老年期和老年前期，以进行性认知功能障碍和行为损害为特征的原发性退行性脑病，是老年痴呆（dementia）的主要亚型，占全部痴呆类型的 60%～80%。AD 可以通过药物治疗改善，但截至 2024 年仍尚无完全治愈或逆转疾病进展的药物。

阿尔茨海默病的组织病理学特征主要包括脑内出现 β-淀粉样蛋白（Aβ）斑和神经原纤维缠结（NFT，由过度磷酸化的 tau 组成），从而导致认知功能障碍，甚至死亡。遗传和病理学研究证实，减少 Aβ 的产生在 AD 的治疗中起着关键作用。β 位点淀粉样前体蛋白裂解酶 1（BACE 1）可作为限速酶，tau 相关的磷酸酶或激酶，如糖原合成酶激酶 3β（GSK-3β）或细胞周期蛋白依赖性激酶 5CDK5 可调节 tau 磷酸化，因此，针对 AD 多个靶点发挥作用的化合物更有利于抗 AD 药物的开发[101]。

spiroganoapplanin A （**313**）对 U251-APP 细胞无明显毒性，但显著降低 BACE1 的蛋白水平。此外，酶联免疫吸附试验（enzyme linked immunosorbent assay，ELISA）证明该化合物在 20 μmol/L 浓度下可降低 Aβ42 的水平。Western blotting 分析显示上述化合物可以降低 CDK5 的蛋白水平，增加磷酸化 GSK-3β （pGSK-3β、Ser9）水平。综合以上结果，spiroganoapplanin A 可作为治疗 AD 的候选药物[67]。

五、抗肿瘤活性

灵芝杂萜的抗肿瘤活性也逐渐引起了研究人员的关注，其抗肿瘤作用与促进肿瘤细胞凋亡、增强宿主细胞免疫调节功能有关。

通过研究证明，长白山灵芝总三萜和总杂萜在等浓度时对 MDA-MB-231 细胞和 A549 细胞的增殖有显著的抑制作用（图 4-17），总三萜和总杂萜模拟天然比例配伍使用时对 2 种细胞的迁移也有一定的抑制作用[102]。

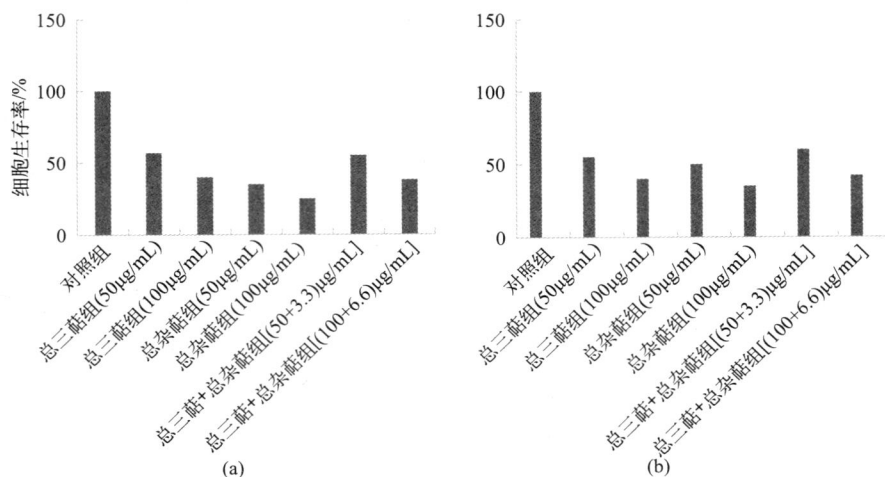

图4-17　(a)长白山灵芝组分对MDA-MB-231细胞增殖的影响和(b)长白山灵芝组分对A549细胞增殖的影响[102]

程礼芝等对从背柄灵芝中分离出来的化合物进行了抗人肺癌细胞（H1975、PC9、A549）的活性筛选，发现 ganomycin F（**136**）和 gancochlearol D（**137**）对 3 种人肺癌细胞系均显示出中等活性，IC$_{50}$ 值在 19.47～40.57 μmol/L（表 4-15）[42]。

表 4-15　ganomycin F（**136**）和 gancochlearol D（**137**）的抗肿瘤活性[42]

化合物	IC$_{50}$/（μmol/L）		
	H1975	PC9	A549
ganomycin F (**136**)	19.47	35.70	21.60
gancochlearol D (**137**)	32.43	40.57	30.65

六、抗氧化活性

自由基和活性氧是基础代谢过程的副产物，自由基可引起脂质过氧化，破坏细胞膜，损伤组织细胞，导致细胞死亡。自由基和活性氧的长期存在会加速衰老，引起衰老相关的疾病，对人体危害极大。研究表明，灵芝杂萜是一种很具有前景的抗氧化活性物质，其抗氧化活性可能与其结构中的酚基有关。

通过实验证明，饮用灵芝提取物可明显提高小鼠血清、肝脏和脑中超氧化物歧化酶、过氧化氢酶、谷胱甘肽过氧化物酶等酶的活性进而发挥抗氧化作用。彭惺蓉等[29]从背柄灵芝（*G. cochlear*）子实体中分离得到了 7 个新的杂萜化合物 fornicin D（**4**）、ganoderin A（**105**）、ganocochlearin B（**113**）、ganomycin C（**155**）、ganocochlearin A（**272**）、ganocochlearin C（**278**）、ganocochlearin D（**279**），与已知化合物 lingzhiol（**122**），并测定了它们对自由基的清除能力。结果如表 4-16 所示，所有化合物均表现出优越的清除自由基活性，IC$_{50}$ 值与维生素 C（vitamin C）相当。

表 4-16　8 个灵芝杂萜化合物的抗氧化活性 [29]

化合物	IC$_{50}$/（µmol/L）		
	对 DPPH 自由基的清除能力	对 ABTS 自由基的清除能力	对 OH 自由基的清除能力
fornicin D (**4**)	0.65±0.05	0.33±0.03	0.30±0.02
ganoderin A (**105**)	0.27±0.02	0.19±0.02	0.72±0.05
ganocochlearin B (**113**)	0.16±0.01	0.13±0.01	0.15±0.01
lingzhiol (**122**)	0.44±0.03	0.40±0.03	0.52±0.05
ganomycin C (**155**)	0.52±0.05	0.30±0.02	0.28±0.02
ganocochlearin A (**272**)	0.74±0.05	0.42±0.04	0.49±0.05
ganocochlearin C (**278**)	0.26±0.02	0.17±0.02	0.26±0.02
ganocochlearin D (**279**)	0.42±0.04	0.29±0.02	0.18±0.02
vitamin C（阳性对照）	0.30±0.03	0.12±0.01	0.61±0.05

七、其他活性

晏永明等 [25] 从灵芝子实体中分离得到了 4 个螺环杂萜类化合物 spirolingzhine A～D（**77**、**78**、**83**、**70**），以及 6 个多环系的杂萜类化合物 lingzhine A～F（**115**、**63**、**57**、**116**、**37**、**38**），并测定了它们促进神经干细胞（NSC）增殖的活性。研究结果表明，除化合物 lingzhine C（**57**）外，其他化合物均表现出促进 NSC 增殖活性，其中 (2′*R*,3′*R*,6′*S*,7′*R*)-(−)-spirolingzhine A（**77b**）活性最强，可影响 NSC 细胞周期进程。

R. A. A. Mothana 等通过琼脂扩散法测定了 ganomycin A（**138**）和 ganomycin B（**139**）的抗菌活性，结果显示这两种化合物对革兰氏阳性菌和革兰氏阴性菌都具有抗菌活性（表 4-17）[43]。

表 4-17　ganomycin A（**138**）和 ganomycin B（**139**）的抗菌活性 [43]

菌种	抑菌圈 /mm	
	ganomycin A (**138**)	ganomycin B (**139**)
金黄色葡萄球菌（*S. aureus*）ATCC 6538	19	20
金黄色葡萄球菌（*S. aureus*）ATCC 25923	15	17
金黄色葡萄球菌（*S. aureus*）ATCC 29213	16	18
金黄色葡萄球菌（*S. aureus*）SG 511	24	24
枯草芽孢杆菌（*B. subtilis*）SBUG 14	16	15
黄色微球菌（*M. flavus*）SBUG 16	25	26
铜绿假单胞菌（*P. aeruginosa*）ATCC 15442	—	—
大肠埃希菌（*E. coli*）SBUG 13	4	5
奇异变形杆菌（*P. mirabilis*）SBUG 47	15	15
黏质沙雷菌（*S. marcescens*）SBUG 9	15	16

罗奇等测定了 dayaolingzhiol B～E（**190**、**196**、**202**、**270**）抑制乙酰胆碱酯酶（AChE）的活性（表 4-18），结果表明 (1′R)-(+)-dayaolingzhiol D（**196a**）和 (±)-dayaolingzhiol E（**202**）具有较强的 AChE 抑制活性[52]。

表 4-18　dayaolingzhiol B ～ E 的 AChE 抑制活性 [52]

化合物	IC$_{50}$/（μmol/L）
(1′R)-(+)-dayaolingzhiol C (**190a**)	59.86±12.88
(1′S)-(−)-dayaolingzhiol C (**190b**)	39.81±3.07
(1′R)-(+)-dayaolingzhiol D (**196a**)	8.52±1.90
(1′S)-(−)-dayaolingzhiol D (**196b**)	42.58±4.71
(±)-dayaolingzhiol E (**202**)	7.37±0.52
(1′S, 6′S, 7′S)-(+)-dayaolingzhiol B (**270a**)	—
(1′R, 6′R, 7′R)-(−)-dayaolingzhiol B (**270b**)	71.22±4.15
他克林（tacrine）	0.20±0.02

R.S. El Dine 等用动力学研究表明，ganomycin B（**139**）可以竞争性地结合 HIV-1 蛋白水解酶的活性部位，提示其可能具有抗 HIV 的作用[103]。

（吴卓清　撰写，巩婷　审校）

参考文献

[1]　Peng X R, Unsicker S B, Gershenzon J, et al. Structural diversity, hypothetical biosynthesis, chemical synthesis, and biological activity of *Ganoderma* meroterpenoids [J]. *Nat Prod Rep*, 2023, 40 (8): 1354-1392.

[2]　Zhang J J, Qin F Y, Cheng Y X. Insights into *Ganoderma* fungi meroterpenoids opening a new era of racemic natural products in mushrooms [J]. *Med Res Rev*, 2024, 44 (3): 1221-1266.

[3]　Liao X Z, Wang R, Wang X, et al. Enantioselective total synthesis of (−)-lucidumone enabled by tandem prins cyclization/cycloetherification sequence [J]. *Nat Commun*, 2024, 15 (1): 2647.

[4]　Aknin M, Dayan T L A, Rudi A, et al. Hydroquinone antioxidants from the Indian Ocean tunicate Aplidium savignyi [J]. *J Agric Food Chem*, 1999, 47 (10): 4175-4177.

[5]　Qin F Y, Zhang J J, Wang D W, et al. Direct determination of E and Z configurations for double bond in bioactive meroterpenoids from *Ganoderma* mushrooms by diagnostic ^{1}H NMR chemical shifts and structure revisions of previous analogues [J]. *J Funct Foods*, 2021, 87: 104758.

[6]　Sura M B, Peng Y L, Cai D, et al. COX-2 and iNOS inhibitory epimeric meroterpenoids from *Ganoderma cochlear* and structure revision of cochlearol Q [J]. *Fitoterapia*, 2023, 164: 105390.

[7]　Peng X, Wang X, Chen L, et al. Racemic meroterpenoids from *Ganoderma cochlear* [J]. *Fitoterapia*, 2018, 127: 286-292.

[8]　Zhang J J, Wang D W, Peng Y L, et al. Structural characterization of minor optically pure and impure meroterpenoid-type compounds in *Ganoderma lucidum* and structure revision of spirolingzhine D [J].

Tetrahedron, 2022, 125: 133039.

[9]　Luo Q, Yang X H, Yang Z L, et al. Miscellaneous meroterpenoids from *Ganoderma applanatum* [J]. *Tetrahedron*, 2016, 72 (30): 4564-4574.

[10]　Lu S Y, Peng X R, Dong J R, et al. Aromatic constituents from *Ganoderma lucidum* and their neuroprotective and anti-inflammatory activities [J]. *Fitoterapia*, 2019, 134: 58-64.

[11]　Niu X M, Li S H, Sun H D, et al. Prenylated phenolics from *Ganoderma fornicatum* [J]. *J Nat Prod*, 2006, 69 (9): 1364-1365.

[12]　Kim J Y, Woo E E, Ha L S, et al. Oregonensins A and B, new meroterpenoids from the culture broth of *Ganoderma oregonense* and their antioxidant activity [J]. *J Antibiot*, 2020, 73 (2): 112-115.

[13]　Li Y P, Jiang X T, Qin F Y, et al. Gancochlearols E–I, meroterpenoids from *Ganoderma cochlear* against COX-2 and triple negative breast cancer cells and the absolute configuration assignment of ganomycin K [J]. *Bioorg Chem*, 2021, 109: 104706.

[14]　Wang X F, Yan Y M, Wang X L, et al. Two new compounds from *Ganoderma lucidum* [J]. *J Asian Nat Prod Res*, 2015, 17 (4): 329-332.

[15]　Luo Q, Wang X L, Di L, et al. Isolation and identification of renoprotective substances from the mushroom *Ganoderma lucidum* [J]. *Tetrahedron*, 2015, 71 (5): 840-845.

[16]　Qin F Y, Wang D W , Xu T, et al. Meroterpenoids containing benzopyran or benzofuran motif from *Ganoderma cochlear* [J]. *Phytochem*, 2022, 199: 113184.

[17]　Qin F Y, Xu T, Li Y P, et al. Terminal cyclohexane-type meroterpenoids from the fruiting bodies of *Ganoderma cochlear* [J]. *Front Chem*, 2021, 9: 783705.

[18]　Liao G F, Wu Z H, Liu Y, et al. Ganocapenoids A–D: four new aromatic meroterpenoids from *Ganoderma capense* [J]. *Bioorg Med Chem Lett*, 2019, 29 (2): 143-147.

[19]　Wang C, Liu X, Lian C, et al. Triterpenes and aromatic meroterpenoids with antioxidant activity and neuroprotective effects from *Ganoderma lucidum* [J]. *Molecules*, 2019, 24 (23): 4353.

[20]　周凤娇，王心龙，王淑美，等．赤芝中一个新的酚性杂萜 [J]．天然产物研究与开发，2015，27（1）：22.

[21]　Luo Q, Tu Z C, Yang Z L, et al. Meroterpenoids from the fruiting bodies of *Ganoderma theaecolum* [J]. *Fitoterapia*, 2018, 125: 273-280.

[22]　Gao Q L, Guo P X, Luo Q, et al. Petchienes A–E, meroterpenoids from *Ganoderma petchii* [J]. *Nat Prod Commun*, 2015, 10 (12): 2019-2022.

[23]　Wang Y X, Peng Y L, Qiu B, et al. Meroterpenoids with a large conjugated system from *Ganoderma lucidum* and their inhibitory activities against renal fibrosis [J]. *Fitoterapia*, 2022, 161: 105257.

[24]　Zhang J J, Dong Y, Qin F Y, et al. Meroterpenoids and alkaloids from *Ganoderma australe* [J]. *Nat Prod Res*, 2021, 35 (19): 3226-3232.

[25]　Yan Y M, Wang X L, Luo Q, et al. Metabolites from the mushroom *Ganoderma lingzhi* as stimulators of neural stem cell proliferation [J]. *Phytochem,* 2015, 114: 155-162.

[26]　Zhang J J, Wang D W, Peng Y L, et al. Spiroganodermaines A–G from *Ganoderma* species and their activities against insulin resistance and renal fibrosis [J]. *Phytochem,* 2022, 202: 113324.

[27]　Luo Q, Wei X Y, Yang J, et al. Spiro meroterpenoids from *Ganoderma applanatum* [J]. *J Nat Prod*, 2017, 80 (1): 61-70.

[28] Yan Y M, Wang X L, Zhou L L, et al. Lingzhilactones from *Ganoderma lingzhi* ameliorate adriamycin-induced nephropathy in mice [J]. *J Ethnopharmacol*, 2015, 176: 385-393.

[29] Peng X R, Liu J Q, Wang C F, et al. Unusual prenylated phenols with antioxidant activities from *Ganoderma cochlear* [J]. *Food Chem*, 2015, 171: 251-257.

[30] Ding W Y, Ai J, Wang X L, et al. Isolation of lingzhifuran A and lingzhilactones D–F from *Ganoderma lucidum* as specific Smad3 phosphorylation inhibitors and total synthesis of lingzhifuran A [J]. *RSC Adv*, 2016, 6 (81): 77887-77897.

[31] Fang D S, Cheng C R, Qiu M H, et al. Diverse meroterpenoids with α-glucosidase inhibitory activity from *Ganoderma cochlear* [J]. *Fitoterapia*, 2023, 165: 105420.

[32] Yang S, Ma Q Y, Kong F D, et al. Two new compounds from the fruiting bodies of *Ganoderma philippii* [J]. *J Asian Nat Prod Res*, 2018, 20 (3): 249-254.

[33] Wang X L, Wu Z H, Di L, et al. Renoprotective phenolic meroterpenoids from the mushroom *Ganoderma cochlear* [J]. *Phytochem*, 2019, 162: 199-206.

[34] Zhang J J, Guo P X, Yang Z H, et al. Meroterpenoids from *Ganoderma petchii* inhibiting migration of triple negative breast cancer cells [J]. *Fitoterapia*, 2023, 167: 105505.

[35] Yan Y M, Ai J, Zhou L, et al. Lingzhiols, unprecedented rotary door-shaped meroterpenoids as potent and selective inhibitors of p-Smad3 from *Ganoderma lucidum* [J]. *Org Lett*, 2013, 15 (21): 5488-5491.

[36] Guo J C, Yang L, Ma Q Y, et al. Triterpenoids and meroterpenoids with α-glucosidase inhibitory activities from the fruiting bodies of *Ganoderma australe* [J]. *Bioorg Chem*, 2021, 117: 105448.

[37] Luo Q, Tu Z C, Cheng Y X. Two rare meroterpenoidal rotamers from *Ganoderma applanatum* [J]. *RSC Adv*, 2017, 7 (6): 3413-3418.

[38] Dai W F, Zhu Y X, Qin F Y, et al. Skeletal meroterpenoids from *Ganoderma petchii* mushrooms that potentially stimulate umbilical cord mesenchymal stem cells [J]. *Bioorg Chem*, 2020, 97: 103675.

[39] Luo Q, Di L, Yang X H, et al. Applanatumols A and B, meroterpenoids with unprecedented skeletons from *Ganoderma applanatum* [J]. *RSC Adv*, 2016, 6 (51): 45963-45967.

[40] Dou M, Di L, Zhou L L, et al. Cochlearols A and B, polycyclic meroterpenoids from the fungus *Ganoderma cochlear* that have renoprotective activities [J]. *Org Lett*, 2014, 16 (23): 6064-6067.

[41] Niedermeyer T H J, Jira T, Lalk M, et al. Isolation of farnesylhydroquinones from the basidiomycete *Ganoderma pfeifferi* [J]. *Natur Prod Bioprosp*, 2013, 3 (4): 137-140.

[42] Cheng L Z, Qin F Y, Ma X C, et al. Cytotoxic and *N*-acetyltransferase inhibitory meroterpenoids from *Ganoderma cochlear* [J]. *Molecules*, 2018, 23 (7): 1797.

[43] Mothana R A A, Jansen R, Jülich W D, et al. Ganomycins A and B, new antimicrobial farnesyl hydroquinones from the basidiomycete *Ganoderma pfeifferi* [J]. *J Nat Prod*, 2000, 63 (3): 416-418.

[44] Chen B, Tian J, Zhang J, et al. Triterpenes and meroterpenes from *Ganoderma lucidum* with inhibitory activity against HMGs reductase, aldose reductase and α-glucosidase [J]. *Fitoterapia*, 2017, 120: 6-16.

[45] Luo Q, Li M K, Luo J F, et al. COX-2 and JAK3 inhibitory meroterpenoids from the mushroom *Ganoderma theaecolum* [J]. *Tetrahedron*, 2018, 74 (31): 4259-4265.

[46] Chen X, Chen L, Li S, et al. Meroterpenoids from the fruiting bodies of higher fungus *Ganoderma resinaceum* [J]. *Phytochem Lett*, 2017, 22: 214-218.

[47] Huang S Z, Cheng B H, Ma Q Y, et al. Anti-allergic prenylated hydroquinones and alkaloids from the fruiting body of *Ganoderma calidophilum* [J]. *RSC Adv*, 2016, 6 (25): 21139-21147.

[48] Luo Q, Cao W W, Wu Z H, et al. Zizhines G–O, AchE inhibitory meroterpenoids from *Ganoderma sinensis* [J]. *Fitoterapia*, 2019, 134: 411-416.

[49] Cai D, Zhang J J, Wu Z H, et al. Lucidumones B–H, racemic meroterpenoids that inhibit tumor cell migration from *Ganoderma lucidum* [J]. *Bioorg Chem*, 2021, 110: 104774.

[50] Zhang J J, Dong Y, Qin F Y, et al. Australeols A–F, neuroprotective meroterpenoids from *Ganoderma australe* [J]. *Fitoterapia*, 2019, 134: 250-255.

[51] Zhang J J, Wang D W, Cai D, et al. Meroterpenoids from *Ganoderma lucidum* mushrooms and their biological roles in insulin resistance and triple-negative breast cancer [J]. *Front Chem*, 2021, 9: 772740.

[52] Luo Q, Yang Z L, Cheng Y X. Dayaolingzhiols A–E, AchE inhibitory meroterpenoids from *Ganoderma lucidum* [J]. *Tetrahedron*, 2019, 75 (20): 2910-2915.

[53] Cao W W, Luo Q, Cheng Y X, et al. Meroterpenoid enantiomers from *Ganoderma sinensis* [J]. *Fitoterapia*, 2016, 110: 110-115.

[54] Yin Y J, Zhou H, Zhang J J, et al. Isolation and characterization of trans-p-hydroxycinnamoyl meroterpenoids from *Ganoderma sinensis* [J]. *Chem Biodiversity*, 2023, 20 (4): e202300022.

[55] Zhang J J, Qin F Y, Meng X H, et al. Renoprotective ganodermaones A and B with rearranged meroterpenoid carbon skelotons from *Ganoderma fungi* [J]. *Bioorg Chem*, 2020, 100: 103930.

[56] Adams M, Christen M, Plitzko I, et al. Antiplasmodial lanostanes from the *Ganoderma lucidum* mushroom [J]. *J Nat Prod*, 2010, 73 (5): 897-900.

[57] Wang K, Bao L, Ma K, et al. A novel class of α-glucosidase and HMG-CoA reductase inhibitors from *Ganoderma leucocontextum* and the anti-diabetic properties of ganomycin I in KK-Ay mice [J]. *Eur J Med Chem*, 2017, 127: 1035-1046.

[58] Peng X, Li L, Wang X, et al. Antioxidant farnesylated hydroquinones from *Ganoderma capense* [J]. *Fitoterapia*, 2016, 111: 18-23.

[59] Du Z, Dong C H, Wang K, et al. Classification, biological characteristics and cultivations of *Ganoderma*. In: Lin Z B, Yang B X. Ganoderma and Health: Biology, Chemistry and Industry [M]. Singapore: *Springer*, 2019: 15-58.

[60] Qin F Y, Dai W F, Cheng Y X. Two new compounds from *Ganoderma cochlear* [J]. *Nat Prod Res Dev*, 2016, 28: 821.

[61] Kou R W, Xia B, Wang Z J, et al. Triterpenoids and meroterpenoids from the edible *Ganoderma resinaceum* and their potential anti-inflammatory, antioxidant and anti-apoptosis activities [J]. *Bioorg Chem*, 2022, 121: 105689.

[62] Peng X R, Lu S Y, Shao L D, et al. Structural elucidation and biomimetic synthesis of ($\pm$)-cochlactone A with anti-inflammatory activity [J]. *J Org Chem*, 2018, 83 (10): 5516-5522.

[63] Peng X R, Liu J Q, Wan L S, et al. Four new polycyclic meroterpenoids from *Ganoderma cochlear* [J]. *Org Lett*, 2014, 16 (20): 5262-5265.

[64] Peng X R, Wang Q, Wang H R, et al. FPR2-based anti-inflammatory and anti-lipogenesis activities of novel meroterpenoid dimers from *Ganoderma* [J]. *Bioorg Chem*, 2021, 116: 105338.

[65] Peng X, Su H, Wang H, et al. Applanmerotic acids A and B, two meroterpenoid dimers with an unprecedented polycyclic skeleton from *Ganoderma applanatum* that inhibit formyl peptide receptor 2 [J]. *Org Chem Front*, 2021, 8 (13): 3381-3389.

[66] Luo Q, Wang Z, Luo J F, et al. (±)-Applanatumines B–D: novel dimeric meroterpenoids from *Ganoderma applanatum* as inhibitors of JAK3 [J]. *RSC Adv*, 2017, 7 (60): 38037-38043.

[67] Peng X R, Luo R C, Su H G, et al. (±)-Spiroganoapplanin A, a complex polycyclic meroterpenoid dimer from *Ganoderma applanatum* displaying potential against Alzheimer's disease [J]. *Org Chem Front*, 2022, 9 (11): 3093-3101.

[68] Li L, Li H, Peng X R, et al. (±)-Ganoapplanin, a pair of polycyclic meroterpenoid enantiomers from *Ganoderma applanatum* [J]. *Org Lett*, 2016, 18 (23): 6078-6081.

[69] Zhou F J, Nian Y, Yan Y, et al. Two new classes of T-type calcium channel inhibitors with new chemical scaffolds from *Ganoderma cochlear* [J]. *Org Lett*, 2015, 17 (12): 3082-3085.

[70] Qin F Y, Yan Y M, Tu Z C, et al. (±)-Cochlearoids N–P: three pairs of phenolic meroterpenoids from the fungus *Ganoderma cochlear* and their bioactivities [J]. *J Asian Nat Prod Res*, 2019, 21 (6): 542-550.

[71] Wang X L, Zhou F J, Dou M, et al. Cochlearoids F–K: phenolic meroterpenoids from the fungus *Ganoderma cochlear* and their renoprotective activity [J]. *Bioorg Med Chem Lett*, 2016, 26 (22): 5507-5512.

[72] Qin F Y, Yan Y M, Tu Z C, et al. Cochlearoids L and M: two new meroterpenoids from the fungus *Ganoderma cochlear* [J]. *Nat Prod Commun*, 2018, 13 (3): 1934578X1801300.

[73] Qin F Y, Chen Y Y, Zhang J J, et al. Meroterpenoid dimers from Ganoderma mushrooms and their biological activities against triple negative breast cancer cells [J]. *Front Chem*, 2022, 10: 888371.

[74] Chen H P, Zhao Z Z, Zhang Y, et al. (+)-and (−)-Ganodilactone, a pair of meroterpenoid dimers with pancreatic lipase inhibitory activities from the macromycete *Ganoderma leucocontextum* [J]. *RSC Adv*, 2016, 6 (69): 64469-64473.

[75] Qin F Y, Yan Y M, Tu Z C, et al. Meroterpenoid dimers from *Ganoderma cochlear* and their cytotoxic and COX-2 inhibitory activities [J]. *Fitoterapia*, 2018, 129: 167-172.

[76] Qin F Y, Zhang H X, Di Q Q, et al. *Ganoderma cochlear* metabolites as probes to identify a COX-2 active site and as in vitro and in vivo anti-inflammatory agents [J]. *Org Lett*, 2020, 22 (7): 2574-2578.

[77] Luo Q, Di L, Dai W F, et al. Applanatumin A, a new dimeric meroterpenoid from *Ganoderma applanatum* that displays potent antifibrotic activity [J]. *Org Lett*, 2015, 17 (5): 1110-1113.

[78] Qin F Y, Yan Y M, Tu Z C, et al. (±)-Gancochlearols A and B: cytotoxic and COX-2 inhibitory meroterpenoids from *Ganoderma cochlear* [J]. *Nat Prod Res*, 2020, 34 (16): 2269-2275.

[79] Guo J, Kong F, Ma Q, et al. Meroterpenoids with protein tyrosine phosphatase 1B inhibitory activities from the fruiting bodies of *Ganoderma ahmadii* [J]. *Front Chem*, 2020, 8: 279.

[80] Guo J, Ma Q, Kong F, et al. Meroterpenoids from the fruiting bodies of *Ganoderma ahmadii* Steyaret and their protein tyrosine phosphatase 1B inhibitory activities [J]. *Chin J Org Chem*, 2019, 39 (11): 3264.

[81] Liu J Q, Lian C L, Hu T Y, et al. Two new farnesyl phenolic compounds with anti-inflammatory activities from *Ganoderma duripora* [J]. *Food Chem*, 2018, 263: 155-162.

[82] Wang M, Wang F, Xu F, et al. Two pairs of farnesyl phenolic enantiomers as natural nitric oxide inhibitors from *Ganoderma sinense* [J]. *Bioorg Med Chem Lett*, 2016, 26 (14): 3342-3345.

[83] Gao Y, Zhu L, Guo J, et al. Farnesyl phenolic enantiomers as natural MTH1 inhibitors from *Ganoderma sinense* [J]. *Oncotarget*, 2017, 8 (56): 95865-95879.

[84] Wang D, Wang Y L, Zhang P, et al. New sesquiterpenoid derivatives from *Ganoderma sinense* with nitric oxide inhibitory activity [J]. *Phytochem Lett*, 2020, 35: 84-87.

[85] Yang A A, Yang Y X, Shi P D, et al. Insulin mimetic lanostane triterpenes from the cultivated mushroom *Ganoderma orbiforme* [J]. *Phytochem Lett*, 2022, 48: 57-61.

[86] Wang K, Bao L, Xiong W, et al. Lanostane triterpenes from the Tibetan medicinal mushroom *Ganoderma leucocontextum* and their inhibitory effects on HMG-CoA reductase and α-glucosidase [J]. *J Nat Prod*, 2015, 78 (8): 1977-1989.

[87] 张娇娇，彭云丽，程永现. 赤芝中新颖杂萜-三萜杂聚体的分离纯化及其改善 C2C12 细胞胰岛素抵抗作用 [J]. 生物医学转化，2023，4（1）：61-77.

[88] Sato N, Ma C-M, Komatsu K, et al. Triterpene-farnesyl hydroquinone conjugates from *Ganoderma sinense* [J]. *J Nat Prod*, 2009, 72 (5): 958-961.

[89] Zhang L J, Xie Y, Wang Y Q, et al. Triterpene-farnesyl hydroquinone conjugates from *Ganoderma calidophilum* [J]. *Nat Prod Res*, 2021, 35 (13): 2199-2204.

[90] 黄丽娜，Madhu B，刘云云，等. MS 方法全景式破译灵芝孢子粉中酚性杂萜成分 [J]. 中药与临床，2023, 14（4）：6-15.

[91] Kumar A, Alam M S, Hamid H, et al. Design and synthesis of anti-inflammatory1,2,3-triazolylpyrrolo benzodiazepinone derivatives and impact of molecular structure on COX-2 selective targeting [J]. *J Mol Struct*, 2023, 1272: 134151.

[92] Chen H, Qi X, Faulkner R A, et al. Regulated degradation of HMG-CoA reductase requires conformational changes in sterol-sensing domain [J]. *Nat Commun*, 2022, 13 (1): 4273.

[93] Wang K, Bao L, Zhou N, et al. Structural modification of natural product ganomycin I leading to discovery of a α-glucosidase and HMG-CoA reductase dual inhibitor improving obesity and metabolic dysfunction in vivo [J]. *J Med Chem*, 2018, 61 (8): 3609-3625.

[94] Gloudemans M J, Balliu B, Nachun D, et al. Integration of genetic colocalizations with physiological and pharmacological perturbations identifies cardiometabolic disease genes [J]. *Genome Med*, 2022, 14 (1): 31.

[95] Qiao S, Bao L, Wang K, et al. Activation of a specific gut bacteroides-folate-liver axis benefits for the alleviation of nonalcoholic hepatic steatosis [J]. *Cell Rep*, 2020, 32 (6): 108005.

[96] Lee Y, Ka S-O, Cha H N, et al. Myeloid sirtuin 6 deficiency causes insulin resistance in high-fat diet-fed mice by eliciting macrophage polarization toward an M1 phenotype [J]. *Diabetes*, 2017, 66 (10): 26592668.

[97] Chen X, Zhuo S, Zhu T, et al. FPR2 deficiency alleviates diet-induced insulin resistance through reducing body weight gain and inhibiting inflammation mediated by macrophage chemotaxis and M1 polarization [J]. *Diabetes*, 2019, 68 (6): 1130-1142.

[98] Zhang J, Ma K, Chen H, et al. A novel polycyclic meroterpenoid with aldose reductase inhibitory activity from medicinal mushroom *Ganoderma leucocontextum* [J]. *J Antibiot*, 2017, 70 (8): 915-917.

[99] Lee S Y, Kim S I, Choi M E. Therapeutic targets for treating fibrotic kidney diseases [J]. *Transl Res*, 2015, 165 (4): 512-530.

[100]　You Y K, Luo Q, Wu W F, et al. Petchiether A attenuates obstructive nephropathy by suppressing TGF-β/Smad3 and NF-κB signalling[J]. *J Cell Mol Med*. 2019, 23 (8):5576-5587.

[101]　Ghosh A K, Osswald H L. BACE1 (*β*-secretase) inhibitors for the treatment of Alzheimer's disease [J]. *Chem Soc Rev*, 2014, 43 (19): 6765-6813.

[102]　彭云丽. 灵芝微观组分配伍效应及灵芝杂萜化合物活性研究 [D]. 昆明：云南中医药大学，2023.

[103]　El Dine R S, El Halawany A M, Ma C M, et al. Inhibition of the dimerization and active site of HIV-1 protease by secondary metabolites from the Vietnamese mushroom *Ganoderma colossum* [J]. *J Nat Prod*, 2009, 72 (11): 2019-2023.

第五章

灵芝甾醇化学成分及其生物活性

　　甾醇作为真菌细胞膜的主要成分，是灵芝脂溶性成分中含量较高的一类化合物，在灵芝子实体、孢子（孢子粉和孢子油）、发酵菌丝体中均有分布。1987 年至 2022 年从不同种灵芝中分离出了约 60 种甾醇类化合物，其基本骨架为麦角甾醇，在此基础上发生单一或多位点的羟基化、羰基化、环氧化等，从而形成一系列结构多样的甾醇衍生物。灵芝甾醇类化合物在药理筛选中表现出多种活性，如抗肿瘤、免疫调节、抗炎作用等。

第一节　灵芝甾醇类化合物的提取和纯化方法

一、灵芝甾醇的提取

　　灵芝甾醇的提取方法主要包括溶剂提取法 [1-3] 和超临界 CO_2 提取法 [4-5]。

1. 灵芝子实体或孢子粉中甾醇的提取

　　在提取灵芝甾醇前，需要对实验材料进行处理，处理方式直接影响甾醇的提取率，如孢子粉破壁后可使麦角甾醇（**1**）的含量提高百倍 [6]。灵芝子实体或孢子粉甾醇的提取多采用 95% 或无水乙醇加热回流提取 [3, 7]，或室温下超声萃取 [8]，提取时间及次数根据不同的灵芝种类、材料而异，但通常多次提取以确保有效成分的充分溶解，也有直接用甲醇 [9] 或氯仿 [1, 2, 10, 11] 提取的例子。

　　采用超临界 CO_2 流体萃取破壁孢子粉则可得到孢子油，该方法操作温和、提取效率高，甾醇类成分可作为孢子油质量优劣的指标，麦角甾醇（**1**）可以作为灵芝孢子油区别于其他植物油的特征成分 [4]。

2. 灵芝发酵菌丝体甾醇的提取

　　灵芝（如赤芝 *G. lucidum*[12, 13] 或树舌灵芝 *G. applanatum*[14]）液体发酵后，通过离心收集菌丝体，再进行冷冻干燥以去除水分，获得干燥的菌丝体粉末。菌丝体甾醇多采用无水乙醇超声萃取 [13]。

二、灵芝甾醇的分离纯化

1. 两相溶剂萃取法

　　将上述甾醇提取物悬浮在水中，然后使用不同的有机溶剂（如正己烷、二氯甲烷、乙酸乙酯、正丁醇等）按极性由小到大的顺序进行萃取，得到不同极性的萃取物 [3, 7]。

2. 色谱分离法

可使用硅胶柱色谱对甾醇提取物进行分离，通常采用石油醚／乙酸乙酯梯度洗脱系统，得到多个馏分。特定的馏分可能需要通过反相柱色谱（RP-18）或凝胶柱色谱（Sephadex LH-20）进行进一步的纯化；或将选定的馏分通过高效液相色谱（HPLC）进行进一步的分离，使用适当的色谱柱和流动相（如甲醇／水）进行洗脱，从而获得纯化的甾醇类目标化合物 [3, 7]。

3. 重结晶法

对于某些组分，通过结晶过程即可获得纯的甾醇化合物 [7, 15]。

第二节　灵芝甾醇类化合物的结构

灵芝甾醇母核为环戊烷骈多氢菲，其四个环位于同一平面（A/B，B/C，C/D 均为反式并环），C-10 和 C-13 位上各有一个角甲基（β 构型），C-17 位上有一个 9 碳单元的侧链（R 构型），基本骨架通常含有 28 个碳原子。从灵芝分离得到的甾醇多在 C-3、C-6 位有羟基取代，另外，分离鉴定出了在多位点上羟基化的甾醇化合物，如 C-5、C-9、C-11、C-14、C-15 位羟基化，并可能进一步氧化为酮基。此外，C-3、C-6 位羟基还可与饱和脂肪酸链或不饱和脂肪酸链发生酯化反应，生成相应的甾醇酯（55～58）。除具有如上麦角甾醇母核的甾体化合物外，从灵芝中也陆续分离出了新颖的降碳甾醇（49～51）、扩环甾醇（52）、开环甾醇（53～54）等，灵芝甾醇化合物结构见图 5-1。

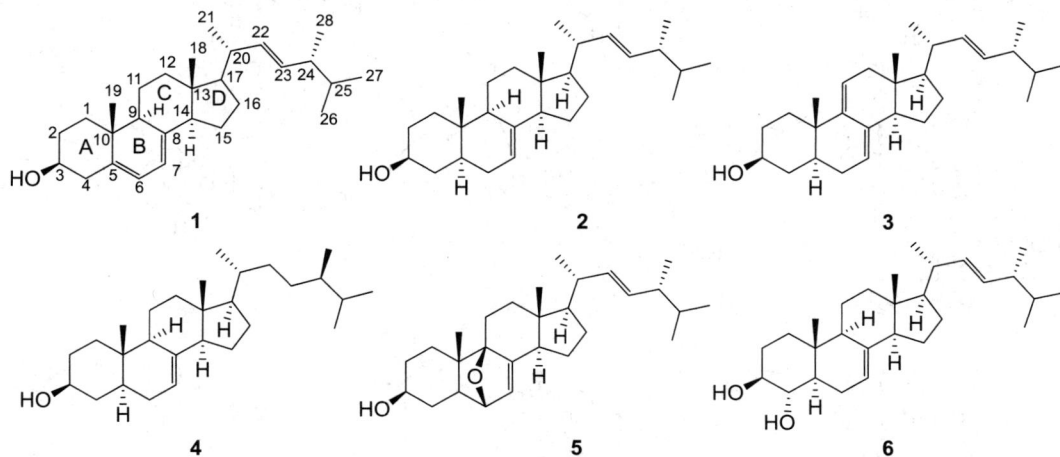

图5-1

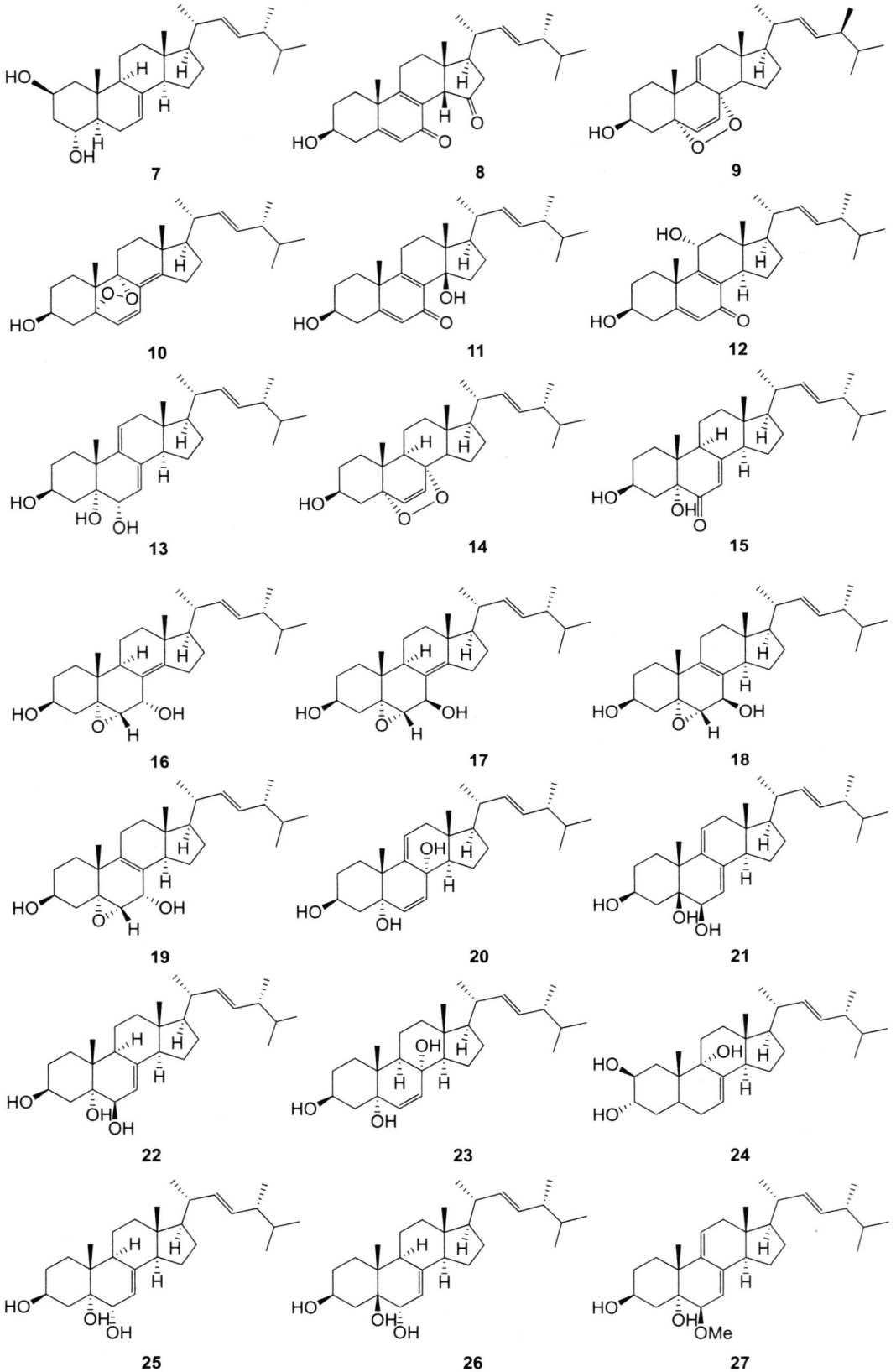

7

8

9

10

11

12

13

14

15

16

17

18

19

20

21

22

23

24

25

26

27

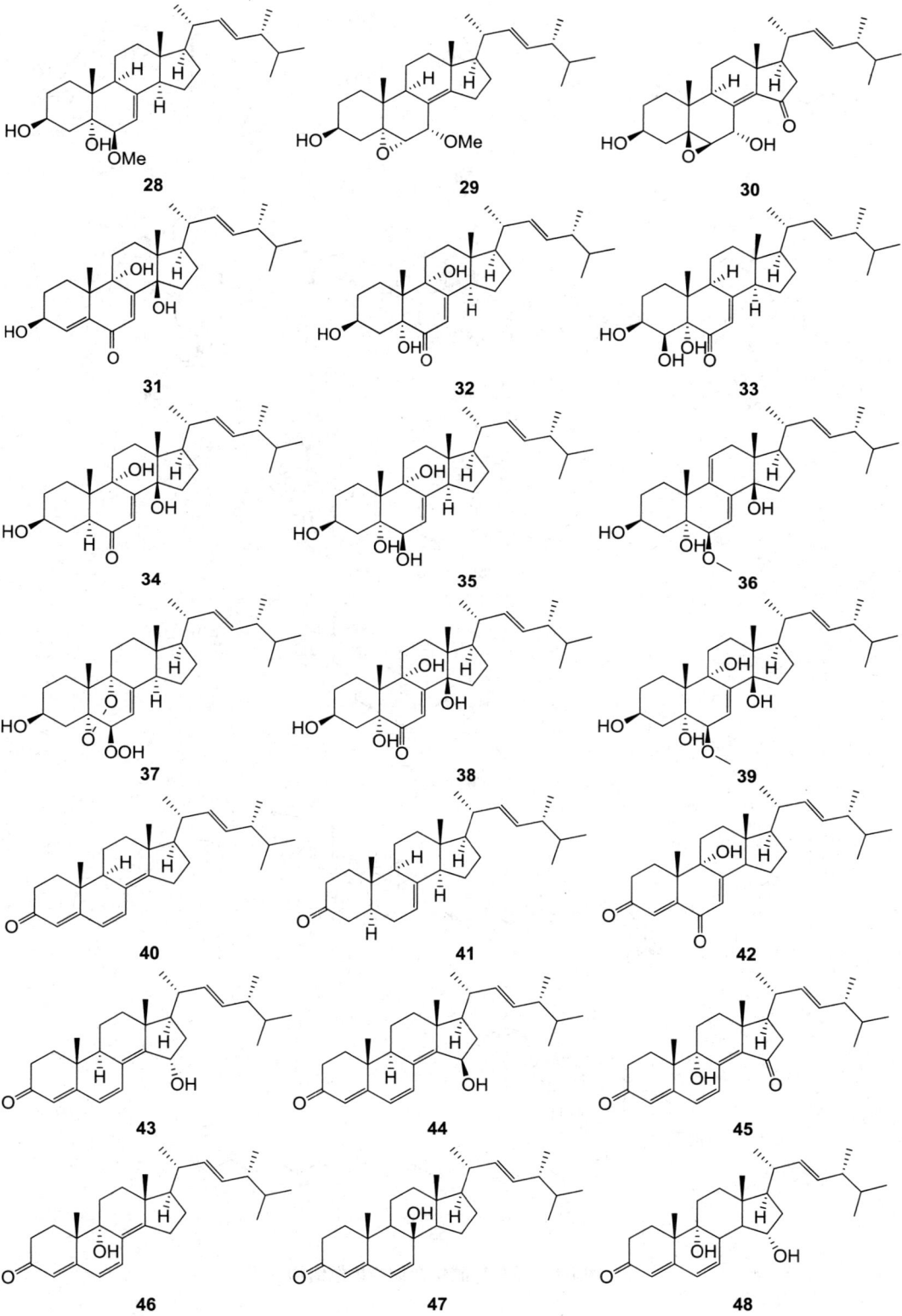

图5-1

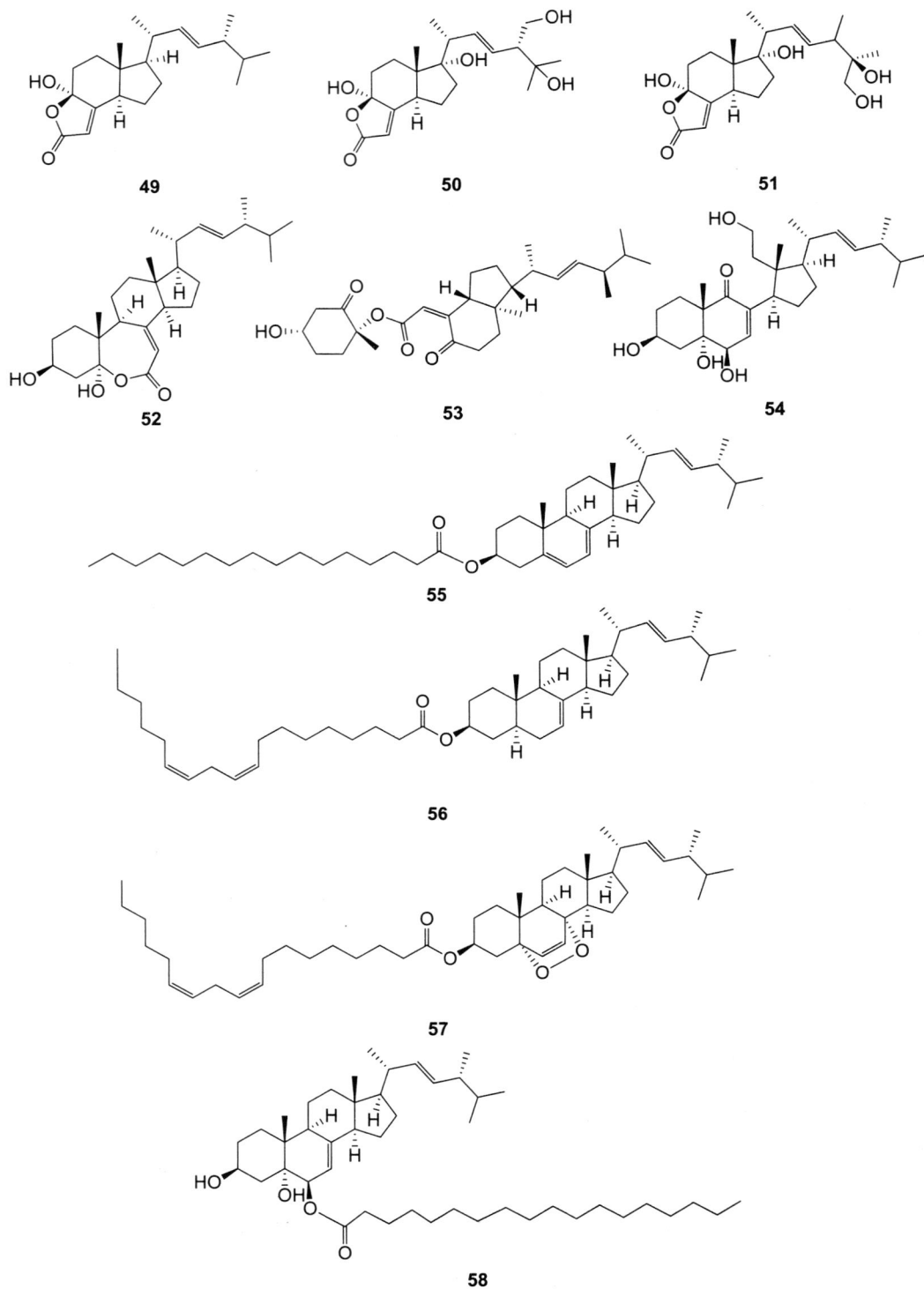

图5-1　灵芝甾醇化合物的化学结构

　　从灵芝属真菌中得到的甾醇名称、化学式、来源及参考文献见表 5-1。

表 5-1　灵芝甾醇的名称、化学式、来源和参考文献

编号	名称	化学式	来源	参考文献
1	麦角甾醇（ergosterol）	$C_{28}H_{44}O$	*G. lucidum, G. boninense, G. resinaceum* 等	[7, 15, 16]
2	星鱼甾醇（stellasterol）	$C_{28}H_{46}O$	*G. lucidum, G. applanatum, G. neo-japonicum*	[15, 17, 18]
3	ergosterol D	$C_{28}H_{44}O$	*G. resinaceum*	[19]
4	Δ^7-campesterol	$C_{28}H_{48}O$	*G. australe*	[20]
5	6,9-epidioxyergosta-7,22-dien-3β-ol	$C_{28}H_{44}O_2$	*G. sinense*	[21]
6	ergost-7,22-dien-3β,4α-diol	$C_{28}H_{46}O_2$	*G. resinaceum*	[7]
7	ergosta-7,22-dien-2β,4α-diol	$C_{28}H_{46}O_2$	*G. sinense*	[22]
8	3β-hydroxyl-(22E,24R)-ergosta-5,8,22-trien-7,15-dione	$C_{28}H_{40}O_3$	*G. resinaceum*	[19]
9	(22E,24S)-5α,8α-epidioxy-24-methyl-cholesta-6,9(11),22-trien-3β-ol	$C_{28}H_{42}O_3$	*G. sinense, G. tsugae, G. lucidum*	[8, 10, 23]
10	5α,9α-epidioxyergosta-6,8(14),22-triene-3β-ol	$C_{28}H_{42}O_3$	*G. capense*	[24]
11	3β,14β-dihydroxy-ergosta-5,8,22-trien-7-one	$C_{28}H_{42}O_3$	*G. resinaceum*	[19]
12	(22E,24R)-ergosta-5,8,22-trien-3β,11α-dihydroxyl-7-one	$C_{28}H_{42}O_3$	*G. resinaceum*	[19]
13	(22E,24R)-ergosta-7,9(11),22-triene-3β,5α,6α-triol	$C_{28}H_{44}O_3$	*G. sinense, G. lucidum*	[8, 25]
14	5,8-过氧化麦角甾醇 (5,8-ergosterol peroxide)	$C_{28}H_{44}O_3$	*G. lucidum*	[26]
15	(22E,24R)-3β,5α-dihydroxyergosta-7,22-dien-6-one	$C_{28}H_{44}O_3$	*G. applanatum, G. mastoporum, G. resinaceum*	[14, 18, 19]
16	5α,6α-epoxy-(22E,24R)-ergosta-8(14),22-diene-3β,7α-diol	$C_{28}H_{44}O_3$	*G. resinaceum*	[19]
17	5α,6α-epoxy-(22E,24R)-ergosta-8(14),22-diene-3β,7β-diol	$C_{28}H_{44}O_3$	*G. resinaceum*	[19]
18	5α,6α-epoxy-(22E,24R)-ergosta-8,22-diene-3β,7β-diol	$C_{28}H_{44}O_3$	*G. resinaceum*	[19]
19	5α,6α-epoxy-(22E,24R)-ergosta-8,22-diene-3β,7α-diol	$C_{28}H_{44}O_3$	*G. resinaceum*	[19]
20	(22E,24R)-ergosta-6,9,22-trien-3β,5α,8α-triol	$C_{28}H_{44}O_3$	*G. resinaceum*	[19]
21	(22E,24R)-ergosta-7,9(11),22-trien-3β,5β,6β-triol	$C_{28}H_{44}O_3$	*G. resinaceum*	[19]
22	(22E,24R)-ergosta-7,22-diene-3β,5α,6β-triol	$C_{28}H_{46}O_3$	*G. sinense, G. lucidum*	[1, 8]
23	ergost-6,22-dien-3β,5α,8α-triol	$C_{28}H_{46}O_3$	*G. resinaceum*	[7]
24	ergosta-7,22-dien-2β,3α,9α-triol	$C_{28}H_{46}O_3$	*G. tsugae, G. lucidum*	[1, 2]
25	stigmasta-7,22-diene-3β,5α,6α-triol	$C_{28}H_{46}O_3$	*G. sinense*	[8]

编号	名称	化学式	来源	参考文献
26	cerevisterol	$C_{28}H_{46}O_3$	*G. resinaceum*	[19]
27	(22E,24R)-6β-methoxyergosta-7,9(11),22-triene-3β,5α-diol	$C_{29}H_{46}O_3$	*G. sinense*	[8]
28	(22E)-6β-methoxyergosta-7,22-diene-3β,5α-diol	$C_{29}H_{48}O_3$	*G. resinaceum*, *G. sinense*	[7, 8]
29	(22E)-7α-methoxy-5α,6α-epoxyergosta-8(14),22-dien-3β-ol	$C_{29}H_{46}O_3$	*G. sinense*	[8]
30	5β,6β-epoxy-3β,7α-trihydroxy-(22E,24R)-ergosta-8(14),22-dien-15-one	$C_{28}H_{42}O_4$	*G. resinaceum*	[19]
31	(22E,24R)-ergosta-4,7,22-trien-3β,9α,14β-trihydroxyl-6-one	$C_{28}H_{42}O_4$	*G. resinaceum*	[8]
32	3β,5α,9α-trihydroxy-(22E,24R)-ergosta-7,22-dien-6-one	$C_{28}H_{44}O_4$	*G. hainanense* *G. resinaceum*	[3, 7]
33	(22E)-3β,4β,5α-trihydroxyergosta-7,22-dien-6-one	$C_{28}H_{44}O_4$	*G. resinaceum*	[19, 21]
34	(22E,24R)-ergosta-7,22-dien-3β,9α,14β-trihydroxyl-6-one	$C_{28}H_{44}O_4$	*G. resinaceum*	[19]
35	ergosta-7,22-dien-3β,5α,6β,9α-tetraol	$C_{28}H_{46}O_4$	*G. sinense*	[22]
36	(22E,24R)-6β-methoxyergosta-7,9(11),22-trien-3β,5α,14β-triol	$C_{29}H_{46}O_4$	*G. resinaceum*	[19]
37	ganolutol A	$C_{28}H_{44}O_5$	*G. luteomarginatum*	[27]
38	3β,5α,9α,14β-tetrahydroxy-(22E)-ergosta-7,22-dien-6-one	$C_{28}H_{44}O_5$	*G. resinaceum*	[19]
39	(22E,24R)-6β-methoxyergosta-7,22-dien-3β,5α,9α,14β-tetraol	$C_{29}H_{48}O_5$	*G. resinaceum*	[19]
40	ergosta-4,6,8(14),22-tetraen-3-one	$C_{28}H_{40}O$	*G. applanatum*, *G. atrum*, *G. pfeifferi*, *G. sinense*, *G. mastoporum*, *G. luteomarginatum*, *G. neo-japonicum*, *G. lucidum*	[14, 17, 18, 25, 28-31]
41	ergosta-7,22-dien-3-one	$C_{28}H_{44}O$	*G. sinense*, *G. applanatum*, *G. neo-japonicum*, *G. lucidum*, *G. tsugae*, *G. australe*, *G. pfeifferi*	[8, 17, 18, 32, 33]
42	ergosta-4,7,22-triene-3,6-dione	$C_{28}H_{40}O_2$	*G. lucidum*	[11]
43	ganodermaside A	$C_{28}H_{40}O_2$	*G. lucidum*	[34]
44	ganodermaside B	$C_{28}H_{40}O_2$	*G. lucidum*	[34]
45	ganodermaside C	$C_{28}H_{38}O_3$	*G. lucidum*	[35]
46	ganodermaside D	$C_{28}H_{40}O_2$	*G. lucidum*	[35]
47	cyathisterol	$C_{28}H_{42}O_2$	*G. sinense*	[8, 31]
48	(22E,24R)-9α,15α-dihydroxyergosta-4,6,8(14),22-tetraen-3-one	$C_{28}H_{42}O_3$	*G. resinaceum*	[19, 21]
49	demethylincisterol A_3	$C_{21}H_{32}O_3$	*G. lucidum*, *G. casuarinicola*	[9, 36]

编号	名称	化学式	来源	参考文献
50	11α-hydroxy-21-hydroxy-demethylin-cisterol A$_3$	C$_{21}$H$_{32}$O$_6$	*G. capense*	[24]
51	tetraoxycitricolic acid	C$_{21}$H$_{32}$O$_6$	*G. sinense*	[8]
52	(22E,24R)-ergosta-7,22-dien-3β,5α-diol- 6,5-olide	C$_{28}$H$_{44}$O$_4$	*G. resinaceum*	[19]
53	chaxine B	C$_{28}$H$_{42}$O$_5$	*G. lucidum*	[37]
54	ganoderin A	C$_{28}$H$_{46}$O$_5$	*G. lucidum*	[37]
55	ergosta-7,22-dien-3β-yl palmitate	C$_{44}$H$_{74}$O$_2$	*G. lucidum*	[10]
56	ergosta-7,22-dien-3β-yl linoleate	C$_{46}$H$_{76}$O$_2$	*G. lucidum*	[10]
57	5α,8α-epidioxyergosta-6,22-dien-3β-yl linoleate	C$_{46}$H$_{74}$O$_4$	*G. lucidum*	[10, 33]
58	(3β,5α,6β,22E)-ergosta-7,22-diene-3,5, 6-triol 6-stearate	C$_{46}$H$_{80}$O$_4$	*G. resinaceum*	[7]

第三节　灵芝甾醇类化合物的结构鉴定

一、灵芝甾醇的紫外光谱特征

紫外光谱可用于分辨灵芝甾醇类化合物是否含有 α,β- 不饱和酮或共轭双键单元。当灵芝甾醇类化合物存在 α,β- 不饱和酮单元时，其最大紫外吸收大多在 255 nm，logε 在 3.8～4.1[18, 19]；当存在共轭双键时，其最大紫外吸收在 237～253 nm，而吸收强度 logε 约为 4[8]。

二、灵芝甾醇的红外光谱特征

灵芝甾醇类化合物大多有羟基取代，因而在 3300 cm^{-1}、1050 cm^{-1} 处有强的羟基吸收峰[7, 8, 11]。当灵芝甾醇类化合物存在 α,β- 不饱和酮单元时，在 1650 cm^{-1} 处有较强的吸收峰[7, 11, 17]。

三、灵芝甾醇的质谱特征

灵芝甾醇类化合物的质谱裂解方式多样[7, 8, 11, 17]，包括羟基脱水、脱甲基、脱侧链等，还可出现较复杂的裂解方式从而生成不同的质谱碎片。

四、灵芝甾醇的核磁共振波谱特征

灵芝甾醇类化合物的 ^{1}H-NMR 特征信号包括甲基质子、连氧碳质子和双键质子[16]（表 5-2）。环内双键质子的 δ 值一般大于 5.0[7]。连氧碳质子的化学位移（δ 值 3.0～7.0）[21]、峰型和偶合常数可作为判断羟基取代的位置和构型的依据。

^{13}C-NMR 数据可用于确定已知且常见的甾醇类化合物结构，麦角甾醇（ergosterol，**1**）的 ^{13}C-NMR 数据详见表 5-2。二维核磁谱（2D-NMR）则可用于确定新甾醇类化合物的结构，并对其信号进行归属。

表 5-2　麦角甾醇（ergosterol, 1）的关键 ^{1}H-NMR (600 MHz, CHCl₃) 和 ^{13}C-NMR (100 MHz, CHCl₃) 数据 [16]

位置	δ_H（J / Hz）	δ_C	位置	δ_H（J / Hz）	δ_C
1		38.4	**15**		23.0
2		32.0	**16**		28.3
3	3.63, m	70.5	**17**		55.8
4		40.8	**18**	0.63, s	12.1
5		139.8	**19**	0.94, s	16.3
6	5.57, dd(2.4, 6.0)	119.6	**20**		40.4
7	5.39, m	116.3	**21**	1.03, d(6.6)	21.1
8		141.3	**22**	5.16, m	135.6
9		46.3	**23**	5.24, m	132.0
10		37.0	**24**		42.8
11		21.1	**25**		33.1
12		39.1	**26**	0.83, d(6.6)	19.9
13		42.8	**27**	0.82, d(6.6)	19.6
14		54.6	**28**	0.91, d(6.8)	17.6

第四节　灵芝甾醇类化合物的生物活性

一、抗肿瘤活性

灵芝甾醇的抗肿瘤活性研究较为广泛，不同灵芝甾醇类化合物通过不同活性机制达到抗肿瘤的效果。同时，在对它们抗肿瘤活性机制的研究过程中，发现了多个抗肿瘤新靶点，体现出了灵芝甾醇在抗肿瘤治疗方面的优势。

己糖激酶 2（HK2）是癌细胞高表达的关键限速酶，对肿瘤的发生和转移有重要作用。从紫芝（*G. sinense*）中分离得到的 (22*E*,24*R*)-6β-methoxyergosta-7,9(11),22-triene-3β,5α-diol（**27**）和 (22*E*)-6β-methoxyergosta-7,22-diene-3β,5α-diol（**28**）能通过抑制 HK2 而表现出抗肿瘤活性（表 5-3）[8]。

表 5-3　紫芝（*G. sinense*）中的 2 种甾醇对己糖激酶的抑制作用 [8]

化合物	酶抑制作用 IC$_{50}$/（µmol/L）①
(22*E*,24*R*)-6β-methoxyergosta-7,9(11),22-triene-3β,5α-diol (**27**)	2.06±0.15
(22*E*)-6β-methoxyergosta-7,22-diene-3β,5α-diol (**28**)	14.52±0.45
苄丝肼（benserazide）②	5.52±0.17
二甲双胍（metformin）③	>50

①抑制50%己糖激酶活性所需的化合物浓度。
②一种选择性己糖激酶抑制剂。
③一种常见的己糖激酶抑制剂。

从日本长野灵芝（*G. lucidum*）中分离的化合物 (22*E*,24*R*)-ergosta-7,22-diene-3β,5α,6β-triol（**22**）、ergosta-7,22-dien-2β,3α,9α-triol（**24**）在体外试验中显示出对人类早幼粒白血病细胞（HL-60）的诱导凋亡作用；同时它们对 HL-60 和路易斯肺癌细胞（LLC）有细胞毒性（表 5-4）。在接种 LLC 肺癌细胞小鼠的体内试验中，化合物 **24** 也表现出了显著抑制肿瘤生长的作用（图 5-2）[1]。

化合物 (22*E*,24*R*)-ergosta-7,9(11),22-triene-3β,5α,6α-triol（**13**）、ergosta-4,6,8(14),22-tetraen-3-one（**40**）、cyathisterol（**47**）可通过抑制致癌基因 132 位精氨酸突变型异柠檬酸脱氢酶 1（IDH1[132H]）的活性，降低与肿瘤相关的代谢产物 D-2HG 的水平（表 5-5），从而诱导肿瘤细胞凋亡。其中，化合物 cyathisterol（**47**）的抑制效果最显著 [31]。此外，ergosta-4,6,8(14),22-tetraen-3-one（**40**）能够抑制肿瘤细胞系中 tsFT210 细胞的细胞周期 G2/M 期，并诱导 tsFT210 细胞凋亡，表现出潜在的抗癌活性 [38]。

表 5-4　日本长野灵芝（*G. lucidum*）中的 2 种甾醇对肿瘤细胞的抑制作用 [1]

化合物	IC$_{50}$/（µg/mL）①		
	HL-60	MCF-7③	LLC
(22*E*, 24*R*)-ergosta-7, 22-diene-3β, 5α,6β-triol (**22**)	22.4	>100	55.3
ergosta-7,22-diene-2β,3α,9α-triol (**24**)	12.7	>100	45.2
阿霉素（adriamycin）②	3.00	2.48	2.68

①抑制50%肿瘤细胞活性所需的化合物浓度。
②阿霉素作为阳性对照。
③乳腺癌细胞。

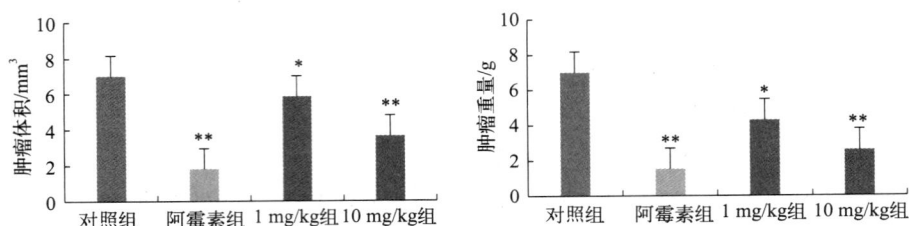

图5-2 ergosta-7,22-dien-2β,3α,9α-triol（**24**）对接种路易斯肺癌细胞（LLC）小鼠的肿瘤体积/重量的影响[1]

$^*p < 0.05$，$^{**}p < 0.01$；阿霉素作为阳性对照

表 5-5　紫芝（*G. sinense*）中的 3 种甾醇化合物对致癌关键酶 IDH1[132H] 的酶抑制活性 [31]

化合物	酶抑制作用 IC$_{50}$/（μmol/L）①
(22*E*,24*R*)-ergosta-7,9(11),22-triene-3β,5α,6α-triol (**13**)	36.26±2.01
ergosta-4,6,8(14),22-tetraen-3-one (**40**)	37.91±1.09
cyathisterol (**47**)	21.69±0.96
AGI-5198②	5.70±0.24

①抑制50% IDH1[132H]酶活性所需的化合物浓度。

②AGI-5198是一种选择性IDH1[132H]抑制剂，作为阳性对照。

二、免疫调节活性

补体系统是机体天然免疫系统中的重要组成部分，在宿主防御中起着重要作用，主要功能是识别和清除外来病原体，可通过经典途径（CP）、替代途径（AP）或 MBL/MASP 途径激活。在体外抗补体活性测试中发现，麦角甾醇（**1**）与 5,8- 过氧麦角甾醇（**14**）均显示出对补体系统的经典途径具有抑制作用（表 5-6），其 IC$_{50}$（使 50% 绵羊红细胞溶血所需浓度）值分别为 55.0 μmol/L 和 126.8 μmol/L，麦角甾醇具有相对更强的抗补体活性，优于阳性对照药银锻苷 [15]。

表 5-6　麦角甾醇和过氧麦角甾醇对补体系统的抑制作用 [15]

化合物	IC$_{50}$/（μmol/L）①
麦角甾醇（**1**）	55.0
5,8- 过氧麦角甾醇（**14**）	126.8
银锻苷（tiliroside）②	70.0

①抑制50%绵羊红细胞溶血所需化合物浓度。

②银锻苷作为抗补体作用的阳性对照。

三、抗炎活性

从无柄紫灵芝（*G. mastoporum*）中分离到的 5,8- 过氧麦角甾醇（**14**）、ergosta-4,6,

8(14),22-tetraen-3-one（**40**）、ergosta-7,22-dien-3-one（**41**）显示出显著的抗炎活性，它们对人类中性粒细胞在 *N*-甲酰-L-甲硫氨酰-亮氨酰苯丙氨酸/细胞松弛素 B（FMLP/CB）的刺激下生成超氧阴离子和释放弹性酶的这一过程产生抑制作用。化合物 **40** 活性相对较优，其对人类中性粒细胞产生超氧化物阴离子的 IC$_{50}$ 值为（2.30±0.38）μg/mL，弹性蛋白酶释放的抑制率为 1.94%±0.50%（表 5-7）[18]。

表 5-7　无柄紫灵芝中的 3 种甾醇对人类中性粒细胞响应 FMLP/CB 产生超氧化物阴离子和释放弹性蛋白酶的抑制作用 [18]

化合物	IC$_{50}$/（μg/mL）[①] 或（Inh%）[②]	
	超氧化物阴离子的生成	弹性蛋白酶释放
5,8-过氧麦角甾醇 (**14**)	5.28±0.76 [④]	35.99±3.42 [④]
ergosta-4,6,8(14),22-tetraen-3-one (**40**)	2.30±0.38 [④]	1.94±0.50 [④]
ergosta-7,22-dien-3-one (**41**)	5.02±0.98 [④]	4.41±0.50 [④]
脂酰肌醇-3-激酶抑制剂（LY294002）[③]	0.40±0.02 [④]	1.53±0.25 [④]

①达到50%抑制所需浓度。
②化合物浓度为10 μg/mL时，对弹性蛋白酶释放的抑制百分比。
③脂酰肌醇-3-激酶抑制剂，用作超氧化物阴离子生成和弹性蛋白酶释放的阳性对照。
④$p<0.001$。
注：结果以平均值±S.M.E表示（$n=3\sim4$）。

血液中一氧化氮（NO）的水平与炎症密切相关。当免疫细胞受到微生物内毒素和炎症介质的攻击时，它们会诱导 NO 合酶（iNOS）产生 NO 以进行免疫反应，这有可能加剧炎症反应。因此，抑制 NO 产生是抗炎活性的直接指标。从无柄灵芝（*G. resinaceum*）中分离到的 9 个甾醇化合物（**12**、**16**、**17**、**19**、**20**、**23**、**29**、**31**、**39**）表现出抑制脂多糖（LPS）诱导的小鼠单核巨噬细胞（RAW 264.7）NO 生成作用 [19]（表 5-8），其中 (22*E*)-7α-methoxy-5α,6α-epoxyergosta-8(14),22-dien-3β-ol（**29**）活性相对较优，IC$_{50}$ 值为（3.24±0.02）μmol/L。

表 5-8　无柄灵芝（*G. resinaceum*）中的 9 种甾醇化合物对 NO 产生的抑制作用 [19]

化合物	IC$_{50}$/（μmol/L）
(22*E*,24*R*)-ergosta-5,8,22-trien-3β,11α-dihydroxyl-7-one (**12**)	32.87±0.62
5α,6α-epoxy-(22*E*,24*R*)-ergosta-8(14),22-diene-3β,7α-diol (**16**)	23.34±0.73
5α,6α-epoxy-(22*E*,24*R*)-ergosta-8(14),22-diene-3β,7β-diol (**17**)	17.23±0.33
5α,6α-epoxy-(22*E*,24*R*)-ergosta-8,22-diene-3β,7α-diol (**19**)	19.77±0.58
(22*E*,24*R*)-ergosta-6,9,22-trien-3β,5α,8α-triol (**20**)	10.08±0.22
ergost-6,22-dien-3β,5α,8α-triol (**23**)	22.76±1.83
(22*E*)-7α-methoxy-5α,6α-epoxyergosta-8(14),22-dien-3β-ol (**29**)	3.24±0.02
(22*E*,24*R*)-ergosta-4,7,22-trien-3β,9α,14α-trihydroxyl-6-one (**31**)	35.19±0.41
(22*E*,24*R*)-6β-methoxyergosta-7,22-dien-3β,5α,9α,14β-tetraol (**39**)	22.18±0.23
一氧化氮合酶抑制剂（L-NMMA）[①]	49.86±2.13

①阳性对照药。

四、抗衰老活性

化合物 ganodermaside A、B、C、D（43～46）在酵母细胞衰老模型 K6001 中，表现出显著延长酵母细胞复制寿命活性，且活性与白藜芦醇（Res，10 μmol/L）相当（图 5-3）。进一步实验证明，其可能是通过调节与衰老相关的转录因子 SKN7 的活性，影响 UTH1 基因的表达，来实现延长酵母细胞复制性寿命[34, 35]。以上结果提示灵芝甾醇化合物可作为先导化合物，应用于延缓衰老或治疗衰老性疾病的新药研发。

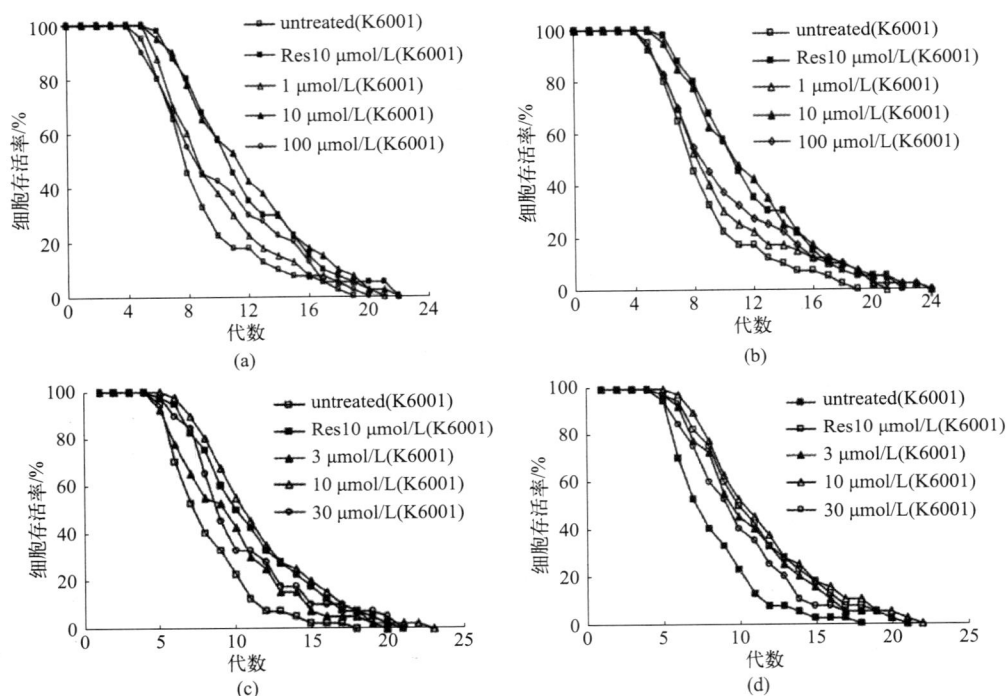

图5-3　白藜芦醇（Res）与ganodermaside A、B、C、D（43 ~ 46）对*S. cerevisiae* K6001酵母菌株复制寿命的抗衰老作用的剂量反应[34, 35]

（a）ganodermaside A延长酵母细胞的复制性寿命；　（b）ganodermaside B延长酵母细胞的复制性寿命；
（c）ganodermaside C延长酵母细胞的复制性寿命；　（d）ganodermaside D延长酵母细胞的复制性寿命
Res 10 μmol/L—白藜芦醇抗衰老最有效浓度；untreated—未处理的K6001酵母菌株对照组

（傅薇澄　撰写，巩婷、朱平　审校）

参考文献

[1]　Lee M K, Hung T M, Cuong T D, et al. Ergosta-7,22-diene-2β,3α,9α-triol from the fruit bodies of *Ganoderma lucidum* induces apoptosis in human myelocytic HL-60 cells [J]. *Phytother Res*, 2011, 25 (11)：1579-1585.

[2]　Gan K H, Fann Y F, Hsu S H, et al. Mediation of the cytotoxicity of lanostanoids and steroids of *Ganoderma tsugae* through apoptosis and cell cycle [J]. *J Nat Prod*, 1998, 61(4)：485-487.

[3]　罗应，马青云，黄圣卓，等.海南灵芝化学成分研究 [J].热带亚热带植物学报，2014，22（2）：190-194.

[4]　Hsu R C, Lin B H, Chen C W. The study of supercritical carbon dioxide extraction for *Ganoderma lucidum* [J]. *Ind Eng Chem Res*, 2001, 40(20)：4478-4481.

[5]　华正根，王金亮，朱丽萍，等 . 高压超临界 CO_2 提取灵芝三萜和甾醇成分的研究 [J]. 中国食用菌，2018，37（5）：62-65.

[6]　王金艳，冯娜，刘艳芳，等 . 灵芝孢子粉中麦角甾醇的测定分析及其脂溶性成分指纹图谱 [J]. 菌物学报，2018，37（9）：1215-1223.

[7]　Chen X Q, Chen L X, Li S P, et al. A new nortriterpenoid and an ergostane-type steroid from the fruiting bodies of the fungus *Ganoderma resinaceum* [J]. *J Asian Nat Prod Res*, 2017, 19 (12)：1239-1244.

[8]　Bao F, Yang K, Wu C, et al. New natural inhibitors of hexokinase 2 (HK2): steroids from *Ganoderma sinense* [J]. *Fitoterapia*, 2018, 125: 123-129.

[9]　Isaka M, Chinthanom P, Rachtawee P, et al. Lanostane triterpenoids from cultivated fruiting bodies of the wood-rot basidiomycete *Ganoderma casuarinicola* [J]. *Phytochemistry*, 2019, 170: 112225.

[10]　Hirotani M, Asaka I, Ino C, et al. Ganoderic acid derivatives and ergosta-4,7,22-triene-3,6-dione from *Ganoderma lucidum* [J]. *Phytochemistry*, 1987, 26 (10)：2797-2803.

[11]　Lin C N, Tome W P, Won S J. Novel cytotoxic principles of formosan *Ganoderma lucidum* [J]. *J Nat Prod*, 1991, 54 (4)：998-1002.

[12]　Chen Y K, Kuo Y H, Chiang B H, et al. Cytotoxic activities of 9,11-dehydroergosterol peroxide and ergosterol peroxide from the fermentation mycelia of *Ganoderma lucidum* cultivated in the medium containing leguminous plants on HEP 3B cells [J]. *J Agric Food Chem*, 2009, 57 (13)：5713-5719.

[13]　Cui Y J. Cytotoxicity of 9,11-dehydroergosterol peroxide isolated from *Ganoderma lucidum* and its target-related proteins [J]. *J Nat Prod Commun*, 2010, 5 (8)：1183-1186.

[14]　Lee S Y, Kim J S, Lee S, et al. Polyoxygenated ergostane-type sterols from the liquid culture of *Ganoderma applanatum* [J]. *Nat Prod Res*, 2011, 25 (14)：1304-1311.

[15]　Seo H W, Hung T M, Na M, et al. Steroids and triterpenes from the fruit bodies of *Ganoderma lucidum* and their anti-complement activity [J]. *Arch Pharm Res*, 2009, 32 (11)：1573-1579.

[16]　Toh C R L, Sariah M, Siti M M N. Ergosterol from the soilborne fungus *Ganoderma boninense* [J]. *J Basic Microbiol*, 2012, 52 (5)：608-612.

[17]　Gan K H, Kuo S H, Lin C N. Steroidal constituents of *Ganoderma applanatum* and *Ganoderma neo-japonicum* [J]. *J Nat Prod*, 1998, 61 (11)：1421-1422.

[18]　Thang T D, Kuo P C, Hwang T L, et al. Triterpenoids and steroids from *Ganoderma mastoporum* and their inhibitory effects on superoxide anion generation and elastase release [J]. *Molecules*, 2013, 18 (11)：14285-14292.

[19]　Shi Q, Huang Y, Su H, et al. C(28) steroids from the fruiting bodies of *Ganoderma resinaceum* with potential anti-inflammatory activity [J]. *Phytochemistry*, 2019, 168: 112109.

[20]　Gerber A L, Smania J A, Monache F D, et al. Triterpenes and sterols from *Ganoderma australe* (Fr.) pat. (Aphyllophoromycetideae) [J]. *Int J Med Mushrooms*, 2000, 2 (4): 9.

[21] 刘超，王洪庆，李保明，等 . 紫芝的化学成分研究 [J]. 中国中药杂志，2007，32（3）：235-237.

[22] 刘超，陈若芸 . 紫芝中的一个新甾醇 [J]. 中国药学杂志，2010，45（6）：413-415.

[23] Su H J, Fann Y F, Chung M I, et al. New lanostanoids of *Ganoderma tsugae* [J]. *J Nat Prod*, 2000, 63 (4): 514-516.

[24] Tan Z, Zhao J L, Liu J M, et al. Lanostane triterpenoids and ergostane-type steroids from the cultured mycelia of *Ganoderma capense* [J]. *J Asian Nat Prod Res*, 2018, 20 (9) : 844-851.

[25] 陈若芸，王雅泓，于德泉 . 赤芝孢子化学成分研究 [J]. 植物学报（英文版），1991，（1）：65-68.

[26] Wu Q P, Xie Y Z, Deng Z, et al. Ergosterol peroxide isolated from *Ganoderma lucidum* abolishes microRNA miR-378-mediated tumor cells on chemoresistance [J]. *PLoS One*, 2012, 7 (8) : e44579.

[27] Htoo Z P, Kodama T, Win N N, et al. A new sterol from the polypore fungus *Ganoderma luteomarginatum* and its cytotoxic activities [J]. *Nat Prod Commun*, 2022, 17 (5) : 1934578X221098852.

[28] Lau M F, Chua K H, Sabaratnam V, et al. In vitro and in silico anticancer evaluation of a medicinal mushroom, *Ganoderma neo-japonicum* imazeki, against human colonic carcinoma cells [J]. *Biotechnol Appl Biochem*, 2021, 68 (4) : 902-917.

[29] Ma Q, Zhang S, Yang L, et al. Lanostane triterpenoids and ergostane steroids from *Ganoderma luteomarginatum* and their cytotoxicity [J]. *Molecules*, 2022, 27 (20) : 6989.

[30] Niedermeyer T H J, Lindequist U, Mentel R, et al. Antiviral terpenoid constituents of *Ganoderma pfeifferi* [J]. *J Nat Prod*, 2005, 68 (12) : 1728-1731.

[31] Zheng M, Tang R, Deng Y, et al. Steroids from *Ganoderma sinense* as new natural inhibitors of cancer-associated mutant IDH1 [J]. *Bioorg Chem*, 2018, 79: 89-97.

[32] Ko H H, Hung C F, Wang J P, et al. Antiinflammatory triterpenoids and steroids from *Ganoderma lucidum* and *G. tsugae* [J]. *Phytochemistry*, 2008, 69 (1) : 234-239.

[33] Suárez J, Cervantes G, Espinoza C, et al. Lanostanoids isolated from the basidiocarps of a mexican strain of the medicinal fungus *Ganoderma lucidum* (curtis) p. Karst. [J]. *Lat Am J Pharm*, 2014, 33 (2): 224-230.

[34] Weng Y, Xiang L, Matsuura A, et al. Ganodermasides A and B, two novel anti-aging ergosterols from spores of a medicinal mushroom *Ganoderma lucidum* on yeast via UTH1 gene [J]. *Bioorg Med Chem*, 2010, 18 (3) : 999-1002.

[35] Weng Y, Lu J, Xiang L, et al. Ganodermasides C and D, two new anti-aging ergosterols from spores of the medicinal mushroom *Ganoderma lucidum* [J]. *Biosci Biotechnol Biochem*, 2011, 75 (4) : 800-803.

[36] Akihisa T, Nakamura Y, Tagata M, et al. Anti-inflammatory and anti-tumor-promoting effects of triterpene acids and sterols from the fungus *Ganoderma lucidum* [J]. *Chem Biodivers*, 2007, 4 (2) : 224-231.

[37] Ge F H, Duan M H, Li J, et al. Ganoderin A, a novel 9,11-secosterol from *Ganoderma lucidum* spores oil [J]. *J Asian Nat Prod Res*, 2017, 19 (12) : 1252-1257.

[38] Shen M Y, Xie M Y, Nie S P, et al. Separation and identification of ergosta-4,6,8(14),22-tetraen-3-one from *Ganoderma atrum* by high-speed counter-current chromatography and spectroscopic methods [J]. *Chromatographia*, 2008, 67 (11/12) : 999-1001.

第六章
灵芝其他化学成分及其生物活性

第一节　灵芝生物碱类化合物

一、灵芝生物碱化合物的化学结构

生物碱是存在于自然界中的一类含氮的碱性有机化合物，其中大多数具有复杂的环状结构。从灵芝中分离并鉴定出的生物碱种类繁多，包括但不限于从薄盖灵芝（*G. capense*）的发酵菌丝体中分离出的两种吡咯生物碱——灵芝碱甲（**1**）和灵芝碱乙（**2**），以及后来陆续从赤芝（*G. lucidum*）、紫芝（*G. sinensis*）等灵芝中分离获得的杂萜 - 生物碱衍生物（表 6-1、图 6-1）[1]。这些生物碱的药理作用主要体现在抗炎、抗氧化、神经保护等方面。尽管灵芝生物碱具有多种潜在的药理作用，但目前对它们的研究还相对有限。

表 6-1　灵芝生物碱类化学成分名称、化学式、来源及参考文献

编号	名称	化学式	来源	参考文献
1	灵芝碱甲（ganoine）	$C_{11}H_{17}NO_2$	*G. capense*	[1]
2	灵芝碱乙（ganodine）	$C_{14}H_{15}NO_2$	*G. capense*	[1]
3	lucidimine E	$C_{13}H_{11}NO_4$	*G. lucidum*	[2]
4	australine	$C_{14}H_{13}NO_4$	*G. australe*	[3]
5	ganocochlearine A	$C_{14}H_{13}NO_2$	*G. cochlear*	[4]
6	ganodermasine F	$C_{14}H_{13}NO_3$	*G. sinensis*	[5]
7	ganocochlearine B	$C_{15}H_{15}NO_2$	*G. cochlear*	[4]
8a	(+)-ganoapplanatumine A	$C_{15}H_{15}NO_3$	*G. applanatum*	[6]
8b	(−)-ganoapplanatumine A	$C_{15}H_{15}NO_3$	*G. applanatum*	[6]
9a	(+)-ganocochlearine G	$C_{15}H_{15}NO_3$	*G. cochlear*	[7]
9b	(−)-ganocochlearine G	$C_{15}H_{15}NO_3$	*G. cochlear*	[7]
10	sinensine B	$C_{14}H_{13}NO_2$	*G. sinensis*	[8]
11	sinensine C	$C_{14}H_{13}NO_3$	*G. sinensis*	[8]
12	sinensine	$C_{15}H_{15}NO_3$	*G. sinensis*	[8]
13a	(+)-meroapplanin A	$C_{17}H_{19}NO_6$	*G. applanatum*	[9]
13b	(−)-meroapplanin A	$C_{17}H_{19}NO_6$	*G. applanatum*	[9]
14a	(+)-meroapplanin B	$C_{17}H_{19}NO_6$	*G. applanatum*	[9]
14b	(−)-meroapplanin B	$C_{17}H_{19}NO_6$	*G. applanatum*	[9]
15a	(+)-meroapplanin D	$C_{18}H_{21}NO_6$	*G. applanatum*	[9]
15b	(−)-meroapplanin D	$C_{18}H_{21}NO_6$	*G. applanatum*	[9]
16a	(+)-meroapplanin C	$C_{17}H_{19}NO_6$	*G. applanatum*	[9]
16b	(−)-meroapplanin C	$C_{17}H_{19}NO_6$	*G. applanatum*	[9]
17a	(+)-meroapplanin E	$C_{18}H_{21}NO_6$	*G. applanatum*	[9]
17b	(−)-meroapplanin E	$C_{18}H_{21}NO_6$	*G. applanatum*	[9]

续表

编号	名称	化学式	来源	参考文献
18	lucidimine A/ganocalicine A	$C_{16}H_{15}NO_3$	*G. lucidum, G. calidophilum*	[10, 11]
19	lucidimine B/ganocalicine B	$C_{15}H_{13}NO_2$	*G. lucidum, G. calidophilum*	[10, 11]
20a	(+)-ganocochlearine C	$C_{18}H_{17}NO_3$	*G. cochlear, G. australe*	[3, 7]
20b	(−)-ganocochlearine C	$C_{18}H_{17}NO_3$	*G. cochlear, G. australe*	[3, 7]
21	(±)-ganoapplanatumine B	$C_{16}H_{15}NO_4$	*G. applanatum*	[6]
22	(±)-*epi*-ganoapplanatumine B	$C_{16}H_{15}NO_4$	*G. applanatum*	[6]
23a	(+)-lucidimine C	$C_{16}H_{15}NO_3$	*G. cochlear, G. lucidum*	[10, 12]
23b	(−)-lucidimine C	$C_{16}H_{15}NO_3$	*G. cochlear, G. lucidum*	[10, 12]
24a	(+)-ganocochlearine D	$C_{17}H_{17}NO_4$	*G. cochlear*	[7]
24b	(−)-ganocochlearine D	$C_{17}H_{17}NO_4$	*G. cochlear*	[7]
25a	(+)-ganocochlearine E	$C_{17}H_{17}NO_3$	*G. cochlear, G. australe*	[7]
25b	(−)-ganocochlearine E	$C_{17}H_{17}NO_3$	*G. cochlear, G. australe*	[7]
26a	(+)-sinensine E	$C_{15}H_{13}NO_3$	*G. cochlear, G. sinensis*	[5, 7]
26b	(−)-sinensine E	$C_{15}H_{13}NO_3$	*G. cochlear, G. sinensis*	[5, 7]
27a	(+)-ganocochlearine F	$C_{15}H_{11}NO_4$	*G. cochlear*	[7]
27b	(−)-ganocochlearine F	$C_{15}H_{11}NO_4$	*G. cochlear*	[7]
28a	(+)-ganocochlearine H	$C_{15}H_{13}NO_2$	*G. cochlear, G. australe*	[3, 7]
28b	(−)-ganocochlearine H	$C_{15}H_{13}NO_2$	*G. cochlear, G. australe*	[3, 7]
29	lucidimine D	$C_{17}H_{17}NO_4$	*G. lucidum*	[10]
30a	(+)-ganocochlearine I	$C_{15}H_{13}NO_3$	*G. cochlear*	[7]
30b	(−)-ganocochlearine I	$C_{15}H_{13}NO_3$	*G. cochlear*	[7]
31	sinensine D	$C_{14}H_{11}NO_3$	*G. sinensis*	[8]
32a	(+)-cochlearine A	$C_{31}H_{29}NO_6$	*G. cochlear*	[13]
32b	(−)-cochlearine A	$C_{31}H_{29}NO_6$	*G. cochlear*	[13]
33a	(+)-cochlearine B	$C_{31}H_{27}NO_7$	*G. cochlear*	[13]
33b	(−)-cochlearine B	$C_{31}H_{27}NO_7$	*G. cochlear*	[13]
34a	(+)-sinensilactam A	$C_{20}H_{21}NO_8$	*G. sinensis*	[14]
34b	(−)-sinensilactam A	$C_{20}H_{21}NO_8$	*G. sinensis*	[14]

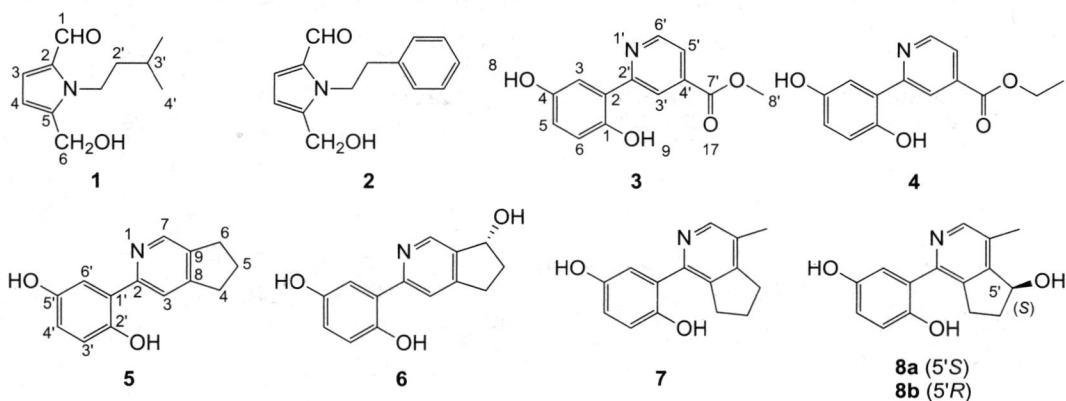

图6-1

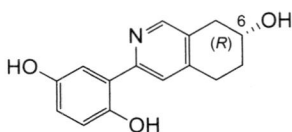
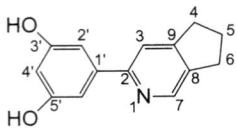
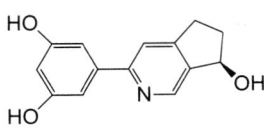
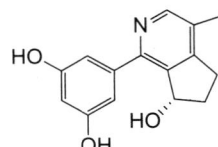

9a (6*S*)
9b (6*R*)

10

11

12

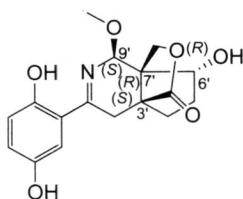
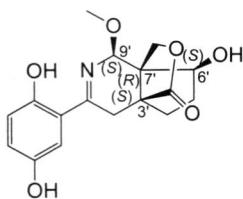
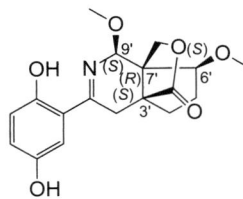
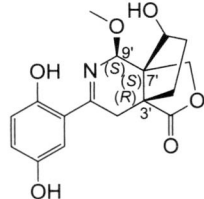

13a (3'*S*,6'*R*,7'*R*,9'*S*)
13b (3'*R*,6'*S*,7'*S*,9'*R*)

14a (3'*S*,6'*S*,7'*R*,9'*S*)
14b (3'*R*,6'*R*,7'*S*,9'*R*)

15a (3'*S*,6'*S*,7'*R*,9'*S*)
15b (3'*R*,6'*R*,7'*S*,9'*R*)

16a (3'*R*,7'*S*,9'*S*)
16b (3'*S*,7'*R*,9'*R*)

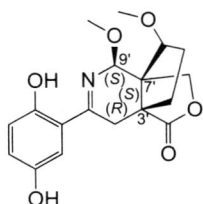
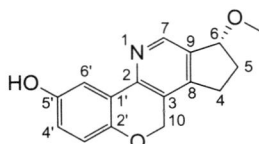
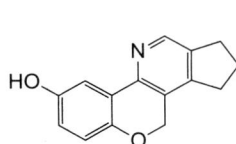
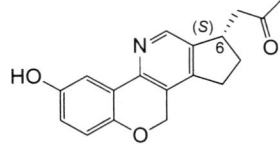

17a (3'*R*,7'*S*,9'*S*)
17b (3'*S*,7'*R*,9'*R*)

18

19

20a (6*R*)
20b (6*S*)

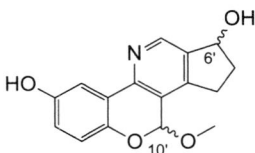
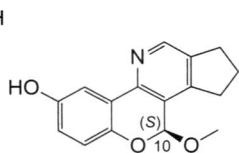
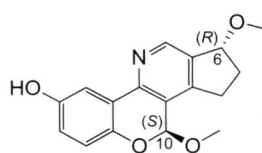
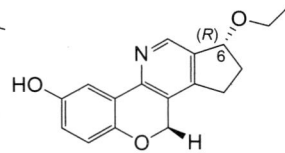

21
22

23a (10*R*)
23b (10*S*)

24a (6*R*, 10*S*)
24b (6*S*, 10*R*)

25a (6*R*)
25b (6*S*)

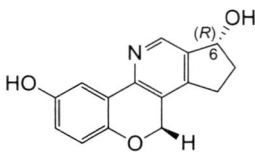
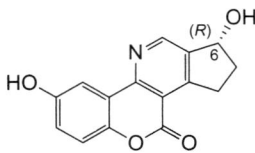
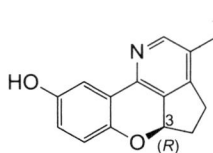
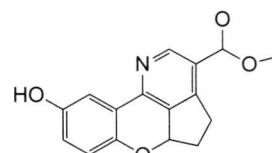

26a (6*R*)
26b (6*S*)

27a (6*R*)
27b (6*S*)

28a (3*R*)
28b (3*S*)

29

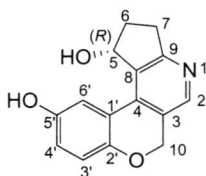
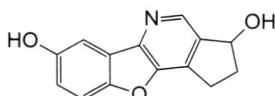
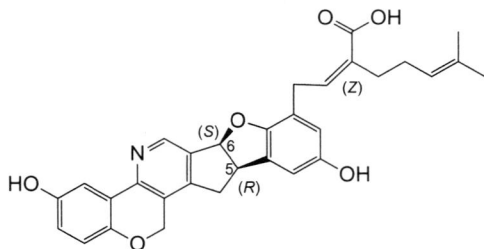

30a (5*R*)
30b (5*S*)

31

32a (5*R*,6*S*)
32b (5*S*,6*R*)

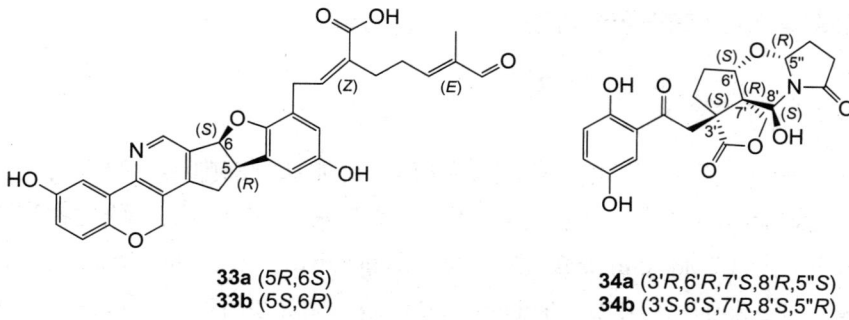

33a (5*R*,6*S*)
33b (5*S*,6*R*)

34a (3'*R*,6'*R*,7'*S*,8'*R*,5"*S*)
34b (3'*S*,6'*S*,7'*R*,8'*S*,5"*R*)

图6-1　灵芝生物碱类化学结构

二、灵芝生物碱化合物的提取及分离

灵芝生物碱类化合物通常从干燥子实体或菌丝体中分离得到[1, 3, 8]，其提取及分离过程包括下面 6 个步骤：

1. 提取

使用适当的溶剂（如95% 乙醇、甲醇等）对原料进行加热回流提取或冷浸提取，通过减压浓缩或冷冻干燥等方法去除溶剂，得到提取物。

2. 溶剂萃取

向提取物中加入适量水，然后用有机溶剂（如石油醚、乙酸乙酯等）进行萃取，以分成不同极性的萃取物。

3. 碱化和再萃取

将目标萃取物与碱性溶液（如 20% 氢氧化钾的乙醇溶液）混合，以水解酯键或去除酸性杂质。然后再次使用有机溶剂进行萃取，得到中性或碱性的生物碱。

4. 色谱分离

利用硅胶柱、反相柱（如 RP-18）等色谱方法，使用不同的洗脱剂进行梯度洗脱，分离出不同的组分。其次，还可以采用制备液相色谱等方法分离获得目标产物。对于纯度不够的化合物，可以通过重结晶的方法进一步提高纯度。

5. 化学衍生化

对于难以分离的生物碱，可进行化学衍生化处理，如乙酰化，以改变其化学性质，便于后续分离。

6. 手性分离

对于具有光学活性的生物碱，可使用手性色谱柱进行手性分离，从而得到单一对映体。

三、灵芝生物碱类化合物的药理活性

1. 抗炎活性

生物碱类化合物可能通过不同的机制发挥作用，比如抑制细胞因子的产生、调节免疫反应或影响细胞信号转导等。灵芝碱甲（**1**）和灵芝碱乙（**2**）及其乙酰化物均具有一定的抗炎作用[1]。化合物 lucidimine E（**3**）、ganocochlearine A（**5**）、lucidimine A（**18**）、lucidimine B（**19**）、lucidimine C（**23**）、lucidimine D（**29**）能够显著抑制由脂多糖（LPS）诱导的 RAW264.7 巨噬细胞中一氧化氮（NO）的产生，具有抗炎活性（表 6-2）[10]。

表 6-2　赤芝 *G. lucidum* 中的 6 种生物碱对 LPS 诱导的 RAW264.7 巨噬细胞中 NO 的产生的抑制活性[10]

化合物	IC_{50} /（μmol/L）
lucidimine E (**3**)	14.50±0.44
ganocochlearine A (**5**)	4.68±0.09
lucidimine A (**18**)	8.06±0.51
lucidimine B (**19**)	10.98±0.15
lucidimine C (**23**)	15.49±0.40
lucidimine D (**29**)	9.39±0.21
L-NMMA（阳性对照）	39.26±0.91

2. 抗氧化活性

抗氧化活性指化合物能够抵抗或减缓氧化过程的能力，这通常涉及清除自由基或防止氧化剂引起细胞损伤。化合物 sinensine（**12**）在保护人脐带内皮细胞（HUVEC）免受过氧化氢（H_2O_2）诱导的损伤方面有活性，保护率为 70.90%，EC_{50}值为 6.23 μmol/L[8]。

化合物 lucidimine B（**19**）和 lucidimine C（**23**）在 2 种抗氧化活性反应实验（DPPH 自由基清除实验和 ABTS 自由基清除实验）中，均表现出优越的抗氧化活性，其中，lucidimine B（**19**）氧化活性明显强于 lucidimine C（**23**）（表 6-3）[12]。

表 6-3　lucidimine B（**19**）和 lucidimine C（**23**）的 DPPH、ABTS 自由基清除实验[12]

化合物	EC_{50}[①] /（μmol/L）	
	DPPH 实验	ABTS 实验
lucidimine B (**19**)	1.24±0.12	0.19±0.003
lucidimine C (**23**)	11.69±1.81	0.38±0.003

①引起50%个体有效的药物浓度。

3. 神经保护作用

除优越的抗炎活性外，化合物 lucidimine E（**3**）、ganocochlearine A（**5**）、lucidimine

B（**19**）、lucidimine C（**23**）、lucidimine D（**29**）还具有显著的神经保护作用，它们能够保护 PC12 细胞免受由皮质酮（corticosterone）诱导的损伤，经 ganocochlearine A（**5**）处理后的细胞存活率相对较高，达到 126.00%±0.64%（图 6-2）[2]。

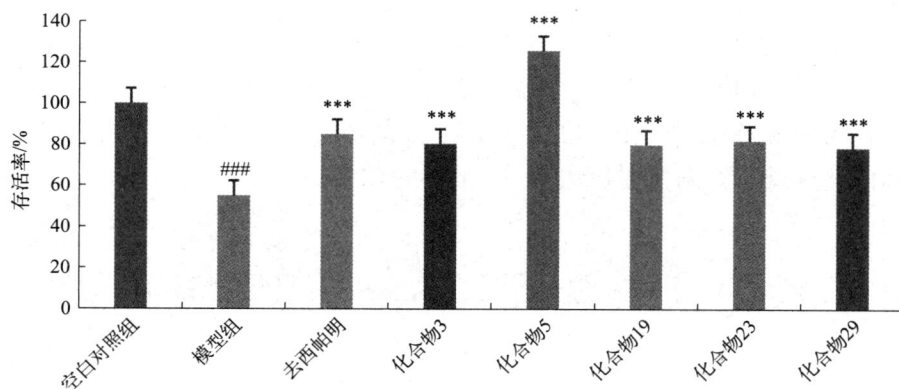

图6-2　化合物3、5、19、23、29对皮质酮诱导的PC12细胞损伤模型的神经保护作用[2]
与对照组比较，###$p < 0.001$；与模型组比较，***$p < 0.001$；去西帕明是一种抗抑郁药，作为阳性对照

4. 抗过敏作用

化合物 ganocalicine A（**18**）能显著减少 RBL-2H3 细胞在抗原刺激下过敏性细胞因子 IL-4 的产生。β- 己糖胺酶（β-hexosaminidase）是一种参与过敏反应的酶，对其活性的抑制可能有助于减轻过敏症状。实验表明 ganocalicine A（**18**）对 β- 己糖胺酶也有抑制活性，IC_{50} 值为（9.14±2.12）$\mu mol/L$，比阳性对照富马酸酮替芬具有更强的抑制活性 [IC_{50}=（203.27±10.81）$\mu mol/L$]，提示 ganocalicine A（**18**）具有抗过敏作用 [4, 10]。

5. 抗纤维化作用

Smad3 磷酸化是 TGF-β/Smad 信号通路的一部分，该信号通路被认为是关键的促纤维化途径。化合物 (+)-sinensilactam A（**34a**）和 (−)-sinensilactam A（**34b**）可选择性阻断 TGF-β1 介导的 Smad3 的磷酸化，但不阻断 Smad2 的磷酸化（图 6-3），且 (−)-sinensilactam A 更有效 [14]。

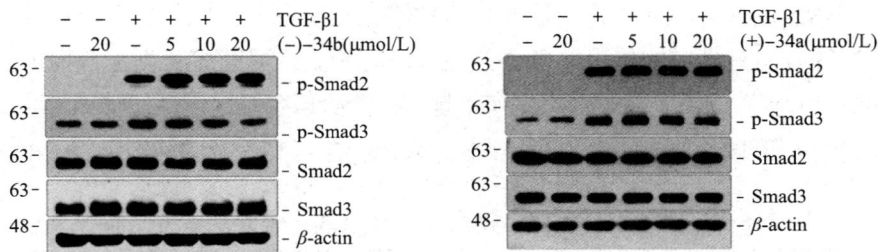

图6-3　(+)-sinensilactam A（34a）和(−)-sinensilactam A（34b）选择性阻断TGF-β1介导的Smad3磷酸化[14]

处理方法：在不存在或存在不同剂量(+)-**34a**和(−)-**34b**的情况下，用TGF-β1(5 ng/ mL)处理HKC-8细胞3 h；不同处理后的细胞裂解物用抗磷酸化Smad2、磷酸化Smad3、Smad2、Smad3和β-肌动蛋白（β-actin）的抗体进行免疫印迹

四、灵芝碱甲（1）和灵芝碱乙（2）的合成

灵芝碱甲和乙是从薄盖灵芝发酵菌丝体中得到的两个吡咯生物碱。因这两种化合物在菌丝体中含量很低，因此，合成化学家们研究了它们的合成方法，以便提供更多的样品进行生物活性研究。

杨晶晶等[15]成功地探索出了一条灵芝碱甲和乙的合成路线（图6-4），经六步合成反应即可完成两个目标化合物的合成。合成的灵芝碱甲为淡黄色油状物，总产率为20.7%；灵芝碱乙为无色油状物，总产率为24.7%。

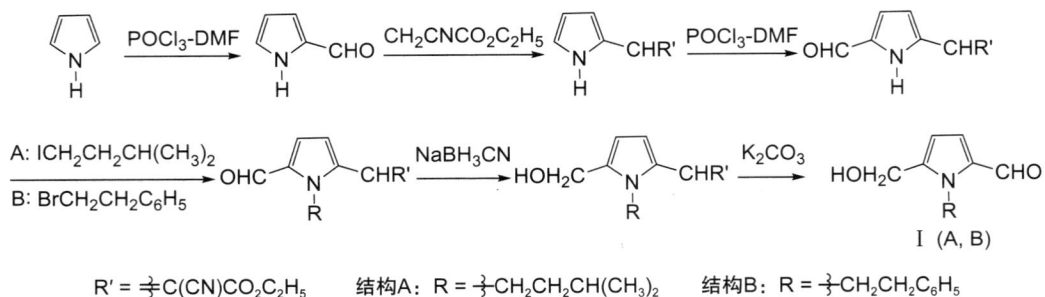

R' = $\cdot$C(CN)CO$_2$C$_2$H$_5$ 结构A：R = $\cdot$CH$_2$CH$_2$CH(CH$_3$)$_2$ 结构B：R = $\cdot$CH$_2$CH$_2$C$_6$H$_5$

图6-4　灵芝碱甲和乙的合成路线[15]
DMF为N,N-二甲基甲酰胺

第二节　灵芝核苷类化合物

一、灵芝核苷类化合物的化学结构

灵芝核苷类化合物是灵芝（*G. lucidum*）中由碱基和戊糖组成的生物活性物质，与构成DNA和RNA的核苷单元相似。这些化合物因在免疫调节、抗肿瘤、抗病毒、抗氧化和神经保护等方面有潜在的作用而备受关注。研究表明，灵芝核苷类化合物可能通过增强免疫系统、抑制肿瘤细胞生长、干扰病毒复制、清除自由基以及保护神经细胞等机制发挥作用。灵芝核苷类化合物的名称、化学式、来源、参考文献及结构图见表6-4、图6-5。

表6-4　灵芝核苷类化合物名称、化学式、来源及参考文献

编号	名称	化学式	来源	参考文献
35	尿嘧啶（uracil）	C$_4$H$_4$N$_2$O$_2$	*G. lucidum*	[16, 17]
36	尿苷（uridine）	C$_9$H$_{12}$N$_2$O$_6$	*G. lucidum*	[16, 17]
37	2'-脱氧尿苷（2'-deoxyuridine）	C$_9$H$_{12}$N$_2$O$_5$	*G. lucidum*	[16, 17]

编号	名称	化学式	来源	参考文献
38	胞嘧啶（cytosine）	$C_4H_5N_3O$	*G. lucidum*	[16, 17]
39	胞苷（cytidine）	$C_9H_{13}N_3O_5$	*G. lucidum*	[16, 17]
40	2′-脱氧胞苷（2′-deoxycytidine）	$C_9H_{13}N_3O_4$	*G. lucidum*	[16, 17]
41	腺嘌呤（adenine）	$C_5H_5N_5$	*G. lucidum*	[16, 17]
42	腺苷（adenosine）	$C_{10}H_{13}N_5O_4$	*G. lucidum*	[16, 17]
43	2′-脱氧腺苷（2′-deoxyadenosine）	$C_{10}H_{13}N_5O_3$	*G. lucidum*	[16, 17]
44	鸟嘌呤（guanine）	$C_5H_5N_5O$	*G. lucidum*	[16, 17]
45	鸟苷（guanosine）	$C_{10}H_{13}N_5O_5$	*G. lucidum*	[16, 17]
46	2′-脱氧鸟苷（2′-deoxyguanosine）	$C_{10}H_{13}N_5O_4$	*G. lucidum*	[16, 17]
47	胸腺嘧啶（thymine）	$C_5H_6N_2O_2$	*G. lucidum*	[16, 17]
48	胸苷（thymidine）	$C_{10}H_{14}N_2O_5$	*G. lucidum*	[16, 17]
49	次黄嘌呤（hypoxanthine）	$C_5H_4N_4O$	*G. lucidum*	[16, 17]
50	肌苷（inosine）	$C_{10}H_{12}N_4O_5$	*G. lucidum*	[16, 17]
51	2′-脱氧肌苷（2′-deoxyinosine）	$C_{10}H_{12}N_4O_4$	*G. lucidum*	[16, 17]
52	灵芝嘌呤（ganoderpurine）	$C_{11}H_{15}N_5O$	*G.capsen*	[1]

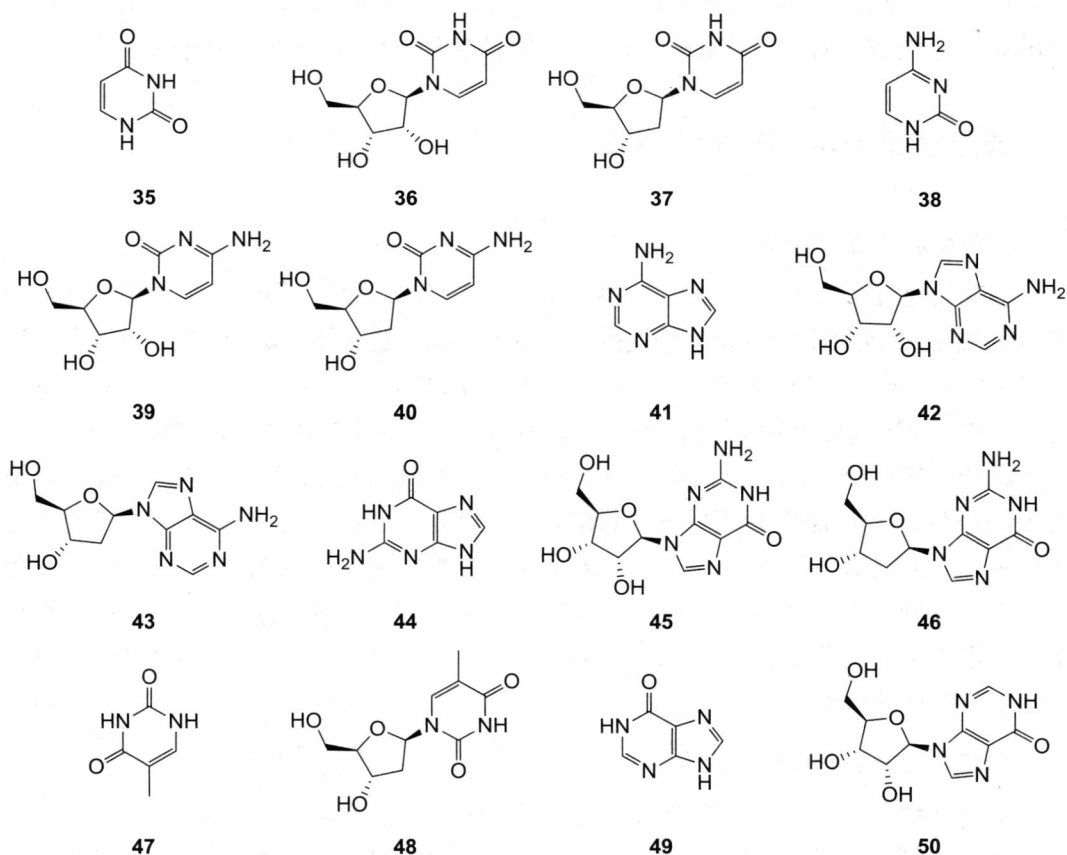

图6-5

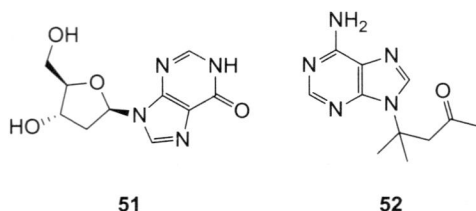

51   52

图6-5　灵芝核苷类化合物化学结构

二、灵芝核苷类化合物的提取、分离及含量测定

灵芝核苷类化合物主要存在于菌丝体部分，它们在极性溶剂（如水）中的溶解性较好，所以常用水来提取灵芝中的核苷类化合物。可利用操作简便、成本较低的离子交换树脂和大孔吸附树脂等传统分离技术对其进行分离[18]。

1979—2022年间，研究人员对灵芝菌盖、菌柄及灵芝全菌中16种核苷或碱基进行了定量分析，采用了树脂、高效液相色谱 - 二极管阵列检测器 - 质谱（HPLC-DAD-MS）、毛细管电泳 - 质谱联用法（CE-MS）、亲水作用色谱法（ZIC-HILIC）和胶束电动色谱法（MEKC）5种分析方法。详细的含量测定方法见本书第七章，此处不作赘述[16-20]。

三、灵芝核苷类化合物的药理活性

1. 对免疫系统的影响

核苷在免疫调节中发挥着关键作用，它们不仅能促进免疫细胞的增殖和分化，还参与细胞因子的分泌和炎症反应的调控[21]。腺苷（42）是一种重要的免疫调节因子，通过与细胞膜上的G蛋白偶联受体（如A1、A2A、A2B和A3）结合，调节免疫细胞的分化、成熟、迁移以及细胞因子和趋化因子的释放，从而调节局部和全身的炎症反应[22]。

肌苷（50）能抑制巨噬细胞、淋巴细胞和中性粒细胞的激活，减少促炎症细胞因子的产生，如肿瘤坏死因子α（TNF-α）、白细胞介素1（IL-1）和巨噬细胞炎症蛋白1α（MIP-1α）。肌苷还能与A3受体结合，增强肥大细胞的脱颗粒作用[22]。此外，在急性肺损伤的小鼠模型中，肌苷的加入减少了肺泡灌洗液中的促炎症细胞因子和趋化因子，改善了肺组织形态，并抑制了硝化应激标志物3-硝基酪氨酸的染色，显示出其广泛的抗炎作用[23]。

2. 对心血管系统的影响

腺苷（42）在心血管系统中的应用被广泛研究。在低氧、缺血或炎症等条件下，腺苷通过激活其特定的膜受体A1R、A2AR、A2BR和A3R，对心脏节律和血管舒张产生影响[24]。此外，腺苷在肺动脉高压和心力衰竭中具有适应性反应，通过减缓心率、舒张冠状血管和降低血压来发挥作用[25]。腺苷的心脏保护作用还体现在心肌缺血再灌注的过程中，通过 A1R 和 A3R 受体减少心肌损伤[26]。在血管损伤和修复方面，腺苷通过促进新基质产生和血管生成，以及上调血管内皮生长因子，对血管愈合和修复起到重要作用[27]。总之，腺苷具有心脏保护特性，能够改善胆固醇稳态、影响血小板聚集，并抑制炎症反应。A2 受体在腺苷的抗炎效应和抗动脉粥样硬化中起着重要作用，是药物研究的焦点[28]。然而，由于腺苷的半衰期短，其对心血管系统的影响可以迅速适应变化，但这些影响有时是有益的，有时可能带来不利。

鸟苷（**45**）对大鼠离体胸主动脉血管环具有浓度依赖性的舒张作用。这种舒张作用是内皮依赖性的，并且与一氧化氮合酶和鸟苷酸环化酶的活性有关[29]。

次黄嘌呤（**49**）能有效增强心肌细胞或整体心脏的收缩力，从而可以作为一种心肌力增强剂[30]。

3. 对神经系统的影响

腺苷（**42**）是一种关键的中枢神经系统调节剂，通过抑制神经元的钙离子通道和减少神经递质的释放来降低神经兴奋性。它还可能与其他药物相互作用，影响其在神经系统中的镇静作用[31]。肌苷作为腺苷的代谢性产物，对焦虑症、抑郁症、帕金森病、癫痫都有一定的抑制作用，可能与其对神经传递和神经可塑性的调节和抗氧化作用有关[32]。

鸟苷（**45**）具有神经保护作用和神经营养特性，它通过激活细胞内信号通路与腺苷系统相互作用，在神经系统中发挥减轻炎症反应、氧化应激和促进神经再生的功能，同时在多种神经病理学模型如缺血性中风、阿尔茨海默病、帕金森病、脊髓损伤、疼痛和抑郁症中显示出治疗潜力[33]。

尿苷（**36**）同样也具有促进睡眠、抗癫痫、改善记忆功能和影响神经可塑性等作用[34]。

4. 对细菌和病毒的影响

核苷类天然产物通过特异性抑制细菌细胞壁的关键酶 MraY 来发挥抗菌作用，这一过程涉及阻止肽聚糖的合成，对多种革兰氏阳性菌有效。另外，某些核苷类化合物也展现出抗病毒活性，例如通过抑制 HIV-1 的转录过程来实现抗病毒。此外，通过化学修饰增加核苷类化合物的亲脂性或通过其他手段改善其药代动力学特性，可能更有助于开发抗菌和抗病毒药物[35]。

5. 对肿瘤的影响

肌苷（**50**）能够增强免疫检查点阻断疗法的抗肿瘤免疫反应。在小鼠模型中，肌苷与促炎刺激和免疫疗法相结合，显著提升了 T 细胞对多种肿瘤细胞（包括结直肠癌、膀胱癌和黑色素瘤细胞等）的杀伤能力。同时，肌苷通过调节肠道微生物群，提高肿瘤免疫疗法的响应性，为癌症治疗提供了新的策略[36]。

除此之外，胞苷（**39**）的衍生物阿扎胞苷是一种抗肿瘤药物，通过干扰细胞的

DNA 甲基化过程影响基因表达，从而抑制肿瘤细胞的生长，主要用于治疗骨髓增生异常综合征（MDS）和某些类型的急性髓系白血病（AML）[37]。

四、灵芝嘌呤的提取、分离及合成

薄盖灵芝菌丝体醇提取物制成的肌生注射剂对进行性肌营养不良、萎缩性肌强直、硬皮病等疑难病症治疗效果明显。灵芝嘌呤（**52**）是从薄盖灵芝菌丝体中分离出的嘌呤碱，其提取及分离流程如下：薄盖灵芝菌丝水溶部分通过阳离子树脂处理，氨水碱化以后用乙醇洗脱，将除去腺嘌呤等成分后的母液进行多次硅胶柱色谱及制备薄层色谱，从 10 kg 菌丝体得到粗灵芝嘌呤 100 mg，再经硅胶柱色谱，丙酮洗脱纯化，最后用丙酮重结晶，得到白色结晶灵芝嘌呤 18 mg。

因灵芝嘌呤天然含量低，仅 0.008%，为了得到足量灵芝嘌呤以探究其药理活性，可用异亚丙基丙酮在腺嘌呤 N-9 位进行 Michael 加成合成灵芝嘌呤（图 6-6）。合成方法如下：将腺嘌呤溶解在二甲基亚砜（DMSO）中，搅拌，加热至 60℃，加入固体碳酸钾作为催化剂，然后分次加入异亚丙基丙酮，继续加热 20 h，反应完成后，将混合物冷却至室温，加入饱和食盐水进行萃取，然后用二氯甲烷提取，无水硫酸钠干燥，通过减压蒸馏去除溶剂，得到残留物，再加入丙酮，冷却后析出结晶，通过过滤和重结晶得到纯化的灵芝嘌呤。合成得到灵芝嘌呤的产率约为 66.6%[38]。

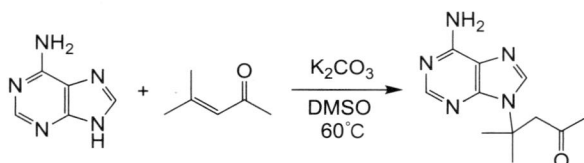

图6-6　灵芝嘌呤合成反应

人工合成的灵芝嘌呤对中枢神经系统有镇静、抗惊厥作用，并且具有协同安眠药的效果，对消化道溃疡有抑制作用，也显示出免疫调节作用。

第三节　灵芝倍半萜类化合物

一、灵芝倍半萜类化合物的化学结构

灵芝倍半萜类化合物多是从发酵的灵芝 [如薄盖灵芝（*G. capense*）、无柄紫灵芝（*G. mastoporum*）、黑紫灵芝（*G. neo-japonicum*）］菌丝体中分离获得的，也有从灵芝［如赤芝（*G. lucidum*）、*G. lingzhi* 和紫芝（*G. sinense*）］子实体中分离获得的报道。灵芝倍半萜结构类型包括卡达烷型（**53～60、64、66～69**）、桉叶烷型（**61～63、65**）、补身烷型（**70、71**）、gymnomitrane 型（**72～78**）、新颖骨架（**79**，重排花侧柏烷型）及其他（**80**）。灵芝倍半萜的具体名称、化学式、来源及参考文献参见表 6-5，结构详见图 6-7。

表 6-5　灵芝倍半萜名称、化学式、来源及参考文献

编号	名称	化学式	来源	参考文献
53	ganodermanol A	$C_{15}H_{26}O_3$	*G. capense*	[39]
54	ganodermanol B	$C_{15}H_{26}O_2$	*G. capense*	[39]
55	ganodermanol C	$C_{15}H_{26}O_3$	*G. capense*	[39]
56	ganodermanol D	$C_{15}H_{24}O_2$	*G. capense*	[39]
57	ganodermanol E	$C_{15}H_{22}O_2$	*G. capense*	[39]
58	ganodermanol F	$C_{15}H_{26}O_3$	*G. capense*	[39]
59	ganodermanol G	$C_{15}H_{28}O_3$	*G. capense*	[39]
60	ganodermanol H	$C_{15}H_{28}O_3$	*G. capense*	[39]
61	ganodermanol I	$C_{15}H_{28}O_4$	*G. capense*	[39]
62	ganodermanol J	$C_{15}H_{28}O_4$	*G. capense*	[39]
63	ganodermanol K	$C_{15}H_{28}O_3$	*G. capense*	[39]
64	*rel*-(+)-(2a*R*,5*R*,5a*R*,8*S*,8a*S*,8b*R*)-decahydro-2,2,5,8-tetramethyl-2H-naphtho(1,8-bc)furan-5-ol	$C_{15}H_{26}O_2$	*G. capense*	[39]
65	eudesm-1*β*,6*α*,11-triol	$C_{15}H_{28}O_3$	*G. capense*	[39]
66	ganomastenol A	$C_{15}H_{24}O_3$	*G. mastoporum*	[40]
67	ganomastenol B	$C_{15}H_{24}O_3$	*G. mastoporum*	[40]
68	ganomastenol C	$C_{15}H_{26}O_3$	*G. mastoporum*	[40]
69	ganomastenol D	$C_{15}H_{24}O_3$	*G. mastoporum*	[40]
70	cryptoporic acid H	$C_{21}H_{32}O_7$	*G. neo-japonicum*	[41]
71	cryptoporic acid I	$C_{21}H_{32}O_8$	*G. neo-japonicum*	[41]
72	gymnomitrane-3*α*,5*α*,9*β*,15-tetrol	$C_{15}H_{26}O_4$	*G. lucidum*	[42]
73	10*α*-hydroxy-gymnomitr-3-en-15-al	$C_{15}H_{22}O_2$	*G. lingzhi*	[43]
74	10*α*,15-epoxy-gymnomitr-8-en-3*β*-ol	$C_{15}H_{22}O_2$	*G. lingzhi*	[43]
75	15-hydroxy-gymnomitr-3-en-5-one	$C_{15}H_{22}O_2$	*G. lingzhi*	[43]
76	gymnomitr-3-ene-13,15-dioic acid	$C_{15}H_{20}O_4$	*G. lingzhi*	[43]
77	methyl 3*β*,8*β*-dihydroxy-gymnomitr-3-en-15-oate	$C_{16}H_{24}O_4$	*G. lingzhi*	[43]
78	3*β*,4*β*-dihydroxy-gymnomitr-9-one	$C_{15}H_{24}O_3$	*G. lingzhi*	[43]
79	lingzhidienone	$C_{15}H_{20}O_2$	*G. lingzhi*	[43]
80	ganosinensol L	$C_{22}H_{30}O_6$	*G. sinense*	[44]

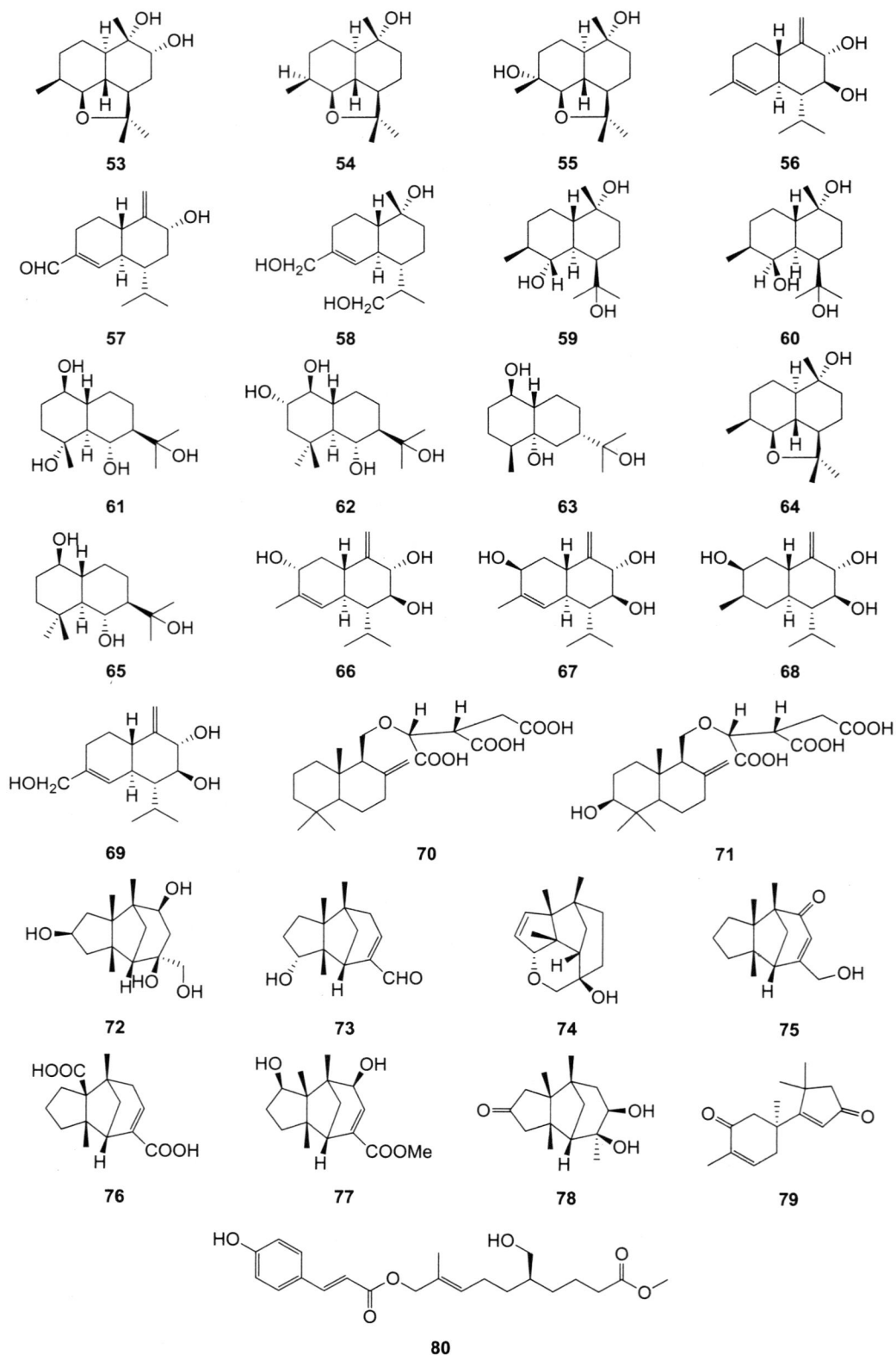

图6-7　灵芝倍半萜化合物结构

二、灵芝倍半萜类化合物的药理活性

1. 抗肿瘤活性

表皮生长因子受体酪氨酸激酶抑制剂（EGFR-TKI）是 EGFR 突变的非小细胞肺癌（NSCLC）患者的一线治疗方案，然而患者对 EGFR-TKI 耐药是不可避免的临床问题，目前还没有针对耐药性患者的标准治疗方法。Pham Thanh Binh 等对分离自灵芝的新颖倍半萜化合物 gymnomitrane-3α,5α,9β,15-tetrol（**72**）展开了抗 EGFR-TKI 的人肺癌细胞系 A549 和人前列腺细胞系 PC3 的体外抗肿瘤活性筛选。研究结果表明，当化合物 **72** 浓度为 30 μmol/L 时，其对 A549 和 PC3 细胞的抑制生长率分别为 18.8% 和 52.5%；当浓度为 100 μmol/L 时，其对 A549 和 PC3 细胞的抑制生长率提高至 41.9% 和 70.0%；以上结果提示化合物 **72** 对 EGFR-TKI 耐药的肺癌 A549 细胞系和前列腺癌 PC3 细胞系具有显著的抑制活性[42]。

此外，Tan Zhen 等对分离自薄盖灵芝（*G. capense*）的新颖倍半萜进行了体外抗肿瘤活性筛选，其中化合物 **55**、**56**、**58**、**61** 对 5 种不同肿瘤细胞系表现出一定的抑制活性（其 IC$_{50}$ 值在 12.2～49.9 μmol/L）[39]。

2. 抗炎活性

Wang Dun 等评估了新颖倍半萜衍生物 **80** 对脂多糖（LPS）刺激的 RAW264.7 巨噬细胞产生一氧化氮（NO）的影响，结果显示化合物 **80** 具有显著抑制 NO 生成的能力，IC$_{50}$ 值达到（7.31±0.52）μmol/L，优于阳性药氢化可的松（IC$_{50}$ 值为 58.79 μmol/L），说明化合物 **80** 具有优越的抗炎活性，具有一定的开发潜力[44]。

第四节　灵芝脂肪酸类化合物

一、灵芝脂肪酸类化合物的化学结构

灵芝孢子是油酸和棕榈酸等具有生物活性的脂肪酸的丰富来源。这些脂肪酸不仅具有营养和保健价值，还在抗肿瘤、抗胆碱酯酶等其他方面发挥重要作用。利用甲醇对灵芝孢子（*G. lucidum*）进行提取，结合气相色谱-火焰离子化检测器联用技术（GC-FID）[45] 和气相色谱-质谱联用技术（GC-MS）[46] 2 种方法已从中得到 16 种不同的脂肪酸（表 6-6）。其中 76.65% 为不饱和脂肪酸，占主导地位，23.35% 为饱和脂肪酸。棕榈油酸（**83**）含量最高，其次为油酸（**88**）、亚油酸（**89**），此外还分离出 2 种痕量脂肪酸——十九烷酸（**91**）和顺式-9-十九烷酸（**92**）[47]。

表 6-6　灵芝（*G. lucidum*）孢子甲醇提取物中脂肪酸种类及其含量

编号	名称	化学式（碳个数：不饱和度）	含量 /%
81	肉豆蔻酸（myristic acid）	$C_{14}H_{28}O_2$（C14：0）	0.172±0.001
82	十五烷酸（pentadecanoic acid）	$C_{15}H_{30}O_2$（C15：0）	0.320±0.001
83	棕榈油酸（palmitic acid）	$C_{16}H_{32}O_2$（C16：0）	9.655±0.002
84	棕榈烯酸（palmitoleic acid）	$C_{16}H_{30}O_2$（C16：1）	0.186±0.002
85	十七烷酸（heptadecanoic acid）	$C_{17}H_{34}O_2$（C17：0）	0.180±0.001
86	顺式 -10- 十七碳烯酸（*cis*-10-heptadecanoic acid）	$C_{17}H_{32}O_2$（C17：1）	0.118±0.001
87	硬脂酸（stearic acid）	$C_{18}H_{36}O_2$（C18：0）	3.023±0.001
88	油酸（oleic acid）	$C_{18}H_{34}O_2$（C18：1）	7.854±0.002
89	亚油酸（linoleic acid）	$C_{18}H_{32}O_2$（C18：2）	8.584±0.001
90	亚麻酸（linolenic acid）	$C_{18}H_{30}O_2$（C18：3）	0.139±0.001
91	十九烷酸（nonadecanoic acid）	$C_{19}H_{38}O_2$（C19：0）	—
92	顺式 -9- 十九烷酸（*cis*-9-nonadecenoic acid）	$C_{19}H_{36}O_2$（C19：1）	—
93	花生四烯酸（arachidonic acid）	$C_{20}H_{40}O_2$（C20：0）	0.280±0.001
94	花生酸（arachidic acid）	$C_{20}H_{38}O_2$（C20：1）	0.262±0.002
95	二十二烷酸（docosanoic acid）	$C_{22}H_{44}O_2$（C22：0）	0.353±0.001
96	二十四烷酸（tetracosanoic acid）	$C_{24}H_{48}O_2$（C24：0）	0.381±0.001

二、灵芝脂肪酸类化合物的提取、分离及成分分析

1. 收集与准备

首先收集灵芝孢子粉样品，并进行适当的清洗、干燥和研磨，在甲醇中浸泡 1 周。

2. 样品过滤与浓缩

将甲醇提取液通过滤纸过滤，去除固体残渣，然后在 40℃下使用旋转蒸发仪进行浓缩，并于 4℃冷藏。

3. 脂肪酸转化为甲酯

将甲醇粗提物在 NaOH 中解冻，沸水浴 5 min 后冷却，加入硼氟化氢 - 甲醇（BF₃-MeOH）将脂肪酸转化为其甲酯形式，以便于 GC-MS 分析。最后用正己烷萃取 2 次。

4. 仪器分析

使用 GC-MS 或 GC-FID 对转化后的脂肪酸甲酯进行分析，以确定脂肪酸的种类和含量 [45, 46]。

三、灵芝脂肪酸类化合物的药理活性

1. 抗肿瘤活性

灵芝孢子中的长链脂肪酸混合物能抑制各种人类癌细胞的增殖，研究者发现十九烷酸（**91**）对人急性早幼粒白血病细胞（HL-60）增殖具有较高的抑制活性（表 6-7）[47]，并且顺式 -9- 十九烷酸（**92**）能有效地诱导 HL-60 细胞的凋亡。

表 6-7　灵芝中脂肪酸对 HL-60 细胞增殖的抑制活性 [47]

化合物	$IC_{50}/$（$\mu mol/L$）
棕榈油酸 (**83**)	132±25
棕榈烯酸 (**84**)	266±14
十七烷酸 (**85**)	120±23
顺式 -10- 十七碳烯酸 (**86**)	302±6
硬脂酸 (**87**)	289±5
油酸 (**88**)	127±4
十九烷酸 (**91**)	68±7
顺式 -9- 十九烷酸 (**92**)	295±6

2. 抑制乙酰胆碱酯酶活性

灵芝甲醇提取物（主要成分为脂肪酸）对乙酰胆碱酯酶（AChE）的 IC_{50} 值为（19.11±2.4）$\mu g/mL$，对丁酰胆碱酯酶（BChE）的抑制作用较弱（表 6-8）[48]。因此，灵芝中脂肪酸可能是潜在的新型乙酰胆碱酯酶抑制药物的重要来源，但具体有效成分需进一步分离。

表 6-8　灵芝（*G. lucidum*）甲醇提取物的抗胆碱酯酶活性 [48]

化合物	$IC_{50}/$（$\mu g/mL$）	
	乙酰胆碱酯酶	丁酰胆碱酯酶
灵芝甲醇提取物	19.11±2.4	＞100
加兰他敏（Galantamine）①	5.04±0.0002	51.55±1.01

①参比化合物，加兰他敏是一种抗抑郁药。

第五节　灵芝其他（呋喃、鞘酯）类化合物

一、灵芝呋喃类化合物

灵芝中的呋喃类衍生物是从发酵的薄盖灵芝菌丝体乙醇提取物乙酸乙酯溶解部分获

得的[49]，分别为 5- 羟甲基糠醛（5-hydroxymethylfurfuraldehyde，**97**），5- 乙酰氧甲基糠醛（5-acetoxymethylfurfuraldehyde，**98**），5- 丁氧甲基糠醛（5-butoxymethylfurfuraldehyde，**99**），1,1′- 二 -α- 糠醛基二甲醚（1,1′-di-α-furaldehydic dimethyl ether，**100**）（图 6-8）。未见生理活性的报道。

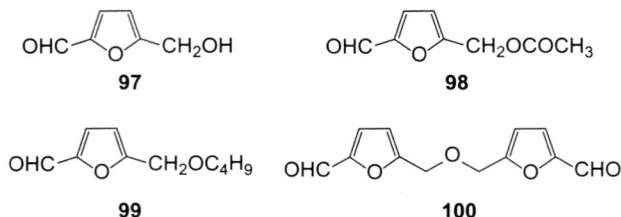

图6-8　灵芝呋喃类化合物化学结构

二、灵芝鞘酯类化合物

1. 灵芝鞘酯类化合物化学结构

鞘酯类化合物是一类具有重要生物活性的次级代谢产物，它们在其他生物体中已知具有多种生物学功能，包括调节细胞信号转导、影响细胞生长和分化等，但在灵芝中的研究相对较少，发现的仅有 2 种脑苷脂（表 6-9、图 6-9）。

表 6-9　灵芝鞘酯类化合物名称、化学式、来源及参考文献

编号	名称	化学式	来源	参考文献
101	(4E,8E)-N-D-2′-hydroxypalmitoyl-1-O-β-D-glucopyranosyl-9-methyl-4,8-sphingadienine	$C_{41}H_{77}NO_9$	*G. lucidum*	[50]
102	(4E,8E)-N-D-2′-hydroxystearoyl-1-O-β-D-glucopyranosyl-9-methyl-4,8-sphingadienine	$C_{43}H_{81}NO_9$	*G. lucidum*	[50]

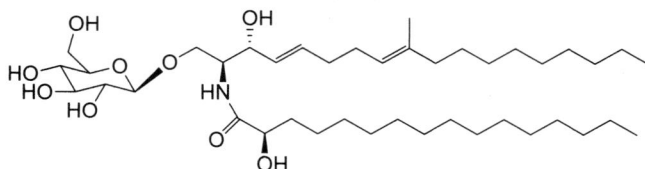

101(4E,8E)-N-D-2'-hydroxypalmitoyl-1-O-β-D-glucopyranosyl-9-methyl-4,8-sphingadienine

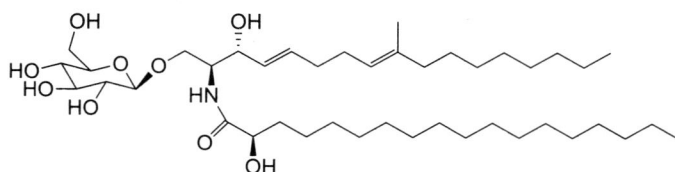

102(4E,8E)-N-D-2'-hydroxystearoyl-1-O-β-D-glucopyranosyl-9-methyl-4,8-sphingadienine

图6-9　灵芝鞘酯类化合物化学结构

2. 灵芝鞘酯类化合物的药理活性

灵芝鞘酯类化合物的药理活性主要表现为 DNA 聚合酶抑制活性 [50]，其能够选择性地剂量依赖地抑制 DNA 聚合酶活性，特别是 α 型 DNA 聚合酶。化合物 **101** 对动物 DNA 聚合酶 α 的 IC_{50} 值约为 12 μg/mL（16.2 μmol/L），对鱼类 DNA 聚合酶 δ 的 IC_{50} 值为 57 μg/mL（77.2 μmol/L）。这种抑制作用对调控细胞周期、细胞增殖和分化可能具有重要意义。

第六节　灵芝氨基酸和微量元素

一、灵芝氨基酸成分及含量

据分析测定 [51]，灵芝（*G. lucidum*）子实体中含有 18 种氨基酸，包括多种人体必需氨基酸（图 6-10）。灵芝子实体盐酸提取物中总氨基酸含量为 2.94%，其中含量最多的氨基酸亮氨酸（Leu，在总氨基酸中占 13%）为 0.37%。

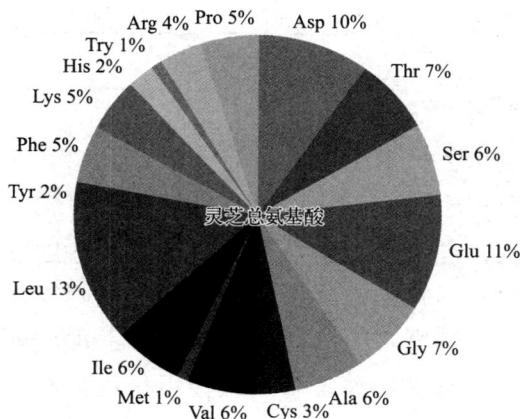

图6-10　灵芝氨基酸中各氨基酸含量

Asp—天冬氨酸；Pro—脯氨酸；Thr—苏氨酸；Ser—丝氨酸；Glu—谷氨酸；Gly—甘氨酸；Ala—丙氨酸；Cys—半胱氨酸；Val—缬氨酸；Met—蛋氨酸；Ile—异亮氨酸；Leu—亮氨酸；Tyr—酪氨酸；Phe—苯丙氨酸；Lys—赖氨酸；His—组氨酸；Try—色氨酸；Arg—精氨酸

二、灵芝中特殊氨基酸麦角硫因

1. 麦角硫因的化学结构及含量 [52]

麦角硫因（L-ergothioneine）是一种组氨酸含硫衍生物（图 6-11）。许多微生物如真菌和放线菌可自身合成麦角硫因，尤以真菌中的合成普遍。在灵芝中，麦角硫因只存在于灵芝孢子粉[52]中，水溶性良好。不同地区灵芝孢子粉中麦角硫因含量不同，介于0.286‰～0.442‰，孢子粉经水洗后麦角硫因含量明显降低，最低仅有0.040‰，详见表6-10。

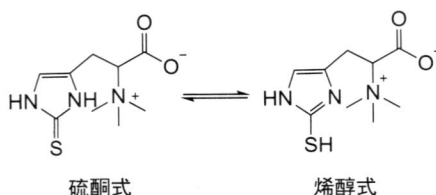

硫酮式　　　　　　　　　　烯醇式

图6-11　麦角硫因结构

表6-10　不同地区灵芝孢子粉中麦角硫因的含量[52]

产地	孢子粉状态	含量 /‰	产地	孢子粉状态	含量 /‰
广州中山	破壁孢子粉	0.333	浙江龙泉2	未破壁孢子粉	0.345
浙江庆元	破壁孢子粉（水洗）	0.080	浙江龙泉3	段木灵芝未破壁孢子粉	0.286
江西九江1	未破壁孢子粉	0.420	安徽金寨小枝	未破壁孢子粉	0.327
江西九江2	未破壁孢子粉	0.437	江苏南京	破壁孢子粉胶囊	0.517
江西九江3	未破壁孢子粉	0.442	福建福州	破壁孢子粉胶囊（水洗）	0.040
浙江龙泉1	未破壁孢子粉	0.351	浙江武义	破壁孢子粉压片（水洗）	0.050

2. 麦角硫因的药理活性

麦角硫因具有抗氧化、抗辐射、抗炎症等活性，能够有效延缓衰老，并抵抗衰老相关疾病，被广泛用于化妆品、功能食品和药品等领域。关于麦角硫因抗氧化机制的研究较为深入，通常认为麦角硫因通过直接清除活性氧、螯合二价金属阳离子、激活抗氧化酶、影响血红素蛋白的氧化等机制发挥抗氧化活性。研究表明[53]，麦角硫因不仅是一种直接的抗氧化剂，而且是机体抗氧化系统的调节因子。麦角硫因对基因组完整性与稳定性、表观遗传组变化具有一定影响，从而发挥抗衰老作用。

三、灵芝微量元素

微量元素是一种含量不多但却有着极为重要的生理功能的一类元素。采用电感耦合等离子体原子发射光谱法（ICP-AES）测定灵芝子实体、灵芝破壁孢子粉、未破壁孢子粉、灵芝混合物、灵芝根部切片中所含的元素成分及含量（表6-11）[54]，所测灵芝中均含有18种元素（Al、As、Ca、Cd、Co、Cr、Cu、Fe、Hg、K、Mg、Mn、Na、Ni、P、Pb、S、Zn），灵芝混合物中还含有Se。破壁与未破壁孢子粉中的大多数元素含量并无显著差别，但不同灵芝部位元素含量有一定差异。

这些元素中对人体需求而言，属于常量元素的有 Ca、P、K、Na、Mg、S；属于微量元素的有 Cu、Co、Cr、Fe、Mn、Zn、Ni、Se；具有潜在生理毒性的元素有 Al、As、Hg、Pb、Cd。

表 6-11　不同灵芝部位元素成分及含量[54]

元素	元素含量（测定值 ± 偏差）/（mg/kg）					
	中华灵芝子实体切片	仙源灵芝子实体切片	灵芝破壁孢子粉	未破壁孢子粉	灵芝混合物	中华灵芝根部切片
Al	189.00±9.10	233.80±9.30	187.00±14.20	233.50±16.60	387.40±18.80	196.30±1.10
As	3.12±0.11	3.46±0.36	0.4100±0.0027	0.1400±0.0086	0.370±0.031	0.410±0.037
Ca	2566±28	1838±22	614.40±8.00	629.60±15.70	1467±9	3110±43
Cd	0.46±0.03	0.30±0.03	0.31±0.04	0.410±0.031	0.320±0.018	0.420±0.012
Co	0.50±0.04	0.11±0.01	0.0600±0.0092	0.0600±0.0075	0.45±0.05	0.130±0.015
Cr	0.84±0.04	0.39±0.01	0.790±0.045	0.70±0.06	80.90±2.30	0.90±0.08
Cu	37.27±1.60	19.76±0.65	19.27±1.38	17.50±1.13	7.24±0.27	51.72±0.29
Fe	64.61±0.26	111.20±2.50	78.63±4.84	123.6±3.8	904.90±25.30	67.98±3.40
Hg	4.11±0.33	3.90±0.25	3.33±0.24	3.46±0.16	4.56±0.09	3.70±0.17
K	4139±220	8644±340	1507±96	1590±97	2999±150	2619±110
Mg	880.3±2.9	1104.00±3.10	245.70±7.00	250.70±6.70	659.0±4.3	715.50±16.20
Mn	67.38±0.22	59.22±0.81	2.98±0.18	2.93±0.08	32.76±0.79	67.22±1.55
Na	4.85±0.41	22.26±2.19	9.38±1.13	15.97±1.78	14.90±1.09	1.16±0.92
Ni	1.84±0.06	1.56±0.13	0.610±0.045	0.470±0.023	6.38±0.15	0.76±0.11
P	2259±44	4044±81	1204±45	1302±48	1329±25	1718±58
Pb	2.69±0.88	3.45±0.26	1.16±0.12	2.90±0.19	2.31±0.27	2.62±0.31
S	1006±12	1191±26	900.20±31.20	940.80±32.60	893.30±9.70	1002±41
Zn	30.04±0.43	35.76±0.44	28.20±0.91	25.80±0.90	16.19±0.13	37.39±0.84
Se	未检出	未检出	未检出	未检出	12.61±2.47	未检出

（傅薇澄　撰写，巩婷　审校）

参考文献

[1] 余竞光，陈若芸，姚志熙.薄盖灵芝化学成分的研究Ⅳ.灵芝碱甲、灵芝碱乙和灵芝嘌呤的化学结构[J].药学学报，1990（8）：612-616.

[2] Lu S Y, Peng X R, Dong J R, et al. Aromatic constituents from *Ganoderma lucidum* and their neuroprotective and anti-inflammatory activities [J]. *Fitoterapia*, 2019, 134: 58-64.

[3] Zhang J J, Dong Y, Qin F Y, et al. Meroterpenoids and alkaloids from *Ganoderma australe* [J]. *Nat Prod Res*, 2021, 35 (19): 3226-3232.

[4] 田磊，王心龙，王彦志，等 . 反柄紫芝中两个新生物碱 [J]. 天然产物研究与开发，2015，27（8）：1325-1328.

[5] Luo Q, Cao W W, Cheng Y X. Alkaloids, sesquiterpenoids and hybrids of terpenoid with p-hydroxycinnamic acid from *Ganoderma sinensis* and their biological evaluation [J]. *Phytochemistry*, 2022, 203: 113379.

[6] Luo Q, Yang X H, Yang Z L, et al. Miscellaneous meroterpenoids from *Ganoderma applanatum* [J]. *Tetrahedron*, 2016, 72 (30): 4564-4574.

[7] Wang X L, Dou M, Luo Q, et al. Racemic alkaloids from the fungus *Ganoderma cochlear* [J]. *Fitoterapia*, 2017, 116: 93-98.

[8] Liu J Q, Wang C F, Peng X R, et al. New alkaloids from the fruiting bodies of *Ganoderma sinense* [J]. *Nat Prod Bioprospect*, 2011, 1 (2): 93-96.

[9] Peng X R, Shi Q Q, Yang J, et al. Meroapplanins A-E: five meroterpenoids with a 2,3,4,5-tetrahydropyridine motif from *Ganoderma applanatum* [J]. *J Org Chem*, 2020, 85 (11): 7446-7451.

[10] Zhao Z Z, Chen H P, Feng T, et al. Lucidimine A-D, four new alkaloids from the fruiting bodies of *Ganoderma lucidum* [J]. *J Asian Nat Prod Res*, 2015, 17 (12): 1160-1165.

[11] Huang S Z, Cheng B H, Ma Q Y, et al. Anti-allergic prenylated hydroquinones and alkaloids from the fruiting body of *Ganoderma calidophilum* [J]. *RSC Adv*, 2016, 6 (25): 21139-21147.

[12] Chen Y, Lan P. Total syntheses and biological evaluation of the *Ganoderma lucidum* alkaloids lucidimines B and C [J]. *ACS Omega*, 2018, 3 (3): 3471-3481.

[13] Zhou F J, Nian Y, Yan Y, et al. Two new classes of T-type calcium channel inhibitors with new chemical scaffolds from *Ganoderma cochlear* [J]. *Org Lett*, 2015, 17 (12): 3082-3085.

[14] Luo Q, Tian L, Di L, et al. (±)-sinensilactam A, a pair of rare hybrid metabolites with Smad3 phosphorylation inhibition from *Ganoderma sinensis* [J]. *Org Lett*, 2015, 17 (6): 1565-1568.

[15] 杨晶晶，于德泉 . 灵芝生物碱甲和乙的合成 [J]. 药学学报，1990，（7）：555-559.

[16] Chen Y, Bicker W, Wu J Y, et al. Simultaneous determination of 16 nucleosides and nucleobases by hydrophilic interaction chromatography and its application to the quality evaluation of *Ganoderma* [J]. *J Agric Food Chem*, 2012, 60 (17): 4243-4252.

[17] Sheng F, Wang S, Luo X, et al. Simultaneous determination of ten nucleosides and bases in *Ganoderma* by micellar electrokinetic chromatography [J]. *Food Sci Hum Wellness*, 2022, 11 (2): 263-268.

[18] 余竞光，翟云凤 . 薄盖灵芝化学成分的研究（第 I 报）[J]. 药学学报，1979，（6）：374-378.

[19] Gao J L, Leung K S Y, Wang Y T, et al. Qualitative and quantitative analyses of nucleosides and nucleobases in *Ganoderma* spp. by HPLC-DAD-MS [J]. *J Pharmaceut Biomed*, 2007, 44 (3): 807-811.

[20] 杨丰庆，张雪梅，葛莉亚，等 . 毛细管电泳 - 质谱联用法测定灵芝药材中核苷类成分 [J]. 中国药科大学学报，2011，42（4）：337-341.

[21] 王楠，蔡夏夏，李勇 . 外源核苷酸与免疫功能研究进展 [J]. 食品科学，2016，37（5）：278-282.

[22] Muller-Haegele S, Muller L, Whiteside T L. Immunoregulatory activity of adenosine and its role in human cancer progression [J]. *Expert Rev Clin Immunol*, 2014, 10 (7): 897-914.

[23] Liaudet L, Mabley J G, Pacher P, et al. Inosine exerts a broad range of antiinflammatory effects in a murine model of acute lung injury [J]. *Ann Surg*, 2002, 235 (4): 568-578.

[24]　Eltzschig H K, Faigle M, Knapp S, et al. Endothelial catabolism of extracellular adenosine during hypoxia: the role of surface adenosine deaminase and CD26 [J]. *Blood*, 2006, 108 (5): 1602-1610.

[25]　Modesti P A, Vanni S, Morabito M, et al. Role of endothelin-1 in exposure to high altitude: acute mountain sickness and endothelin-1 (ACME-1) study [J]. *Circulation*, 2006, 114 (13): 1410-1416.

[26]　Cohen M V, Downey J M. Adenosine: trigger and mediator of cardioprotection [J]. *Basic Res Cardiol*, 2008, 103 (3): 203-215.

[27]　Johnston-Cox H A, Koupenova M, Ravid K. A2 adenosine receptors and vascular pathologies [J]. *Arterioscl Thromb Biol*, 2012, 32 (4): 870-878.

[28]　Reiss A, Grossfeld D, Kasselman L-J, et al. Adenosine and the cardiovascular system [J]. *Am J Cardiovasc Drugs*, 2019, 19: 449-464.

[29]　王勋，罗珊珊，蒋嘉烨，等. 鸟苷对大鼠胸主动脉血管环的舒张作用及机制 [J]. 中国药理学通报，2011，27（11）：1540-1543.

[30]　陈争菊，王世强. 次黄嘌呤核苷酸在制备心肌力增强制剂中的用途：201610819770.8 [P]. 2017-02-22.

[31]　Phillis J W, Wu P H. Adenosine mediates sedative action of various centrally active drugs [J]. *Med Hypotheses*, 1982, 9 (4): 361-367.

[32]　Nascimento F P, Macedo-Junior S J, Lapa-Costa F R, et al. Inosine as a tool to understand and treat central nervous system disorders: a neglected actor? [J]. *Front Neurosci*, 2021, 24 (15): 703783.

[33]　Bettio L E, Gil-Mohapel J, Rodrigues A L. Guanosine and its role in neuropathologies [J]. *Purinergic Signal*, 2016, 12 (3): 411-426.

[34]　Dobolyi A, Juhász G, Kovács Z, et al. Uridine function in the central nervous system [J]. *Curr Top Med Chem*, 2011, 11 (8): 1058-1067.

[35]　Ichikawa S, Matsuda A. Nucleoside natural products and related analogs with potential therapeutic properties as antibacterial and antiviral agents [J]. *Expert Opin Ther Pat*, 2007, 17 (5): 487-498.

[36]　Scanlon S T. NK cell nanotubes to the rescue? [J]. *Science*, 2020, 369: 1444-1445.

[37]　Raslan O, Garcia-Horton A. Azacitidine and its role in the upfront treatment of acute myeloid leukemia [J]. *Expert Opin Pharmaco*, 2022, 23 (8): 873-884.

[38]　姜芸珍,汤晓林. 灵芝嘌呤 -N9-[4-(4,4- 二甲基) 丁酮 -2] 腺嘌呤的合成研究 [J]. 中国现代应用药学，1995，12（5）：23-25.

[39]　Tan Z, Zhao J, Liu J, et al. Sesquiterpenoids from the cultured mycelia of *Ganoderma capense* [J]. *Fitoterapia*, 2017, 118: 73-79.

[40]　Hirotani M, Ino C, Hatano A, et al. Ganomastenols A, B, C and D, cadinene sesquiterpenes, from *Ganoderma mastoporum* [J]. *Phytochemistry*, 1995, 40 (1): 161-165.

[41]　Hirotani M, Furuya T, Shiro M. Cryptoporic acids H and I, drimane sesquiterpenes from *Ganoderma neo-japonicum* and cryptoporus volvatus [J]. *Phytochemistry*, 1991, 30 (5): 1555-1559.

[42]　Binh P T, Descoutures D, Dang N H, et al. A new cytotoxic gymnomitrane sesquiterpene from *Ganoderma lucidum* fruiting bodies [J]. *Nat Prod Commun*, 2015, 10 (11): 1934578X1501001125.

[43]　Zhao Z Z, Liang X B, Feng W S, et al. Unusual constituents from the medicinal mushroom *Ganoderma lingzhi* [J]. *RSC Advances*, 2019, 9 (63): 36931-36939.

[44] Wang D, Wang Y L, Zhang P, et al. New sesquiterpenoid derivatives from *Ganoderma sinense* with nitric oxide inhibitory activity [J]. *Phytochem Lett*, 2020, 35: 84-87.

[45] Zhang J, Cui X, Luo W, et al. The qualitative and quantitative analysis of *Ganoderma lucidum* spore powder chemical compounds as p38-MAPK inhibitors by the generation and verification of pharmacophore modelling [J]. *LWT-Food Sci Technol*, 2024, 194: 115817.

[46] Ullah Z, Ibrarullah S A A. Determination of fatty acids profile, antioxidant, and anticholinesterase activities of *Ganoderma lucidum* collected from swat, pakistan [J]. *Rec Agric Food Chem*, 2022, 2 (1): 41-49.

[47] Gao P, Hirano T, Chen Z, et al. Isolation and identification of C-19 fatty acids with anti-tumor activity from the spores of *Ganoderma lucidum* (reishi mushroom) [J]. *Fitoterapia*, 2012, 83 (3): 490-499.

[48] Fukuzawa M, Yamaguchi R, Hide I, et al. Possible involvement of long chain fatty acids in the spores of *Ganoderma lucidum* (reishi houshi) to its anti-tumor activity [J]. *Biol Pharm Bull*, 2008, 31 (10): 1933-1937.

[49] Mizushina Y, Hanashima L, Yamaguchi T, et al. A mushroom fruiting body-inducing substance inhibits activities of replicative DNA polymerases [J]. *Biochem Bioph Res Co*, 1998, 249 (1): 17-22.

[50] 余竞光，陈若芸，姚志熙. 薄盖灵芝深层发酵菌丝体化学成分的研究（Ⅲ）[J]. 中草药，1983，14（10）: 6-7.

[51] Zhang H, Jiang H, Zhang X, et al. Amino acids from *Ganoderma lucidum*: extraction optimization, composition analysis, hypoglycemic and antioxidant activities [J]. *Curr Pharm Anal*, 2018, 14 (6): 562-570.

[52] 付佳，胡燕燕，周俊甫，等. 灵芝孢子粉和灵芝子实体中麦角硫因的含量测定 [J]. 食药用菌，2021，29（6）: 532-534.

[53] Chen L, Zhang L, Ye X, et al. Ergothioneine and its congeners: anti-ageing mechanisms and pharmacophore biosynthesis [J]. *Protein Cell*, 2024, 15 (3): 191-206.

[54] 何晋浙，黄霄云，杨开，等. ICP-AES 法分析灵芝中的微量元素 [J]. 光谱学与光谱分析，2009，29（5）: 1409-1412.

第七章

灵芝化学成分的含量测定及指纹图谱

目前，灵芝中的主要化学成分，包括灵芝三萜、甾体、灵芝多糖、核苷酸或核碱基、麦角硫因等均有关于含量测定方法的报道。《美国药典》和《中国药典》均规定了灵芝三萜和灵芝多糖的含量测定。《美国药典》（第 38 版）对灵芝质量制定了标准，包括利用薄层色谱的定性检测和高效液相色谱-紫外检测（HPLC-UV）的定量检测。《美国药典》对灵芝三萜的定量检测是以灵芝酸 A 为标准品，用 HPLC-UV 法测定 10 种灵芝三萜的含量。《美国药典》对灵芝多糖的检测是以 5 种单糖为标准品，用 HPLC-UV 法测定这 5 种单糖的含量。《中国药典》规定的测定灵芝三萜及甾醇的方法是以齐墩果酸为对照品的比色法。《中国药典》规定的测定灵芝多糖的方法是以葡萄糖为对照品的比色法。文献中报道的测定灵芝三萜含量的有高效液相色谱-二极管阵列检测器（HPLC-DAD）及高效液相色谱-质谱（HPLC-MS）法；测定灵芝甾体含量的有 HPLC-DAD 法；测定灵芝多糖含量的有苯酚-硫酸法、间接碘量法及中红外和近红外法；测定灵芝核苷酸或核碱基的有 HPLC-DAD-MS、HPLC-DAD 或 ZIC-HILIC 和 CE-MS 法；测定麦角硫因的有 HPLC-DAD 法等。通过含量测定发现，灵芝三萜、甾体、多糖、核苷酸或核碱基、麦角硫因的含量随灵芝品种、部位、产地等不同发生较大变化。

HPLC 法已成为中药指纹图谱技术的首选方法。目前报道的灵芝 HPLC 指纹图谱是以三萜或多糖为指标制订的指纹图谱。通过指纹图谱的制订，找到灵芝的共有峰，以此来鉴定灵芝的真伪及品质。

第一节　灵芝三萜化合物的薄层色谱

《美国药典》中灵芝三萜化合物的薄层色谱方法[1] 如下所述。《中国药典》没有相关内容。

1. 薄层色谱

（1）标准溶液 A

《美国药典》中以灵芝酸 A 为参照标准品，以 1.0 mg/mL 溶于乙醇中。

（2）标准溶液 B

《美国药典》中以麦角甾醇为参照标准品，以 0.3 mg/mL 溶于乙醇中。

（3）标准溶液 C

《美国药典》中以灵芝（*G. lucidum*）子实体粉状提取物为参照标准品，以 50 mg/mL 溶于乙醇中。超声 10 min，离心，取上清液。

（4）样品溶液

将 1 g 粉碎的灵芝（*G. lucidum*）子实体溶于 50 mL 乙醇中，超声 15 min，离心，取上清液，在 50℃以下减压蒸干。把蒸干样品再溶于 2.0 mL 乙醇中，离心，取上清液。

（5）薄层系统

方式：高效薄层色谱。

吸附物：平均粒度 5 μm 的高效薄层硅胶板。先将板在甲醇中预跑一下，于 105℃干燥 30 min。

使用体积：标准溶液 A 和 B 各 2 μL 及标准溶液 C 和样品溶液各 4 μL。8 mm 的斑点。

温度：室温，但不超过 30℃。

展开剂：甲苯、甲酸乙酯和甲酸（5:5:0.2）。

喷雾剂：10% 的硫酸乙醇（注意：即配即用。小心慢慢地加硫酸于冰冷的醇中，混匀）。

2. 系统适用性

（1）样品

标准溶液 A、B 和 C。

（2）适用性要求

① 薄层类型：在长波紫外光（365 nm）和白光下，薄层显示斑点类型与表 7-1 中所表明的颜色和位置对应。

② 保留因子的重复性：标准溶液 A 和 B 得到的保留因子误差在表 7-1 中标定值 ±10% 以内（注意：标准溶液在室温稳定 72 h）。

（3）分析

① 样品：标准溶液 A、B 和 C。样品点样，吹干。在展开剂饱和的展开缸中点样，溶剂前沿到 4/5 板子，取出，挥干，喷显色剂，在 105～110℃加热 5 min，然后迅速在白光和长波紫外光（365 nm）下检测。

② 验收标准：在白光和长波紫外光（365 nm）下，样品溶液色谱显示的色带颜色和 R_f 值与标准溶液 C 的色谱相似，R_f 值见表 7-1。在白光下，样品溶液的色谱显示了一条额外的紫罗兰带，在麦角甾醇带的上面。

表 7-1　灵芝三萜化合物薄层色谱显色表 [1]

成分	保留因子 (R_f)	长波紫外光（365 nm）下色带颜色			白光下色带颜色		
		标准溶液 A	标准溶液 B	标准溶液 C	标准溶液 A	标准溶液 B	标准溶液 C
未知	0.80	—	—	蓝绿色	—	—	—
ergosterol	0.67	—	蓝色	蓝色	—	蓝色	蓝色
未知	0.50	—	—	橙色	—	—	带蓝色的紫罗兰色

成分	保留因子 (R_f)	长波紫外光（365 nm）下色带颜色			白光下色带颜色		
		标准溶液 A	标准溶液 B	标准溶液 C	标准溶液 A	标准溶液 B	标准溶液 C
ganoderic acid F	0.37	—	—	—	—	—	—
ganoderic acid D	0.31	—	—	蓝绿色	—	—	蓝绿色
ganoderenic acid D							
ganoderic acid G	0.22	—	—	黄色	—	—	带红色的紫罗兰色
ganoderic acid B							
ganoderenic acid B							
ganoderic acid H							
ganoderic acid A	0.16	绿到黄绿	—	绿到黄绿	带蓝色的紫罗兰色	—	带蓝色的紫罗兰色
ganoderenic acid A							
ganoderic acid C2	0.13	—	—	橙色	—	—	带红色的紫罗兰色
ganoderenic acid C							
未知	—	—	—	橙色	—	—	—

第二节　灵芝三萜及甾醇类化合物的含量测定

一、《美国药典》中灵芝三萜 HPLC-UV 定量测定方法[1]

1. 标准溶液 A

灵芝酸 A（《美国药典》标准）甲醇溶液（0.1 mg/mL）。如果溶解不好，必要时超声溶解。

2. 标准溶液 B

灵芝（*G. lucidum*）子实体粉末提取物（《美国药典》标准）40 mg，置于 5 mL 乙醇溶液，离心。上清液通过 0.2 μm 的尼龙滤膜获得，弃去最开始滤出的 1 mL 滤液。

3. 样品溶液

取灵芝（*G. lucidum*）子实体粉末 2.0 g 精细粉碎并精确称重，之后转移至 200 mL 圆底烧瓶，加入 75 mL 乙醇，回流 45 min，冷却，过滤。用 10 mL 乙醇清洗圆底烧瓶，过滤，合并滤液和洗液。减压下旋转蒸干，用 20 mL 乙醇再将浓缩物溶解。之后，将溶液转移至 25 mL 容量瓶，用乙醇稀释至刻度，混匀。再通过 0.2 μm 的尼龙滤膜，弃去最开始滤出的 1 mL 滤液。需要注意的是，为延长色谱柱寿命，建议使用固相萃取（SPE）。SPE 柱包含 200 mg L1 填料。柱子先用 5 mL 甲醇洗，再用 3 mL 水洗，不要走干。转移 2.0 mL 灵芝子实体乙醇溶液至 20 mL 容量瓶，用水稀释至刻度，摇匀，然后全部倒入 SPE 色谱柱，减压，流速 1 滴 /s。先用 3 mL 水洗，弃去，再用 2 mL 甲醇洗，收集甲醇洗脱液，置于 2 mL 容量瓶，调节至刻度，混匀。该方法可能会导致 ganoderenic acid A 和 ganoderic acid K 共洗脱。

4. 色谱系统

紫外吸收 257 nm；柱子 2.1 mm×15 cm，1.8 μm；温度 25℃；流速 0.4 mL/min；进样量 5 μL；流动相溶剂 A 为 0.075% 磷酸 - 水，溶剂 B 为乙腈；洗脱梯度：0～3 min，20%～26.5% B；3～34 min，26.5% B；34～52 min，26.5%～38.5% B；52～53 min，38.5%～20% B；53～58 min，20% B。

5. 系统适用性

（1）样品

标准溶液 A 和标准溶液 B。

（2）适用要求

色谱相似性：标准溶液 B 的色谱与《美国药典》中灵芝（*G. lucidum*）子实体粉末提取物对照色谱图类似。

分辨率：标准溶液 B 的 ganoderic acid A 和 ganoderic acid H 的色谱峰不少于 1.0。

拖尾因子：标准溶液 A 的 ganoderic acid A 的色谱峰不多于 2.0。

相对标准偏差：重复进样，标准溶液 A 的 ganoderic acid A 的色谱峰不多于 2.0%。

6. 分析

采用该分析方法，用标准溶液 A、标准溶液 B 及样品溶液测定了灵芝（*G. lucidum*）中 10 种灵芝酸的相对保留时间和相对响应因子（均以 ganoderic acid A 作对照），见表 7-2（注意：标准溶液 A、标准溶液 B 及灵芝样品溶液在室温稳定 24 h）。用标准溶液 A、标准溶液 B 及《美国药典》中的灵芝子实体粉末提取物对照色谱图，鉴定灵芝样品溶液色谱中的灵芝酸及灵芝烯酸。

表 7-2　灵芝酸（10 种）相对灵芝酸 A 的保留时间和响应因子 [1]

灵芝酸及灵芝烯酸	相对保留时间	相对响应因子
ganoderenic acid C	0.36	0.51
ganoderic acid C2	0.42	1.05
ganoderic acid G	0.56	1.18
ganoderenic acid B	0.60	0.45
ganoderic acid B	0.66	1.10
ganoderic acid A	1.00	1.00

灵芝酸及灵芝烯酸	相对保留时间	相对响应因子
ganoderic acid H	1.05	1.54
ganoderenic acid D	1.25	0.51
ganoderic acid D	1.33	1.08
ganoderic acid F	1.54	1.45

每个灵芝酸在灵芝子实体中的百分比计算方法：

每个灵芝酸在灵芝子实体中的百分比 $= (r_u/r_s) \, c_s \, (V/W) \, F \times 100$

式中，r_u 为每个灵芝酸在样品溶液中的 HPLC 峰面积；r_s 为标准溶液 A 的 HPLC 峰面积；c_s 为灵芝酸 A 作为标准溶液 A 的浓度（《美国药典》）；V 为样品溶液体积，mL；W 为制备样品溶液的灵芝子实体质量，mg；F 为相对灵芝酸 A 的响应因子（表 7-2）。

计算这些灵芝酸的总百分比即灵芝总三萜在灵芝子实体的含量。

验收标准：灵芝总三萜不得少于灵芝干重的 0.30%。

二、《中国药典》中灵芝三萜和甾醇的定量测定方法

灵芝三萜和甾醇的定量测定方法一般按照《中国药典》的方法进行[2]，方法如下：

1. 对照品溶液的制备

取齐墩果酸对照品适量，精密称定，加甲醇制成每 1 mL 含 0.2 mg 的溶液即得。

2. 标准曲线的制备

精密量取对照品溶液 0.1 mL、0.2 mL、0.3 mL、0.4 mL、0.5 mL，分别置于 15 mL 具塞试管中，挥干，放冷，精密加入新配制的香草醛冰醋酸溶液（精密称取香草醛 0.5 g，加冰醋酸溶解成 10 mL 即得）0.2 mL、高氯酸 0.8 mL，摇匀。在 70℃ 水浴中加热 15 min，立即置冰浴中冷却 5 min，取出，精密加入乙酸乙酯 4 mL，摇匀。以相应试剂为空白，照紫外-可见分光光度法（通则 0401），在 546 nm 波长处测定吸光度，以吸光度为纵坐标、浓度为横坐标绘制标准曲线。

3. 供试品溶液的制备

取供试品粉末 2 g，精密称定，置具塞锥形瓶中，加乙醇 50 mL，超声处理（功率 140 W，频率 42 kHz）45 min，过滤，滤液置 100 mL 量瓶中，用适量乙醇分次洗涤滤器和滤渣，洗液并入同一量瓶中，加乙醇至刻度，摇匀即得。

4. 测定法

精密量取供试品溶液 0.2 mL，置 15 mL 具塞试管中，照标准曲线制备项下的方

法，自"挥干"起，同法操作，测定吸光度。从标准曲线上读出供试品溶液中齐墩果酸的含量，计算即得灵芝三萜和甾醇含量。

供试品按干燥品计算，含三萜及甾醇以齐墩果酸（$C_{30}H_{48}O_3$）计，不得少于0.50%。此外，灵芝中并不含有齐墩果酸，以该化合物作对照品进行含量测定时，存在较大误差。

三、文献报道的灵芝三萜的其他 HPLC-DAD 或 HPLC-MS 定量检测方法

1. 已被定量测定的灵芝三萜

据文献报道，大约 45 个灵芝三萜已从赤芝（*G. lucidum*）和紫芝（*G. sinense*）中被定量测定。

赤芝（*G. lucidum*）中有 37 个灵芝三萜已被定量测定，包括 ganoderic acids A（**1**）、AM1（**2**）、B（**3**）、C2（**4**）、D（**5**）、DM（**6**）、E（**7**）、F（**8**）、G（**9**）、H（**10**）、K（**11**）、TR（**12**）、α（**13**）、η（**14**）、ε（**15**）、θ（**16**），ganoderiols A（**17**）、F（**18**），ganoderol A（**19**），ganoderal A（**20**），ganoderate G（**21**），methyl ganoderate D（**22**），ganodermadiol（**23**）、ganodermatriol（**24**）、ganodermanontriol（**25**），ganodermanondiol（**26**），lucidumols A（**27**）、B（**28**），ganolucidic acid A（**29**），lucidenic acids A（**30**）、E2（**31**）、N（**32**），methyl lucidenates A（**33**）、E2（**34**），butyl lucidenate E2（**35**），20-OH lucidenic acid A（**36**）和 20-OH lucidenic acid N（**37**）[1,3-11]。

赤芝（*G. lucidum*）中 17 个灵芝酸，包括 ganoderic acids A（**1**）、B（**3**）、C2（**4**）、D（**5**）、DM（**6**）、F（**8**）、G（**9**）、T（**38**），ganoderenic acids A（**39**）、B（**40**）、D（**41**）、F（**42**），ganoderiols B（**43**）、F（**18**），ganoderal A（**44**），ganodermanontriol（**25**）和 lucidenic acid A（**30**）已被定量测定[7]。

紫芝（*G. sinense*）中 6 个灵芝三萜 ganoderic acid A（**1**），ganoderiols A（**17**）、D（**45**）、F（**18**），ganodermanontriol（**25**）和 lucidumol A（**27**）已被定量测定[3,7,9]。

2. 灵芝三萜的提取方法

为测定灵芝三萜的含量，报道的提取灵芝子实体或孢子粉的方法有加热回流、超声及加压液体提取，所使用的溶剂为氯仿、乙酸乙酯、甲醇或乙醇[1,3-11]。

3. 灵芝三萜的 HPLC-DAD 或 HPLC-MS 分析方法

文献报道的 HPLC 型号、HPLC-MS 检测模式、分析柱型号、流动相组成等如下：

HPLC 分析使用的液相包括 Waters 600、Waters 2695、Tosoh CCP 8020、Shimadzu LC 20A、Agilent 1100 HPLC 及 Agilent 1290 UPLC 系统，DAD 检测波长在 256、254、252 或 243 nm[1,3-11]。

对于 HPLC-MS 分析，定量检测的质谱选用 SRM 模式，即灵芝三萜的母离子和其特定的子离子模式 [3]。

选用的分析柱包括 Zorbax RRHD Eclipse Plus C$_{18}$（2.1 mm×50 mm，1.8 μm）、Zorbax SB C$_{18}$（4.6 mm×250 mm，5 μm）、Fortis Speed Core-C-18（4.6 mm×150 mm，2.6 μm）、Alltima C$_{18}$（4.6 mm×150 mm，5 μm）或 TSK gel ODS-80 Ts（4.6 mm×150 mm，5μm）等 [1,3-11]。

流动相由有机相和水相组成。有机相包括甲醇或乙腈；水相包括水、0.01% 乙酸 - 水、1% 乙酸 - 水、2% 乙酸 - 水、0.1% 甲酸 - 水、0.04% 甲酸 - 水或 0.03% 磷酸 - 水 [1,3-11]。

4. 灵芝中三萜的含量

灵芝三萜的含量一般通过标准曲线计算而得。采用 HPLC-DAD 或 HPLC-MS 分析时，一般用灵芝三萜的混标来计算灵芝三萜的含量。也有文献报道只用 ganoderic acid B 测定了赤芝（*G. lucidum*）、紫芝（*G. sinense*）和松杉灵芝（*G. tsugae*）中总灵芝三萜酸的含量 [10]。在用 HPLC-MS 分析灵芝三萜酸或醇时，也有报道添加胆汁酸或氢化可的松作为内标的 [3]。

文献报道的总灵芝三萜含量测定结果见表 7-3。一般来说，赤芝（*G. lucidum*）子实体总灵芝三萜含量多于紫芝（*G. sinense*）子实体。文献报道的赤芝孢子粉中三萜含量的变化较大。其他灵芝，包括 *G. amboinense*、*G. sessile*、*G. atrum*、*G. tropicum*、*G. resinaceum*、*G. applanatum* 和 *G. crebrostriatum* 的总三萜含量报道的文献较少，总灵芝三萜含量波动较大 [3-11]。

四、文献报道的灵芝甾醇的 HPLC-DAD 定量检测方法

截至 2024 年，灵芝中仅 1 个甾醇（麦角甾醇）用 HPLC-DAD 定量分析。所用分析方法如下：

所用仪器为 Aglient 系列 1100 系统（Agilent 公司，美国），分析柱 Zorbax XDB C18（4.6 mm×250 mm，5 μm，Agilent 公司，美国）。流动相：水（A）和甲醇（B），洗脱梯度为 0～10 min, 52% B；10～40 min，52%～53% B；40～60 min，53%～85% B；60～80 min，85%～100% B；80～95 min，100% B。流速 1.0 mL/min，柱温 25℃，检测波长 275 nm[4]。

所用仪器为 LC 20A 系统（Shimadzu，日本），分析柱 Zorbax XDB C18（4.6 mm×250 mm，5 μm，Agilent 公司，美国）。流动相：0.1% 磷酸 - 水（A）和乙腈（B），洗脱梯度为 0～10 min，4% ～11% B；10～15 min，11%～30% B；15～60 min，30%～45% B；60～90 min，45%～85% B；90～110 min，85%～100% B；110～140 min，100%B。流速 0.5 mL/min，柱温 40℃，检测波长 256 nm[5]。

灵芝中麦角甾醇含量见表 7-4[4-5]。

表7-3　灵芝属中109个灵芝子实体及3个孢子粉的灵芝总三萜的含量

编号	灵芝种类	来源	灵芝总三萜含量/(μg/g)	灵芝三萜个数	参考文献
1	G. lucidum-孢子粉-1	东京，日本	5549.2	18	[6]
2	G. lucidum-孢子粉-2	福建，中国	0	0	[10]
3	G. lucidum-孢子粉-3	福建，中国	0	0	[10]
4	G. lucidum-1	东京，日本	4441.2	17	[6]
5	G. lucidum-2	东京，日本	2514.1	16	[6]
6	G. lucidum-3	东京，日本	2443.1	17	[6]
7	G. lucidum-4	东京，日本	2695.6	15	[6]
8	G. lucidum-5	东京，日本	3772.5	18	[6]
9	G. lucidum-6	东京，日本	3216.4	16	[6]
10	G. lucidum-7	东京，日本	6773.7	16	[6]
11	G. lucidum-8	东京，日本	7034.2	18	[6]
12	G. lucidum-9	东京，日本	5875.8	18	[6]
13	G. lucidum-10	东京，日本	935.8	12	[6]
14	G. lucidum-F-11	东京，日本	890.5	12	[6]
15	G. lucidum-12	东京，日本	590.4	12	[6]
16	G. lucidum-13	东京，日本	1759.2	14	[6]
17	G. lucidum-14	东京，日本	846.6	13	[6]
18	G. lucidum-15	东京，日本	813.0	13	[6]
19	G. lucidum-16	东京，日本	1268.4	14	[6]
20	G. lucidum-17	东京，日本	1202.8	14	[6]
21	G. lucidum-18	绿谷药业，中国	3036.0	6	[9]
22	G. lucidum-19	福建，中国	6870.3	6	[9]
23	G. lucidum-20	福建，中国	11551.9	6	[9]
24	G. lucidum-21	福建，中国	6526.4	6	[9]
25	G. lucidum-22	福建，中国	4501.4	6	[9]
26	G. lucidum-23	福建，中国	4492.2	6	[9]
27	G. lucidum-24	福建，中国	2803.1	6	[9]
28	G. lucidum-25	福建，中国	5473.0	6	[9]
29	G. lucidum-26	福建，中国	5686.7	6	[9]
30	G. lucidum-27	福建，中国	5235.8	6	[9]
31	G. lucidum-28	福建，中国	8140.9	6	[9]
32	G. lucidum-29	安徽，中国	8181.4	6	[9]
33	G. lucidum-30	新疆，中国	5229.2	6	[9]
34	G. lucidum-31	江苏，中国	4373.7	6	[9]
35	G. lucidum-32	云南，中国	6909.6	6	[9]
36	G. lucidum-33	河北，中国	3252.8	6	[9]
37	G. lucidum-34	辽宁，中国	3338.5	6	[9]
38	G. lucidum-35	西藏，中国	2108.9	6	[9]
39	G. lucidum-36	吉林，中国	4764.8	6	[9]
40	G. lucidum-37	北京，中国	5195.9	6	[9]

续表

编号	灵芝种类	来源	灵芝总三萜含量/(μg/g)	灵芝三萜个数	参考文献
41	G.lucidum-38	广西，中国	6810.8	6	[9]
42	G.lucidum-39	湖北，中国	1858.5	6	[9]
43	G.lucidum-40	云南，中国	1250	2	[4]
44	G.lucidum-41	澳门，中国	2010	5	[4]
45	G.lucidum-42	四川，中国	890	2	[4]
46	G.lucidum-43	澳门，中国	1530	2	[4]
47	G.lucidum-44	安徽，中国	3880	6	[4]
48	G.lucidum-45	广东，中国	570	1	[4]
49	G.lucidum-46	吉林，中国	22200.6	8	[3]
50	G.lucidum-47	安徽，中国	2790.6	8	[3]
51	G.lucidum-48	吉林，中国	2095	9	[11]
52	G.lucidum-49	江苏，中国	2493	8	[11]
53	G.lucidum-50	Quangnam，越南	3548.0	9	[5]
54	G.lucidum-51	Quangnam，越南	5522.6	8	[5]
55	G.lucidum-52	Quangnam，越南	3319.9	8	[5]
56	G.lucidum-53	Bacgiang，越南	3427.9	8	[5]
57	G.lucidum-54	Bacgiang，越南	6178.5	8	[5]
58	G.lucidum-55	Bacgiang，越南	6250.9	8	[5]
59	G.lucidum-56	Ho Chi Minh，越南	1876.0	7	[5]
60	G.lucidum-57	Ho Chi Minh，越南	1466.6	8	[5]
61	G.lucidum-58	Ho Chi Minh，越南	1553.2	9	[5]
62	G.lucidum-59	越南农业科学院，越南	1525.5	8	[5]
63	G.lingzhi-60	吉林，中国	4807.8	16	[7]
64	G.lingzhi-61	山东，中国	3884.2	16	[7]
65	G.lingzhi-62	上海，中国	2652.1	16	[7]
66	G.lingzhi-63	上海，中国	5088.9	16	[7]
67	G.lingzhi-64	上海，中国	3906.8	15	[7]
68	G.lingzhi-65	上海，中国	3389.4	16	[7]
69	G.lingzhi-66	上海，中国	5352.8	16	[7]
70	G.lingzhi-67	上海，中国	3917.0	17	[7]
71	G.lingzhi-68	上海，中国	5416.9	16	[7]
72	G.lingzhi-69	上海，中国	2914.3	16	[7]
73	G.lingzhi-70	上海，中国	4008.9	17	[7]
74	G.lingzhi-71	上海，中国	3634.9	17	[7]

续表

编号	灵芝种类	来源	灵芝总三萜含量/(μg/g)	灵芝三萜个数	参考文献
75	G. lingzhi-72	上海，中国	3880.4	16	[7]
76	G. lingzhi-73	上海，中国	3589.6	16	[7]
77	G. lingzhi-74	上海，中国	3787.6	17	[7]
78	G. lingzhi-75	上海，中国	3303.1	16	[7]
79	G. lingzhi-76	上海，中国	4426.6	17	[7]
80	G. lingzhi-77	上海，中国	3210.7	16	[7]
81	G. sinense-1	上海，中国	341.8	15	[7]
82	G. sinense-2	上海，中国	294.7	8	[7]
83	G. sinense-3	云南，中国	0	0	[4]
84	G. sinense-4	澳门，中国	0	0	[4]
85	G. sinense-5	澳门，中国	0	0	[4]
86	G. sinense-6	四川，中国	0	0	[4]
87	G. sinense-7	澳门，中国	0	0	[4]
88	G. sinense-8	贵州，中国	520.2	4	[9]
89	G. sinense-9	新疆，中国	73.1	2	[9]
90	G. sinense-10	贵州，中国	152.5	3	[9]
91	G. sinense-11	广东，中国	117.7	4	[9]
92	G. sinense-12	福建，中国	687.8	6	[9]
93	G. sinense-13	广西，中国	1918.1	5	[9]
94	G. sinense-14	浙江，中国	37.8	1	[9]
95	G. amboinense-1	福建，中国	10513.8	6	[9]
96	G. amboinense-2	西藏，中国	737.4	6	[9]
97	G. amboinense-3	新疆，中国	6526.3	6	[9]
98	G. amboinense-4	上海，中国	3264.4	15	[7]
99	G. sessile-1	四川，中国	1380.3	6	[9]
100	G. sessile-2	西藏，中国	167.3	6	[9]
101	G. atrum-1	福建，中国	507.8	6	[9]
102	G. atrum-2	上海，中国	33.5	2	[7]
103	G. applanatum-1	上海，中国	379.9	9	[7]
104	G. applanatum-2	Linh chi Vina 公司，越南	2684.1	3	[5]
105	G. resinaceum-1	上海，中国	759.9	6	[7]
106	G. tropicum-1	福建，中国	8974.1	6	[9]
107	G. austral-1	Linh chi Vina 公司，越南	202241	9	[5]
108	G. colossum-1	Linh chi Vina 公司，越南	2328.7	9	[5]
109	G. crebrostriatum-1	上海，中国	1849.7	6	[7]
110	G. subresinosum-1	Linh chi Vina 公司，越南	165.1	3	[5]
111	G. sp-1	Linh chi Vina 公司，越南	1257.9	6	[5]
112	G. tsugae-1	福建，中国	2370	4	[10]

灵芝化学与应用研究

表 7-4　麦角甾醇在灵芝子实体中的含量

编号	灵芝种类	来源	麦角甾醇含量/(μg/g)	参考文献	编号	灵芝种类	来源	麦角甾醇含量/(μg/g)	参考文献
1	*G. lucidum*	云南，中国	1350	[4]	11	*G. sinense*	澳门，中国	930	[4]
2	*G. lucidum*	澳门，中国	2300	[4]	12	*G. ludidum*	Quangnam，越南	135.1	[5]
3	*G. lucidum*	四川，中国	1870	[4]	13	*G. ludidum*	Quangnam，越南	194.6	[5]
4	*G. lucidum*	澳门，中国	1840	[4]	14	*G. ludidum*	Quangnam，越南	795.9	[5]
5	*G. lucidum*	安徽，中国	2250	[4]	15	*G. ludidum*	Quangnam，越南	647.8	[5]
6	*G. lucidum*	广东，中国	1720	[4]	16	*G. applanatum*	Linh chi Vina 公司，越南	112.7	[5]
7	*G. sinense*	云南，中国	880	[4]	17	*G. colossum*	Linh chi Vina 公司，越南	221.5	[5]
8	*G. sinense*	澳门，中国	1680	[4]	18	*G. subresi-nosum*	Linh chi Vina 公司，越南	158.3	[5]
9	*G. sinense*	澳门，中国	1660	[4]	19	*G. sp*	Linh chi Vina 公司，越南	116.3	[5]
10	*G. sinense*	四川，中国	2900	[4]	20	*G. australe*	Linh chi Vina 公司，越南	148.3	[5]

第三节　灵芝多糖类化合物的含量测定

一、《美国药典》中灵芝多糖 HPLC-UV 定量测定方法 [1]

1. 试剂

1-苯基-3-甲基-5-吡唑啉酮甲醇溶液（0.1 mol/L）。

2. 内标溶液

D-来苏糖水溶液（0.5 mg/mL）。

3. 标准储备溶液

混合水溶液包括《美国药典》标准的甘露糖（0.20 mg/mL）、D-葡萄糖醛酸（0.20 mg/mL）、半乳糖（0.20 mg/mL）、D-葡萄糖（2.0 mg/mL）和 L-岩藻糖（0.10 mg/mL）。

4. 标准溶液

合并标准储备液（0.125 mL）和内标溶液（0.125 mL），加入 0.15 mol/L 氢氧化钠溶液（0.300 mL）及试剂（0.50 mL）于加盖反应小瓶。密封小瓶，于 70℃加热 30 min，冷却至室温。加入 0.15 mol/L 盐酸（0.300 mL）和水（0.65 mL），混匀，通过 0.45 μmol/L 滤膜即得。

5. 样品溶液

取灵芝子实体粉末 2.0 g，精细粉碎并精确称重，之后转移至 200 mL 圆底烧瓶，加入乙醇（60 mL），静置 1 h。连接冷凝器，加热回流 4 h，立即过滤。转移残渣和滤液至相同 200 mL 圆底烧瓶中，加入 60 mL 水，加热回流 3 h，立即过滤。用水清洗烧瓶 3 次，每次 5 mL，过滤。合并滤液和清洗液于 250 mL 烧杯中，在水浴上蒸干。用水溶解（5 mL），再加乙醇（75 mL），混匀，4℃下静置 12 h，再离心 30 min（4000 r/min）。弃去上清液，沉淀置于水浴中蒸干。再用热水溶解，转移至 10 mL 容量瓶，冷却至室温，加入水至刻度，混匀，离心 10 min（4000 r/min）。精密转移上清液（0.250 mL）至反应小瓶，加入 4 mol/L 三氟乙酸（0.25 mL）。密封小瓶，于 110℃加热 4 h，冷却至室温，再加入甲醇（0.5 mL），于 60℃减压蒸干。加入甲醇再蒸干，重复 3 次。再将蒸干产物与水（0.125 mL）、内标溶液（0.125 mL）、0.15 mol/L 氢氧化钠溶液（0.300 mL）及试剂（0.50 mL）加入反应小瓶中。密闭小瓶，于 70℃加热 30 min，冷却至室温。将盐酸和水加入小瓶，混匀，通过尼龙滤膜（0.45 μm）即得。

6. 色谱系统

紫外吸收 250 nm；柱子 4.6 mm×25 cm，5 μm；温度 35℃；流速 1.0 mL/min；进样量 10 μL；流动相溶剂 A 为 0.05 mol/L 磷酸缓冲液，pH 6.0，溶剂 B 为乙腈；洗脱梯度：0～30 min，16%～17.5% B；30～55 min，17.5%～19.0% B；55～60 min，19.0% B；60～61 min，19.0%～16.0% B。

7. 分析

采用该分析方法，用相对于 D-葡萄糖的保留时间鉴定单独的衍生化单糖：甘露糖（0.48）、来苏糖（0.58）、D-葡萄糖醛酸（0.82）、半乳糖（1.09）和 L-岩藻糖（1.35），分别计算衍生化单糖在灵芝子实体中的百分比：

$$每个单糖在灵芝子实体中的百分比 = (R_u/R_s) A_s (F/W) \times 100$$

式中，R_u 为样品溶液中每个峰的分析物与内标响应比值；R_s 为标准品溶液中每个峰的分析物与内标响应比值；A_s 为每个被检测单糖等分在标准溶液中用于衍生化的量，mg；F 为每个被检测单糖等分在衍生物（0.250 mL）中相对于样品溶液（10.0 mL）的稀释系数；W 为用于制备样品溶液的灵芝子实体质量，mg。

计算甘露糖、D-葡萄糖醛酸、D-葡萄糖、半乳糖和 L-岩藻糖的总百分比即灵芝多糖在灵芝子实体中的百分比。

验收标准：灵芝总单糖不得少于灵芝干重的 0.70%。

二、《中国药典》中灵芝多糖定量测定方法 [2]

1. 多糖对照品溶液的制备

取无水葡萄糖对照品适量，精密称定，加水制成每 1 mL 含 0.12 mg 的溶液即得。

2. 标准曲线的制备

精密量取对照品溶液 0.2 mL、0.4 mL、0.6 mL、0.8 mL、1.0 mL、1.2 mL，分别置于 10 mL 具塞试管中，各加水至 2.0 mL，迅速加入硫酸蒽酮溶液（精密称取蒽酮 0.1 g，加硫酸 100 mL 使溶解，摇匀）6 mL，立即摇匀。放置 15 min 后，立即置冰浴中冷却 15 min 后取出。以相应的试剂为空白，用紫外-可见分光光度法（通则 0401），在 625 nm 波长处测定吸光度，以吸光度为纵坐标，浓度为横坐标，绘制标准曲线。

3. 供试品溶液的制备

取供试品粉末 2 g，精密称定，置圆底烧瓶中，加水 60 mL，静置 1 h，加热回流 4 h，趁热过滤，用少量热水洗涤滤器和滤渣，将滤渣及滤纸置于烧瓶中，加水 60 mL，加热回流 3 h，趁热过滤，合并滤液，置水浴上蒸干，残渣用 5 mL 水溶解，边搅拌边缓慢滴加乙醇 75 mL，摇匀，在 4℃下放置 12 h，离心，弃去上清液，沉淀物用热水溶解并转移至 50 mL 量瓶中，放冷，加水至刻度，摇匀，取溶液适量，离心，精密量取上清液 3 mL，置 25 mL 量瓶中，加水至刻度，摇匀即得。

4. 测定法

精密量取供试品溶液 2 mL，置 10 mL 具塞试管中，照标准曲线制备项下的方法，自"迅速加入硫酸蒽酮溶液 6 mL"起，同法操作，测定吸光度，从标准曲线上读出供试品溶液中无水葡萄糖的含量，计算即得灵芝多糖在灵芝中的百分比。

供试品按干燥品计算，含灵芝多糖以无水葡萄糖（$C_6H_{12}O_6$）计，不得少于 0.90%。

三、文献报道的其他灵芝多糖定量测定方法

灵芝多糖的含量还可通过苯酚-硫酸法、间接碘量法或中红外和近红外光谱法测定。

1. 苯酚－硫酸法 [12-13]

（1）葡萄糖标准曲线的制备

取少量分析纯葡萄糖，105℃烘箱干燥 1 h 后，置干燥器中冷却 30 min。取 100 mg，用蒸馏水定容至 1000 mL，得到浓度为 0.1 mg/mL 的葡萄糖标准溶液。分别吸取 0.2 mL、0.4 mL、0.6 mL、0.8 mL、1.0 mL、1.2 mL、1.4 mL 的葡萄糖标准溶液置具塞试管中，各补水至 2 mL，加入 1.6 mL 6% 的苯酚溶液，振荡。再加入 7.5 mL 浓硫酸，迅速振荡摇匀，室温下放置 26 min。另取蒸馏水 2 mL，同上操作加苯酚和硫酸进行显色反应，作为空白对照。分别于 490 nm 处测定以上溶液的吸光度值，以葡萄糖的浓度为横坐标，吸光度值为纵坐标，绘制标准曲线，并求出回归方程。

（2）灵芝多糖样品溶液的制备

称取灵芝超细粉 5.0 g，加入 100 mL 85% 乙醇，于 60℃水浴中保温 30 min，3000 r/min 离心 20 min，弃上清液，重复 2 次以去除单糖、双糖、低聚糖等干扰性成分。然后加 200 mL 蒸馏水，95℃浸提 120 min，离心取上清液，定容至 250 mL，得到多糖溶液。再从多糖溶液中取 10 mL，定容至 50 mL，得到样品溶液。

（3）灵芝多糖的测定

取灵芝样品溶液 1.0 mL 置于具塞试管中，补水至 2 mL，按照标准曲线中的方法测定吸光度值，重复测定 5 次，根据标准曲线分别计算出多糖含量，并计算相对标准偏差（RSD）。

2. 间接碘量法 [13]

（1）总糖含量的测定

取样品溶液 50 mL，用蒸馏水定容至 100 mL，从中取 25 mL 至具塞锥形瓶中，

加酚酞指示剂 1～2 滴，滴加 NaOH 试液至中性，加入稀 H_2SO_4（25 mL），置水浴上回流 4 h，放冷，滴加 NaOH 试液至中性。在上述溶液中加入 0.05 mol/L 碘液（25 mL），逐滴加入 0.1 mol/L NaOH 溶液 50 mL，边加边振荡，密塞，暗处放置 10 min，加稀硫酸 4 mL，立即用 0.1 mol/L $Na_2S_2O_3$ 滴定液滴定，至溶液变为淡黄色时，加淀粉指示液 3 mL，继续滴定至蓝色消失，并将滴定结果用空白试验校正，即得总糖含量。重复测定 3 次。每 2 mL 的碘液（0.05 mol/L）相当于 9.008 mg 的无水葡萄糖（$C_6H_{12}O_6$）。

（2）还原糖含量的测定

取样品溶液 25 mL，用蒸馏水定容至 100 mL。从中取 25 mL 至具塞锥形瓶中，加酚酞指示液 1～2 滴，滴加 NaOH 试液至中性。按照总糖含量测定方法进行滴定，并重复测定 3 次。

（3）灵芝多糖的含量测定

样品溶液中的总糖含量减去还原糖含量，即为灵芝多糖的含量。

3. 中红外和近红外光谱法 [14-15]

（1）灵芝多糖提取方法

取灵芝菌丝体粉末（140 g），加水（7 L），置 70℃水浴中加热 2 h。提取液放置试管，离心（4400 rcf/g）10 min，然后于 20℃放置 15 min。取上清液于 60℃减压浓缩至 850 mL。在浓缩提取液中加乙醇（3.4 L），于 4℃过夜。再离心（4400 rcf/g）15 min 得到沉淀。将该沉淀于 45℃干燥 2 h，获得粗多糖。粗多糖再溶于 800 mL 水。粗多糖水溶液用 Sevag 试剂处理（正丁醇：氯仿 = 1:4，体积比，120 mL）以除去蛋白质。为使溶液脱色，加入 1.5%（体积分数）活性炭，放置水浴中 40 min，再通过透析袋，直至透析液颜色不变。透析液于 -60℃放置 48 h，然后冻干。

（2）中红外光谱方法（mid-IR）测定灵芝多糖含量 [14]

冻干的灵芝提取液（2 mg）与 KBr（200 mg）在 15 MPa 压力下压片 3 min，然后用 Bruker ALPHA-T 进行多糖含量测定：波长范围（4000～400 cm^{-1}），分辨率 4 cm^{-1}，每个样品扫描 64 次。数据用 OPUS 7.0 软件处理。中红外波长及对应的官能团见表 7-5。

表 7-5　中红外波长及对应的官能团 [14]

波数 /cm^{-1}	对应的官能团
3400	—OH 伸缩
2926	CH_2 不对称伸缩
1640	酰胺 I
1457	多糖中的 CH_2
1425	碳水化合物中 C—H 变形
1372	C—H 平面弯曲振动
1314～1316	对称的 CH_2 弯曲

续表

波数 /cm^{-1}	对应的官能团
1243	COH 平面弯曲 /CH 平面弯曲
1152～1156	C—O—C 糖苷键不对称伸缩
1078	C—O β-葡聚糖伸缩
1044	C—O—C 伸缩振动
1025	C—O α-糖苷键伸缩振动
951	β-糖苷键；C—O 和 C—C 伸缩
867	呋喃糖环
778	COO$^-$ 变形
709	CH 面外弯曲
573	多糖环弯曲振动
523	吡喃环；C=O 不对称变形

（3）近红外光谱方法（NIR）测定灵芝多糖含量[15]

采用傅里叶变换近红外（FT-NIR）光谱收集漫反射光谱，波长范围 12500～4000 cm^{-1}，分辨率 16 cm^{-1}，每个样品扫描 32 次。数据用 OPUS 7.0 软件处理。近红外波长及对应的官能团见表 7-6。

表 7-6　近红外波长及对应的官能团[15]

波数 /cm^{-1}	对应的官能团
8403	第一个泛频 O—H 伸缩和弯曲结合带
6896	第一个泛频 OH 伸缩带
6674	第一个泛频 OH 伸缩带
6307	第一个泛频 OH 伸缩带
5935	C—H 伸缩第一个泛频
5787	CH$_2$ 的 C—H 伸缩第一个泛频
5155	合并伸缩和变形的 O—H 在水中
4719	合并 O—H 和 C—O 伸缩
4405	合并 O—H 伸缩和 C—O 伸缩
4307	合并 C—H 伸缩和 C—H$_2$ 变形
4021	合并 C—H 伸缩和 C—C 伸缩

第四节　灵芝核苷酸或核碱基类化合物的含量测定

目前，一共 18 个核苷酸或核碱基从 14 个批次的赤芝（*G. lucidum*）、紫芝（*G. sinense*）和黑芝（*G. atrum*）的菌盖、菌柄和整个子实体中定量测定[16-18]。高效液相-紫外-质谱（HPLC-DAD-MS）、亲水作用色谱（ZIC-HILIC）和毛细管电泳-质谱

（CE-MS）可用于分析检测灵芝核苷酸或核碱基类化合物。相比于传统的反相柱，亲水作用色谱（ZIC-HILIC）采用低水相和高有机相，是对反相高效液相-紫外-质谱的补充。另外，由于水的比例小，ZIC-HILIC 的分离适用于电喷雾电离（ESI）检测，能使 ESI 灵敏度提高 [17]。毛细管电泳-质谱（CE-MS）的流速（nL/min 级）为 nano-HPLC 的 1/10，符合 ESI 技术需要的进样量，因此毛细管电泳-质谱提供了更高的信噪比，部分弥补了低浓度检测限的缺陷 [18]。

一、用 HPLC–DAD–MS 定量检测灵芝属中的核苷酸或核碱基 [16]

用 HPLC-DAD-MS 方法可定量检测灵芝属中的赤芝（G. lucidum）和紫芝（G. sinense），包括菌柄和菌盖，从中定量测定了 9 个化合物，包括 6 个核苷酸（腺苷、胞苷、鸟苷、肌苷、胸苷和尿苷）和 3 个核碱基（次黄嘌呤、胸腺嘧啶和尿嘧啶）。

使用仪器为 Agilent 1100 系列 LC/MSD VL 捕获系统（Agilent，美国）、自动进样器、高压泵、DAD 检测器、ESI 离子源、离子肼分析器、Agilent AORBAX Eclipse XDB C$_{18}$ 柱（3.5 μm，4.6 mm×150 mm）和 XDB C$_8$（5.0 μm，3.9 mm×20 mm）保护柱。分离用梯度洗脱，流动相为 5 mmol/L 乙酸铵溶液和甲醇：0～5% 甲醇，0～10 min；5%～20% 甲醇，10～30 min。流速 0.5 mL/min。柱温 25 ℃，DAD 检测器波长 254 nm。等量 10 μL 溶剂用于 HPLC 分析。质谱在正离子模式下检测。全扫描质谱 m/z 50～400。制作校对曲线用于定量测定。化合物溶液在甲醇：水（1：1）中制备。在适当稀释后，不同浓度的工作溶液新鲜配制。

室温下用 15 mL 水，超声提取 1 g 灵芝子实体菌盖和菌柄 45 min。收集上清液并用氮气吹干，浓缩成 1 mL，用 HPLC 分析。

检测的 6 个灵芝子实体菌盖和菌柄中的 9 个核苷酸或核碱基见表 7-7。其中尿苷在菌盖和菌柄中含量均较高。赤芝（G. lucidum）的核苷总量一般多于紫芝（G. sinense）。

表 7-7　6 个灵芝子实体的菌盖和菌柄中的 9 个核苷酸或核碱基含量 [16]

分析物含量 /(μg/g)	G. lucidum（浙江）		G. lucidum（山东）		G. lucidum（广西）		G. lucidum（四川）		G. sinense（新疆）		G. sinense（四川）	
	菌盖	菌柄	菌盖	菌柄	菌盖	菌柄	菌盖	菌柄	菌盖	菌柄	菌盖	菌柄
尿嘧啶	32.52	9.41	67.47	22.69	7.38	—	73.17	31.88	—	—	62.96	37.99
胞苷	94.98	48.06	117.78	43.11	39.19		200.57	50.70	3.04	8.67	15.04	6.22
次黄嘌呤	110.83	47.74	30.40	13.64	52.77		38.34	13.96	1.33	2.54	25.37	12.80
尿苷	264.93	135.57	252.83	117.14	185.22		310.71	113.91	67.06	61.49	118.43	102.65
胸腺嘧啶	7.89	—	4.67	—	5.81		17.19				11.88	3.62

续表

分析物含量 /(μg/g)	G. lucidum（浙江）		G. lucidum（山东）		G. lucidum（广西）		G. lucidum（四川）		G. sinense（新疆）		G. sinense（四川）	
	菌盖	菌柄	菌盖	菌柄	菌盖	菌柄	菌盖	菌柄	菌盖	菌柄	菌盖	菌柄
肌苷	4.54	13.47	96.06	27.48	—	58.03	16.66	7.25	8.28	17.04	1.83
鸟苷	4.18	18.63	174.91	63.34	—	11.44	214.62	39.51	10.81	10.64	33.62	17.21
胸苷	34.46	19.26	25.10	17.14	9.60	10.37	36.02	27.57	6.62	5.51	—	
腺苷	—	4.11	97.89	29.35	3.85		269.03	17.34		1.76	22.19	10.16
总量	554.33	296.25	867.11	333.89	303.82	21.81	1217.68	311.53	96.11	98.89	306.53	192.48

二、用 HPLC-DAD、ZIC-HILIC 定量测定灵芝属中的核苷酸或核碱基 [17]

用 HPLC-DAD-MS 和 ZIC-HILIC 方法同时测定 10 个核苷酸（腺苷、2-去氧腺苷、胞苷、2-去氧胞苷、鸟苷、2-去氧鸟苷、肌苷、胸腺嘧啶核苷、尿苷、2-去氧尿苷）和 6 个核碱基（腺嘌呤、2-去氧腺嘌呤、胞嘧啶、鸟嘌呤、胸腺嘧啶、尿嘧啶）。使用仪器为 Agilent 系列 1200、自动进样器、二元泵、DAD 检测器、真空脱气、Merck ZIC HILIC 柱（3.5 μm，100 mm×4.6 mm）和 XDB C_8（20 mm×2.1 mm）保护柱。流动相由溶剂 A（3 mmol/L 乙酸铵溶液和乙腈）和溶剂 B（pH 6，15 mmol/L 乙酸铵溶液和水）组成，梯度洗脱：0～18 min，3%～5% B；18～19 min，5%～10% B；19～30 min，10%～20% B。流速 1.0 mL/min，柱温 25℃，DAD 检测器波长 254 nm。制作校对曲线用于定量测定。标准溶液为乙腈:水（1:1）。在适当稀释后，不同浓度的工作溶液新鲜配制。8 个野生或培养的灵芝（1 g）与 20 mL 水混合，室温超声提取 10 min。上清液用 HPLC 分析。8 个灵芝样品中 16 个核苷酸或核碱基含量分析见表 7-8。根据报道，赤芝（G. lucidum）的核苷酸或核碱基的量比紫芝（G. sinense）多。

表 7-8　8 个灵芝子实体中 16 个核苷酸或核碱基含量 [17]

分析物含量 /(μg/g)	G. atrum		G. lucidum			G. sinense		
	江西	浙江	安徽	山东	湖北	野生-1	野生-2	福建
腺苷	39.76	26.32	8.17	17.14	53.87	—	25.67	7.40
2-去氧腺苷	—	—	—	—	—	—	—	—
胞苷							5.39	2.91
2-去氧胞苷	6.05	12.36	23.30	9.99			7.91	13.97
鸟苷	4.36	4.89	3.28	14.00	25.47	7.05	11.37	1.60
2-去氧鸟苷	3.36	—				6.36	2.25	1.29
肌苷	3.25	13.48	27.55	42.65			13.23	—
2-去氧肌苷	10.23	—					24.78	18.49
尿苷	3.64	—		8.40		41.42	4.36	

255

分析物含量/（μg/g）	G. atrum		G. lucidum			G. sinense		
	江西	浙江	安徽	山东	湖北	野生-1	野生-2	福建
2-去氧尿苷	—	25.15	28.75	52.83	173.05	105.66	6.10	10.99
胸腺嘌呤核苷	—	138.23	117.90	260.22	474.44	235.96	23.77	15.57
胸腺嘧啶	—							
胞嘧啶	10.94	8.31	43.39	19.65	—	88.41	34.00	34.01
鸟嘌呤	44.26	—	—	21.03	—	—	45.65	6.38
腺嘌呤	—	56.54	46.80	67.65	147.29	202.80	12.27	11.25
尿嘧啶	1.26	145.40	62.87	210.65	406.12	645.43	25.91	30.67
总量	127.11	430.68	362.01	724.21	1280.24	1333.09	242.66	154.53

三、用 CE-MS 的方法定量测定灵芝属中的核苷酸和核碱基[18]

8 个核苷酸或核碱基用毛细管电泳（CE）以 ESI-MS 检测器在优化的电解质溶液（10% MeOH 包含 100 mmol/L 甲酸）中测定。所用柱子是熔融石英毛细管（25℃）（120 cm×50 μm），电压为 25 kV，ESI-MS 正离子模式检测，全扫描模式，质荷比（m/z）50～350。4 个赤芝（G. lucidum）和 3 个紫芝（G. sinense）样品中 8 个核苷酸或核碱基的含量见表 7-9。

表 7-9 赤芝和紫芝中 8 个核苷酸或核碱基的含量[18]

分析物含量/（μg/g）	赤芝（G. lucidum）				紫芝（G. sinense）		
	安徽	四川	山东	云南	安徽	四川	山东
胞苷	35.08	148.50	110.72	289.15	64.30	56.54	81.58
腺苷	115.87	559.93	428.57	859.02	195.97	152.01	344.31
次黄嘌呤	—	23.60	25.18	26.29	—	—	—
鸟苷	—	262.42	120.21	502.16	189.42	102.59	248.85
肌苷	—	61.00	45.24	210.50	—	—	—
尿苷	—	324.24	—	446.94	375.42	341.75	335.40
胞嘧啶	14.57	36.52	36.20	41.98	12.91	—	47.37
鸟嘌呤	15.05	—	—	—	—	—	—
总量	180.57	1416.21	766.12	2376.04	838.02	652.89	1057.51

第五节　灵芝中麦角硫因的含量测定

麦角硫因（L-ergothioneine，EGT），化学名为 2-巯基-L-组氨酸三甲基内盐，是一种天然氨基酸，存在于很多动植物体内，但动物机体自身不能合成，只能从食物中摄取，属于稀有氨基酸[19]。1909年研究人员首次从麦角的菌核中分离得到该种氨基酸并命名，李虹奇等[20]于1993年首次从赤芝孢子粉中分离得到麦角硫因。付佳等[21]对灵芝孢子粉和灵芝子实体中的麦角硫因进行了含量测定，方法和结果如下。

一、麦角硫因的 HPLC-DAD 分析方法 [21]

1. 麦角硫因标准品溶液的制备

精密称取麦角硫因标准品 0.5 mg，加入色谱甲醇 2 滴，加水至 0.5 mL，所得浓度为 1 mg/mL，加水稀释 10 倍，得到浓度为 0.1 mg/mL 的标准品溶液。

2. 灵芝孢子粉和子实体样品溶液的制备

称取灵芝孢子粉样品 1 g，加入纯水 10 mL，超声 1 h，温度 60℃；称取灵芝子实体样品 1 g，加入纯水 15 mL，超声 1 h，温度 60℃；取适量上述提取物置于离心管中，以 10000 r/min，离心 3 min，取上清液，用微孔水相滤膜过滤即可。

3. 色谱条件

色谱柱（氨基柱，ZORBAX NH$_2$，250 mm×4.6 mm，5 μm），流动相为乙腈和5 mmol/L 醋酸铵-水溶液（80:20），等度洗脱，流速 1.0 mL/min，进样量 10 μL，柱温 25℃，检测波长 254 nm。麦角硫因标准品（a）和灵芝孢子粉（b）的 HPLC 分析图谱见图 7-1。

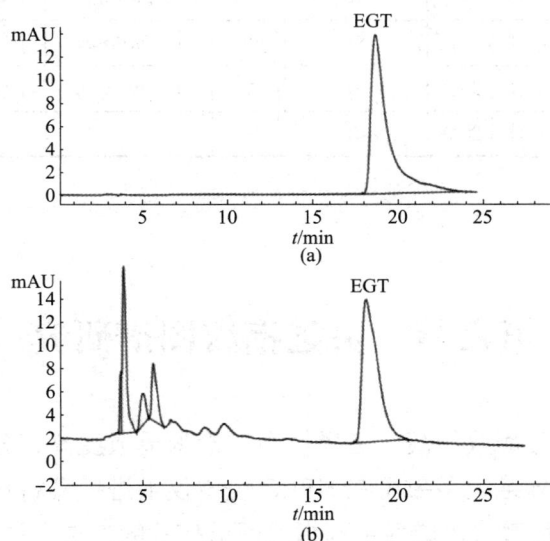

图7-1　麦角硫因标准品（a）和灵芝孢子粉（b）的HPLC图谱[21]

二、麦角硫因的含量测定结果

根据麦角硫因标准品溶液制定的标准曲线，计算灵芝孢子粉和灵芝子实体中的麦角硫因含量。灵芝孢子粉（12 个不同产地和批次）（**1～12**）中均含有麦角硫因（表 7-10），其中有 9 个样品（**1～9**）的麦角硫因含量在 200～550 μg/g，另外 3 个样品（**10～12**）的含量在 40～80 μg/g。

灵芝子实体（15 个不同产地和批次）（**13～27**）中均不含麦角硫因（表 7-10）[21]。

表 7-10 灵芝孢子粉和灵芝子实体中的麦角硫因含量

编号	灵芝种类	部位	来源	麦角硫因含量 /（μg/g）	编号	灵芝种类	部位	来源	麦角硫因含量 /（μg/g）
1	*G. lucidum*	孢子粉	广东	333	**15**	*G. sinense*	子实体	福建	0
2	*G. lucidum*	孢子粉	江西	420	**16**	*G. ludidum*	子实体	吉林	0
3	*G. lucidum*	孢子粉	江西	437	**17**	*G. ludidum*	子实体	广东	0
4	*G. lucidum*	孢子粉	江西	442	**18**	*G. ludidum*	子实体	吉林	0
5	*G. lucidum*	孢子粉	浙江	286	**19**	*G.* sp	子实体	西藏	0
6	*G. lucidum*	孢子粉	江苏	517	**20**	*G. ludidum*	子实体	江苏	0
7	*G. lucidum*	孢子粉	浙江	351	**21**	*G.leucocon-textum*	子实体	西藏	0
8	*G. lucidum*	孢子粉	浙江	345	**22**	*G. ludidum*	子实体	广东	0
9	*G. lucidum*	孢子粉	安徽	327	**23**	*G.* sp	子实体	贵州	0
10	*G. lucidum*	孢子粉	四川	50	**24**	*G. ludidum*	子实体	北京	0
11	*G. lucidum*	孢子粉	江苏	40	**25**	*G. ludidum*	子实体	山东	0
12	*G. lucidum*	孢子粉	浙江	80	**26**	*G. lucidum*	子实体	吉林	0
13	*G. ludidum*	子实体	北京	0	**27**	*G. ludidum*	子实体	江苏	0
14	*G. ludidum*	子实体	北京	0					

第六节 灵芝指纹图谱研究

由于 HPLC 具有分离效能高、选择性高、检测灵敏度高、分析速度快和应用范围广等特点，中药成分绝大多数可在 HPLC 色谱仪上进行分析检测，且有较丰富的应用经验。高效液相色谱法已成为中药指纹图谱技术的首选方法。

目前报道的灵芝 HPLC 指纹图谱是以三萜或多糖为指标。所做指纹图谱的灵芝属灵芝包括赤芝（*G. lucidum*）、紫芝（*G. sinense*）和无柄灵芝（*G. resinaceum*）等。

一、灵芝三萜 HPLC 指纹图谱

李保明等 [22] 对 13 个批次的赤芝子实体（G. lucidum）三萜成分进行了 HPLC 特征指纹图谱分析。采用 Alltech C$_{18}$（150 mm×416 mm，5 μm）色谱柱，以乙腈和 0.04% 甲酸为流动相，梯度洗脱（0～10 min，乙腈 0～20%；10～20 min，乙腈 20%～25%；20～50 min，乙腈 25%～30%；50～65 min，乙腈 30%～38%），流速 1.0 mL/min，检测波长 254 nm，柱温 15℃。研究人员确定了 19 个灵芝三萜共有峰，包括 15 个已知三萜峰及 4 个未知化合物峰（图 7-2）。其中 15 个已知三萜用对照品混标溶液鉴定，包括灵芝酸Ⅰ、灵芝酸 C2、赤芝酸 LM1、灵芝酸 G、灵芝烯酸 B、灵芝酸 B、灵芝烯酸 A、灵芝酸 A、12-乙酰基-3-羟基-7,11,15,23-四羰基-羊毛甾-8-烯-26-酸、灵芝酸 D、赤芝酸 A、灵芝烯酸 D、灵芝酸 C、灵芝酸 E、灵芝孢子酸 A。13 个批次的赤芝样品特征图谱与 15 个对照品混标特征图谱相似度均在 0.9 以上。本方法简单、准确，重复性好，为赤芝的质量控制标准提供了有效的方法。

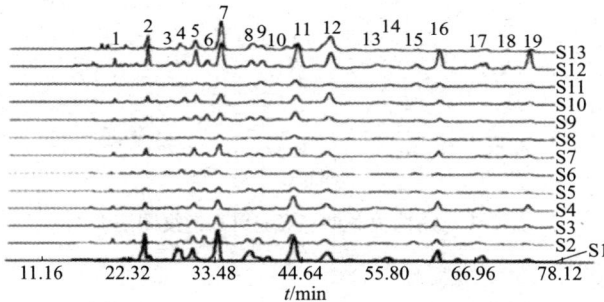

图7-2 13批次的赤芝的三萜HPLC指纹图谱[22]

丁平等 [23] 建立了灵芝药材三萜类化学成分高效液相（HPLC）指纹图谱，并以此评价灵芝药材的质量。方法是采用 Diamonsil C$_{18}$ 色谱柱（4.6 mm×250 mm,5 μm），流动相为乙腈和 0.8% 高氯酸水溶液，梯度洗脱，流速为 0.9 mL/min，检测波长 254 nm，柱温为室温。灵芝药材 [赤芝（G. lucidum）和紫芝（G. sinense）] HPLC 指纹图谱经指纹图谱系统解决方案软件（Chromafinger TM）生成共有模式，并进行相似度分析。结果显示，赤芝（G. lucidum）HPLC 指纹图谱共有 18 个特征峰，其中 6 个灵芝三萜（灵芝酸 A、B、C2、G、E 和赤芝酸 A）通过对照品得到指认。赤芝（G. lucidum）与紫芝（G. sinense）HPLC 指纹图谱相差较大。

郭隆钢等 [24] 对 18 批次灵芝药材，包括赤芝（G. lucidum）、紫芝（G. sinense）和无柄灵芝（G. resinaceum）进行了 HPLC 指纹图谱分析。具体方法是用 Kromasil 100-5 C$_{18}$ 柱（4.6 mm×250 mm, 5 μm），流动相为乙腈和 0.02% 磷酸水溶液，梯度洗脱，流速为 1.0 mL/min，检测波长 244 nm，柱温 25℃。应用指纹图谱的分析方法，可以区分不同种类和生长方式的灵芝成分存在的差异。

许晓燕等[25]采用 HPLC 法建立了灵芝药材（*G. lucidum*）指纹图谱。采用"中药色谱指纹图谱相似度评价系统（药典委员会 2004A 版）"对 16 株不同灵芝（*G. lucidum*）子实体的供试品溶液的数据进行了分析。具体方法是用 Alltima C$_{18}$ 色谱柱（250 mm×4.6 mm，5 μm），流动相为乙腈和 0.1% 乙酸水溶液，梯度洗脱，流速为 1.0 mL/min，检测波长为 254 nm，柱温 30℃。灵芝（*G. lucidum*）子实体指纹图谱利用"中药色谱指纹图谱相似度评价系统（2004A 版）"生产叠加图谱及对照图谱，确定了 14 个共有峰，其中灵芝酸 A、B、C2、D、F、H 及灵芝烯酸 A、B、C 和 D 通过对照品得到指认（图 7-3）。

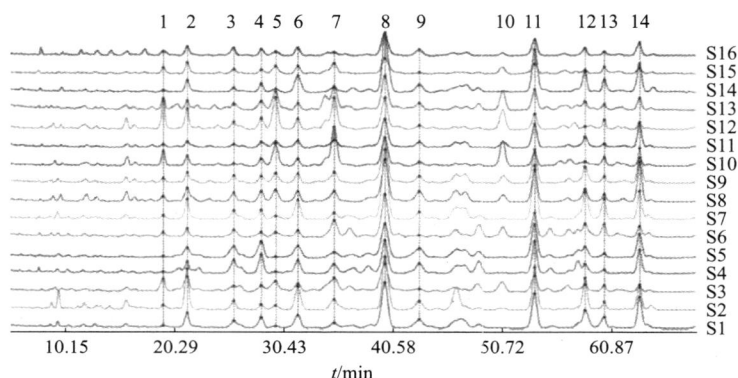

图7-3　16株灵芝的三萜HPLC指纹图谱[25]

二、灵芝多糖 HPLC 指纹图谱

Suna 等[26]对赤芝（*G. lucidum*）子实体（11 个批次）和孢子粉（11 个批次）用水提取法提取，提取物浓缩后加乙醇沉淀，乙醇最终浓度为 75%。静置过夜，将混合物离心，用 95% 乙醇（10 mL）洗 2 次，60℃蒸干，再溶于 5 mL 热水（60℃），离心，上清液（500 μL）和三氟乙酸（500 μL）混合，在氮气下水解，冷却后将甲醇（1 mL）加入水解物，蒸干，重复 2 次将三氟乙酸除去。之后，水解产物（50 μL）与等体积的 0.6 mol/L NaOH 混合，之后加入 0.5 mol/L 1-苯基-3-甲基-5-吡唑啉酮甲醇溶液（100 μL），振荡，70℃水浴放置 100 min。冷却后混合物用 0.3 mol/L HCl（120 μL）中和并用水稀释至 1 mL。然后加入 1 mL 氯仿。剧烈振荡分层，弃去有机相，重复 3 次，通过滤膜后进行 HPLC 分析。另取 11 个单糖标准溶液（鼠李糖、阿拉伯糖、木糖、甘露糖、葡萄糖、半乳糖、果糖、核糖、葡萄糖醛酸、氨基葡萄糖和氨基半乳糖，0.33 mg/mL）如上所述处理。用 Agilent 1100 系列 HPLC 进行分析。色谱柱用 ZORBAX Eclipse XDB-C$_{18}$（250 mm×4.6 mm），温度 30℃，流动相为

0.1 mol/L 磷酸缓冲液（pH 6.7）和乙腈（83∶17, 体积比），流速 0.8 mL/min，紫外波长 245 nm。利用"中药色谱指纹图谱相似度评价系统（2004A 版）"对指纹图谱进行相似度评价。所测的赤芝（*G. lucidum*）子实体（11 个批次）和孢子粉（11 个批次）相似度均较高（图 7-4 和图 7-5），但多糖含量也和部位及产地有关。

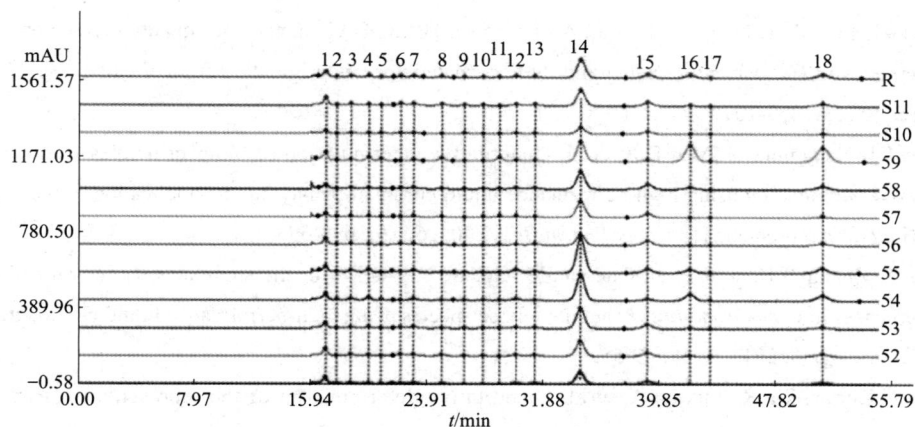

图7-4 11个批次赤芝（*G. lucidum*）子实体的指纹图谱[26]

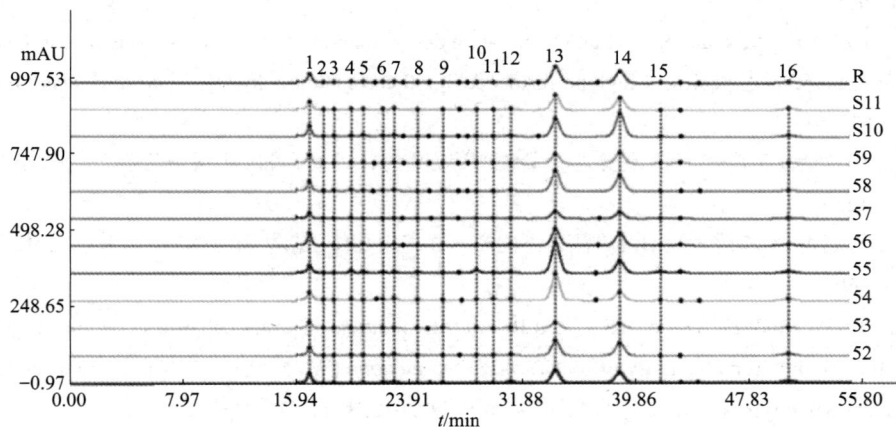

图7-5 11个批次赤芝（*G. lucidum*）孢子粉的指纹图谱[26]

（康洁 撰写，陈若芸 审校）

参考文献

[1] The united states pharmacopieial convention. USP38–NF33 [M]. Baltimore: United Book Press, 2014.

[2] 中国药典委员会. 中国药典（2025 年版）[M]. 北京：中国医药科技出版社，2025.

[3]　Gao J, Sato N, Hattori M, et al. The simultaneous quantification of *Ganoderma* acids and alcohols using ultra high-performance liquid chromatography-mass spectrometry in dynamic selected reaction monitoring mode [J]. *J Pharm Biomed Anal*, 2013, 74: 246-249.

[4]　Zhao J, Zhang X Q, Li S P, et al. Quality evaluation of *Ganoderma* through simultaneous determination of nine triterpenes and sterols using pressurized liquid extraction and high performance liquid chromatography [J]. *J Sep Sci*, 2006, 29 (17): 2609-2615.

[5]　Ha D T, Loan L T, Hung T M, et al. An improved HPLC-DAD method for quantitative comparisons of triterpenes in *Ganoderma lucidum* and its five related species originating from Vietnam [J]. *Molecules*, 2015, 20 (1): 1059-1077.

[6]　Gao J J, Nakamura N, Min B S, et al. Quantitative determination of bitter principles in specimens of *Ganoderma lucidum* using high-performance liquid chromatography and its application to the evaluation of *Ganoderma* products [J]. *Chem Pharm Bull*, 2004, 52 (6): 688-695.

[7]　Liu W, Zhang J, Han W, et al. One single standard substance for the simultaneous determination of 17 triterpenses in *Ganoderma lingzhi* and its related species using high-performance liquid chromagraphy [J]. *J Chromatogr B*, 2017, 1068: 49-55.

[8]　Liu J, Kurashikia K, Fukuta A, et al. Quantitative determination of the representative triterpenoids in the extracts of *Ganoderma lucidum* with different growth stages using high-performance liquid chromatography for evaluation of their 5α-reductase inhibitory properties [J]. *Food Chem*, 2012, 133 (3): 1034-1038.

[9]　Wang X M, Yang M, Guan S H, et al. Quantitative determination of six major triterpenoids in *Ganoderma lucidum* and related species by high performance liquid chromatography [J]. *J Pharm Biomed Anal*, 2006, 41(3): 838-844.

[10]　李保明, 刘超, 王洪庆, 等. 灵芝总三萜酸含量测定方法的研究 [J]. 中国中药杂志, 2007, 32（12）: 1234-1236.

[11]　李保明, 古海锋, 李晔, 等. HPLC 测定不同产地灵芝中 9 种三萜酸 [J]. 中国中药杂志, 2012, 37（23）: 3599-3603.

[12]　Skalicka-Wozniak K, Szypowski J, Los R, et al. Evaluation of polysaccharides content in fruit bodies and their antimicrobial activity of four *Ganoderma lucidum* (W Curt.: Fr.) P. Karst. strains cultivated on different wood type substrates [J]. *Acta Soc Bot Pol*, 2012, 81 (1): 17-21.

[13]　赵阳楠, 常继东. 苯酚硫酸法和间接碘量法测定灵芝多糖含量比较 [J]. 食用菌, 2007,（3）: 58-61.

[14]　Ma Y, He H, Wu J, et al. Assessment of polysaccharides from mycelia of genus Ganoderma by mid-infrared and near-infrared spectroscopy [J]. *Sci Rep*, 2018, 8 (1):10.

[15]　Chen Y, Xie M, Zhang H, et al. Quantification of total polysaccharides and triterpenoids in *Ganoderma lucidum* and *Ganoderma atrum* by near infrared spectroscopy and chemometrics [J]. *Food Chem*, 2012, 135 (1): 268-275.

[16]　Gao J L, Leung K S Y, Wang Y T, et al. Qualitative and quantitative analyses of nucleosides and nucleobases in *Ganoderma* spp. by HPLC-DAD-MS [J]. *J Pharm Biomed Anal*, 2007, 44 (3): 807-811.

[17]　Chen Y, Bicker W, Wu J Y, et al. Simultaneous determination of 16 nucleosides and nucleobases by hydrophilic interaction chromatography and its application to the quality evaluation of *Ganoderma* [J]. *J*

262

Agric Food Chem, 2012, 60 (17) 4243-4252.

[18] 杨丰庆，张雪梅，葛莉亚，等 . 毛细管电泳质谱联用法测定灵芝药材中核苷类成分 [J]. 中国医科大学学报，2011，42（4）：337-341.

[19] 张翠，赵艳敏，白淑芳，等 . HPLC 法测定不同品种蘑菇中麦角硫因的含量 [J]. 食品工业科技，2013，34（23）：307-310.

[20] 李虹奇，于德泉 . 赤芝孢子粉化学成分研究 [J]. 中草药，1993，24（10）：516.

[21] 付佳，胡燕燕，周俊甫，等 . 灵芝孢子粉和灵芝子实体中麦角硫因的含量测定 [J]. 食药用菌，2021，29（6）：532-534.

[22] 李保明，刘超，王洪庆，等 . 赤芝中三萜酸 HPLC 特征图谱的研究 [J]. 药物分析杂志，2009，29（9）：1514-1517.

[23] 丁平，邱金英，梁英娇，等 . 灵芝三萜类化学成分指纹图谱研究 [J]. 中国中药杂志，2009，34（18）：2356-2359.

[24] 郭隆钢，金红宇，张奕尧，等 . 灵芝和紫芝对照提取物在灵芝样品指纹图谱分析的应用 [J]. 中国药学杂志，2020，55（5）：349-356.

[25] 许晓燕，余梦瑶，罗霞 . HPLC 分析灵芝指纹图谱及体外抗肿瘤活性的谱效关系 [J]. 中国测试，2020，46（10）：23-27.

[26] Suna X, Wanga H, Hanb X, et al. Fingerprint analysis of polysaccharides from different *Ganoderma* by HPLC combined with chemometrics methods [J]. *Carbohydr Polym*, 2014, 114: 432-439.

第八章

灵芝孢子粉

第一节　灵芝孢子粉采集、破壁及提取

一、灵芝孢子粉的采集

灵芝孢子是灵芝发育后期弹射释放出的担孢子，是灵芝的生殖细胞。目前主要采用套筒收集、风机吸附收集、地膜覆盖收集和封闭培养架收集4种采收方法（图8-1～图8-4）。

图8-1　套筒收集

图8-2　风机吸附收集

图8-3　地膜覆盖收集

(a) 外观

(b) 内部

图8-4　封闭培养架收集

2001年采用扎袋套筒技术收集灵芝孢子粉在浙江龙泉试验成功。扎袋套筒技术采用白色纸板逐个套住灵芝，为野外栽培的灵芝弹射孢子建立了独立、稳固的封闭空间，使弹射的孢子不能外扬，全部回收而大幅度提高了产量，且不能混入外界杂质，孢子粉质量得到了保证。自此，我国产孢用灵芝产业化栽培进入快速发展时期[1]。近些年除套筒收集技术之外，逐渐发展出风机吸附收集、地膜覆盖收集和封闭培养架收集等主要收集方法[2]，这3种收集方法各有优劣，具体见表8-1，各地根据当地的气候环境选择合适的收集方法。

表 8-1　风机吸附、地膜覆盖、封闭培养架收集灵芝孢子粉优缺点

收集方式	优点	缺点
风机吸附	灵芝孢子粉水分含量低，节约人工	会吸附少量草根、昆虫等异物，能耗高
地膜覆盖	灵芝孢子粉异物可控，收集程度高	水分含量高，人工成本高，收集后需要晾晒
封闭培养架	保证灵芝孢子纯度，适用于室内层架式灵芝代料栽培，可在工厂化栽培应用，工作效率高	林下等室外环境灵芝种植不便使用

收集后的灵芝孢子粉需要进行适当的除杂（如风选、过筛等）后方可使用。

二、灵芝孢子粉的破壁

灵芝孢子有一层极难被人体消化的由几丁质构成的外壁，未破壁的孢子粉的有效成分人体利用率低，只有打开这层外壁，有效成分才能充分释放被人体吸收利用。目前国内外的破壁技术工艺多种多样，按破壁原理来分，大致分为机械法、物理法、化学法、生物法、组合法等。机械法可分为研磨式超微粉碎破壁法、气流式超微粉碎破壁法、挤压膨化破壁法等，物理法可分为超声波破壁法、微波破壁法、超低温液氮脆化破壁法、真空压差膨化破壁法等，生物法可分为酶解破壁法、萌发破壁法、微生物破壁法。在工业化生产中，以机械法、物理法或机械和物理组合法为主，也有企业采用生物法破壁。电镜未破壁和破壁的灵芝孢子见图 8-5 和图 8-6。

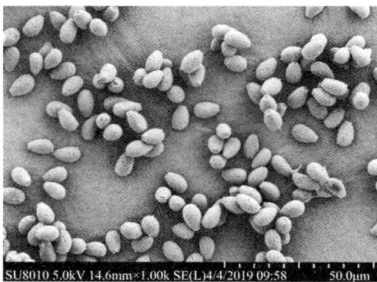

图8-5　电镜下的未破壁灵芝孢子

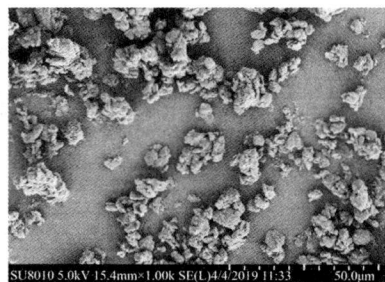

图8-6　电镜下的破壁灵芝孢子

三、灵芝孢子粉的提取

灵芝孢子粉可以以水、有机试剂、二氧化碳等为介质进行提取。灵芝孢子粉的水提取物主要以多糖等水溶性成分为主。提取的基本技术工艺包括：提取、浓缩、干燥、粉碎。以二氧化碳为介质的提取需通过高压设备将二氧化碳制备成液态或超临界状态添加或不添加夹带剂进行提取，提取物主要是油脂类及能溶解在油脂中的

化学成分。工业生产中主要是以水、二氧化碳为介质进行提取，以有机试剂为介质的提取一般在化学研究中使用。市场上的灵芝孢子油基本上都是以二氧化碳为介质进行超临界萃取得到的，该技术应用较为广泛。灵芝孢子粉的水提取物在保健品生产中也有少量应用，如在国家市场监督管理总局政务服务平台查询到的寿仙谷牌破壁灵芝孢子粉片（国食健注 G20160355）、寿仙谷牌破壁灵芝孢子粉颗粒（国食健注 G20160374）都是以破壁灵芝孢子粉为原料经提取、浓缩、微波干燥、粉碎等工艺制成的。2020 年 3 月 24 日中国食用菌协会已发布《灵芝孢子粉水提取物》团体标准。

第二节 灵芝孢子粉中的化合物

灵芝孢子粉含有三萜类、多糖类、氨基酸多肽类、甾醇类、生物碱类、脂肪酸类、维生素类、无机离子等化学成分。佘新松等[3]基于 GC-MS 和 UPLC-QTOF/MS 技术对灵芝孢子粉化学成分进行了分析。GC-MS 鉴定出 101 种化合物，其中酸类 10 种、脂类 40 种、醇类 7 种、酮类 6 种、酚类 2 种、烃类 18 种、甾类 9 种和杂原子化合物 9 种；UPLC-Q-TOF/MS 共推断出 40 种化合物，其中倍半萜类 1 种、二萜类 1 种、三萜类 9 种、生物碱类 4 种、酰胺类 7 种、有机酸类 9 种以及其他化合物 9 种。

一、三萜及甾类

灵芝孢子粉中三萜类成分包括灵芝酸 A、灵芝酸 C6、灵芝酸 F、灵芝酸 H、灵芝酸 E 等。灵芝孢子中还含有赤芝孢子酸 A、赤芝酸 A、灵芝酸 B、灵芝酸 C[4]、赤芝孢子酸内酯 A 和 B[5]。但是这些三萜类化合物含量很少，杨志空等[6]通过 5 组样品的分析发现孢子粉的三萜含量为 14.24～99.70 μg/g，仅为子实体的 1/100。灵芝孢子粉中三萜类化合物结构见图 8-7。

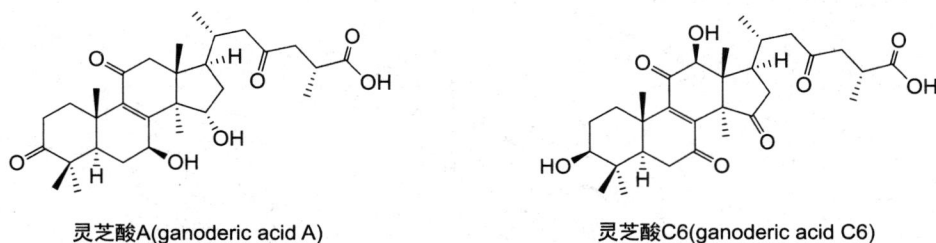

灵芝酸A(ganoderic acid A)　　　　灵芝酸C6(ganoderic acid C6)

图8-7

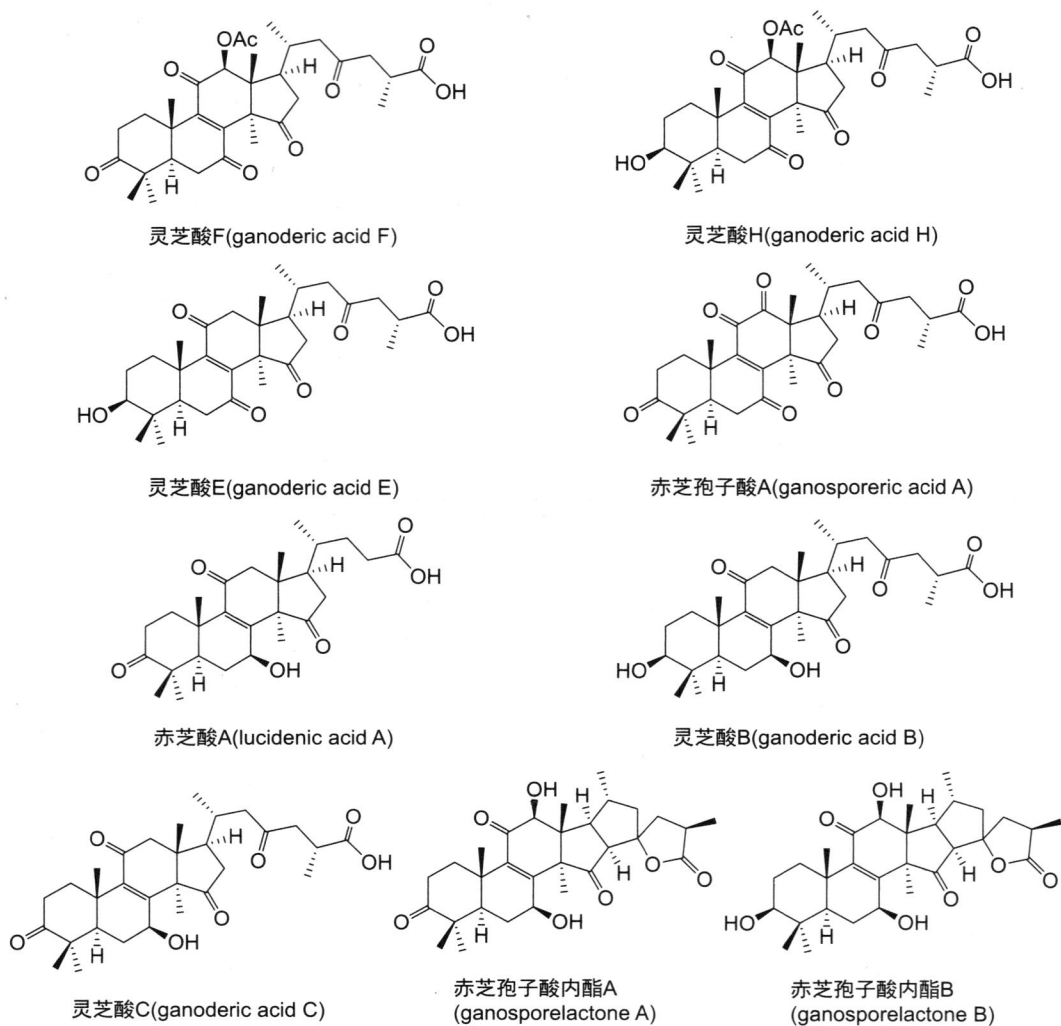

图8-7 灵芝孢子粉中的三萜类化合物结构

灵芝孢子粉中甾类化合物包括麦角甾-7,22-二烯-3β,5α,6β-三醇、麦角甾-7,22-二烯-3β,5α,6α-三醇、麦角甾-7,9,22-三烯-3β,5α,6α-三醇、麦角甾醇棕榈酸酯、麦角甾-4,6,8(14),22-四烯-(3)酮、麦角甾醇[7]、麦角甾-5,8,22-三烯-3β-醇、7,22-麦角二烯醇、7-麦角甾烯醇、7,22-麦角甾二烯酮、5,6-二氢麦角甾醇、3,5-环-6,8(14),22-麦角三烯、新麦角甾醇、胆固醇等[3]，见图 8-8。

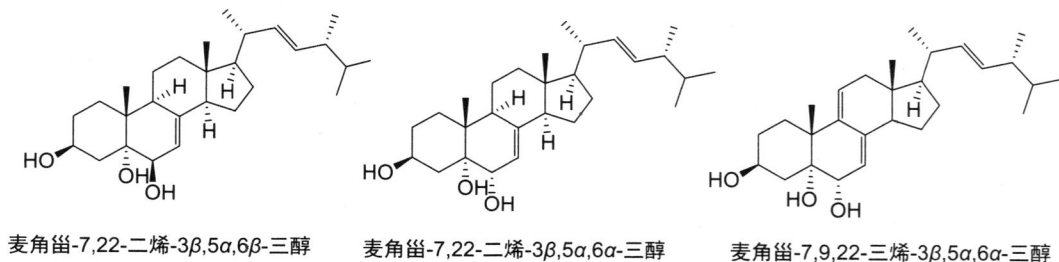

麦角甾-7,22-二烯-3β,5α,6β-三醇 麦角甾-7,22-二烯-3β,5α,6α-三醇 麦角甾-7,9,22-三烯-3β,5α,6α-三醇

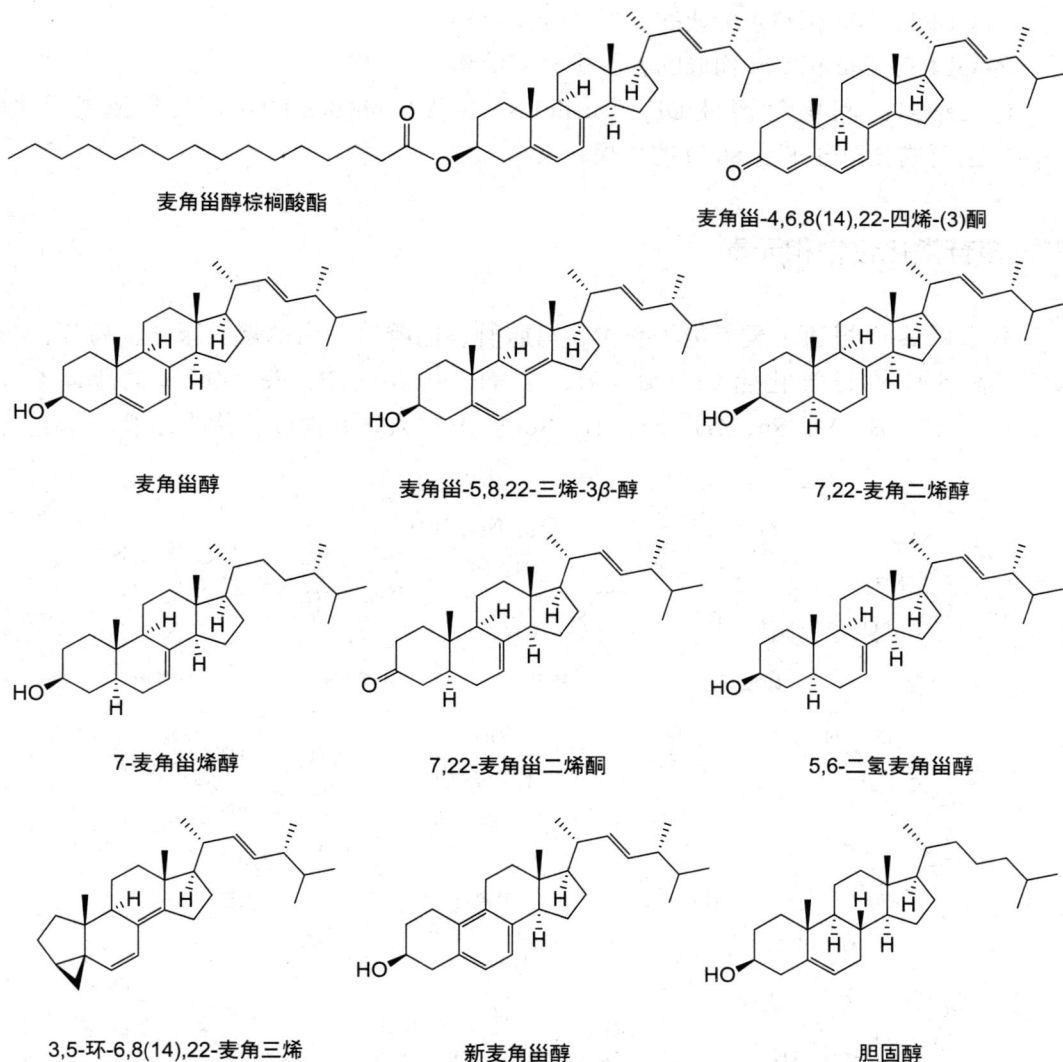

麦角甾醇棕榈酸酯

麦角甾-4,6,8(14),22-四烯-(3)酮

麦角甾醇

麦角甾-5,8,22-三烯-3β-醇

7,22-麦角二烯醇

7-麦角甾烯醇

7,22-麦角甾二烯酮

5,6-二氢麦角甾醇

3,5-环-6,8(14),22-麦角三烯

新麦角甾醇

胆固醇

图8-8　灵芝孢子粉中的甾醇类化合物结构

二、多糖

灵芝孢子粉多糖主要是由鼠李糖、阿拉伯糖、甘露糖、葡萄糖和半乳糖组成的杂多糖。

周亚杰等[8]归纳了灵芝孢子粉多糖研究进展，已发现 7 种 GLSP 的结构：

① SGL-IL-2，分子量为 5.37×10^4。

② SGL-Ⅲ，分子量为 1.41×10^4。

③ 碱提粗多糖 LB-NB。

④ GLP1，水溶性多糖经酶法与 Sevag 法联合脱蛋白，经 Sepharose CL-6B 柱色谱截取纯化得到的主要成分。

⑤ GLP2、Glc 和 Gal 构成的 β 型少分支结构。

⑥ GLP3、Glc 和 Gal 构成的 β 型少分支结构。

⑦ Lzps-1，利用色谱柱 DEAE-cellulose 以及 Sephadex G50 分离得到总多糖 Lzps，主要成分为分子量 8000 的葡聚糖 Lzps-1。

三、核苷类化合物和元素

包县峰等 [9] 报道了灵芝孢子粉中含有腺苷、腺嘌呤、虫草素、尿苷、鸟苷、鸟嘌呤等 15 种核苷类化合物（图 8-9），含有 Ca、Mg、P、Fe、Zn、Cu、Ni、Co、Cr、Mo、Li、B、V、Sn、Ga、Sr、Ti、Se 等 19 种人体必需或有益的元素。

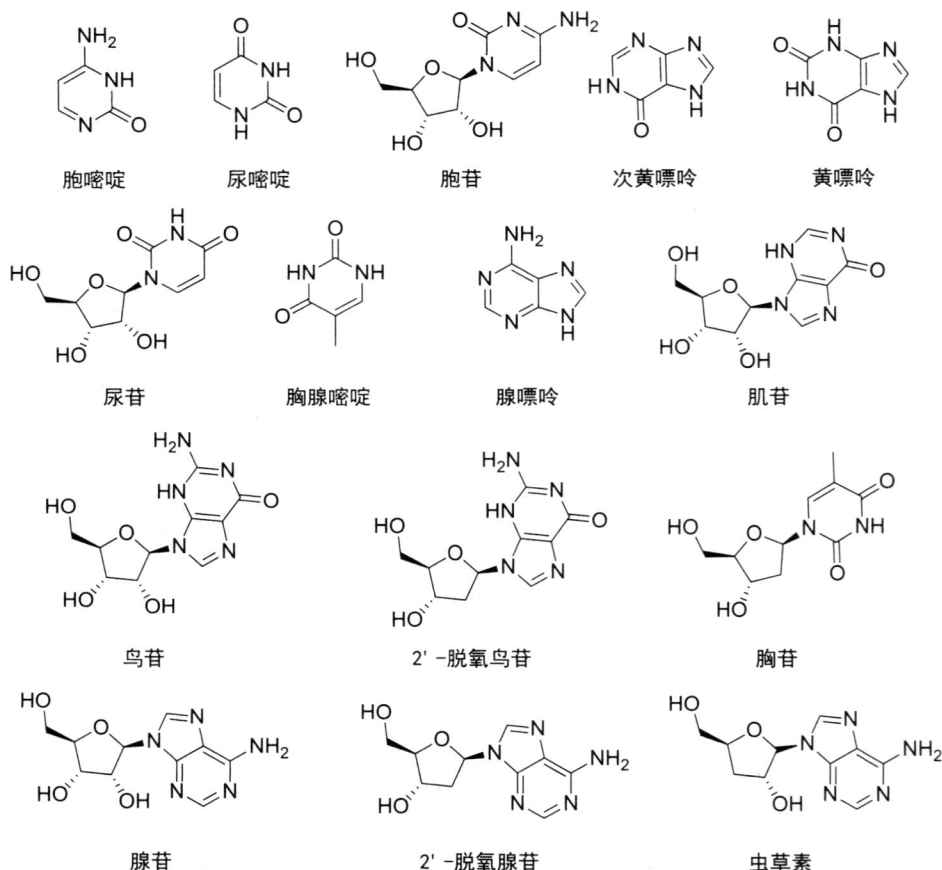

| 胞嘧啶 | 尿嘧啶 | 胞苷 | 次黄嘌呤 | 黄嘌呤 |

| 尿苷 | 胸腺嘧啶 | 腺嘌呤 | 肌苷 |

| 鸟苷 | 2′-脱氧鸟苷 | 胸苷 |

| 腺苷 | 2′-脱氧腺苷 | 虫草素 |

图8-9　灵芝孢子粉中的核苷类化合物结构

王金艳等 [10] 对黄山、大别山、奉化、龙泉 4 个产区灵芝孢子粉中的胞嘧啶、尿嘧啶、胞苷、次黄嘌呤、黄嘌呤、尿苷、胸腺嘧啶、腺嘌呤、肌苷、鸟苷、2′- 脱氧鸟苷、胸苷、腺苷、2′- 脱氧腺苷、虫草素 15 种核苷类进行了成分分析。研究发现核苷类成分的组成和含量具有显著差异，各待测样品中均含有胞嘧啶、尿苷、腺嘌呤、鸟苷、腺苷等成分，其中尿苷、鸟苷、腺苷 3 种核苷的含量占总量的比例在待测样品中均达到 70% 以上，为灵芝孢子粉中的主要核苷类成分。

四、油脂类等脂溶性成分

破壁灵芝孢子粉中脂溶性成分含量为 301.49～397.37 mg/g，不同来源灵芝孢子粉中脂溶性成分含量有差异，但不同来源孢子粉指纹图谱相似度均大于 0.90。脂溶性成分包括麦角甾醇、三亚油酸甘油酯、1,2- 二亚油酸 -3- 油酸甘油酯、1,2- 二亚油酸 -3- 棕榈酸甘油酯、1,2- 二油酸 -3- 亚油酸甘油酯、甘油三油酸酯、1,2- 二油酸 -3- 棕榈酸甘油酯、1,2- 二油酸 -3- 硬脂酸甘油酯等[11]。

五、麦角硫因

付佳等[12]检测灵芝孢子粉和灵芝子实体的麦角硫因的含量，结果显示 9 个灵芝孢子粉样品的麦角硫因含量在 0.2‰～0.5‰，3 个样品的含量在 0.04‰～0.08‰，所测灵芝子实体均不含有麦角硫因。

第三节　灵芝孢子粉的生物活性

灵芝孢子粉中的活性物质含量丰富，不同的活性物质成分有不同的功能效果，主要为抗炎、免疫调节、抗癌防癌、保护神经、保肝护肝、抗氧化、催眠镇静、调节肠道功能等。

一、抗炎和调节免疫

灵芝孢子粉的抗炎作用主要是通过细胞因子的聚趋反应、体液免疫介导、细胞免疫清除外来物质，完成对自身的保护。有研究[13]采用 M2 型巨噬细胞小鼠模型，以 IL-4 刺激巨噬细胞的极化作用，发现灵芝孢子粉能够通过 JAK1/STAT6 信号抑制 M2 巨噬细胞极化，缓解抗原抗体中和反应。因此，灵芝孢子粉有消炎利肿的效果，可以有效地缓解局部感染导致的红肿热痛。该研究在进一步的微环境测试中发现，这种消除炎症反应的药理作用同样适用于 M2 型巨噬细胞带来的炎性肿瘤的抑制，揭示了治疗炎性肿瘤的一种新方法。

另外，黄薇等[14]研究了破壁灵芝孢子粉调控 NLRP3 炎症体介导的细胞焦亡对阿尔茨海默病大鼠学习记忆能力的影响，发现破壁灵芝孢子粉可能是通过调控 NLRP3 炎症体的激活介导细胞焦亡，降低相关炎症因子的表达，抑制 tau 蛋白过度磷酸化，发挥神经保护作用的。这些都表明灵芝孢子粉的抗炎特性。

但是，更多的研究[15]揭示了灵芝孢子粉的免疫增强功能，而不是缓和炎症反应。灵芝孢子粉通过促进淋巴细胞的增殖、促进自然杀伤细胞的活化、增强巨噬细胞吞噬能力等来放大免疫效应，抵御外来物质的侵袭，这往往会激活炎症反应，产生明显的红肿热痛等局部效应以及瘢痕增生等。更有甚者，灵芝孢子粉能调控程序性细胞死亡蛋白 1（PD-1）的表达，PD-1 和程序性死亡配体 1（PD-L1）的相互作用可以抑制 T 细胞增殖，抑制 T 细胞炎症活动，并预防自身免疫性疾病。

灵芝孢子粉能提高细胞免疫和体液免疫两个方面的功能，促进白细胞增殖，提高免疫球蛋白的含量，诱导干扰素的生成，激活自然杀伤细胞和巨噬细胞的活性，增强免疫器官胸腺、脾脏、肝脏的重量，从而增强机体对各种疾病的抵抗能力。

唐庆九等[16]研究灵芝孢子粉碱（NaOH）提多糖对小鼠巨噬细胞的免疫调节作用时发现，经灵芝孢子粉碱提多糖刺激后，小鼠巨噬细胞变大，颜色加深。且灵芝孢子粉能显著刺激巨噬细胞分泌 TNF-α 和 IL-1β，并产生大量的 NO。小鼠巨噬细胞对乳胶颗粒的吞噬功能也明显增强。

冯鹏等[17]研究灵芝孢子多糖对荷瘤小鼠的免疫调节作用时发现，灵芝孢子多糖明显提高 EC 荷瘤小鼠的血清半数溶血值，并显著提高荷瘤小鼠的碳廓清指数 K 及吞噬系数值。灵芝孢子多糖对 S-180 肉瘤荷瘤小鼠外周血杀伤性 T 淋巴细胞亚群和辅助性 T 淋巴细胞亚群有一定的增强作用，还可增强 NK 细胞的杀伤活性。

张荣标等[18]以 0.125 g/kg、0.25 g/kg、0.75 g/kg 剂量的破壁灵芝孢子粉经口给予小鼠，连续 30 d 后，测定刀豆蛋白 A（ConA）诱导的小鼠脾淋巴细胞转化功能、迟发型变态反应（DTH）、小鼠抗体生成细胞和溶血素水平、小鼠碳廓清能力、腹腔巨噬细胞吞噬鸡红细胞能力以及 NK 细胞活性。结果发现，中、高剂量的破壁灵芝孢子粉能增强 ConA 诱导的小鼠脾淋巴细胞的增殖能力，并提高血清溶血素水平（表 8-2、表 8-3）；中剂量的破壁灵芝孢子粉能促进二硝基氯苯（DNBF）诱导的小鼠迟发型变态反应，抗体生成细胞的生成，并增强碳廓清能力。

表 8-2　ConA 诱导的小鼠脾淋巴细胞转化试验及 DTH 测定结果[18]

剂量 /（g/kg）	淋巴细胞增殖能力（OD 差值）（$\bar{x} \pm s$）	t 值	p 值	左右耳肿胀差（$\bar{x} \pm s$）/mg	t 值	p 值
0.00	0.029 ± 0.009	—	—	21.9 ± 1.1	—	—
0.125	0.025 ± 0.005	1.06	>0.05	21.1 ± 1.0	1.21	>0.05
0.25	0.040 ± 0.010	-2.58	>0.05	23.8 ± 1.9	-2.88	<0.01
0.75	0.038 ± 0.011	-2.14	<0.05	23.1 ± 1.7	-1.82	>0.05

注：OD差值即光密度差值。

表 8-3　血清溶血素试验及抗体生成细胞检测试验结果 [18]

剂量 / (g/kg)	抗体积数（$\bar{x} \pm s$）	t 值	p 值	溶血空斑数 （$\bar{x} \pm s$）（个 / 全脾）	t 值	p 值
0.00	49.6±6.3	—	—	3.20±0.48	—	—
0.125	53.4±10.4	-0.69	>0.05	3.39±0.73	-0.72	>0.05
0.25	70.0±17.6	-3.73	<0.01	4.13±0.61	-3.50	<0.01
0.75	68.3±11.9	-3.41	<0.01	3.65±0.53	-1.69	>0.01

张丽霞等 [19] 通过研究灵芝多糖的提取纯化及其免疫活性，证明了灵芝孢子粉中的多糖能够刺激小鼠 T 淋巴细胞增殖，并呈现剂量依赖关系。当质量浓度达到 100 μg/mL 时，能显著增强腹腔巨噬细胞的吞噬能力，提高其分泌 iNOS 的活力和 NO 的生成量；当质量浓度 ≥ 200 μg/mL 时，能显著促进腹腔巨噬细胞分泌 TNF-α 的能力，具有剂量依赖性。

吴晓刚等 [20] 研究了灵芝孢子粉对小鼠 NK 细胞活性的影响。该研究采用阴性对照组和 0.03 g/kg、0.30 g/kg、0.90 g/kg 3 个试验剂量组，灵芝孢子粉以植物油稀释，阴性对照组选用植物油为受试物。各组试验小鼠灌胃量均为 0.2 mL/10 g，以灌胃方式喂养小鼠 30 d，分别测定小鼠体重变化、脏器系数，采用乳酸脱氢酶（LDH）测定法对 NK 细胞活性进行检测。结果发现较高剂量的灵芝孢子粉能增强小鼠 NK 细胞活性，说明灵芝孢子粉具有一定的提高免疫功能的作用，但对小鼠的体重和脏器系数无明显影响。

李立等 [21] 经口给予小鼠不同剂量（0.33 g/kg、0.67 g/kg、2.00 g/kg）的破壁灵芝孢子粉，连续 30 d 后，进行了刀豆蛋白 A 诱导的小鼠脾淋巴细胞增殖实验、足趾增厚实验、抗体生成细胞实验、半数溶血值实验、碳廓清实验、腹腔巨噬细胞吞噬鸡红细胞实验和 NK 活性测定。结果显示高剂量组的破壁灵芝孢子粉可使小鼠足趾肿胀度增加（表 8-4），促进抗体生成和增强 NK 细胞活性。中剂量和高剂量组的破壁灵芝孢子粉可促进血清凝血素的生成（表 8-5），促进小鼠腹腔巨噬细胞吞噬鸡红细胞的能力（表 8-6）。3 个剂量组的破壁灵芝孢子粉均可增强小鼠脾淋巴细胞增殖能力。

表 8-4　破壁灵芝孢子粉对小鼠细胞免疫功能的影响 [21]

组别	动物数 / 只	足趾肿胀度 /mm	脾淋巴细胞增殖能力
溶剂对照组	12	0.32±0.24	0.859±0.242
低剂量组	12	0.41±0.18	1.115±0.271 ①
中剂量组	12	0.47±0.12	1.338±0.308 ①
高剂量组	12	0.56±0.30 ①	1.273±0.145 ①

① 与溶剂对照组比较，$p < 0.05$。

表 8-5　破壁灵芝孢子粉对小鼠体液免疫功能的影响 [21]

组别	动物数 / 只	溶血空斑数	半数溶血值
溶剂对照组	12	87±28	291.9±46.4
低剂量组	12	101±16	313.8±57.1

续表

组别	动物数 / 只	溶血空斑数	半数溶血值
中剂量组	12	107±34	336.9±74.8[①]
高剂量组	12	132±52[①]	359.0±29.2[①]

①与溶剂对照组比较，$p < 0.05$。

表 8-6　破壁灵芝孢子粉对小鼠非特异性免疫功能的影响 [21]

组别	动物数 / 只	碳廓清能力（吞噬指数）	小鼠腹腔巨噬细胞吞噬鸡红细胞		NK 细胞活性
			吞噬率 /%	吞噬指数	
溶剂对照组	12	7.94±0.85	31.8±10.3	0.44±0.14	26.1±10.7
低剂量组	12	7.79±1.42	34.9±12.9	0.46±0.14	35.3±5.9
中剂量组	12	8.28±0.92	42.6±10.3[①]	0.58±0.13[①]	40.2±21.1
高剂量组	12	8.28±0.92	44.3±12.7[①]	0.58±0.12[①]	40.0±9.7[①]

①与溶剂对照组比较，$p < 0.05$。

二、抑制肿瘤

灵芝孢子粉可诱导肿瘤细胞凋亡，对肿瘤细胞有明显抑制作用，用于配合恶性肿瘤患者的放疗、化疗，可增强药物作用、减轻副作用。许多专家学者都对灵芝孢子粉的抑制肿瘤作用途径进行了研究。巨噬细胞或者淋巴细胞能够分泌肿瘤坏死因子 TNF-α，TNF-α 不仅参与了炎症反应的聚趋效应，还抑制了细胞的过度增生，在肿瘤发生的早期阶段发挥着重要作用，具有抗肿瘤作用的免疫分子机制。

王昕妍等 [22] 比较了未破壁灵芝孢子粉、破壁灵芝孢子粉对 Lewis 肺癌荷瘤小鼠肿瘤生长及血管内皮生长因子（VEGF）表达的影响。该研究采用 C57BL/6 小鼠左前肢腋下皮下接种建立 Lewis 肺癌荷瘤小鼠模型，未破壁灵芝孢子粉、破壁灵芝孢子粉各设 3 g/kg、2 g/kg、1 g/kg 3 个剂量组，连续灌胃给药 18 d。结果发现破壁灵芝孢子粉（3 g/kg、2 g/kg）在提高荷瘤小鼠体重、脾指数、抑制肿瘤生长方面的效果优于未破壁灵芝孢子粉；破壁灵芝孢子粉能诱导肿瘤细胞凋亡，降低 VEGF 蛋白表达。

柴秀丽等 [23] 研究了破壁灵芝孢子粉（GLS）对肝癌 SMMC-7721 细胞裸鼠皮下成瘤模型的作用及其机制。该研究构建了人肝癌裸鼠皮下成瘤模型，将裸鼠随机分为模型组、GLS 低剂量组（0.5 g/kg）、中剂量组（1.0 g/kg）、高剂量组（2.0 g/kg）。给药 30 d 后取血检查血清 ALT、AST、尿素（urea）、肌酐（cr），取瘤体进行苏木精-伊红（HE）染色，观察病理改变，检测各组瘤体增殖细胞核抗原（PCNA）、甲胎蛋白（AFP）mRNA、CD34 的表达。综合得出结论：破壁灵芝孢子粉能够抑制裸鼠肝癌 SMMC-7721 细胞皮下瘤体生长，其机制可能与抑制肿瘤血管生成有关。

王顺官等 [24] 研究了灵芝孢子粉提取物对裸鼠移植性人肝癌血管生成的影响，建立了裸鼠移植性人肝肿瘤模型，将裸鼠分为空白对照组、5-氟尿嘧啶组及灵芝孢子粉提取物组，每组小鼠数 n=10，观察裸鼠肿瘤生长，检测裸鼠肿瘤组织中血管内皮生长因子（VEGF）和微血管密度（MVD）。结果发现灵芝孢子粉剂量为 2.1 g/kg，喂养 21 d 时，对裸鼠移植瘤的抑制率为 57.0%。高浓度及大剂量的灵芝孢子粉对肝肿瘤有明显的抑制作用（表 8-7、表 8-8），并能抑制肿瘤新生血管生成，其机制可能与 VEGF 表达的抑制有关。

表 8-7　灵芝孢子粉对裸鼠移植性人肝肿瘤的抑制作用 [24]

组别	剂量	给药方式	瘤重（$\bar{x} \pm s$）/g	抑制率 /%
空白对照组	100 mg/kg	腹腔注射	1.31±0.42	—
阳性对照组	0.02 g/kg	腹腔注射	0.46±0.13①	65.1
灵芝孢子粉组	2.1 g/kg	灌胃	0.56±0.20①	57.0

①与空白组比较，$p<0.01$。

注：1. 空白对照组喂生理盐水，阳性对照喂5-氟尿嘧啶。

2. 每组小鼠数n=10。

表 8-8　灵芝孢子粉对裸鼠移植性人肝肿瘤生长的影响（$\bar{x} \pm s$） [24]

组别	肿瘤体积 /cm³			
	第 1 周	第 2 周	第 3 周	第 4 周
空白对照组	0.025±0.012	0.127±0.077	0.426±0.357	0.897±0.345
阳性对照组	0.023±0.012	0.081±0.030	0.231±0.122	0.413±0.228①
灵芝孢子粉组	0.024±0.010	0.0163±0.121	0.312±0.161	0.420±0.179①

①与空白组比较，$p<0.05$。

注：1. 空白对照组喂生理盐水，阳性对照喂5-氟尿嘧啶。

2. 每组小鼠数n=10。

陈艳等 [25] 研究了灵芝孢子粉对非小细胞肺癌小鼠 CD44 和突变型 p53 蛋白表达的影响及抑瘤作用。将肺癌瘤株小鼠分为：①模型组，灌胃生理盐水 0.4 mL/（只·d）；②灵芝孢子粉小剂量组，灌胃灵芝孢子粉中药煎剂 0.4 mL/（只·d），浓度为 40%；③灵芝孢子粉大剂量组，灌胃灵芝孢子粉中药煎剂 0.4 mL/（只·d），浓度为 80%。各组给药均为 13 d。停药后处死小鼠，检测瘤重，计算灵芝孢子粉对肺癌的抑瘤率，并采用 Western blotting 法检测瘤组织 CD44 和突变型 p53 蛋白的表达。结果发现服用灵芝孢子粉的肺癌小鼠抑瘤率分别为 49.5% 和 40.2%，见表 8-9，CD44 和突变型 p53 蛋白表达显著低于模型对照组（$p<0.01$）。

表 8-9　灵芝孢子粉对肺癌的抑瘤效应 [25]

组别	n/ 只	瘤重（$\bar{x} \pm s$）/g	抑制率
模型对照组	10	2.58±0.31	—
孢子粉大剂量组（80%）	9	1.15±0.24①	49.5%
孢子粉小剂量组（40%）	9	1.41±0.17①	40.2%

①与模型对照组比较，$p<0.01$。

杨超等[26]研究了破壁灵芝孢子提取物对裸鼠卵巢上皮性癌细胞的生长抑制作用、增强化疗药物紫杉醇作用的机制。该研究以人卵巢癌移植瘤为研究对象,破壁灵芝孢子粉提取物为处理因素,应用实时荧光定量聚合酶链反应(PCR)方法检测实验组和对照组瘤体组织中 let-7 的表达情况。结果显示 let-7 在实验组瘤体组织中呈高表达,在对照组呈低表达,其中在灵芝+紫杉醇组表达最高。这说明灵芝孢子通过增强 let-7 的表达来诱导裸鼠卵巢上皮性癌细胞凋亡,抑制其增殖并增强化疗药物紫杉醇的作用。

谢明等[27]研究了破壁灵芝孢子粉对裸鼠移植性人乳腺癌的抑制作用。该研究建立了人乳腺癌 MCF-7 细胞裸鼠移植瘤模型,将裸鼠分为破壁灵芝孢子粉组(1.5 g/kg、3 g/kg、4.5 g/kg)、环磷酰胺模型组、生理盐水组,每组小鼠数 $n=6$。用药 4 周后观察破壁灵芝孢子粉对裸鼠移植瘤体积、瘤重的影响,并计算抑制率。结果发现破壁灵芝孢子粉具有抑制肿瘤细胞增殖、诱导细胞凋亡的作用,同时上调 MCF-7 细胞裸鼠移植瘤组织中乳腺癌转移抑制基因(TMSG-1)mRNA 的表达,发挥潜在的抗肿瘤细胞转移的作用。4.5 g/kg 剂量组可达到环磷酰胺组抑制率的82.1%,见表 8-10。

表 8-10　破壁灵芝孢子粉对裸鼠皮下移植瘤生长的抑制作用 $(\bar{x}\pm\sigma)$ [27]

组别	体重 /g	瘤重 /g	瘤体积 /mm³	抑瘤率 /%
生理盐水组	21.17±0.61	0.68±0.16	1.26±0.55	—
环磷酰胺模型组	17.68±1.28①	0.40±0.09②	0.39±0.09③	54.2
4.5 g/kg 组	20.98±1.12	0.44±0.07②	0.45±0.07③	44.5
3 g/kg 组	21.03±0.37	0.58±0.05②	0.58±0.02③	36.7
1.5 g/kg 组	21.19±1.33	0.65±0.04	0.77±0.07③	24.2

①与生理盐水组比较,$p<0.01$。

②与模型组比较,$p<0.05$。

③与模型组比较,$p<0.01$。

注:每组小鼠数 $n=6$。

李琳等[28]研究灵芝孢子粉对人肝癌细胞株 HepG2 细胞生长增殖和生长周期的影响时的四唑盐比色法(MTT)实验结果表明,高剂量的灵芝孢子粉对 HepG2 细胞具有直接的抑制作用,并呈剂量和时间依赖性。2500 μg/mL 的灵芝孢子粉作用于 HepG2 细胞 72 h 后,对细胞生长的抑制率最高可达 51.4%。流式细胞术实验结果表明,灵芝孢子粉浓度为 3 mg/mL 时,可使肿瘤细胞生长 G2 期减少,浓度为 6 mg/mL 时,可使 HepG2 细胞出现明显的凋亡峰。

江艳等[29]用水提取微波软化灵芝孢子粉总多糖,总多糖经分级沉淀得到多糖组分 Lzps-C,再采用 DEAE-cellulose 和 Sephadex G50 柱色谱进行分离纯化,用化学和光谱方法分析其结构。结果显示从微波软化灵芝孢子粉的水提物中分得一个多糖Lzps-1,其平均分子量为 8000,为葡聚糖。微波软化灵芝孢子粉的水提物得到的总多糖 Lzps 对小鼠 Lewis 肺癌、小鼠 S-180 肉瘤有较好的抑制作用，并能明显提高 Lewis 肺癌小鼠的 NK 活性。

刘春延[30] 等研究了灵芝孢子粉破壁工艺优化及其抗肿瘤作用，通过建立 S-180 荷瘤小鼠模型，对破壁灵芝孢子粉的抗肿瘤作用进行研究。抗肿瘤实验表明，破壁灵芝孢子（BGLS）对小鼠 S-180 肉瘤的抑制率为 43.37%～57.59%，灵芝孢子粉（GLS）对小鼠 S-180 肉瘤的抑制率为 24.66%～49.40%，详细见表 8-11，且肝体比和肺体比变化稳定，并可显著提高小鼠的胸腺指数和脾指数。

表 8-11　破壁灵芝孢子粉对 S-180 荷瘤小鼠肿瘤质量及抑瘤率的影响[30]

组别	剂量/（g/kg）	肿瘤质量（$\bar{x} \pm s$）/g	平均抑瘤率/%
模型对照组	0	1.10±0.08	—
GLS 低剂量组	0.5	0.83±0.05①	24.66
GLS 中剂量组	1	0.64±0.08②	41.73
GLS 高剂量组	2	0.56±0.04②	49.40
BGLS 低剂量组	0.5	0.62±0.04②	43.37
BGLS 中剂量组	1	0.47±0.02②	57.06
BGLS 高剂量组	2	0.46±0.03②	57.59
环磷酰胺组	0.075	0.36±0.05②	68.17

①与模型对照组比较，$p < 0.05$。
②与模型对照组比较，$p < 0.01$。
注：每组小鼠数 $n = 6$。

综上说明，灵芝孢子可通过刺激免疫细胞增强机体的免疫系统起到抑制肿瘤细胞的作用。

三、保肝护肝

灵芝孢子粉能够促进肝细胞再生，升高肝组织中 SOD 含量，降低 MDA 含量，保护肝脏、增强肝功能，对辅助治疗各种慢性肝炎、慢性中毒有确切疗效。

赵燕平等[31] 研究了破壁灵芝孢子粉对 ConA 诱导免疫性肝损伤模型小鼠血清 ALT、AST 水平及肝组织炎症程度的影响。正常组及模型组给予生理盐水 0.01 mL/g，低剂量组和高剂量组分别用破壁灵芝孢子粉 1.0 g/kg 及 2.0 g/kg 灌胃，共 4 周。检测各组小鼠血清 ALT、AST 水平及观察肝组织炎症程度。结果显示，低剂量组、高剂量组小鼠血清 ALT、AST 水平明显低于模型组，高剂量组小鼠血清 ALT、AST 水平及肝组织炎症程度明显低于低剂量组（表 8-12），低剂量组及高剂量组小鼠肝细胞变性、坏死及炎症细胞浸润程度比模型组明显减轻（表 8-13）。

表 8-12　各组小鼠血清 ALT、AST 水平比较 [31]

组别	鼠数 / 只	ALT 水平（$\bar{x} \pm s$）/(IU/L)	AST 水平（$\bar{x} \pm s$）/(IU/L)
正常组	10	67.45±23.46	86.45±28.76
模型组	12	201.78±62.47[①]	223.63±77.31[①]
高剂量组	10	92.76±33.78[②③]	101.76±34.56[②③]
低剂量组	11	129.62±44.65[②]	134.38±42.67[②]

①与正常组比较，$p < 0.05$。

②与模型组比较，$p < 0.05$。

③与低剂量组比较，$p < 0.05$。

表 8-13　各组小鼠肝组织炎症程度比较 [31]

组别	鼠数 / 只	肝细胞坏死				肝细胞变性				炎细胞浸润			
		−	+	++	+++	−	+	++	+++	−	+	++	+++
正常组	10	10	0	0	0	10	0	0	0	10	0	0	0
模型组	12	0	0	4	8[①]	0	0	3	9[①]	0	0	5	7[①]
高剂量组	10	1	6	3	0[②③]	3	6	1	0[②③]	0	4	6	0[②]
低剂量组	11	0	5	4	2[②]	2	3	6	0[②]	0	5	6	0[②]

①与正常组比较，$p < 0.05$。

②与模型组比较，$p < 0.05$。

③与低剂量组比较，$p < 0.05$。

　　胡宗苗等 [32] 同时采用灵芝孢子粉（0.5 g/kg、1 g/kg）、扶正化瘀胶囊（0.75 g/kg）对小鼠（雄性 C57 小鼠腹腔注射 CCl_4 构建肝纤维化模型）进行灌胃给药干预。生化检测血清 ALT 和 AST 以及肝组织的 SOD、MDA 含量，HE 染色法观察肝组织病理学变化，Western blotting 法检测基质金属蛋白酶 -9（MMP-9）的表达。结果显示，经灵芝孢子粉治疗后可显著降低小鼠血清 ALT 和 AST 水平（表 8-14），可升高肝组织中 SOD 含量，降低 MDA 含量（表 8-15）。组织病理学观察显示，灵芝孢子粉可使肝组织纤维化程度降低，且肝组织中 MMP-9 蛋白表达显著降低。

表 8-14　灵芝孢子粉对 CCl_4 诱导的肝纤维化小鼠血清 ALT、AST 的影响（$n=10$）[32]

组别	剂量 /（g/kg）	ALT 水平（$\bar{x} \pm s$）/（IU/L）	AST 水平（$\bar{x} \pm s$）/（IU/L）
空白组	—	43.12±1.66	98.33±1.28
模型组	—	132.22±3.12[①]	253.13±2.25[①]
扶正化瘀胶囊组	0.75	68.25±2.26[②]	124.12±2.43[②]
灵芝孢子粉低剂量组	0.5	102.14±2.13[②]	158.43±2.82[②]
灵芝孢子粉高剂量组	1	91.33±1.15[②]	135.12±2.63[②]

①与空白组比较，$p < 0.01$。

②与模型组比较，$p < 0.01$。

表8-15 灵芝孢子粉对 CCl_4 诱导的肝纤维化小鼠肝脏 SOD、MDA 的影响 （n=10）[32]

组别	剂量 / （g/kg）	SOD 水平（$\bar{x} \pm s$）/（IU/L）	MDA 水平（$\bar{x} \pm s$）/（IU/L）
空白组	—	36.12±3.19	18.33±1.22
模型组	—	8.66±0.46[①]	56.26±3.15[①]
扶正化瘀胶囊组	0.75	15.27±3.57[③]	24.26±3.29[③]
灵芝孢子粉低剂量组	0.5	24.65±3.28[②]	42.17±3.58[②]
灵芝孢子粉高剂量组	1	19.27±3.36[③]	35.26±3.38[③]

①与空白组比较，$p < 0.01$。
②与模型组比较，$p < 0.05$。
③与模型组比较，$p < 0.01$。

葛振丹等[33]将雄性 SD 大鼠 80 只分为正常对照（C 组）、单独染镉（Cd 组）和灵芝孢子粉 0.5 g/kg + $CdCl_2$（GCdL 组）、灵芝孢子粉 1.0 g/kg + $CdCl_2$（GCdH 组）。除 C 组外，所有大鼠隔天腹腔注射氯化镉（2 mg/kg）GCdL 和 GCdH 组大鼠每天灌胃灵芝孢子粉混悬液，C 组和 Cd 组大鼠灌胃等体积生理盐水。观察动物一般表现并定期称重，分别于 30 d、60 d、90 d 处死取肝组织，检测 90 d 肝组织中各亚细胞的细胞核、线粒体、微粒体、细胞质 Cd 含量，检测金属硫蛋白 1 （MT-1） mRNA、金属硫蛋白 2（MT-2）mRNA 基因表达。结果发现灵芝孢子粉对长期镉暴露大鼠肝组织有保护作用，其机制可能与调节 MT-l mRNA、MT-2 mRNA 基因表达水平有关。

四、抗疲劳、抗氧化

灵芝孢子粉可减缓尿素氮的累积和血糖水平的下降及提高免疫球蛋白的指标来提高机体运动耐力，延缓疲劳出现的时间，而且能提高机体抗氧化能力，同时能对肝脏起保护作用。

王换换等[34]观察了灵芝孢子粉对小鼠的抗疲劳作用并探讨了其生化机制。小白鼠被分为对照组和灵芝孢子粉（0.5 g/kg、0.3 g/kg、0.1 g/kg）实验组。结果显示各剂量组雌鼠血清中碱性磷酸酶（AKP）活性均低于对照组，各剂量组小鼠血清 LDH 活性显著或极显著升高（表8-16）。因此灌胃灵芝孢子粉可以延长小鼠游泳时间，提高小鼠抗疲劳能力（表8-17）。其生化特点表现在：一方面通过增加小鼠肝脏和肌肉中糖原的积累，提高了小鼠的能量储备；另一方面通过减缓尿素氮的累积和血糖水平的下降，使机体对负荷的适应性增强（表8-18）。

表8-16 灵芝孢子粉对小鼠血清中 LDH、AKP 酶活性的影响 （$\bar{x} \pm s$，n=10）[34]

剂量	雌性小鼠		雄性小鼠	
	AKP 活性 /（IU/L）	LDH 活性 /（IU/L）	AKP 活性 /（IU/L）	LDH 活性 /（IU/L）
0 mg/kg	129.00±7.00	1953.0±19.0	117.50±3.50	1751.00±120.0
100 mg/kg	108.00±4.00	2363.0±88.0[①]	100.00±4.00	2485.00±247.50[①]

续表

剂量	雌性小鼠		雄性小鼠	
	AKP 活性 /（IU/L）	LDH 活性 /（IU/L）	AKP 活性 /（IU/L）	LDH 活性 /（IU/L）
300 mg/kg	104.00±5.00	2464.0±54.0②	90.00±2.50	2717.00±70.0①
500 mg/kg	91.50±3.50①	3434.0±206.0②	83.00±3.00②	3173.0±126.0②

①与空白组比较，$p<0.05$。

②与空白组比较，$p<0.01$。

表 8-17　灵芝孢子粉对小鼠负重游泳时间的影响（$\bar{x}\pm s$，$n=10$）[34]

剂量	游泳时间 /min	
	雌性小鼠	雄性小鼠
0 mg/kg	5.53±1.44	10.65±1.26
100 mg/kg	11.37±2.81	11.70±1.55
300 mg/kg	10.52±1.18	17.40±2.07
500 mg/kg	16.90±5.98①	20.61±3.31②

①与空白组比较，$p<0.05$。

②与空白组比较，$p<0.01$。

表 8-18　灵芝孢子粉对小鼠血糖和尿素氮含量的影响（$\bar{x}\pm s$，$n=10$）[34]

剂量	雌性小鼠		雄性小鼠	
	血糖浓度 /（mmol/L）	尿素氮浓度 /（mmol/L）	血糖浓度 /（mmol/L）	尿素氮浓度 /（mmol/L）
0 mg/kg	1.43±0.03	9.50±1.10	1.78±0.04	9.55±0.05
100 mg/kg	2.67±0.06	9.80±2.40	2.05±0.13	9.05±0.55
300 mg/kg	2.79±0.15	8.90±0.20	2.13±0.19	8.55±0.15
500 mg/kg	2.94±0.11①	9.05±0.55	2.75±0.07①	9.50±0.10

①与空白组比较，$p<0.05$。

　　孟凡钧[35]通过研究灵芝孢子粉对强化耐力运动免疫功能的影响发现：试验组运动员每日 2 次，在训练前后各服用灵芝孢子粉胶囊 2 粒（0.35 g/ 粒，每 100 g 含灵芝三萜不低于 3.0 g）后，男女运动员的试验组与对照组相比，免疫球蛋白 IgM、IgA 和 IgG 均有不同程度的上升，而且随着每个月训练周期中耐力运动强度的增加，3 种免疫球蛋白指标也呈递增趋势，其中 IgM 和 IgA 上升明显，女运动员 IgG 在最后 1 个月略有下降（表 8-19、表 8-20）。

表 8-19　男运动员免疫球蛋白变化情况 [35]

项目	试验前		第1个月月末		第2个月月末		第3个月月末	
	试验组	对照组	试验组	对照组	试验组	对照组	试验组	对照组
IgM 浓度 /（g/L）	1.13±0.15	1.17±0.42	1.12±0.51	1.21±0.37	1.35±0.67	1.15±0.62	1.51±0.22[①]	1.16±0.56
IgA 浓度 /（g/L）	1.49±0.25	1.47±0.27	1.46±0.72	1.42±0.33	1.59±0.34	1.45±0.54	1.81±0.09[①]	1.46±0.38
IgG 浓度 /（g/L）	1.22±0.51	1.24±0.20	1.43±0.87	1.28±0.23	1.57±0.72	1.21±0.46	1.76±0.98[①]	1.19±0.34

①与试验前数据相比具有显著性差异（$p < 0.01$）。

表 8-20　女运动员免疫球蛋白变化情况 [35]

项目	试验前		第1个月月末		第2个月月末		第3个月月末	
	试验组	对照组	试验组	对照组	试验组	对照组	试验组	对照组
IgM 浓度 /（g/L）	1.10±0.21	1.09±0.51	1.14±0.62	1.14±0.45	1.38±0.72	1.12±0.45	1.58±0.40[①]	1.10±0.64
IgA 浓度 /（g/L）	1.41±0.37	1.39±0.34	1.49±0.44	1.41±0.53	1.52±0.61	1.42±0.32	1.78±0.46[①]	1.41±0.52
IgG 浓度 /（g/L）	1.28±0.77	1.23±0.31	1.36±0.41	1.27±0.36	1.56±0.63	1.32±0.71	1.64±0.17[①]	1.28±0.35

①与试验前数据相比具有显著性差异（$p < 0.01$）。

王方等 [36] 探究了破壁前后灵芝孢子粉对游泳力竭所致小鼠氧化损伤保护作用。该研究建立了小鼠游泳力竭实验模型，采用破壁前后灵芝孢子粉低、中、高剂量（0.12 g/kg、0.24 g/kg、0.48 g/kg）连续 14 d 灌胃 ICR 级清洁小鼠，检测小鼠肝脏及血清抗氧化、抗损伤指标变化及病理切片结果。结果显示灵芝孢子粉均能不同程度地提高 SOD 与 GSH-Px 活性，降低 MDA、NO 和 CK 活性；对游泳力竭运动所致肝细胞损伤出现的水肿、气球样变性有改善作用，说明灵芝孢子粉能提高机体抗氧化能力，同时能对肝脏起保护作用。

冯翠萍等 [37] 发现灵芝孢子粉多糖具有很强的清除 $NaNO_2$ 的能力，也具有一定的清除 DPPH 的能力。在一定浓度范围内，多糖含量越高，对 $NaNO_2$ 和 DPPH 的清除率越高。当多糖质量浓度从 1.2 mg/mL 增加到 2.5 mg/mL 时，对 $NaNO_2$ 的清除率从 82.4% 增加到 88.3%。当多糖质量浓度从 0.078 mg/mL 增加到 5 mg/mL 时，对 DPPH 的清除率从 3.2% 增加到 19.9%。

刘宇琪等 [38] 通过研究灵芝子实体和孢子粉纯化多糖体外抗氧化活性也证明了灵芝孢子粉多糖具有一定抗氧化能力。

五、保护神经系统

刘雪玲等 [39] 通过苯妥英钠与灵芝孢子粉联合用药治疗癫痫大鼠的实验研究表

明，苯妥英钠联合灵芝孢子粉组能有效降低癫痫发作级别、减少癫痫发作次数及发作持续时间，可显著降低痫波的发放频率及波幅，并能减轻癫痫造成的海马损伤，与模型组比较具有统计学意义（$p < 0.05$）。联合用药组对上述指标的影响明显优于单纯应用苯妥英钠组或灵芝孢子粉组（$p < 0.05$）。

张金波等[40] 通过探索灵芝孢子粉对戊四氮活化海马神经细胞 bad、bcl-xl 和 p53 蛋白表达的研究，发现给予灵芝孢子粉治疗后，灵芝孢子粉用药组的 bad 和 p53 的表达水平与癫痫模型组比较明显降低，bcl-xl 的表达与模型组比较显著增加，提示灵芝孢子粉有效成分能充分作用于脑组织，可以调控线粒体凋亡途径相关调控因子 bad、p53、bcl-xl 的 mRNA 表达，减少海马神经细胞的凋亡，发挥抗凋亡的神经保护作用。

张金波等[41] 通过探索灵芝孢子粉对戊四氮活化海马神经细胞半胱氨酸蛋白酶 9（caspase-9）表达的研究，发现癫痫模型组与正常对照组比较，caspase-9 表达水平明显升高，表明戊四氮激活了 caspase-9 mRNA 及蛋白质在海马神经细胞中的表达。给予灵芝孢子粉治疗后，灵芝孢子粉用药组 caspase-9 的表达水平与癫痫模型组比较明显降低，说明 caspase-9 介导了癫痫大鼠神经细胞凋亡机制，提示灵芝孢子粉有效成分能够与脑组织充分作用，调控 caspase-9 的表达，发挥抗凋亡的脑保护作用。

李晶等[42] 探讨了灵芝孢子粉对癫痫大鼠脑组织病理变化以及 Cu^{2+}、Zn^{2+} 含量的影响。该研究中将 Wistar 大鼠随机分为正常组、模型组和用药组。癫痫模型建成后用常规 HE 染色检测脑组织病理变化，利用原子吸收分光光度计检测脑组织 Cu^{2+}、Zn^{2+} 含量。结果显示灵芝孢子粉能增加脑组织 Cu^{2+} 含量，降低 Zn^{2+} 含量，并减少 Cu^{2+}/Zn^{2+} 比值（表 8-21），使神经细胞的变性、坏死明显减少，减轻神经细胞的损伤，调节微量元素而保护神经元。这说明灵芝孢子粉（30 g/L）有神经保护作用。

表 8-21　各组大鼠脑组织微量元素 Cu^{2+}、Zn^{2+} 含量（$\bar{x} \pm s$，$n=10$）[42]

分组	Cu^{2+}含量 /（μg/mL）			Zn^{2+}含量 /（μg/mL）			Cu^{2+}/Zn^{2+}
	颞叶皮质	海马	下丘脑	颞叶皮质	海马	下丘脑	
正常组	9.59±1.83	4.79±0.60	7.10±1.51	15.15±3.21	5.45±0.63	24.43±3.78	4.91
模型组	2.37±0.21①	1.68±0.06①	4.96±0.31①	34.29±4.32①	12.49±2.13①	43.73±4.49①	9.79①
用药组	8.92±0.69	4.59±0.29	7.05±0.34	14.92±3.12	5.09±0.32	24.37±3.48	4.79

①与正常组比较，$p < 0.05$。

胡宇等[43] 探索了灵芝孢子粉对戊四氮致痫大鼠海马区 IL-1β 及自噬水平变化的影响。该研究将大鼠随机分为 3 组：正常对照组（腹腔注射生理盐水 + 灌胃生理盐水）、模型组（腹腔注射戊四氮 + 灌胃生理盐水）、灵芝孢子粉组（150 mg/kg）（腹腔注射戊四氮 + 灌胃灵芝孢子粉）。HE 染色结果显示，灵芝孢子粉组大鼠的神经元细胞的形态学改变被明显改善。灵芝孢子粉可能通过改变海马区相关蛋白 IL-1β、LC3B 和 Beclin-1 表达，激活细胞自噬，改善其癫痫症状。

郑衍芳等[44] 观察了灵芝孢子粉联合脑源性神经营养因子（BDNF）对体外

培养的新生大鼠海马神经干细胞（NSC）向神经元定向分化的影响。将传 3 代的 NSC 加入血清对照组，BDNF 对照组，低、中、高剂量（150 mg/kg、300 mg/kg、450 mg/kg）灵芝孢子血清组，BDNF + 高剂量灵芝孢子血清组，培养 7 d 后做神经元特异性烯醇化酶（NSE）免疫细胞化学染色，计数阳性细胞率及其突起长度。结果发现灵芝孢子粉有利于 NSC 向神经元方向分化，在一定范围内存在量效依赖关系，联合 BDNF 可以提高灵芝孢子粉对 NSC 定向分化的能力，并使其突起长度增加（表 8-22）。

表 8-22 各组 NSC 第 7 天的 NSE 阳性率阳性细胞突起长度比较 [44]

组别	阳性率 /%	阳性细胞突起长度 /μm
血清对照组	13.11±2.34	96.31±28.94
BDNF 对照组	18.58±2.27[②]	160.18±34.21
低剂量灵芝孢子粉血清组	15.89±1.31[①]	168.67±27.30[①]
中剂量灵芝孢子粉血清组	17.37±2.78[②]	181.67±33.50[①]
高剂量灵芝孢子粉血清组	20.66±1.41[②]	224.43±23.40[①]
BDNF+ 高剂量灵芝孢子粉血清组	24.14±2.52[②③④]	280.60±73.96[②③]

①与血清对照组比较，$p<0.05$。

②与血清对照组比较，$p<0.01$。

③与BDNF对照组比较，$p<0.01$。

④与高剂量灵芝孢子粉血清组比较，$p<0.01$。

鲍琛[45]研究了灵芝孢子粉对帕金森病（PD）模型大鼠的氧化应激反应和神经炎症反应的影响。其研究采用脑内定位注射 6-羟基多巴胺（6-OHDA）建立了 PD 大鼠模型，在模型建立成功后给予灵芝孢子粉治疗（25 g/kg）。给药 30 d 后，测定大鼠脑组织中丙二醛（MDA）、谷胱甘肽（GSH）、一氧化氮（NO）和肿瘤坏死因子-α（TNF-α）的含量，以及超氧化物歧化酶（SOD）、谷胱甘肽过氧化物酶（GSH-Px）活性。结果发现灵芝孢子粉可明显降低 PD 模型大鼠脑组织中 MDA 含量，增加 GSH 含量，提高 SOD、GSH-Px 的活性（表 8-23），并显著减少 PD 模型大鼠脑组织中 NO 和 TNF-α 含量（表 8-24）。

表 8-23 灵芝孢子粉对 PD 模型大鼠脑组织 MDA、GSH、GSH-Px 和 SOD 的影响
（$\bar{x}\pm s$，$n=10$）[45]

组别	MDA 含量 / （nmol/mg）	GSH 含量 / （mg/g）	GSH-Px 活性 / （U/mg）	SOD 活性 / （U/mg）
正常组	3.21±0.22	8.42±1.78	37.58±2.36	1.24±0.18
模型组	9.15±0.43[①]	3.37±0.58[①]	14.29±2.51[①]	0.47±0.09[①]
灵芝孢子粉给药组（25 g/kg）	4.76±0.37[③]	6.73±1.24[③]	22.96±3.57[②]	1.04±0.12[③]

①与正常组比较，$p<0.01$。

②与模型组比较，$p<0.05$。

③与模型组比较，$p<0.01$。

表 8-24　灵芝孢子粉对 PD 模型大鼠脑组织 NO 和 TNF-α 的影响（$\bar{x} \pm s$, $n=10$）[45]

组别	NO 含量 /（μmol/g）	TNF-α 含量 /（ng/L）
正常组	2.39±0.18	0.34±0.08
模型组	5.88±0.82②	0.83±0.17①
灵芝孢子粉给药组（25 g/kg）	3.22±0.35①	0.51±0.06②

①与正常组比较，$p < 0.01$。

②与模型组比较，$p < 0.01$。

六、催眠镇静

魏怀玲 [46] 等研究了赤灵芝孢子粉水提物（肌生注射液）对小鼠中枢神经系统的作用，肌生注射液浸膏由北京协和药厂提供。结果显示皮下注射肌生液可明显延长小鼠戊巴比妥钠和巴比妥钠睡眠时间，且有剂量效应关系。肌生注射液亦可诱导注射阈下剂量的戊巴比妥钠的小鼠入睡（表 8-25）。每日注射具有镇静作用剂量的肌生注射液 1 次，连续 8 d 不产生依赖性，而安定连续给药 8 d 后产生依赖性（表 8-26）。肌生注射液可明显减少小鼠的自主活动。1 g/kg 肌生注射液的镇静催眠作用相当于 1 mg/kg 安定效果。

表 8-25　肌生液对小鼠注射阈下剂量戊巴比妥钠的催眠作用（$n=10$）[46]

组别	剂量 /（g/kg）	动物数 / 只	入睡数 / 只	睡眠时间（$\bar{x} \pm s$）/min
对照		10	0	
安定	0.001	10	10①	32±23
肌生注射液	2	10	10①	104±53
肌生注射液	1	10	9①	41±16
肌生注射液	0.5	10	3	53±22

①与正常组比较，$p < 0.01$。

表 8-26　肌生注射液多次给药对小鼠戊巴比妥钠睡眠时间的影响（$n=10$）[46]

组别	剂量 /[g/(kg·d)]	动物数 / 只	入睡数 / 只	睡眠时间（$\bar{x} \pm s$）/min	p 值
对照		10	0	47±11	
安定	0.001×1	10	10	188±60	<0.01
安定	0.001×8	10	10	125±45①	<0.05
肌生注射液	2×1	10	10	104±60	<0.01
肌生注射液	2×8	10	10	102±49	<0.01
肌生注射液	1×1	10	10	69±27	>0.05
肌生注射液	1×8	10	10	60±5	>0.05

①与安定×1次组相比，$p < 0.01$。

七、辅助治疗呼吸系统疾病

灵芝孢子粉对平滑肌有解痉、平喘作用，能镇咳、祛痰，对慢性支气管炎和支气管哮喘等均有疗效。

姚金福等 [47] 探讨了灵芝孢子粉对脂多糖（LPS）诱导细胞损伤的保护作用及机制。其研究采用空白对照组、LPS 组、低剂量灵芝孢子粉组（0.5 g/L）、中剂量灵芝孢子粉组（1 g/L）、高剂量灵芝孢子粉组（2 g/L）进行细胞体外培养，检测细胞活性、SOD、MDA、TNF-α、IL-6 和细胞内 NF-κB。结果发现灵芝孢子粉可明显提高人气道上皮细胞的活性，显著降低细胞上清液中 MDA、TNF-α、IL-6 含量，显著提高 SOD 的含量（表 8-27），并显著降低细胞内 NF-κB 蛋白表达。

表 8-27　灵芝孢子粉对 SOD、MDA、TNF-α、IL-6 的影响（$\bar{x} \pm s$，$n=10$）[47]

组别	剂量 / (g/L)	MDA 含量 / (nmol/mL)	SOD 活性 / (IU/mL)	IL-6 含量 / (pg/mL)	TNF-α 含量 / (pg/mL)
空白对照组	—	7.93±0.36	29.13±0.71	3.78±0.28	12.14±0.38
LPS 组	—	18.21±0.29	7.28±0.42	16.27±0.41	43.47±0.29
低剂量灵芝孢子粉组	0.1	14.22±0.38[①]	19.59±0.36[①]	12.41±0.36[①]	30.35±0.26[①]
中剂量灵芝孢子粉组	1	12.19±0.19[①]	14.21±0.57[①]	11.22±0.36[①]	27.38±0.23[①]
高剂量灵芝孢子粉组	2	11.16±0.27[①]	13.56±0.27[①]	10.32±0.25[①]	25.61±0.41[①]

①与LPS组比较，$p<0.05$。

八、抗抑郁

张天柱等 [48] 将 SD 大鼠随机分成空白对照组、模型组、盐酸氟西汀组（20 mg/kg）、高剂量灵芝孢子粉组（100 mg/kg）、低剂量灵芝孢子粉组（50 mg/kg），造模同时灌胃给药，每日 1 次，连续 28 d，均按 10.0 mL/kg 给药，对照组模型组灌胃等量蒸馏水，观察大鼠行为，检测大鼠血清炎症因子（IL-6、TNF-α）水平，测定大鼠脑内去甲肾上腺素（NE）、5- 羟色胺（5-HT）含量，检测大鼠海马区神经营养因子 BDNF 蛋白表达。结果发现灵芝孢子粉能显著改善抑郁大鼠行为，显著减少 IL-6、TNF-α 的含量（表 8-28），减少 NE 的含量，增加 5-HT 的含量（表 8-29），并能增加 BDNF 的蛋白表达。这说明灵芝孢子粉具有抗抑郁作用。

表 8-28　灵芝孢子粉对抑郁症模型大鼠脑内炎症因子的影响（$\bar{x} \pm s$）[48]

组别	剂量 / (mg/kg)	IL-6 含量 / (pg/mL)	TNF-α 含量 / (pg/mL)
空白对照组	—	34.2±3.6	182.5±9.2
模型组	—	89.5±3.9	48.2±7.2[①]
盐酸氟西汀组	20	48.2±4.4	83.2±5.7[③]

组别	剂量/（mg/kg）	IL-6 含量/（pg/mL）	TNF-α 含量/（pg/mL）
低剂量灵芝孢子粉组	50	59.9±2.7	125.5±3.9[②]
高剂量灵芝孢子粉组	100	49.2±3.1	109.7±4.9[②]

①与空白组比较，$p < 0.01$。

②与模型组比较，$p < 0.05$。

③与模型组比较，$p < 0.01$。

表 8-29　灵芝孢子粉对抑郁症模型大鼠脑内神经递质的影响（$\bar{x} \pm s$）[48]

组别	剂量/（mg/kg）	NE 含量/（mg/g）	5-HT 含量/（ng/g）
空白对照组	—	24.2±2.2	42.2±3.5
模型组	—	46.4±3.1	18.8±2.7[①]
盐酸氟西汀组	20	36.1±2.4	33.4±2.2[③]
低剂量灵芝孢子粉组	50	39.2±3.2	25.4±2.7[②]
高剂量灵芝孢子粉组	100	37.6±2.7	29.3±2.9[②]

①与空白组比较，$p < 0.01$。

②与模型组比较，$p < 0.05$。

③与模型组比较，$p < 0.01$。

九、调节肠道功能

胡宗苗等[49] 探讨了灵芝孢子粉对乙醇诱导的小鼠胃溃疡的保护作用，该研究对小鼠灌胃给予 0.2 mL 乙醇制备酒精性胃溃疡模型。小鼠被随机分为空白组、模型组、奥美拉唑组（2 mg/kg）、低剂量灵芝孢子粉组（0.5 g/kg）和高剂量灵芝孢子粉组（1 g/kg）。研究结果显示，灵芝孢子粉能显著提高乙醇诱导的急性酒精性胃溃疡模型小鼠血清中 SOD 活性，降低 MDA 及炎症因子 IL-6、TNF-α 含量（表 8-30），显著改善模型小鼠胃黏膜的病理改变，同时降低胃组织中 NF-κB p65、COX-2 蛋白表达水平（表 8-31）。

表 8-30　灵芝孢子粉对血清 SOD、MDA、TNF-α、IL-6 的影响（$\bar{x} \pm s$，$n=10$）[49]

组别	剂量/（g/L）	MDA 含量/（nmol/mL）	SOD 活性/（IU/mL）	IL-6 含量/（pg/mL）	TNF-α 含量/（pg/mL）
空白组	—	13.37±1.22	33.12±2.15	26.12±1.22	56.44±1.16
模型组	—	39.22±1.46	8.22±2.12	84.15±2.52	166.36±2.25
奥美拉唑组	0.02	22.37±1.56[②]	25.12±1.87[②]	37.15±1.56[②]	84.26±3.16[②]
低剂量灵芝孢子粉组	0.5	29.33±1.82[②]	14.26±2.41[①]	51.22±1.43[②]	110.36±3.21[②]
高剂量灵芝孢子粉组	1	24.22±1.45[②]	19.21±2.32[②]	46.22±1.26[②]	74.25±2.25[②]

①与模型组比较，$p < 0.05$。

②与模型组比较，$p < 0.01$。

表8-31　灵芝孢子粉对 NF-κB p65 和 COX-2 的影响（$\bar{x}\pm s$, $n=10$）[49]

组别	剂量 /（g/L）	NF-κB p65/GAPDH	COX-2/GAPDH
空白组	—	0.12±0.05	0.09±0.003
模型组	—	0.65±0.11	0.32±0.05
奥美拉唑组	0.02	0.25±0.04[①]	0.16±0.06[①]
低剂量灵芝孢子粉组	0.5	0.36±0.06[①]	0.25±0.04[①]
高剂量灵芝孢子粉组	1	0.32±0.07[①]	0.21±0.05[①]

①与模型组比较，$p < 0.01$。

注：GAPDH为甘油醛-3-磷酸脱氢酶。

杨开等[50]探究了灵芝孢子粉低聚糖的制备及调节肠道菌群功能。结果发现灵芝孢子粉低聚糖均能被肠道菌群有效利用。与空白对照相比，添加低聚糖能显著促进主要短链脂肪酸（乙酸、丙酸、丁酸）的产生，且同时产生少量气体，促进肠道蠕动。此外，双歧杆菌和乳酸杆菌属等有益菌的相对丰度升高，而大肠杆菌属等的相对丰度有所降低。因此，灵芝孢子粉低聚糖对人体肠道菌群有显著的益生菌调节功能。

2022—2024 年江西仙客来生物科技有限公司联合南昌大学进行了破壁灵芝孢子粉的营养功效研究。由图8-10 可以看出，对抗生素（Antibiotic）组、Antibiotic+GLSP 组、抗生素 + 水（Antibiotic+Water）组开始灌胃抗生素鸡尾酒后，小鼠的体重明显开始下降，在第 4 天后才开始慢慢增加。在第 7 天时，Antibiotic 组、Antibiotic+GLSP 组、Antibiotic+Water 组的体重显著低于对照（Con）组和 Con+GLSP 组（$p < 0.05$），这时对 Antibiotic+GLSP 组和 Con+GLSP 组补充灵芝孢子粉溶液，对 Con 组、Antibiotic+Water 组补充等量的纯净水。在第 21 天，这 4 组的体重没有显著性差异（$p > 0.05$），说明抗生素会减轻小鼠的体重，但在补充灵芝孢子粉后，小鼠体重逐渐恢复到正常水平，同时还发现灵芝孢子粉不会引起正常小鼠体重的异常变化。

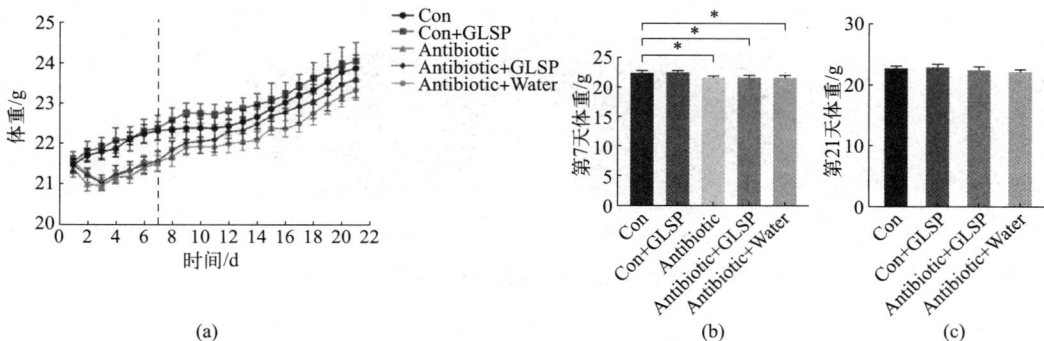

图8-10　每天体重变化（a）；第7天体重（b）；第21天体重（c）

*表示$p < 0.05$

图 8-11 显示，经过抗生素作用之后，与 Con 组相比，Antibiotic 组小鼠的心脏、肝脏、肾脏和脾脏指数都有不同程度的下降，在经过灵芝孢子粉治疗后，这一现象被逆转，且恢复效果好于自然恢复组（Antibiotic+Water 组）的小鼠。Con+GLSP 组显示，灵芝孢子粉对正常小鼠的脏器指数不会造成显著性变化（$p > 0.05$）。

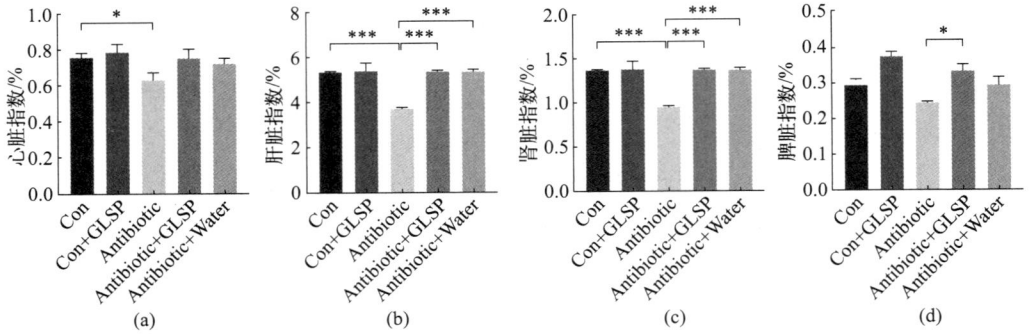

图8-11　心脏指数（a）；肝脏指数（b）；肾脏指数（c）；脾脏指数（d）
*表示$p < 0.05$；***表示$p < 0.001$

图 8-12 显示，Con 组和 Con+GLSP 组小鼠结肠组织 HE 染色未见黏膜层破坏、明显水肿和炎症细胞浸润。从 Antibiotic 组可以看出，经过抗生素鸡尾酒的作用，小鼠结肠组织表现出较严重的组织损伤，包括隐窝细胞的部分扭曲和杯状细胞的破坏。与 Antibiotic 组相比，Antibiotic+GLSP 组和 Antibiotic+Water 组的组织形态显著得到改善，对比这 2 组可以发现，经过灵芝孢子粉的治疗后，组织黏膜形态可以恢复到和 Con 组一样的正常水平，且效果比自然恢复好。

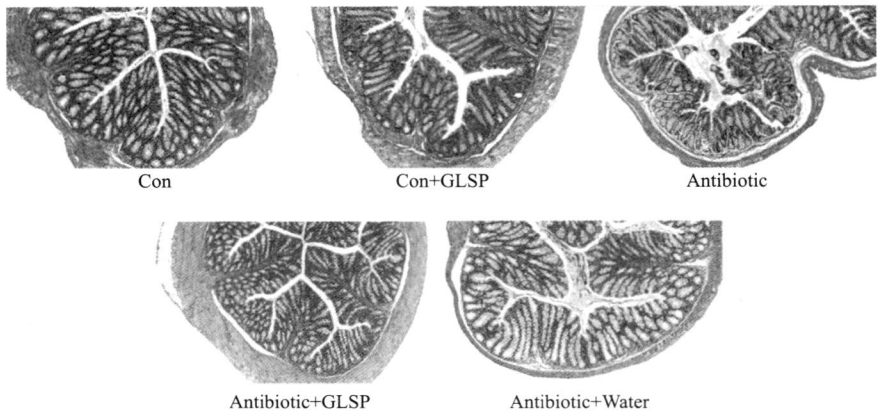

图8-12　结肠组织HE染色

研究人员测定了小鼠结肠组织中紧密连接蛋白（Claudin-1、Occludin 和 E-cadherin）的 mRNA 水平。图 8-13 显示，与 Con 组相比，保健组（Con+GLSP）小鼠在经过灵芝孢子粉喂养后，紧密连接蛋白的 mRNA 水平都明显升高，在经过抗生素处理后发现，与 Con 组相比，mRNA 水平下调。补充灵芝孢子粉后，治疗组（Antibiotic+GLSP 组）mRNA 恢复到正常水平，高于自然恢复组（Antibiotic+Water 组）的 mRNA 水平。

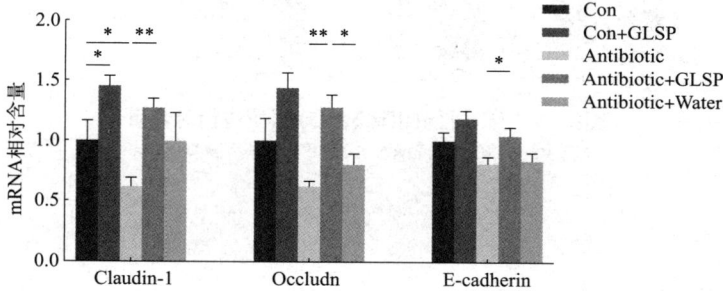

图8-13　与对照组相比mRNA相对含量
*表示$p < 0.05$；**表示$p < 0.01$

　　研究人员进一步检测了小鼠肠道中细胞间紧密连接蛋白的表达。图 8-14 和图 8-15 显示，与 Con 组相比，补充灵芝孢子粉后，正常小鼠结肠组织中 Claudin-1、Occludin 和 E-cadherin 蛋白的表达明显增加。抗生素处理组（Antibiotic 组）小鼠结肠组织中紧密连接蛋白的表达显著低于正常组（Con 组）（$p < 0.05$），抗生素处理后，补充灵芝孢子粉可以逆转紧密连接蛋白的表达量减少这一现象，恢复效果好于自然恢复组（Antibiotic+Water 组）。上述结果表明，灵芝孢子粉可以通过增加小鼠肠道紧密连接蛋白的表达来改善肠道损伤，提高肠道屏障功能。

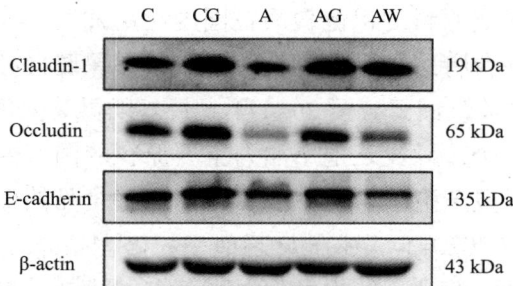

图8-14　免疫印迹法检测结肠组织中Claudin-1、Occludin和E-cadherin的表达
C—Con组；CG—Con+GLSP组；A—Antibiotic组；AG—Antibiotic+GLSP组；AW—Antibiotic+Water组

　　补充灵芝孢子粉不会降低小鼠肠道菌群多样性和丰富度（Con 组与 Con+GLSP 组比较）。抗生素明显降低了肠道菌群的多样性和丰富度（Con 组与 Antibiotic 组比较），而补充灵芝孢子粉后（Antibiotic+GLSP 组），Chao1、Shannon 和丰富度（richness）指数较 Con 组明显升高，自然恢复组（Antibiotic+Water 组）的多样性和丰富度没有明显上升，说明补充灵芝孢子粉可提高肠道菌群多样性和丰富度。

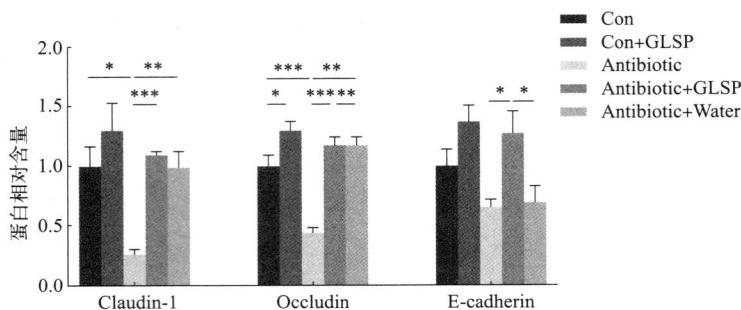

图8-15 与对照组相比紧密连接蛋白相对含量
*表示$p<0.05$；**表示$p<0.01$；***表示$p<0.001$

第四节 灵芝孢子粉的应用

灵芝孢子粉目前主要应用在保健食品、药品，暂时不能用于普通食品，依据国家卫生计生委（现国家卫生健康委员会）办公厅的国卫办食品函〔2014〕390号《国家卫生计生委办公厅关于破壁灵芝孢子粉有关问题的复函》：灵芝孢子粉缺乏长期食用历史且已作为药物使用，作为普通食品原料使用尚无足够的科学依据。因此，破壁灵芝孢子粉不宜作为普通食品原料。

一、灵芝孢子粉在保健食品中的应用

以灵芝孢子粉为主要原料的保健食品在国内应用开发比较广泛，在国家市场监督管理总局政务服务平台特殊食品信息查询平台，在保健食品注册栏目下，搜索灵芝孢子粉和灵芝孢子油关键词，截至2024年6月，以灵芝孢子粉为主要原料的国产保健食品共注册有385个，以灵芝孢子油为主要原料的国产保健食品注册有93个，进口保健食品3个。以灵芝孢子粉为主要原料的保健食品的保健功能主要为"增强免疫力"。马超等[51]在2020年综述了灵芝孢子粉破壁技术及灵芝类保健食品开发研究进展，且进行了相关统计，结果发现以灵芝孢子粉或其提取物为主要原料的保健食品的主要保健功能也是"增加免疫力"，占比为89.62%（其中灵芝孢子油占比92.31%）。

1995年10月30日，我国颁布了《中华人民共和国食品卫生法》（主席令第59号），其中第二十二条：表明具有特定保健功能的食品，其产品及说明书必须报国务院卫生行政部门审查批准，其卫生标准和生产经营管理办法，由国务院卫生行政部门制定。该法规定了国家对保健食品实行上市前的注册管理制度。1996年3月15日，原卫生部颁布了《保健食品管理办法》（卫生部令第46号），开始对保健食品实行注册许可和生产许可管理。最早与灵芝孢子粉相关的保健食品批准证书是由中国食用菌技术开发有限公司于 1997 年 7 月 4 日获得批准的卫食健字〔1997〕340 号：自航牌灵芝孢子粉（原名：灵芝孢子粉），其保健功能为免疫调节、抑制肿瘤。这说明灵芝孢子粉在保健食品中的应用也非常早。

2016 年 2 月 26 日原国家食品药品监督管理总局发布《保健食品注册与备案管理办法》（国家食品药品监督管理总局令第 22 号）首次把保健食品分为注册管理和备案管理。国家食品药品监督管理总局（现国家市场监督管理总局）负责保健食品注册管理，省、自治区、直辖市食品药品监督管理（市场监督管理）部门负责本行政区域内保健食品备案管理。其中使用的原料已经列入保健食品原料目录的保健食品才能进行备案管理。

原国家食品药品监督管理总局会同原国家卫生计生委和国家中医药管理局制定了《保健食品原料目录（一）》和《允许保健食品声称的保健功能目录（一）》，公告于 2016 年 12 月 27 日发布。《保健食品原料目录（一）》为营养素补充剂原料目录。2020 年 12 月 1 日国家市场监督管理总局发布《国家市场监督管理总局、国家卫生健康委员会、国家中医药管理局关于发布辅酶 Q10 等五种保健食品原料目录的公告》，破壁灵芝孢子粉为第一批非营养素补充剂的保健食品原料。2021 年 1 月 29日国家市场监督管理总局关于发布《辅酶 Q10 等五种保健食品原料备案产品剂型及技术要求》的公告，公告自 2021 年 6 月 1 日起施行。自此以破壁灵芝孢子粉为原料的单方产品可在省、自治区、直辖市市场监督管理局进行备案。单方原注册人产品，剂型与可备案剂型一致的，转为备案管理，其产品剂型未列入可备案剂型的，原则上应按照备案的产品剂型更改配方后转为备案管理。截至 2024 年 6 月，在国家市场监督管理总局政务服务平台特殊食品信息查询平台，在保健食品备案栏目下，搜索灵芝孢子粉关键词，共有 1227 个备案保健食品。可以发现自从灵芝孢子粉纳入保健食品原料目录，灵芝孢子粉相关保健食品发展非常迅速。

目前国内备案的灵芝孢子粉保健食品依据《辅酶 Q10 等五种保健食品原料备案产品剂型及技术要求》，标志性成分至少包括"多糖"和"总三萜"两个指标。《保健食品理化及卫生指标检验与评价技术指导原则（2020 年版）》规定的保健食品中总三萜的测定是用氯仿或乙酸乙酯提取出的三萜类物质，在高氯酸的作用下与香草醛反应产生有色物质。以熊果酸为对照品，采用分光光度法测定总三萜在 548 nm波长下的吸光度进行定量。这种方法会受到灵芝孢子粉中脂肪酸的干扰，灵芝孢子粉中含有大量的油酸、亚油酸、麦角甾醇等干扰物质，香草醛 - 高氯酸显色法没有特异性，不能区分干扰物质和三萜，进而使三萜含量被高估[52]。笔者粗略查询了江西省、江苏省、福建省、安徽省备案的灵芝孢子粉保健食品发现，总三萜的含量从1.2 g/100 g 到 12 g/100 g 不等。为此，政府需要加强引导，行业需要自律，以促进灵芝孢子粉行业的健康持续发展。

二、灵芝孢子粉在药品、中药饮片中的应用

截至 2024 年 8 月已获得批准的灵芝孢子粉国产药品共有六个，其中四个是保健药品：北京长城制药有限公司的灵芝孢子粉胶囊（国药准字 B20050008）、北京华恒汉方制药有限公司的灵芝孢子粉胶囊（国药准字 B20040033）、宁波卓仑医药科技有限公司的灵芝孢子粉胶囊（国药准字 B20040035）及芜湖仁德堂药业有限公司的灵芝孢子粉胶囊（国药准字 B20040034）。另外两个是化学药品：北京协和药厂的灵孢多糖注射液（国药准字 H20003123）、黑龙江江世药业有限公司的注射用赤芝孢子多糖（国药准字 H20051702）。

灵芝孢子粉中药饮片目前执行的是各省、自治区、直辖市的中药炮制规范。不同省份的中药炮制规范规定内容各不相同，更新时间也不固定。四个省、直辖市的结果见表 8-32。

表 8-32　四个省、直辖市中药饮片炮制规范中的灵芝孢子粉统计表

名称	检查				含量测定	
《安徽省中药饮片炮制规范》（2019年版）	杂质（置显微镜下观察，不得检出菌丝、淀粉粒等异物）	水分不得过9.0%、总灰分不得过3.0%	重金属及有害元素	破壁率不低于95%、过氧化值不得过 0.2	甘油三油酸酯不得少于3.5%	多糖不得少于 1.0%
《重庆市中药饮片炮制规范》（2023年版）	—	水分不得过13.0%、总灰分不得过3.0%	—	浸出物不得少于 5.0%	—	—
《浙江省中药饮片炮制规范》（2015年版）	杂质（置显微镜下观察，不得检出菌丝、淀粉粒等异物）	水分不得过9.0%、总灰分不得过3.0%	重金属及有害元素	破壁率不低于95%、过氧化值不得过 0.2	甘油三油酸酯不得少于3.0%	多糖不得少于 0.8%
《福建省中药饮片炮制规范》（2012年版）	—	水分不得过9.0%、总灰分不得过3.0%	—	破壁率不低于95%、浸出物不得少于7.0%	—	孢子多糖以葡聚糖（$[C_6H_{10}O_5]_n$）计，不得少于0.90%

2022 年 2 月沪、苏、浙、皖、赣四省一市推动长三角地区中药饮片炮制规范共享互认工作。2022 年 12 月 21 日国家药品监督管理局发布关于实施《国家中药饮片炮制规范》有关事项的公告（2022 年第 118 号），进一步规范了中药饮片炮制，健全了中药饮片标准体系，促进了中药饮片质量提升，灵芝孢子粉的中药饮片炮制也将逐步得到统一规范。

三、灵芝孢子粉的临床应用

1. 增强药物疗效、减少药物副作用

灵芝孢子粉具有免疫调节、抗癌防癌、保护神经、保肝护肝、抗氧化、催眠镇

静、调节肠道功能活性等作用，主要用于联合化疗药物增强疗效、减轻副作用及提高机体免疫力，提高干扰素抗病毒作用。

早在1996年齐元富等[53]采用灵芝孢子粉辅助化疗治疗消化系统癌症患者200例。实验组口服灵芝孢子粉胶囊，每日3次，每次4粒（每粒0.25 g），临床观察发现灵芝孢子粉配合化疗对消化系统肿瘤如胃癌、食管癌、肝癌、大肠癌等具有良好的治疗作用。近期客观疗效上实验组有效率达43%，明显优于对照组的33%。在增强免疫功能尤其是对细胞免疫的影响上，有更强的效应（表8-33）。这说明灵芝孢子粉是一种有效的化疗增效、减毒剂。

表8-33　2组患者治疗前后免疫学变化比较（$\bar{x} \pm s$）[53]

组别	例数	时间	CD3$^+$/%	CD4$^+$/CD8$^+$	T淋巴细胞转化率/%	补体C3含量/（g/L）	IgG含量/（g/L）
实验	100	治疗前	55.35±7.30	1.35±0.67	60.19±8.05	1.05±0.37	6.42±3.59
		治疗后	67.23±6.61②③	1.58±0.44①③	65.02±9.64①③	1.12±0.31	7.76±4.12
对照	100	治疗前	55.16±6.32	1.31±0.72	58.45±7.56	1.08±0.34	7.25±3.81
		治疗后	58.12±7.88	1.46±0.85	61.81±10.20	1.17±0.26①	7.93±4.64

①与本组治疗前比较，*$p < 0.05$。

②与本组治疗前比较，$p < 0.01$。

③与对照组治疗后比较，$p < 0.05$。

注：CD3$^+$、CD4$^+$、CD4$^+$/CD8$^+$为外周血T细胞亚群。

任武生等[54]报道了双灵固本散（灵芝子实体提取精粉与灵芝孢子粉配伍合成）联合放疗治疗恶性肿瘤疗效观察（附232例）。结果表明恶性肿瘤放射治疗患者联合服用双灵固本散，可获得显著的治疗作用。双灵固本散可显著增强放射疗效，减少肿瘤放射治疗后复发和远处转移。双灵固本散也是免疫调节剂，同时用于恶性肿瘤免疫治疗，产生主动免疫调节作用，在免疫治疗作用中优于被动免疫治疗。

王静雯[55]将48例恶性肿瘤患者随机分为治疗组28例和对照组20例，对照组仅采用奇宁注射液和地塞米松治疗，治疗组在此治疗基础上口服齐鲁灵芝破壁孢子粉，2组均给予相应的护理措施，比较其副反应发生情况。结果发现对照组静脉炎发生率为45.00%，膀胱刺激征发生率为25.00%；治疗组静脉炎发生率为10.71%，膀胱刺激征发生率为7.14%。这说明齐鲁灵芝破壁孢子粉配合奇宁注射液治疗恶性肿瘤患者可以增加奇宁注射液疗效，有效减少副作用。

王静雯[56]把恶性肿瘤患者分成2组，治疗组口服灵芝破壁孢子粉配合放疗20次，对照组单纯放疗20次。结果治疗组28例患者无反应者为13例（46.4%），轻度反应者10例（35.7%），中度反应者4例（14.3%），重度反应者1例（3.6%）；对照组28例患者无反应者为3例（10.7%），轻度反应者4例（14.3%），中度反应者15例（53.6%），重度反应者6例（21.4%）。这证明灵芝破壁孢子粉与放疗配合治疗恶性肿瘤，能够有效降低胃肠道不良反应的发生率。

匡建民等[57]把56例患者随机分为治疗组和对照组各28例，观察组口服灵芝破壁孢子粉3粒/次，3次/d，200粒为一疗程，配合化疗2个周期，6周完成。对照组单纯化疗2个周期，6周完成。化疗结束后6～8周观察组总有效率92.9%，对照组总有效率57.1%；观察组免疫力下降2例，对照组10例；观察组骨髓及胃肠功能损害4例，对照组20例。这说明灵芝破壁孢子粉联合化疗治疗恶性肿瘤对疗效有减毒、增效作用。

甄作均等[58]探讨了灵芝孢子粉对肝细胞肝癌患者术后细胞免疫功能的影响。该研究选择70例肝癌肝切除患者，随机分为常规护肝治疗组35例（常规护肝组）和灵芝孢子粉治疗组35例（灵芝孢子粉组），另选择35例健康体检者作为健康对照组。研究显示，与常规护肝组对比，术后灵芝孢子粉组CD4+、NK细胞百分率明显升高，CD8+细胞百分率明显下降，说明灵芝孢子粉能促进肝癌患者术后细胞免疫功能的恢复，能明显提高免疫功能。

杨英等[59]选择人乳头状瘤病毒（HPV）阳性感染者222例，随机分为对照组（不予治疗，定期随访）、治疗组（鱼腥草粉1.5 g）、联合组（鱼腥草粉1.5 g + 灵芝破壁孢子粉，每日3次，每次2 g）各74例。治疗组和联合组均治疗1个月为1个疗程，连续治疗3个疗程。结果6个月后对照组转阴率16.22%，治疗组转阴率40.54%，联合组转阴率47.30%；1年后对照组转阴率21.62%，治疗组转阴率43.24%，联合组转阴率71.62%。这说明灵芝孢子粉可提高人体对病毒的抵抗力。

王跃辉等[60]将58例非小细胞肺癌患者随机分为试验组和对照组，其中试验组（破壁灵芝孢子粉1 g/次，3次/天，联合紫杉醇和顺铂方案化疗）29例，4周为1个疗程，连续治疗3个疗程，对照组（单独紫杉醇和顺铂治疗方案）29例，化疗前及第2、4周期化疗后进行外周血T细胞亚群（CD3+、CD4+、CD8+、CD4+/CD8+）水平检测。结果治疗后试验组T细胞亚群中CD4+/CD8+比值较治疗组前及对照组治疗后均有升高，见表8-34，说明破壁灵芝孢子粉可改善非小细胞肺癌化疗患者的T细胞亚群指标，提升患者的细胞免疫功能。

表8-34　2组患者治疗前后T细胞亚群指标的变化（$\bar{x} \pm \sigma$）[60]

组别	例数	时间	CD3+/%	CD4+/%	CD8+/%	CD4+/CD8+
试验组	29	化疗前	61.28±7.34	38.52±4.85	27.86±3.67	1.35±0.14
		2周期化疗后	64.06±7.14①	41.60±4.72①	23.16±3.35①	1.88±0.12①②
		4周期化疗后	67.94±7.42①	45.35±4.69①	20.07±3.42①	2.36±0.17①②
对照组	29	化疗前	60.81±7.40	39.18±4.62	28.39±3.21	1.37±0.12
		2周期化疗后	59.16±7.13	37.28±4.43	29.16±3.18	1.20±0.21
		4周期化疗后	57.27±7.52①	35.96±4.18①	31.04±3.32①	1.09±0.18①

①与化疗前比较，$p < 0.05$。

②与对照组比较，$p < 0.05$。

王跃辉等[61]将64例晚期结直肠癌患者分为2组，治疗组应用破壁灵芝孢子粉（10 g/次，3次/d，连续4周为1个疗程，连续应用3个疗程）联合奥沙利铂联合卡倍他滨（XELOX）方案化疗，对照组单独应用XELOX方案化疗。结果治疗组有效率为46.9%，对照组为37.5%，治疗组疾病控制率为84.4%，对照组为56.3%。治疗组1～2级白细胞减少、恶心呕吐发生率均低于对照组，说明破壁灵芝孢子粉联合XELOX方案化疗治疗晚期结直肠癌可提高疾病控制率，降低化疗不良反应发生率。

周吉华等[62]将90例老年宫颈癌患者随机分为对照组（给予辅助治疗）和观察组（在对照组基础上给予灵芝孢子粉0.3 g/粒，5粒/次，3次/d）各45例，疗程28 d，采用流式细胞仪检测外周血T淋巴细胞亚群，实施荧光定量PCR法检测VEGF mRNA。结果对照组治疗前后外周血T淋巴细胞亚群及VEGF mRNA无明显变化；与治疗前比较，观察组治疗后CD8+降低，CD4+和CD4+/CD8+比值和NK细胞均升高（表8-35），说明灵芝孢子粉能明显改善老年宫颈癌患者术后细胞免疫功能，且减少VEGF的表达。

表8-35　2组治疗前后外周血CD4+、CD8+T淋巴细胞的变化（$\bar{x}\pm s$，$n=45$）[60]

组别	CD4+		CD8+		CD4+/CD8+	
	治疗前	治疗后	治疗前	治疗后	治疗前	治疗后
对照组	30.24±4.40	35.65±3.13	29.42±3.30	29.12±2.12	1.03±0.24	1.22±0.18
观察组	30.02±3.63	42.33±3.32	29.54±3.16	26.61±2.71	1.02±0.29	1.59±0.20
t值	2.54	6.13	2.42	5.10	2.40	5.45
p值	>0.05	<0.05	>0.05	<0.05	>0.05	<0.05

周永丽等[63]将100例HPV感染患者随机平均分为4组。灵芝孢子粉组服用灵芝孢子粉3个月；干扰素组用安达芬栓（重组人干扰素α2b栓）3个疗程；灵芝孢子粉+干扰素组同时服用灵芝孢子粉和外用安达芬3个疗程；空白对照组不采取任何治疗措施。结果所有用药组在用药3个月后HPV的DNA拷贝量下降。灵芝孢子粉加干扰素组总有效率88%，灵芝孢子粉组总有效率80%，干扰素组总有效率60%（表8-36）。这证明灵芝孢子粉对宫颈人乳头瘤病毒感染具有治疗作用。

表8-36　用药后各组第二代杂交捕获检测HPV-DNA结果 [63]

组别	n	痊愈	显效	有效	无效	总有效	x^2	p
灵芝孢子粉组	25	18（72%）	2（8%）	2（8%）	5（20%）	20（80%）①	33.33	<0.01
干扰素组	25	9（36%）	5（20%）	1（4%）	10（40%）	15（60%）①	21.43	<0.01
灵芝孢子粉+干扰素组	25	20（80%）	2（8%）	0	3（12%）	22（88%）①	39.29	<0.01
空白对照组	80	0	0	0	25（100%）	0	—	

①与空白对照组比较，$p<0.01$。

魏智民等[64]为研究不同营养制剂对癌症患者免疫功能的影响，将480例非小细胞肺癌和乳腺癌患者分成3个实验组（化疗同时分别服用覆参片、覆花片、破壁灵芝孢子粉）和1个空白对照组（单纯化疗），发现破壁灵芝孢子粉、覆参片、覆花片都具有积极的免疫调节功效，对多个肿瘤相关细胞因子水平具有调节作用，促进抗肿瘤免疫反应的激活，可作为辅助化疗的临床营养品，有助于提高肿瘤综合治疗效果。

2. 恢复肠道菌群

灵芝孢子粉具有灵芝全部活性的遗传物质，而且灵芝孢子粉中的化学成分灵芝多糖可起到益生元作用，促进肠道内益生菌繁殖，提高了益生菌在肠道内的定植抗力，从而纠正肠道菌群失调，恢复肠道正常的微生态环境。

杨春佳等[65]在110例腹泻患者中筛选出粪便镜检含有真菌孢子及菌丝的62例真菌性肠炎患者。对确诊的62例患者采用《中国腹泻病诊断治疗方案（1998）》提出的治疗原则进行治疗：立即停用抗生素，并用灵芝孢子粉治疗，每日2次，每次1粒盈康活胶囊制剂（含全破壁灵芝孢子粉）。21 d后有效率为96.77%。

3. 外敷治疗压疮

谢晓明[66]将压疮患者35例随机分为实验组（17例）和对照组（18例），实验组采用双氧水清洗压疮溃疡面，用生理盐水冲洗后涂上灵芝孢子粉，对照组采用传统的方法进行换药，观察压疮愈合情况。结果实验组和对照组平均愈合时间分别为13.35 d和27.64 d，平均换药次数分别为10.45次和23.73次，说明采用灵芝孢子粉治疗压疮有利于压疮溃疡面的愈合，缩短了压疮患者的治疗时间，提高了生存质量，实验组治疗效果明显好于对照组。

4. 提高格林-巴利综合征治疗效果

于红梅等[67]应用灵孢多糖注射液（北京协和药厂，国药准字 H20003123）代替灵芝孢子粉研究了对格林-巴利综合征（Guillain Barre Syndrome，GBS）的疗效和作用机制。48例GBS患者被分为A组、B组、基础治疗组，A组为常规治疗加丙球蛋白治疗（按0.4 g/kg计算丙球用量，连用5 d）；B组为常规治疗组（营养神经及改善循环等治疗），A组、B组的患者分别又被分成两个亚组，即A1、A2、B1、B2亚组，其中A1、B1亚组在原有治疗的基础上给予灵孢多糖4.5 mg/d，一次肌内注射治疗。结果各组药物均对GBS有治疗作用。而同一治疗组内加灵孢多糖组与不加灵孢多糖治疗组相比疗效更明显。灵孢多糖与各药物合用均可以明显提高治疗效果，改善症状，提高日常生活能力。

5. 改善中重度慢性阻塞性肺疾病症状

冼慧仪等[68]进行了灵芝孢子粉对中重度慢性阻塞性肺疾病（COPD）的随访研究，观察灵芝孢子粉对中重度慢性阻塞性肺疾病稳定期患者肺功能、6 min步行距离（6MWT）及 T 淋巴细胞亚群的影响。服用灵芝孢子粉 6 个月后观察患者服药前后肺功能的变化及循环血液中 CD4⁺、CD8⁺ T 淋巴细胞的比例变化，症状评分（CAT 评分）以及对 6 MWT 的影响。结果服用灵芝孢子粉 6 个月后对肺功能无明显作用，但能改善中重度 COPD 患者的 CAT 症状评分，可能与升高 CD4⁺ T 淋巴细胞比例有关。

6.改善男性更年期综合征

曾广翘等[69]探讨了全破壁灵芝孢子粉治疗法对男性更年期综合征的疗效。其中 80 例（观察组）作全破壁灵芝孢子胶囊（每次 600 mg，每日 3 次，疗程 3 周）治疗并对其临床症状，血睾酮、SOD、MDA 水平及主观抑郁症评分作观察，58 例（对照组）病情相同的患者给予安慰剂治疗。服药 3 周后更年期综合征患者症状均有改善，观察组总有效率为 74.3%，对照组总有效率为 28.6%，80 例患者的血睾酮、SOD 水平明显比对照组 58 例患者高（均值），MDA 水平明显比对照组患者下降。这说明破壁灵芝孢子粉可有效的改善男性更年期综合征的抑郁症状。

（周俊甫、潘　峰、梅　愉　撰写，潘新华　审校）

参考文献

[1] 李朝谦，韩鸿翼，潘峰，等.我国产孢用灵芝栽培发展进程和主要技术 [J]. 食药用菌，2020，28（2）：137-140.

[2] 何焕清，彭洋洋，张北壮，等.封闭培养架收集灵芝孢子技术的发展历程与展望 [J]. 中国食用菌，2023，42（3）：102-109.

[3] 佘新松，姚婷，韩燕峰，等.基于 GC-MS 和 UPLC-QTOF/MS 技术的灵芝孢子粉化学成分分析 [J]. 菌物学报，2020，39（5）：881-906.

[4] 陈若芸，于德泉.赤芝孢子粉三萜化学成分研究 [J]. 药学学报，1991，26（4）：267-273.

[5] 陈若芸，于德泉.用二维核磁共振技术研究赤芝孢子内酯 A 和 B 的结构 [J]. 药学学报，1991，26（6）：430-436.

[6] 杨志空，韩伟，冯娜，等.HPLC 法测定灵芝孢子粉中三萜含量 [J]. 菌物学报，2020，39（1）：184-192.

[7] 陈若芸，王雅泓，于德泉.赤芝孢子化学成分研究 [J]. 植物学报，1991，33（1）：65-68.

[8] 周亚杰，王梓懿，冯鹏.灵芝孢子粉多糖研究进展 [J]. 中草药，2018，49（21）：5205-5210.

[9] 包县峰，徐勇，刘维明，等.灵芝孢子粉生物活性成分及药理作用 [J]. 食品工业科技，2020，41（6）：325-331.

[10] 王金艳，王晨光，张劲松，等.灵芝孢子粉中核苷类成分分析 [J]. 菌物学报，2016，35（1）：77-85.

[11] 严培兰，杨志空，唐庆九，等.灵芝孢子粉和孢子油脂溶性成分分析 [J]. 食用菌学报，2024，31（03）：76-89.

[12] 付佳，胡燕燕，周俊甫，等.灵芝孢子粉和灵芝子实体中麦角硫因的含量测定 [J]. 食药用菌，

2021，29（6）：532-534.

[13] 王思维.JAK1/STAT6 介导 M2 型巨噬细胞极化在灵芝孢子粉调节三阴性乳腺癌免疫微环境中的作用研究 [D].合肥：安徽中医药大学，2023.

[14] 黄薇，叶树，丁志贤，等.破壁灵芝孢子粉调控 NLRP3 炎症体介导的焦亡对阿尔茨海默病大鼠学习记忆能力的影响 [J].中华中医药杂志，2024，39（06）：3073-3077.

[15] 冯鹏，胡珀，李慧，等.灵芝孢子粉在免疫调节中的作用及机制研究进展 [J].药物生物技术，2021，28（3）：308-314.

[16] 唐庆九，张劲松，潘迎捷，等.灵芝孢子粉碱提多糖对小鼠巨噬细胞的免疫调节作用 [J].细胞与分子免疫学杂志，2004，20（2）：142-144.

[17] 冯鹏，赵丽，赵卿，等.灵芝孢子多糖对荷瘤小鼠的免疫调节作用 [J].中国药科大学学报，2007，38（2）：162-166.

[18] 张荣标，陈润，陈冠敏，等.破壁灵芝孢子粉对小鼠免疫功能影响的研究 [J].预防医学论坛，2013，19（12）：936-938+954.

[19] 张丽霞，张雅君，张丽萍.灵芝多糖的提取纯化及其免疫活性 [J].西北农林科技大学学报（自然科学版），2014，42（6）：168-172.

[20] 吴晓刚，孟令仪，周博宇，等.灵芝孢子粉对小鼠 NK 细胞活性影响的研究 [J].中国卫生工程学，2018，17（6）：838-840.

[21] 李立，王亚东，王海玉，等.破壁灵芝孢子粉对小鼠免疫功能调节作用的实验研究 [J].中国卫生检验杂志，2019，29（23）：2835-2836+2839.

[22] 王昕妍，陈国杨，苏洁，等.灵芝孢子粉、破壁灵芝孢子粉对 Lewis 肺癌小鼠肿瘤生长和 VEGF 表达的比较研究 [J].中药药理与临床，2017，33（2）：118-121.

[23] 柴秀丽，宛蕾，李龙宽，等.破壁灵芝孢子粉对人肝癌 SMMC-7721 细胞裸鼠皮下瘤体增殖及血管生成的研究 [J].辽宁中医杂志，2018，45（1）：152-156.

[24] 王顺官，李琳，徐江平.灵芝孢子粉提取物对裸鼠移植性人肝癌血管生成的抑制作用 [J].中药材，2008，31（8）：1219-1222.

[25] 陈艳，李风雷.灵芝孢子粉对非小细胞肺癌小鼠 CD44 和突变型 P53 蛋白表达的影响及抑瘤作用 [J].临床肺科杂志，2015，20（7）：1180-1182.

[26] 杨超，班玲，王亮，等.灵芝孢子治疗裸鼠卵巢癌过程中 let-7 的表达及意义 [J].医学动物防制，2015，31（1）：52-53.

[27] 谢明，谭玉林，张伟，等.破壁灵芝孢子粉对裸鼠移植性人乳腺癌的抑制作用 [J].中国老年学杂志，2015，35（20）：5728-5730.

[28] 李琳，李婷，王筱婧，等.灵芝孢子粉对 HepG2 细胞生长增殖和生长周期的影响 [J].中药材，2008，31（10）：1514-1518.

[29] 江艳，王浩，吕龙，等.灵芝孢子粉多糖 Lzps-1 的化学研究及其总多糖的抗肿瘤活性 [J].药学学报，2005，40（4）：347-350.

[30] 刘春延，张国财，程方志，等.灵芝孢子粉破壁工艺优化及其抗肿瘤作用 [J].食品科学，2016，37（14）：51-55.

[31] 赵燕平，冯彩珠，付昌隆，等.破壁灵芝孢子粉对 ConA 诱导免疫性肝损伤模型小鼠血清 ALT、AST 水平及肝组织炎症程度的影响 [J].浙江中西医结合杂志，2017，27（9）：760-762.

[32] 胡宗苗，周园理，邓颖颖，等 . 灵芝孢子粉保护 CCl_4 引起的小鼠肝纤维化损伤的实验研究 [J]. 中南药学，2016，14（7）：696-699.

[33] 葛振丹，黄厚今，朱宝石，等 . 破壁灵芝孢子粉对长期镉暴露大鼠金属硫蛋白表达的影响 [J]. 实用预防医学，2016，23（4）：395-398.

[34] 王换换，申正杰，肖航，等 . 灵芝孢子粉对小鼠抗疲劳作用及生化机制初探 [J]. 营养学报，2019，41（2）：173-177.

[35] 孟凡钧 . 灵芝孢子粉对强化耐力运动免疫功能的影响 [J]. 中国食用菌，2020，39（9）：219-222.

[36] 王方，步洪石，李小欢，等 . 灵芝孢子粉破壁前后对力竭小鼠氧化损伤保护作用的比较 [J]. 菌物研究，2021，19（1）：49-53.

[37] 冯翠萍，王晓闻，程旭东，等 . 灵芝孢子粉多糖的提取及其生物活性研究 [J]. 中国食品学报，2009，9（3）：58-62.

[38] 刘宇琪，郝利民，鲁吉珂，等 . 灵芝子实体和孢子粉纯化多糖体外抗氧化活性研究 [J]. 食品工业科技，2019，40（16）：27-31.

[39] 刘雪玲，李开飞，陈晓瑜，等 . 苯妥英钠与灵芝孢子粉联合用药治疗癫痫大鼠的实验研究 [J]. 临床医学工程，2014，21（4）：428-430.

[40] 张金波，王淑秋，张玉萍，等 . 灵芝孢子粉对戊四氮活化海马神经细胞 bad，bcl-xl 和 p53 表达的研究 [J]. 中国优生与遗传杂志，2015，23（9）：24-27.

[41] 张金波，宋汉君，刘爽，等 . 灵芝孢子粉对戊四氮活化海马神经细胞 caspase-9 表达的研究 [J]. 现代生物医学进展，2016，16（10）：1850-1853.

[42] 李晶，于海波，于海涛，等 . 灵芝孢子粉干预对癫痫大鼠脑组织病理改变、Cu^{2+}、Zn^{2+} 变化的影响 [J]. 中国老年学杂志，2014，34（21）：6088-6089.

[43] 胡宇，王淑湘，吴可佳，等 . 灵芝孢子粉对戊四氮致痫大鼠海马区 IL-1β 及自噬水平变化的影响 [J]. 广东化工，2021，48（1）：113-114.

[44] 郑衍芳，李艳君，杨丽，等 . 灵芝孢子粉联合脑源性神经营养因子对神经干细胞分化的影响 [J]. 广东医学，2014，35（1）：50-52.

[45] 鲍琛 . 灵芝孢子粉对帕金森病大鼠氧化应激反应和神经炎症反应的影响 [J]. 实用药物与临床，2014，17（4）：402-404.

[46] 魏怀玲，余凌虹，刘耕陶 . 赤灵芝孢子粉水溶性提取物（肌生注射液）对小鼠的催眠镇静作用 [J]. 中药药理与临床，2000，16（6）：12-14.

[47] 姚金福，赵婉军，杨波，等 . 灵芝孢子粉对脂多糖诱导的人气道上皮细胞损伤的保护作用 [J]. 中老年学杂志，2015，35（13）：3546-3547.

[48] 张天柱，赵婉君，吴国梁，等 . 灵芝孢子粉抗抑郁作用机制研究 [J]. 时珍国医国药，2015,26（1）：16-18.

[49] 胡宗苗，刘景楠，周园里，等 . 灵芝孢子粉对乙醇诱导小鼠胃溃疡的保护作用 [J]. 陕西中医，2016，37（5）：632-634.

[50] 杨开，张雅杰，张酥，等 . 灵芝孢子粉低聚糖的制备及调节肠道菌群功能研究 [J]. 食品与发酵工业，2020，46（9）：37-42.

[51] 马超，马传贵，戚俊，等 . 灵芝孢子粉破壁技术及灵芝类保健食品开发研究进展 [J]. 中国食用菌，2020，39（12）：8-12+17.

[52] 张忠，张劲松，刘艳芳，等．分光光度法测定灵芝中总三萜含量方法探讨 [J]. 上海农业学报，2016，32（1）：61-65.

[53] 齐元富，李秀荣，阎明，等．灵芝孢子粉辅助化疗治疗消化系统肿瘤的临床观察 [J]. 中国中西医结合杂志，1999，19（9）：554-555.

[54] 任武生，王圣忠，陈金生．双灵固本散联合放疗治疗恶性肿瘤疗效观察（附 232 例）[J]. 现代肿瘤医学，2004，12（2）：155-156.

[55] 王静雯．齐鲁灵芝破壁孢子粉配合奇宁注射液治疗恶性肿瘤 28 例副反应观察及护理 [J]. 齐鲁护理杂志，2007，13（17）：1-2.

[56] 王静雯．齐鲁灵芝破壁孢子粉配合放疗减轻胃肠道反应的观察及护理 [J]. 中国辐射卫生，2007，17（2）：230-231.

[57] 匡建民，王静雯，匡建梅．灵芝破壁孢子粉联合化疗治疗恶性肿瘤疗效观察 [J]. 山东医药，2007，47（21）：59-60.

[58] 甄作均，王峰杰，范国勇，等．灵芝孢子粉对肝细胞肝癌患者术后细胞免疫功能的影响 [J]. 中华肝脏外科手术学电子杂志，2013，2（3）：171-174.

[59] 杨英，徐世伟，何淑萍．中医防治高危型人乳头瘤病毒感染的临床观察 [J]. 浙江中医杂志，2013，48（4）：260.

[60] 王跃辉，曲卓慧，赵卓勇．破壁灵芝孢子粉对非小细胞肺癌患者化疗前后免疫功能影响的临床观察 [J]. 中国实用医药，2014，9（23）：20-21.

[61] 王跃辉，曲卓慧，秦英．破壁灵芝孢子粉联合希罗达联合奥沙利铂方案化疗治疗晚期结直肠癌的临床观察 [J]. 中国实用医药，2014，9（21）：108-109.

[62] 周吉华，张庆华．灵芝孢子对老年宫颈癌患者外周血 T 淋巴细胞亚群及 VEGF 的影响 [J]. 中国妇幼保健，2014，29（13）：2021-2022.

[63] 周永丽，徐成康，尹秋梅，等．灵芝孢子粉抗宫颈人乳头瘤病毒感染作用研究 [J]. 中国医药科学，2017，7（2）：28-30+66.

[64] 魏智民，李录，孙玉发，等．不同营养制剂对癌症患者免疫功能的影响 [J]. 现代肿瘤医学，2021，29（18）：3255-3260.

[65] 杨春佳，苏德望，马淑霞，等．灵芝孢子粉在真菌性肠炎所致腹泻中的应用 [J]. 中国微生态学杂志，2009，21（9）：850+852.

[66] 谢晓明．灵芝孢子粉外敷治疗压疮效果分析 [J]. 中国误诊学杂志，2010，10（8）：1794-1795.

[67] 于红梅，金永华．灵芝孢子粉对 Guillain Barre 综合征的疗效和作用机制 [J]. 中风与神经疾病杂志，2013，30（12）：1114-1115.

[68] 冼慧仪，冯曙平，陈艳，等．灵芝孢子粉对中重度慢性阻塞性肺疾病的随访研究 [J]. 广州医药，2020，51（2）：15-20.

[69] 曾广翘，钟惟德，Petter C K C，等．全破壁灵芝孢子治疗男性更年期综合征 [J]. 广州医学院学报，2004，32（1）：46-48.

第九章

灵芝孢子油

20 世纪 90 年代开始，灵芝孢子粉的加工、食用方法及功效开始受到关注。随着提取工艺水平的提高，特别是 CO_2 超临界萃取工艺的应用，灵芝孢子粉的脂溶性成分——灵芝孢子油被萃取出来并可大规模生产，且人们发现灵芝孢子油在保肝、神经保护、抗氧化、抗衰老、降脂、提高免疫力、辅助癌症治疗等方面作用效果较好。

第一节　灵芝孢子油的制备

灵芝孢子的外壁质地坚韧，耐酸碱，限制了人们对孢子内有效物质的消化吸收[1]。为了充分利用灵芝孢子内的有效物质，如灵芝孢子油，必须首先对孢子进行破壁。常见的破壁的方法有生物法（酶解和出芽）、化学法（溶剂提取和酸解）和物理法（低温冷冻、超微破碎和高压冲撞）[2,3]。通常，几种方法联合应用可将灵芝孢子的破壁率提高。例如，灵芝孢子先发芽破壁，再超微碾磨和酶解，破壁率可达 85.38%[2]；纤维素酶处理后，再高压冲撞和超微碾磨，破壁率可达 99%[4]。

除以上方法外，超临界 CO_2 萃取技术是目前最好、应用最广的获得孢子油的技术[5,6]。它的优点是产油量高、无有机溶剂残留、条件温和，因此可防止孢子油在加工过程中被氧化等[5,6]。有文献报道，超临界 CO_2 萃取技术最佳的提取条件是：提取压力 14 MPa，提取温度 34℃，分离压力（5.5±0.2）MPa，分离温度 32℃，CO_2 流速 25 L/h，提取时间 270 min[6]。加入一定量乙醇作为夹带剂还可以提高对极性物质的提取及提高出油率和澄清度[6]。

灵芝孢子油通常被制成软胶囊生产，防止孢子油中的不饱和脂肪酸氧化降解。

第二节　灵芝孢子油中的化合物

超临界 CO_2 萃取技术提取的灵芝孢子油中的化学成分主要以饱和及不饱和脂肪酸、甾醇和脂溶性维生素为主，灵芝三萜含量极低[7]。现有的研究结果表明，灵芝孢子油主要的药效物质是不饱和脂肪酸和甾醇[7]。灵芝孢子油在空气中易氧化变质，需加入抗氧化剂，如维生素 E，密封于胶囊中保存。

自 2024 年至今从灵芝孢子油中鉴定出的 23 个不饱和脂肪酸[8-15]（**1～23**）见表 9-1、17 个饱和脂肪酸（**24～35**）和酯（**36～40**）见表 9-2、12 个甾醇（**41～52**）见表 9-3 和图 9-1。

灵芝孢子油中所含饱和脂肪酸和不饱和脂肪酸分别为 19.74% 和 80.26%，其中不饱和脂肪酸中的甘油三酯类化合物占灵芝孢子油的 74.25%[2]。目前，9 个甘油三酯类化合物已被分离出来（**1～9**）。甲基化灵芝孢子油可产生游离脂肪酸，含量高达94%[2]。主要的不饱和脂肪酸包括油酸（oleic acid, C18:1）和亚油酸（linoleic acid, C18:2）；主要的饱和脂肪酸包括棕榈酸（palmitic acid，C16:0）和硬脂酸（stearic acid,C18:0）等[2]。

2003年，田弋夫等[10]采用超临界CO_2萃取破壁灵芝孢子粉得到黄色油状物，将孢子油进行甲酯化后，经GC-MS色谱质谱定性和定量分析，共检出18种脂肪酸成分，以油酸（43.63%）、亚油酸（18.82%）和棕榈酸（20.5%）、硬脂酸（6.43%）为主，并发现微量十三碳酸、十五碳酸、十七碳酸和二十三碳酸等奇数碳脂肪酸[10]。

2005年，陈体强等[18]采用超临界CO_2萃取原木灵芝孢子粉得到灵芝孢子油，将所得孢子油甲酯化后进行GC-MS分析，分析结果表明，从超临界CO_2萃取的孢子油中共分离得到30个峰，鉴定出18种脂肪酸成分，包括不饱和脂肪酸6种，主要为9-十八碳烯酸（55.1%）、十八碳二烯酸（20.46%，以9,12-十八碳二烯酸为主）；还含有十六碳烯酸（1.36%）、十八碳三烯酸（0.577%）、二十碳烯酸（0.236%）；饱和脂肪酸7种，占孢子油总量的21.4%，其中以十六碳烷酸（19.35%）为主，还包括十四碳烷酸（0.306%）、十五碳烷酸（0.605%）、十七碳烷酸（0.212%）、二十碳烷酸（0.312%）、二十二碳烷酸（0.358%）、二十四碳烷酸（0.031%）；此外，超临界CO_2萃取的灵芝孢子油中还含有2-己烷基-环戊烷辛酸和顺-3-辛烷基-环氧乙烷碳酸等环链脂肪酸，以及己酸、辛酸等短链脂肪酸[18]，见表9-4。

灵芝孢子油中所含甾醇主要以麦角甾醇及衍生物（**41～48**）为主，另外还有2个开环麦角甾醇衍生物（**49～50**）和2个谷甾醇类化合物（**51～52**）。

表9-1　从灵芝孢子油中鉴定的不饱和脂肪酸

编号	化合物名称	分子式	分子量	参考文献
1	1,3-dipalmitoyl-2-oleoyl-glycerol	$C_{53}H_{100}O_6$	833.36	[8]
2	1-stearoyl-2-oleoyl-3-palmitoyl-glycerol	$C_{55}H_{104}O_6$	861.41	[8]
3	1,2-dioleoyl-3-palmitoyl-glycerol	$C_{55}H_{102}O_6$	859.39	[8]
4	1,2,3-trioleoyl-glycerol	$C_{57}H_{104}O_6$	885.43	[8]
5	1-stearoy-2,3-trioleoyl-glycerol	$C_{57}H_{106}O_6$	887.45	[9]
6	1-dipalmitoyl-2-oleoyl-3-O-(9,12Z-octadecadienyl)-glycerol	$C_{55}H_{100}O_6$	857.38	[9]
7	1,2-trioleoyl-3-O-(9,12Z-octadecadienoyl)-glycerol	$C_{57}H_{102}O_6$	883.42	[9]
8	1-O-(11Z-octadecenyl)-2,3-trioleoyl-glycerol	$C_{57}H_{104}O_6$	885.43	[9]
9	1-O-(11Z-octadecenyl)-2-trioleoyl-3-O-(9,12Z-octadecadienoyl)-glycerol	$C_{57}H_{102}O_6$	883.42	[9]
10	palmitoleic acid	$C_{16}H_{30}O_2$	254.41	[10]
11	cis-10-heptadecenoic acid	$C_{17}H_{32}O_2$	268.43	[2, 10]
12	linoleic acid	$C_{18}H_{32}O_2$	280.45	[10]
13	oleic acid	$C_{18}H_{34}O_2$	282.46	[10]
14	cis-13-eicosenoic acid	$C_{20}H_{38}O_2$	310.51	[2, 10]
15	11(Z)-docosenoic acid	$C_{22}H_{42}O_2$	338.57	[2, 10]

续表

编号	化合物名称	分子式	分子量	参考文献
16	tetracosaenoic acid	$C_{24}H_{46}O_2$	366.62	[10]
17	Z,Z-10,12-hexadecadienoic acid	$C_{16}H_{28}O$	236.39	[11]
18	linolenic acid	$C_{18}H_{30}O_2$	278.43	[11]
19	arachidonic acid	$C_{20}H_{32}O_2$	304.47	[12]
20	methyl linoleate	$C_{19}H_{34}O_2$	294.47	[13]
21	cis-10-heptadecenoic acid	$C_{17}H_{32}O_2$	268.43	[13]
22	cis-10-nonadecenoic acid	$C_{19}H_{36}O_2$	296.49	[14]
23	timnodonic acid	$C_{20}H_{30}O_2$	302.45	[15]

表 9-2 从灵芝孢子油中鉴定的饱和脂肪酸和酯

编号	化合物名称	分子式	分子量	参考文献
24	dodecanoic acid	$C_{12}H_{24}O_2$	200.32	[10]
25	tridecanoic acid	$C_{13}H_{26}O_2$	214.34	[10]
26	tetradecanoic acid	$C_{14}H_{28}O_2$	228.37	[10]
27	pentadecanoic acid	$C_{15}H_{30}O_2$	242.39	[10]
28	palmitic acid	$C_{16}H_{32}O_2$	256.42	[10]
29	heptadecanoic acid	$C_{17}H_{34}O_2$	270.45	[10]
30	stearic acid	$C_{18}H_{36}O_2$	284.48	[10]
31	eicosanoic acid	$C_{20}H_{40}O_2$	312.53	[10]
32	docosanoic acid	$C_{22}H_{44}O_2$	340.58	[10]
33	tricosanoic acid	$C_{23}H_{46}O_2$	354.61	[10]
34	tetracosanoic acid	$C_{24}H_{48}O_2$	368.64	[10]
35	nonadecanoic acid	$C_{19}H_{38}O_2$	298.50	[14]
36	ethyl nonanoate	$C_{11}H_{22}O_2$	186.29	[11]
37	monoarachidin	$C_{23}H_{46}O_4$	386.61	[12]
38	ethyl hexadecanoate	$C_{18}H_{36}O_2$	284.48	[11]
39	methyl tetracosanoate	$C_{25}H_{50}O_2$	382.66	[15]
40	methyl hexacosanoate	$C_{27}H_{54}O_4$	410.72	[8]

表 9-3 从灵芝孢子油中鉴定的甾醇

编号	化合物名称	分子式	分子量	参考文献
41	ergosterol	$C_{28}H_{44}O$	396.66	[8]
42	ergosterol peroxide	$C_{28}H_{44}O_3$	428.65	[8]
43	ergosta-7-en-3β-ol	$C_{28}H_{48}O$	400.68	[16]
44	ergosta-4,6,8(14),22-tetraen-3-one	$C_{28}H_{40}O$	392.62	[16]
45	ergosta-7,22-diene-3β,5α,6β-triol	$C_{28}H_{46}O_3$	430.66	[16]
46	ergosta-7,22-diene-3β,5α,6α-triol	$C_{28}H_{46}O_3$	430.66	[16]

编号	化合物名称	分子式	分子量	参考文献
47	(22*E*,24*R*)-ergosta-5α,6α-epoxide-8,22-diene-3β,7α-diol	$C_{28}H_{44}O_3$	428.65	[16]
48	stellasterol	$C_{28}H_{46}O$	398.67	[17]
49	ganoderin A	$C_{28}H_{46}O_4$	447.67	[17]
50	chaxine B	$C_{28}H_{42}O_5$	458.63	[17]
51	β-sitosterol	$C_{29}H_{50}O$	414.71	[16]
52	isofucosterol	$C_{29}H_{48}O$	412.69	[16]

表 9-4　灵芝孢子油超临界 CO_2 流体萃取物的组分

化合物	相对质量分数
己酸	0.018
辛酸	0.015
壬酸	0.018
十四碳烷酸	0.306
十五碳烷酸	0.605
9-十六碳烯酸	1.360
十六碳烷酸	19.35
2-己烷基-环戊烷辛酸	0.106
十七碳烷酸	0.212
—	0.023
9-十八碳烯酸（*E*式）	55.127
9,12-十八碳二烯酸	20.326
—	0.169
9,12,15-十八碳三烯酸	0.577
—	0.012
—	0.013
—	0.036
11-二十碳烯酸（*Z*式）	0.236
二十碳烷酸	0.312
顺-3-辛烷基-环氧乙烷碳酸	0.212
—	0.036
8,11-十八碳二烯酸（*Z*式）	0.138
—	0.044
—	0.045
二十二碳烷酸	0.358
—	0.047
二十四碳烷酸	0.301

注："—"表示未确定。

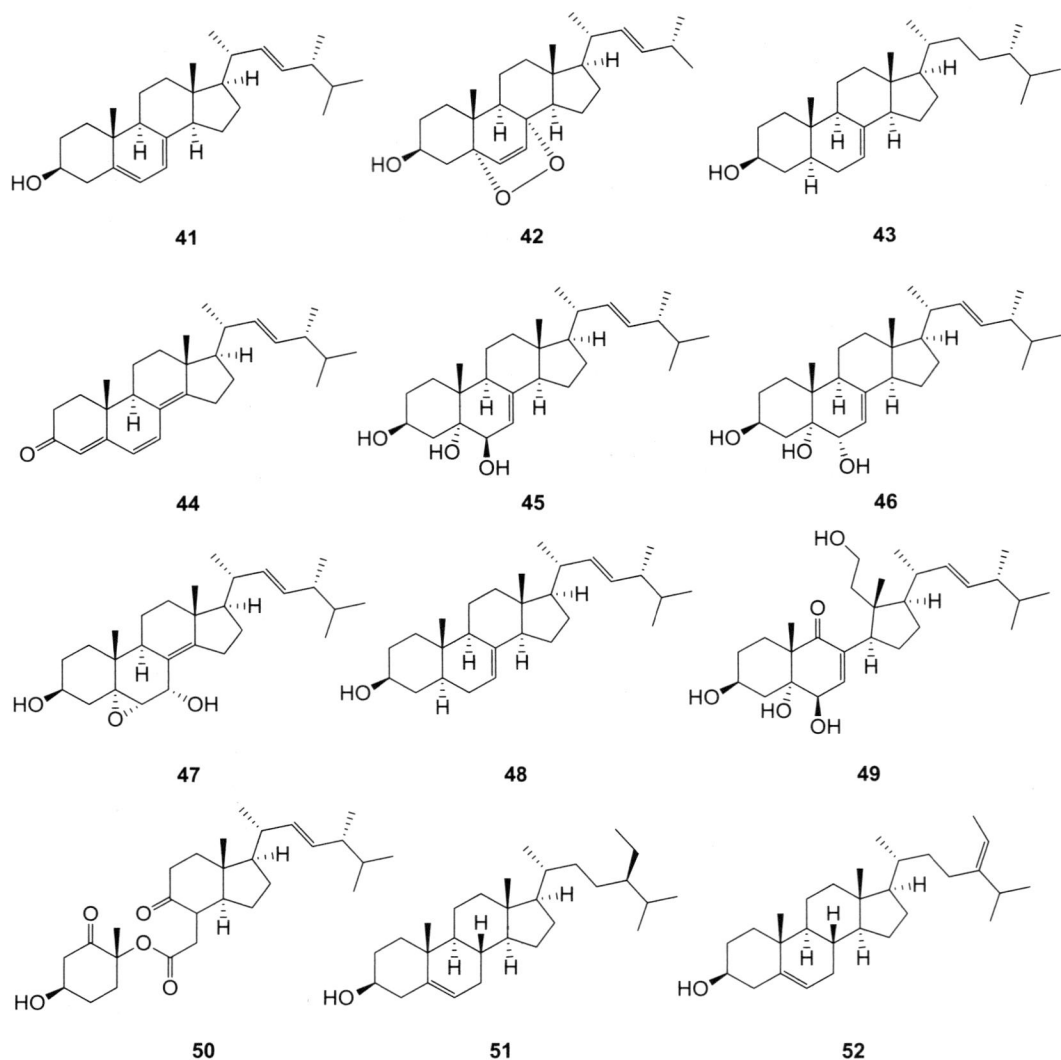

图9-1　从灵芝孢子油中鉴定的甾醇类化合物结构

第三节　灵芝孢子油的生物活性

一、肝保护作用

肝脏是人最大的消化腺，也是重要的代谢和解毒器官。很多化学物质，如乙醇、四氯化碳（CCl_4）等都会损伤肝脏。

灵芝孢子油 3 个剂量（170 mg/kg、330 mg/kg、1000 mg/kg）灌胃给予 CCl_4 造成的肝损伤昆明小鼠。灵芝孢子油各剂量组均能明显减轻 CCl_4 引起的肝脏病理损害，可显著降低肝损伤所致的血清谷丙转氨酶（ALT）、谷草转氨酶（AST）水平，可明显增强凝集素（ConA）刺激的小鼠脾淋巴细胞转化增殖能力。灵芝孢子油高剂量组可增强细胞免疫功能，可使受试动物 NK 细胞的活性增加[19]。

灵芝孢子油 3 个剂量（330 mg/kg、670 mg/kg、2000 mg/kg）灌胃给予 CCl_4 造成的肝纤维化 SD 大鼠。灵芝孢子油各剂量组能显著降低 CCl_4 所致的肝纤维化大鼠血浆谷丙转氨酶（ALT）、谷草转氨酶（AST）、丙二醛（MDA）、透明质酸（HA）的水平，降低肝组织中羟脯氨酸（Hyp）和 MDA 含量。肝脏病理显示灵芝孢子油使大鼠纤维化程度明显减轻。因此灵芝孢子油对 CCl_4 诱导的肝纤维化大鼠具有保护作用[20]。

灵芝孢子油提取物复合制剂三个剂量（167 mg/kg、330 mg/kg、1000 mg/kg）喂养 ICR 小鼠 30 d，再用 50% 乙醇建立急性酒精性肝损伤小鼠模型，16 h 后处死动物。结果表明灵芝孢子油提取物复合制剂各剂量组能明显减轻乙醇引起的肝脏病理损害，降低肝组织中甘油三酯（TG）含量，证明灵芝孢子油提取物复合制剂对急性酒精肝损伤具有辅助保护功能[21]。

二、神经保护

灵芝孢子油对大鼠或小鼠的视神经、海马神经、多巴胺神经元等均有保护作用。

灵芝孢子油（2 mg/kg）灌胃给予眼睛视网膜感光细胞病变（N-亚硝基-N-甲基脲诱导）的雌性 SD 大鼠 10 d。灵芝孢子油可以降低视网膜中促凋亡基因（Bax 和 caspase-3）的表达，增加抗凋亡基因（Bcl-xl）的蛋白表达，而抑制 N-亚硝基-N-甲基脲诱导的细胞凋亡，从而表现出对抗感光细胞的病变过程[22]。

灵芝孢子油（4000 mg/kg）能显著降低铝中毒痴呆症模型小鼠在 Morris 水迷宫的逃避潜伏期。灵芝孢子油治疗组小鼠的突触和线粒体数量明显比模型组小鼠增多，海马神经纤维的破坏程度明显低于模型组。灵芝孢子油可能通过保护海马神经纤维、线粒体和突触等超微结构，从而对学习记忆功能发挥保护作用[23]。

受孕昆明小鼠被随机分为 4 组，自受孕第 1d 起分别胃饲生理盐水、灵芝孢子油（1500 mg/kg）、深海鱼油（1500 mg/kg）和灵芝孢子油加深海鱼油（各 1500 mg/kg）。母鼠分娩后，哺乳幼鼠 20 d，第 21d 改为胃饲其幼鼠。第 45d 进行幼鼠水迷宫（Morris）行为学测试，然后处死。结果发现，灵芝孢子油组、深海鱼油组和灵芝孢子油加深海鱼油组小鼠的逃避潜伏期明显缩短。灵芝孢子油和灵芝孢子油加深海鱼油组的小鼠平台象限游泳距离有所增加。灵芝孢子油加深海鱼油组的小鼠大脑海马一氧化氮合酶（NOS）阳性神经元与其他组的小鼠比较有显著性增加。灵芝孢子油和深海鱼油联合应用可能通过刺激大脑海马神经元表达 NOS，从而提高小鼠学习记忆能力[24]。

大鼠连续口服灵芝孢子油（500 mg/kg）10 d，能显著减少 6-羟基多巴（6-

OHDA）诱导的大鼠旋转行为的发生，手术侧纹状体内多巴胺含量减少的程度明显轻于模型组。灵芝孢子油组的黑质区酪氨酸羟化酶（TH）的细胞数目及蛋白表达量均比模型组显著增多。以上结果表明灵芝孢子油对 6- 羟基多巴（6-OHDA）帕金森病大鼠模型的行为学、神经递质、病理等方面均能显著改善，具有神经保护作用[25]。

灵芝孢子油（1500 mg/kg）能明显改善 1-甲基-4-苯基-1, 2, 3, 6-四氢吡啶（MPTP）帕金森病模型小鼠行为学，增加纹状体多巴胺及其代谢物含量，减少黑质多巴胺神经元的损伤，提示灵芝孢子油可能具有减缓帕金森病变进程的神经保护作用[26,27]。

三、抗氧化和抗衰老

灵芝孢子油富含不饱和脂肪酸，具有较好的抗氧化作用。灵芝孢子油的抗衰老作用机制部分是基于其抗氧化作用的。

灵芝孢子油具有明显的体外抗氧化活性，对 DPPH 自由基和超氧阴离子自由基的清除能力较强。当灵芝孢子油质量浓度达 800 μg/mL 时，对 DPPH 自由基和超氧阴离子自由基的清除率可达 89.1% 和 41.3%，分别接近于常用抗氧化剂 2,6- 二叔丁基对甲酚（BHT）和芦丁。灵芝孢子油中含有维生素 D_2 15.13 μg/g、维生素 D_3 14.68 μg/g 和维生素 E 7.15 μg/g，还含有一定量的角鲨烯成分。灵芝孢子油中的角鲨烯可能与脂溶性维生素共同起到抗氧化作用[28]。

灵芝孢子油 3 个剂量（250 mg/kg、500 mg/kg 和 1500 mg/kg）灌胃给予照射 $^{60}Co-\gamma$ 造成老龄化的昆明小鼠。与老龄化模型组相比，中、高剂量灵芝孢子油治疗组小鼠外周血白细胞计数、红细胞及肝脏 SOD 活力显著升高，高剂量组骨髓细胞微核率显著降低，低、中、高剂量组小鼠骨髓细胞 DNA 含量均明显增多。且随着灵芝孢子油灌胃剂量的升高，小鼠骨髓细胞微核率呈下降趋势，而外周血白细胞计数、骨髓细胞 DNA 含量、红细胞及肝脏 SOD 活力呈上升趋势。因此灵芝孢子油对辐射引起的老龄小鼠损伤具有拮抗作用[29]。

灵芝孢子油 3 个剂量（312 mg/L、625 mg/L 和 1250 mg/L）给予果蝇是一种有效的果蝇抗衰老的方法。由于具有优异的抗氧化能力，在正常和 H_2O_2 处理后，灵芝孢子油高剂量组果蝇的平均寿命和最大寿命都能显著延长。此外，灵芝孢子油高剂量组果蝇的 SOD 和过氧化氢酶（CAT）的活性明显增强，MDA 水平明显降低，Cu/Zn-SOD、Mn-SOD 和 CAT 的 mRNA 的表达量明显增加。由此可见，灵芝孢子油有可能成为预防衰老相关疾病的功能性食品[30]。

四、增强免疫力

免疫系统是人体自身的防御机制，免疫系统有防御、监视、稳定三大功能。强大的免疫系统是防病、避病的基础。免疫功能好就可以抵抗病毒侵袭，不容易生病，就算生病了症状也比较轻，康复也更迅速。

　　灵芝孢子油软胶囊（250 mg/kg）灌胃给予正常小鼠连续 30～45 d，能促进小鼠的脾淋巴细胞增殖和转化作用，促进小鼠的迟发型变态反应，提高小鼠的抗体生成细胞数、血清溶血素水平，提高小鼠的腹腔巨噬细胞的吞噬能力，显著提高小鼠的 NK 细胞活性[31]。

　　灵芝孢子油可显著升高正常小鼠外周血 CD4+T 细胞比例，降低 CD8+T 细胞比例，升高 CD4+/CD8+ 比值，可以促进正常小鼠诱导生成 IL-2，促进 ConA 诱导的脾 T 淋巴细胞增殖反应[32]。

　　灵芝孢子油的中、高剂量组（1250 mg/kg、2500 mg/kg）均可显著对抗大剂量环磷酰胺及 ^{60}Co 照射造成的正常及荷瘤小鼠外周血白细胞数、骨髓有核细胞数、脾脏指数和胸腺指数的下降，可明显提高荷瘤小鼠的血清半数溶血值。灵芝孢子油还可减轻大剂量环磷酰胺及 ^{60}Co 照射所致的骨髓抑制毒性，并可显著提高小鼠细胞和体液免疫功能[33]。

　　灵芝孢子油（150 mg/kg）口服给予昆明小鼠 30 d，可明显提高环磷酰胺免疫低下模型小鼠血清中 TNF-α 和 IFN-γ 的含量及脾脏和胸腺中 IL-2、IL-10、IL-12、IL-4、IFN-γ、TNF-α mRNA 的表达[34]。IL-2 可通过提高 IL-10 的含量而促使 B 细胞的增殖，还可促进 T 细胞的增殖和稳定[35]。此外，灵芝孢子油可通过促进 IL-4 和 IL-10 的分泌而活化免疫细胞，如 T 细胞和 B 细胞，从而提升外周免疫能力[36]。

　　综合文献报道，灵芝孢子油是一种多途径、多靶点的免疫提高剂。

五、调节心血管作用

　　灵芝孢子油可显著降低高脂饲料饮食的新西兰兔的血清总胆固醇含量[37]。

　　灵芝孢子油（50 mg/kg）可降低氧化三甲胺（TMAO）诱导的心脏病大鼠血清中的总胆固醇、总甘油三酯、低密度脂蛋白含量，升高高密度脂蛋白含量，减少 TMAO 含量[38]。

六、体外促进癌细胞凋亡

　　细胞凋亡，又被称为程序性细胞死亡，是一种重要的细胞死亡方式。它在生物体内起着维持组织稳态、清除异常细胞以及防止肿瘤发生的重要作用[39]。然而，在肿瘤细胞中，细胞凋亡的调控机制常常失调，导致肿瘤细胞的异常增殖和存活。细胞凋亡的调控机制非常复杂，包括多个信号通路和分子机制。其中，Bcl-2 家族蛋白和 caspase 家族蛋白是细胞凋亡调控中最为重要的调节因子[40]。Bcl-2 家族蛋白包括多个成员，如 Bcl-2、Bcl-xL、Bax 等，它们通过调控线粒体膜的通透性来控制细胞凋亡的发生。Bcl-2 和 Bcl-xL 是抗凋亡蛋白的成员，它们可以抑制线粒体膜的通透性，阻止细胞凋亡的进行。而 Bax 是促凋亡蛋白的成员，它可以增加线粒体膜的通透性，促进细胞凋亡的发生。Caspase 家族蛋白是细胞凋亡中的关键执行蛋白，包括半胱氨酸蛋白酶 -3（caspase-3）、半胱氨酸蛋白酶 -9（caspase-9）等。在细胞凋亡过程中，激活的 caspase-9 会激活 caspase-3，进而引发一系列的细胞凋亡反应，最终导致细胞死亡[40]。

血管内皮生长因子（VEGF）是一种具有高度生物活性的功能性糖蛋白。它可致肿瘤血管异常生长，阻碍抗肿瘤药物有效输送至肿瘤组织内，并可刺激新生血管生长因子增加。抑制 VEGF，可用于部分癌症的治疗[41]。

表 9-5 总结了灵芝孢子油对这些癌细胞的促凋亡作用及相应的机制。

表 9-5　灵芝孢子油对癌细胞的促凋亡作用及相应的机制

细胞株	表型	浓度 / 体积分数	作用机制	参考文献
人肺癌 THP-1 细胞	细胞凋亡率↑	1 mg/mL	EPK1/2↓、Akt↓、JNK1/2↑、caspase-3↑、caspase-8↑和caspase-9↑	[42]
人肝癌 HepG2 细胞 人非小细胞肺癌 A549 细胞 人结肠癌 HCT116 细胞	细胞活力抑制强度：A549 细胞＞HepG2 细胞＞HCT116 细胞	2 mg/mL	NF-κB↑、caspase-3↑	[43]
人 SPC-A1 肺癌细胞	细胞增殖↓、细胞活力↓、细胞萎缩、细胞膜边缘出现小气泡	0.1%	miR-21↓、PTEN↑、PDCD4↑	[44]
人乳腺癌 MDA-MB-231 细胞	细胞增殖↓、细胞凋亡率↑	0.2 μL/mL、0.4 μL/mL、0.6 μL/mL	Bcl-2↓、XIAP↓、PARP↓、FADD↑、caspase-3↑、caspase-9↑、Bax↑	[45]
人胃癌 MGC803 细胞	细胞存活率↓、细胞凋亡率↑、细胞迁移率↓、细胞侵袭率↓、G_0/G_1 期积累	0.4 μL/mL	p53 信号介导的细胞周期阻滞↑、caspase-3↑、caspase-9↑、FAK↑、uPAR↓、MMO-2/-9↓、TIMP-1↓	[46]
肺癌患者原代肿瘤细胞	细胞活力↓、细胞贴壁↓、细胞伸展↓、细胞凋亡率↑	0.16 μL/mL	Bax↑、Bcl-2↓	[47]
人肺癌 LTEP-a2 细胞	细胞增殖↓、细胞凋亡率↑、细胞萎缩、细胞膜边缘出现小气泡	1 μL/mL	miR-16↑、Bcl-2↓、VEGF↓	[48]
人胃癌 BGC823 细胞	细胞活力↓、细胞增殖↓、细胞迁移数量↓、细胞萎缩、细胞膜边缘出现小气泡	0.05%、0.05%、0.005%		[49]
人前列腺癌 LNCaP 细胞	细胞增殖↓	20 μg/mL	蛋白激酶 D 磷酸化↓、AR↓	[50]
人乳腺癌 MDA-MB-231 细胞		20 mg/L、40 mg/L	EGFR↓、VEGF↓、TSP-1↑	[51]

细胞株	表型	浓度/体积分数	作用机制	参考文献
人肝癌 HepG2 细胞	细胞增殖↓、细胞迁移速度↓、细胞凋亡率↑	0.1 g/L、0.25 g/L、0.5 g/L、1 g/L	VEGF↓、Bcl-2↓、Bax↓、Toll样受体表达↑	[52]
人白血病 HL-60 细胞	肿瘤细胞生长↓	1.13 mg/mL	拓扑异构酶Ⅰ和Ⅱ↓	[53]
人白血病 K562 细胞		2.27 mg/mL	细胞周期蛋白 D1 水平↓	[53]
人胃病 SGC7901 细胞		6.29 mg/mL	细胞周期 G_1 期停滞	[53]

七、体内抗肿瘤

灵芝孢子油对肝癌、乳腺癌、肉瘤等癌症模型小鼠的治疗作用及机制见表 9-6。作用机制主要包括促进癌症细胞凋亡、抑制肿瘤血管生成、增强免疫力等。

表 9-6　灵芝孢子油对癌细胞的促凋亡作用及相应的机制

动物模型	表型	浓度/体积分数	作用机制	参考文献
4T1 乳腺癌荷瘤细胞小鼠	肿瘤生长↓、肿瘤坏死↑	6 g/kg	cytochrome c↑、cystatin-9↑、Bax↓、XIAP↓	[45]
H_{22} 肝癌荷瘤细胞小鼠	肿瘤生长↓	7.4 g/kg、14.8 g/kg	VEGF↓	[54]
MDA-MB-231 乳腺癌荷瘤细胞小鼠	平均瘤重↓	20 mg/kg、40 mg/kg	EGFR↓、VEGF↓、TSP-1↑	[51]
H_{22} 肝癌荷瘤细胞小鼠	脾脏肿大↓、生存率↑、肿瘤生长↓	2.5 μL/g、5 μL/g、10 μL/g	CD4+T 细胞比例↑、CD4+/CD8+T 细胞比值↑、CD80 和 CD86↑	[55]
H_{22} 肝癌荷瘤细胞小鼠	肿瘤生长↓	2.5 g/kg	网状内皮细胞吞噬作用↑、血清溶血值 (HC50)↑、耳肿胀度↑、血清 IFN-γ 水平↑、血清 TNF-α 水平↑	[56]
S180 肉瘤和 H_{22} 肝癌荷瘤细胞小鼠	肿瘤体积↓、平均瘤重↓	1.2 g/kg	拓扑异构酶Ⅰ和Ⅱ活性↓、细胞周期蛋白 D1 水平↓、细胞周期 G_1 期停滞	[53]
H_{22} 肝癌荷瘤细胞小鼠		3 g/kg、8 g/kg	端粒酶活性↓	[57]
		2.5 g/kg		[58]

第四节　灵芝孢子油的临床应用

前列腺癌患者完整病例 20 例，年龄 60～86 岁，平均年龄 74 岁。症状为前列腺明显增大，向前、后突出；肿瘤大小约 4～8 cm，均未见局部淋巴结肿大，也无远处转移；尿路梗阻较重。患者每日服灵芝孢子油软胶囊 9 粒（500 mg/ 粒），早、中、晚各 3 粒，使用 2～3 个疗程（1 个月为 1 个疗程）。治疗中配合使用抗生素和治疗前列腺肥大的中药。治疗 1 个月后复查，所有患者症状均有明显改善，前列腺癌块缩小 10% 左右，放射反应已基本消失，睡眠、食欲均有明显改善。治疗 3 个月后复查，前列腺癌块缩小 50% 左右，患者症状有所改善。用尿管引流的患者也能自行排尿，膀胱反应和直肠反应消失。治疗 6 个月后复查 2 例，排尿均基本恢复正常，CT 片显示前列腺缩小，肿瘤消失，放射反应消失[59]。

专业羽毛球运动员 16 名，被随机分为 2 组，实验组每天服用灵芝孢子油软胶囊 1 粒（16 mg/ 粒），对照组每天服用淀粉胶囊 1 粒。结果显示，运动 7 d 后，相关指标无明显变化，但 14 d 和 21 d 后，实验组的 CD4$^+$、CD8$^+$、CD4$^+$/CD8$^+$、NK 与对照组比较均显著升高。该结果表明，服用灵芝孢子软胶囊可防止高强度运动及训练造成的免疫功能下降，有助于降低运动时被感染的概率，保证运动员健康[60]。

乙型病毒性肝炎患者 81 例，随机被分为治疗组和对照组。治疗组 39 例用干扰素-α2b 联合灵芝孢子油胶囊（500 mg/ 粒）治疗；对照组 42 例仅用干扰素-α2b 治疗。治疗组治疗乙肝 6 个月、12 个月后 乙型肝炎病毒 DNA（HBV-DNA）的转阴率（80.25% 和 79.48%）均显著高于对照组（64.29% 和 38.10%）。可见干扰素-α2b 联合灵芝孢子油胶囊可提高 HBV-DNA 的转阴率。这可能与灵芝孢子油胶囊对干扰素-α2b 的免疫增强协同作用有关[61]。

（孙军花　撰写，康洁　审校）

参考文献

[1] Hsu R C, Lin B H, Chen C W. The study of supercritical carbon dioxide extraction for *Ganoderma lucidum* [J]. *Ind Eng Chem Res*, 2001, 40 (20): 4478-4481.

[2] Liu J, Zhang B, Wang L, et al. Bioactive components, pharmacological properties and underlying mechanism of *Ganoderma lucidum* spore oil: A review [J]. *Chin Herb Med*, 2024, 16 (3): 375-391.

[3] Tian C, Wang P, Qin J, et al. Enzyme-assisted extraction and enrichment of galanthamine from *Lycoris aurea* [J]. *Chin Herb Med*, 2016, 8 (2): 182-188.

[4] 肖鑫，吴岩，谢音，等 . 灵芝孢子破壁的研究 [J]. 食品科技 . 2015，40（10）：61-65.

[5] 李琴韵，梁静，何威之，等 . 超临界 CO$_2$ 萃取灵芝孢子油的工艺条件研究 [J]. 中成药，2008（3）：447-449.

[6] Li J, Zhang X, Liu Y. Supercritical carbon dioxide extraction of *Ganoderma lucidum* spore lipids [J]. *LWT-Food Sci Technol*, 2016, 70: 16-23.

[7] 林志彬 . 灵芝孢子油的药效物质基础研究进展 [J]. 菌物研究 . 2024，22（1）：79-87.

[8] 周晓宏 . 灵芝孢子油化学成分研究 [D]. 广州：广州中医药大学，2013.

[9]　卢锦熙，曾荣华，王腾华，等 . 灵芝孢子油化学成分研究 [J]. 广州中医药大学学报，2013，30（4）：553-557.

[10]　田弋夫，李金华，金德顺 . 超临界 CO_2 萃取灵芝孢子油的 GC/MS 分析 [J]. 中国油脂，2003（9）：44-45.

[11]　陈体强，吴锦忠 . 超微粉碎后超临界 CO_2 萃取灵芝孢子挥发油组分的 GC-MS 分析 [J]. 天然产物研究与开发，2006，18（6）：982-985.

[12]　李向敏，焦春伟，梁耀光，等 . 灵芝孢子油化学成分研究 [C]// 中国菌物学会 . 中国菌物学会第五届会员代表大会暨 2011 年学术年会论文摘要集 . 广州：中国菌物学会，2011: 122-123.

[13]　Liu X, Xu S P, Wang J H, et al. Characterization of *Ganoderma* spore lipid by stable carbon isotope analysis: implications for authentication [J]. *Anal Bioanal Chem*, 2007, 388 (3): 723-731.

[14]　Gao P, Hirano T, Chen Z, et al. Isolation and identification of C-19 fatty acids with anti-tumor activity from the spores of *Ganoderma lucidum* (reishi mushroom) [J]. *Fitoterapia*, 2012, 83 (3): 490-499.

[15]　唐丽娜，赖政炀，黄秀丽，等 . 灵芝孢子油与 6 种其他植物油中的脂肪酸组分的比较 [J]. 中国农学通报，2017，33（5）：122-127.

[16]　余素 . 灵芝孢子油的化学成分和抗肿瘤活性的研究 [D]. 福州：福建中医药大学，2014.

[17]　Ge F H, Duan M H, Li J, et al. Ganoderin A, a novel 9,11-secosterol from *Ganoderma lucidum* spores oil [J]. *J Asian Nat Prod Res*, 2017, 19 (12): 1252-1257.

[18]　陈体强，吴锦忠，徐洁，等 . 灵芝孢子油脂肪酸组分的分析 [J]. 菌物研究，2005，（02）：39-42

[19]　黄建康，王凤岩，黄琼，等 . 灵芝孢子油增强小鼠免疫功能及护肝作用的实验研究 [J]. 现代预防医学，2007，34（7）：1272-1274.

[20]　赵灏，胡芳红，李明焱，等 . 灵芝孢子油对大鼠肝纤维化的干预作用 [J]. 中国现代应用药学，2016，33（10）：1268-1272.

[21]　金凌云，黄样增，吴长辉，等 . 灵芝孢子油提取物复合制剂对酒精性肝损伤的保护作用 [J]. 中国食用菌，2016，35（6）：34-37.

[22]　Gao Y, Deng X, Sun Q, et al. *Ganoderma* spore lipid inhibits *N*-methyl-*N*-nitrosourea-induced retinal photoreceptor apoptosis *in vivo* [J]. *Exp Eye Res*, 2010, 90 (3): 397-404.

[23]　沈志勇，郭家松，钟志强，等 . 灵芝孢子油对铝中毒小鼠学习记忆及海马超微结构的影响 [J]. 中国临床解剖学杂志，2007，25（5）：564-566.

[24]　陈穗君，曾园山，张惠君，等 . 灵芝孢子油与深海鱼油联合应用对小鼠学习记忆及海马神经元表达 NOS 的影响 [J]. 解剖学研究，2007，29（1）：7-11.

[25]　朱蔚文，刘焯霖，徐浩文，等 . 灵芝孢子油干预治疗 6- 羟多巴帕金森病大鼠模型的实验研究 [J]. 中山大学学报（医学科学版），2005，25（4）：417-420.

[26]　朱蔚文，刘焯霖，徐浩文，等 . 6- 羟基多巴大鼠中脑腹侧部 Bcl-2、Bax mRNA 表达及灵芝孢子油的调节作用 [J]. 中国神经精神疾病杂志，2007，33（7）：420-422.

[27]　朱蔚文，刘焯霖，徐浩文，等 . 灵芝孢子油对 MPTP 处理小鼠行为学及黑质区病理变化 的影响 [J]. 第一军医大学学报，2005，25（6）：667-671.

[28]　陈体强，吴岩斌，毛方华，等 . 灵芝孢子油中脂溶性维生素含量及其体外抗氧化活性研究 [J]. 中国油脂，2012，37（9）：48-50.

[29]　江红梅，葛长勋，孙青，等 . 灵芝孢子油对辐射损伤老龄小鼠的保护作用 [J]. 中国老年学杂志，

2014，4（34）：2187-2189.

[30] Zhang Y, Cai H, Tao Z, et al. *Ganoderma lucidum* spore oil (GLSO), a novel antioxidant, extends the average life span in *Drosophila melanogaster* [J]. *Food Sci Hum Well*, 2021, 10(1): 38-44.

[31] 梁坚，杨俊峰，何为涛，等 . 灵芝孢子油软胶囊对小鼠免疫功能调节的研究 [J]. 中国热带医学，2005，5（6）：1189-1191.

[32] 余素，王勇 . 灵芝孢子油的研究进展 [J]. 海峡药学，2013，25（12）：20-23.

[33] 刘菊妍，金玲，蒋兆健，等 . 口服灵芝孢子油对小鼠的扶正及减毒作用研究 [J]. 时珍国医国药，2006，17（11）：2179-2181.

[34] 易有金，胡瞬，熊兴耀，等 . 灵芝孢子油对免疫低下小鼠免疫调节机制的初步研究 [J]. 卫生研究，2012，41（5）：833-839.

[35] Inaba A, Tuong Z K, Zhao T X, et al. Low-dose IL-2 enhances the generation of IL-10-producing immunoregulatory B cells [J]. *Nat Commun*, 2023, 14: 2071.

[36] Sabat R, Wolk K, Loyal L, et al. T cell pathology in skin inflammation [J]. *Semin Immunopathol*, 2019, 41: 359-377.

[37] 李森柱，谢意珍，周静文，等 . 灵芝孢子油主要活性成分及降血脂功能的研究 [J]. 中国食用菌，2006，25（5）：40-42.

[38] Liu Y, Lai G, Guo Y, et al. Protective effect of *Ganoderma lucidum* spore extract in trimethylamine-*N*-oxide-induced cardiac dysfunction in rats [J]. *J Food Sci*, 2021, 86 (2): 546-562.

[39] Fleisher T. Apoptosis [J]. *Ann Allergy Asthma Immunol*, 1997, 78: 245-250.

[40] Elmore S. Apoptosis: a review of programmed cell death [J]. *Toxicol Pathol*, 2007, 35 (4): 495-516.

[41] Apte R S, Chen D S, Ferrara N. VEGF in signaling and disease: beyond discovery and development [J]. *Cell*, 2019, 176 (6): 1248-1264.

[42] Wang J H, Zhou Y J, Zhang M, et al. Active lipids of *Ganoderma lucidum* spores-induced apoptosis in human leukemia THP-1 cells via MAPK and PI3K pathways [J]. *J Ethnopharmacol*, 2012, 139 (2): 582-589.

[43] 彭学翰，谢文敏，李霁，等 . 灵芝孢子油主要活性成分及降血脂功能的研究 [J]. 中国药科大学学报，2019，50（1）：81-86.

[44] 赵光锋，郭葳，赵晓寅，等 . 灵芝孢子油通过下调 miR-21 促进人肺腺癌 SPC-A1 细胞凋亡 [J]. 中国中药杂志，2011，36（9）：1231-1234.

[45] Jiao C, Chen C, Tan X, et al. *Ganoderma lucidum* spore oil induces apoptosis of breast cancer cells in vitro and in vivo by activating caspase-3 and caspase-9 [J]. *J Ethnopharmacol*, 2020, 247: 112256.

[46] Dai C, Tang Z, Li X, et al. High-pressure homogenization and tailoring of size-tunable *Ganoderma lucidum* spore oil nanosystem for enhanced anticancer therapy [J]. *Chem Eng J*, 2021, 406: 127125.

[47] 吕明明，王婷婷，钱倩，等 . 灵芝孢子油对肺腺癌癌性胸水中原代肿瘤细胞的抗肿瘤作用 [J]. 现代肿瘤医学，2011，1997（7）：1289-1292.

[48] 王亚平，赵光锋，刘柳，等 . 灵芝孢子油对人肺腺癌 LTEP-a2 细胞凋亡的影响 [J]. 医药导报，2011，30（5）：570-573.

[49] 何伶芳，高倩颖，侯亚义 . 灵芝孢子油对人胃腺癌细胞 BGC823 的抑制作用 [J]. 肿瘤防治研究，2011，38（7）：761-763.

[50] 张豫明，班素芬，余双霞，等 . 灵芝孢子油抑制前列腺癌 LNCaP 细胞中 AR 激活及转录活性 [J].

中国医学创新，2015，12（30）：1-4.

[51] 张京，牛苗苗，杨丽，等 . 灵芝孢子油及灵芝提取物孢子油对乳腺癌血管生成调节因子 的作用 [J]. 解剖学报，2014，45（4）：525-530.

[52] 孙琳，花春艳，侯亚义 . 灵芝孢子油对人肝癌细胞株 HepG2 的影响及其机制的初步研究 [J]. 实用肿瘤杂志，2011，26（2）：128-133.

[53] Chen C, Li P, Li Y, et al. Antitumor effects and mechanisms of *Ganoderma* extracts and spores oil [J]. *Oncol Lett*, 2016, 12 (5): 3571-3578.

[54] 卞嵩，许立，俞云，等 . 灵芝孢子油对 H_{22} 荷瘤小鼠肿瘤生长及瘤细胞 VEGF 表达的影响 [J]. 安徽医药，2007，11（12）：1067-1068.

[55] 聂运中，赵树立，赵光锋，等 . 灵芝孢子油的抑瘤作用及对荷瘤鼠免疫功能的影响 [J]. 免疫学杂志，2010，26（12）：1052-1055.

[56] 金玲，刘菊妍，孙升云，等 . 灵芝孢子油软胶囊对 H22 肝癌小鼠抑瘤作用及免疫功能的影响 [J]. 中华中医药杂志，2011，26（4）：715-718.

[57] 刘昕，钟志强，袁剑刚，等 . 灵芝孢子内脂质对小鼠肝癌及肝癌组织端粒酶活性影响的研究 [J]. 食品工业科技，2000，21（6）：16.

[58] 袁剑刚，刘昕，钟志强，等 . 灵芝孢子内脂质护肝作用的实验研究 [J]. 食品工业科技，2000，21（6）：15.

[59] 贾红巧，吴世华，吴骏 . 中药灵芝孢子油治疗前列腺癌的临床分析 [J]. 男科医学，2005，4（9）：18-19.

[60] 马金戈，房磊 . 灵芝孢子油对羽毛球运动员运动后免疫功能的影响 [J]. 中国油脂，2017，42（11）：129-131.

[61] 钱小奇，陈红，金泽秋 . 干扰素 -α2b 联合灵芝孢子油胶囊对 39 例乙型肝炎病毒 DNA 的影响 [J]. 中医研究，2005，18（1）：29-30.

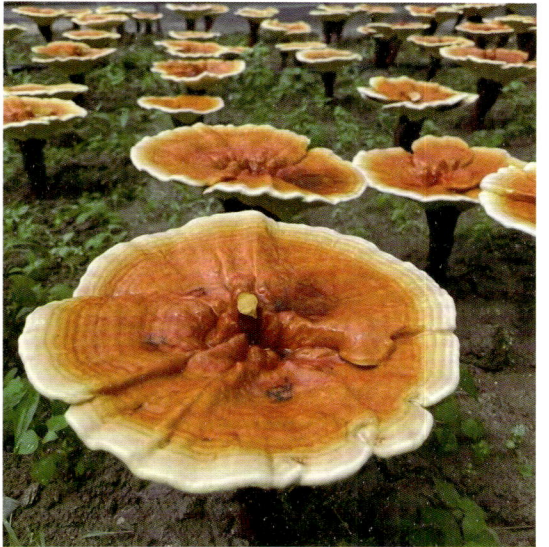

1	2
3	4

1.灵芝出芝期

2.灵芝生长早期

3.灵芝盆景

4.灵芝生长中期

5.灵芝成熟期

6.灵芝喷孢子粉期

7.灵芝单株产粉